云涌星聚

金磐石　主编

清华大学出版社
北京

图书在版编目（CIP）数据

云涌星聚 / 金磐石主编 . — 北京 : 清华大学出版社 , 2023.6
（云鉴）
ISBN 978-7-302-63940-4

Ⅰ . ①云… Ⅱ . ①金… Ⅲ . ①云计算 Ⅳ . ① TP393.027

中国国家版本馆 CIP 数据核字 (2023) 第 118168 号

责任编辑：张立红
封面设计：钟　达
版式设计：梁　洁
责任校对：赵伟玉　卢　嫣　葛珍彤
责任印制：沈　露

出版发行：清华大学出版社
　　　　网　　　址：http://www.tup.com.cn，http://www.wqbook.com
　　　　地　　　址：北京清华大学学研大厦 A 座　　邮　　编：100084
　　　　社 总 机：010-83470000　　　　　　邮　　购：010-62786544
　　　　投稿与读者服务：010-62776969，c-service@tup.tsinghua.edu.cn
　　　　质 量 反 馈：010-62772015，zhiliang@tup.tsinghua.edu.cn
印 装 者：北京嘉实印刷有限公司
经　　销：全国新华书店
开　　本：185mm×260mm　　　印　　张：28.25　　字　　数：545 千字
版　　次：2023 年 8 月第 1 版　　印　　次：2023 年 8 月第 1 次印刷
定　　价：149.00 元

产品编号：102341-01

编 委 会

主 编

金磐石

副主编

林磊明　王立新

参编人员
（按姓氏笔画为序）

丁海虹	马 鸥	马 琳	王升东	王如柳	王红亮	王旭佳	王 荔
王 婷	王嘉欣	王慧星	韦嘉明	车 凯	方天戟	方华明	邓 宏
邓 峰	石晓辉	卢山巍	叶志远	田 蓓	冯 林	邢 磊	师贵粉
曲 鸣	乔佳丽	刘科含	李 月	李 宁	李世宁	李晓栋	李晓敦
李 琪	李 颖	李 巍	延 皓	杨 永	杨贵垣	杨晓勤	杨瑛洁
杨愚非	肖 鑫	吴 磊	佘春燕	邹洵游	沈 呈	张正园	张旭军
张达赢	张 沛	张宏亮	张春阳	张晓东	张晓旭	张银雪	张清瑜
张 鹏	张 蕾	陈文兵	陈必仙	陈荣波	范 鹏	林华兵	林 浩
林舒杨	周 昕	周明宏	周泽斌	周海燕	单洪博	孟 敏	赵世辉
赵刘韬	赵姚姚	赵勇祥	郝尚青	钟景华	侯 飞	侯 杰	姜寿明
贺 颖	贾 东	夏春华	徐 涛	高建芳	桑 京	黄国玮	曹佳宁
常冬冬	渠文龙	彭海平	韩 玉	韩 旭	韩 博	程子木	舒 展
赖 鑫	管 笑	樊明汉	颜 凯	薛金曦			

推荐序

壬寅岁末，我应邀参加了中国建设银行的"建行云"发布会，第一次对建行云的缘起、发展和应用有了近距离的了解，对其取得的成果印象深刻。我自己也是中国建设银行的长期客户，从过去必须去建行网点柜台办理业务，到现在通过手机几乎可以完成所有银行事务，切切实实地经历了建行信息化的不断进步，其背后无疑离不开"建行云"的支撑。这次，中国建设银行基于其在云计算领域所做出的积极探索和累累硕果，结集完成"云鉴"丛书，并邀我为丛书作序，自然欣然允之。

2006年，亚马逊发布EC2和S3，开启了软件栈作为服务的新篇章，其愿景是计算资源可以像水和电一样按需提供给公众使用。公众普遍感知到的云计算时代亦由此开始。2016年，我在第八届中国云计算大会上发表了题为"云计算：这十年"的演讲，回顾了云计算十年在技术和产业领域所取得的巨大进展，认为云计算已经成为推动互联网创新的主要信息基础设施。随着互联网计算越来越呈现出网络化、泛在化和智能化趋势，人类社会、信息系统和物理世界正逐渐走向"人机物"三元融合，这需要新型计算模式和计算平台的支撑，而云计算无疑将成为其中代表性的新型计算平台。演讲中我将云计算的发展为三个阶段，即2006—2010年的概念探索期，2011—2015年的技术落地期，以及2016年开启的应用繁荣期，进而，我用"三化一提升"描述了云计算的未来趋势，"三化"指的是应用领域化、资源泛在化和系统平台化，而"一提升"则指服务质量的提升，并特别指出，随着万物数字化、万物互联、"人机物"融合泛在计算时代的开启，如何有效高效管理各种网络资源，实现资源之间的互联互通互操作，如何应对各种各样的应用需求，为各类应用的开发运行提供共性支撑，是云计算技术发展需要着重解决的问题。

现在来回看当时的判断，我以为基本上还是靠谱的。从时代大势看，当今世界正在经历一场源于信息技术的快速发展和广泛应用而引发的大范围、深层次的社会经济革命，数字化转型成为时代趋势，数字经济成为继农业经济、工业经济之后的新型经济形态，正处于成形展开期。人类社会经济发展对信息基础设施的依赖日益加重，传统的物理基础设施也正在加快其数字化进程。从云计算的发展看，技术和应用均取得重大进展，"云、边、端"融合成为新型计算模式，云计算已被视为企业发展战略的核心考量，云数据中心的建设与运营、云计算技术的应用、云计算与其他数字技术的结合日趋成熟，领域化的解决方案不断涌现，确是一派"应用繁荣"景象。按我前面 5 年一个阶段的划分，云计算现在是否又进入了一个新阶段？我个人观点：是的！我以为，可以将云计算现在所处的阶段命名为"原生应用繁荣期"，这是上一阶段的延续，但也是在云计算基础设施化进程上的一次提升，其形态特征是应用软件开始直接在云端容器内开发和运维，以更好适应泛在计算环境下的大规模、可伸缩、易扩展的应用需求。简言之，这将是一次从"上云"到"云上"的变迁。

很高兴看到"云鉴"丛书的出版，该丛书以打造云计算领域的百科全书为目标，力图专业而全面地展现云计算几近 20 年的发展。丛书分成四卷，第一卷《云启智策》针对泛在计算时代的新模式、新场景，描绘其对现代企业战略制定的影响，将云计算视为促进组织变革、优化组织体系的必由途径；第二卷《云途力行》关注数据中心建设的绿色发展，涉及清洁能源、节能减排、低碳技术、循环经济等一系列绿色产业结构的优化调整，我们既需要利用云计算技术支撑产业升级、节能减排、低碳转型，还需要加大对基础理论和关键技术的研究开发，降低云计算自身在应用过程中的能耗；第三卷《云术专攻》为云计算技术的从业者介绍了云计算技术在不同领域的大量应用和丰富实践；第四卷《云涌星聚》，上篇介绍了云计算和包括大数据在内的其他数字技术的关系，将云计算定位为数字技术体系中的基础支撑，下篇遵循国家"十四五"规划的十大关键领域，按行业和应用场景编排，介绍了云赋能企业、赋能产业的若干案例，描绘了云计算未来智能化、生态化的发展蓝图。

中国建设银行在云计算技术和应用方面的研发和实践，可圈可点！为同行乃至其他行业的数字化转型提供了重要示范。未来，随着云原生应用的繁荣发展，云计算将迎来新的黄金发展期。希望中国建设银行能够不忘初心，勇立潮头，持续关注云计算技术的研发和应用，以突破创新的精神不断拓宽云服务的边界，用金融级的可信云服务，推动更多的企业用云、"上云"，"云上"发展！希望中国建设银行能够作为数字技术先进生产力的代表，始终走在高质量发展的道路上。

也希望"云鉴"丛书成为科技类图书中一套广受欢迎的著作，为读者带来知识，带来启迪。

谨以此为序。

中国科学院院士
发展中国家科学院院士
欧洲科学院外籍院士
梅　宏
癸卯年孟夏于北京

推荐序

随着新一轮科技革命和产业变革的兴起，云计算、5G、人工智能等数字化技术产业迅速崛起，各行业数字化转型升级速度加快，金融业作为国民经济的支柱产业，更须积极布局数字化转型。此次应中国建设银行之邀，为其云计算发展集大成之作的"云鉴"丛书作序，看到其以云计算为基础的数字化转型正在稳步前行，非常欣慰。当今社会，信息基础设施的主要作用已不是解决连通问题，而是为人类的生产与生活提供充分的分析、判断和控制能力。因此，代表先进计算能力的云计算势必成为基础设施的关键，算力更会成为数字经济时代的新生产力。

数字经济时代，算力如同农业时代的水利、工业时代的电力，既是国民经济发展的重要基础，也是科技竞争的新焦点。加快算力建设，将有效激发数据要素创新活力，加快数字产业化和产业数字化进程，催生新技术、新产业、新业态、新模式，支撑经济高质量发展。中国建设银行历经十余载打造了多功能、强安全、高质量的"建行云"，是国内首个使用云计算技术建设并自主运营云品牌的金融机构。"云鉴"丛书凝聚了中国建设银行多年来在云计算和业务领域方面的知识积累，同时汲取了互联网和其他行业的云应用实践经验，内容包括云计算战略的规划与执行、数据中心建设与运营、云计算和相关技术应用与实践，以及"十四五"规划中十大智慧场景的案例解析等。丛书力求全面、务实，广大的上云企业、数字化转型组织在领略云计算的技术精髓和价值魅力的同时，也能借鉴和参考。

我一贯认为数字化技术的本质是"认知"技术和"决策"技术。

它的威力在于加深对客观世界的理解，产生新知识，发现新规律。这与《云启智策》卷指引构建云认知、制定云战略、实施云建设、指挥云运营、做好云治理不谋而合。当然，计算无处不在，算力已成为经济高质量发展的重要引擎。而发展先进计算，涉及技术变革、系统创新、自主可控、绿色低碳、高效智能、低熵有序、开源共享等诸多方面。这在《云途力行》卷对数据中心的规划、设计、建设、运营等方面的描述和《云术专攻》卷从技术角度阐述基于云计算的通用网络技术、私有云、行业云、云安全、云运维等内容中都有所体现。另外，《云涌星聚》卷中的百尺竿头篇全面介绍了云原生平台，特别是大数据、人工智能等与云计算技术结合的内容，更将技术变革和系统创新体现得淋漓尽致。我们要满腔热情地拥抱驱动数字经济的新技术，不做表面文章，为经济发展注入新动能。扎扎实实地将数字化技术融入实体经济中，大家亦可以在《云涌星聚》卷中的百花齐放篇书写的 13 个数字化技术服务实体经济的行业案例中受到启迪。

期待中国建设银行在数字经济的浪潮中继续践行大行担当，支持国家战略，助力国家治理，服务美好生活，构筑高效、智能、健康、绿色、可持续的金融科技发展之路。

中国工程院院士

中科院计算所首席科学家

李国杰

癸卯年春于北京

序

　　癸卯兔年，冬末即春，在"建行云"品牌发布之际，"云鉴"系列丛书即将付梓。近三年的著书过程，也记录了中国建设银行坚守金融为民初心、服务国家建设和百姓生活的美好时光。感慨系之，作序以述。

　　科学技术是第一生产力。历史实践证明，从工业 1.0 时代到工业 4.0 时代，科技领域的创新变革将深刻改变生产关系、世界格局、经济态势和社会结构，影响千业百态和千家万户。如今，以云计算、大数据、人工智能和区块链等科技为标志的"第四次工业革命浪潮"澎湃到来，科技创新正在和金融发展形成历史性交汇，由科技和金融合流汇成的强大动能改变了金融行业的经营理念、业务模式、客户关系和运行机制，成为左右竞争格局的关键因素。

　　数字经济时代，无科技不金融。在科技自立自强的号召下，中国建设银行开启了金融科技战略，探索推进金融科技领域的市场化、商业化和生态化实践。在此过程中，中国建设银行聚焦数字经济时代的关键生产力——算力，开展了云计算技术研究，并基于金融实践推进云计算应用落地，"建行云"作为新型算力基础设施应运而生。2013 年以来，"建行云"走过商业软件、互联网开源、信创、全面融合等技术阶段，如今已进入自主可控、全域可用、共创共享的新发展阶段，也描绘着未来"金融云"的可能模样。

　　金融事业赓续，初心始终为民。在新发展理念的指引下，中国建设银行厚植金融人本思维，纵深推进新金融行动，以新金融的"温柔手术刀"纾解社会痛点，让更有温度的新金融服务无远弗届。在"建行云"构建的丰富场景里，租住人群通过"建融家园"实现居有所安，小微业主凭借"云端普惠"得以业有所乐,莘莘学子轻点"建融慧学"圆梦学有所成,众多用户携手"建行生活"绘就着向往中的美好家园景象。我们也更深切地察觉,在烟火市井,而非楼宇里,几万元的小微贷款便可照亮奋进梦想,更实惠的金融服务也能点燃美好希望,金融初心常在百姓茶饭之间。

做好金融事业,归根结底是为了百姓安居乐业。这些年来,中国建设银行积极开展了许多创新探索,为的是让我们的金融事变成百姓的体己事,让金融工作更能给人踏实感;我们勇于以首创精神打破金融边界的底气和保证,也来自无数为实现美好生活而拼搏努力的人们。在以"云上金融"服务百姓的美好过程中,中国建设银行牵头编写了"云鉴"系列丛书,目的是分享云计算的发展历程,探究云计算的未来方向,为"云上企业"提供参考,为"数字中国"绵捐薄力。奋进伟大新时代,中国建设银行愿与各界一道,以新金融实干践行党的二十大精神,走好中国特色金融发展之路,在服务高质量发展、融入新发展格局中展现更大作为,为实现第二个百年奋斗目标和中华民族伟大复兴贡献力量!

中国建设银行党委书记、董事长

田国立

前　言

　　尽管数百年来金融本质没有变，金融业态却在不断演变。在数字经济蓬勃发展的今天，传统银行主要依赖线下物理场所获客活客的方式已不可取，深度融入用户生产生活场景、按个体所需提供金融服务成为常态。越来越多的金融活动从物理世界映射到数字空间，金融行为、金融监管、风险防控大量转化为各种算法模型的运算，这必然要求金融机构提供更加强大的科技服务与算力支撑。

　　事非经过不知难。中国建设银行也曾经历过算力不足、扩容、很快又不足的循环之中，也曾对"网民的节日、科技人的难日"深有体会，更多次为保业务连续不中断，疲于调度计算、存储及网络资源。为变被动应对为主动适应，中国建设银行早在 2010 年新一代系统建设初期，就引入了云计算技术，着眼于运维的自动化和资源的弹性供给，加快算力建设战略布局。2013 年，中国建设银行建成当时金融行业规模最大的私有云。2018 年，为更好赋能同业，助力社会治理体系和治理能力现代化，在完成云计算自主可控及云安全能力建设的基础上，中国建设银行开始对外提供互联网服务及行业生态应用，并遵循行业信创要求进行适配改造，目前已实现全栈自主化。2023 年 1 月 31 日，中国建设银行正式发布"建行云"品牌，首批推出 10 个云服务套餐，助推行业数字化转型提质增效。

　　有"源头活水"，方得"如许清渠"。金融创新与科技发展紧密相连，商业模式进化与金融创新紧密相连。回顾"建行云"的建设历程，有助于明晰云计算在金融领域的发展脉络，揭示发展规律；沉淀建设者的知识成果，有助于固化成熟技术，夯实基础，行稳致远；总结经验，分享心路历程，有助于后来者少走弯路，更好地实现跨越式发展。

为此，着眼于历史性、知识性、生动性，中国建设银行联合业界专家编纂"云鉴"丛书，分为《云启智策》《云途力行》《云术专攻》和《云涌星聚》四卷，涵盖云计算战略的规划与执行、数据中心建设与运营、云计算和相关技术的应用与实践，以及"十四五"规划中十大智慧场景的案例解析等诸多内容。

"建行云"的建设虽耗时 10 余年，终为金融数字化浪潮中一朵浪花。"云鉴"丛书虽沉淀众多建设者的智慧，也仅是对云计算蓝图的管中窥豹。我们将根据业界反馈及时修订，与各界携手共建共享，以此推动金融科技高质量发展。

特别感谢腾讯云计算（北京）有限责任公司、中数智慧（北京）信息技术研究院有限公司、北京趋势引领信息咨询有限公司、阿里云计算有限公司、北京金山云网络技术有限公司、华为技术有限公司、北京神州绿盟科技有限公司、北京奇虎科技有限公司等众多专家对本书的大力支持和无私贡献。

金磐石

中国建设银行首席信息官

金磐石

目录

导　读 384

第一节　智慧家居概述 385

第二节　智慧家居云应用案例 387

第三节　亮点总结 393

⊙ 目录

百尺竿头篇

第一章
云原生技术概述

导　　读

随着企业数字化转型工作的推进，企业迫切需要在低成本、弹性伸缩方面有所突破；用户行为的变化、对新技术应用的诉求都在驱动提升先进技术的内生支撑力与快速交付能力。与此同时，技术体系正在经历一场大迁徙，技术发展的快速性、多样性、高价值对技术的应用方式提出挑战。云应用技术底座通过提供面向应用的技术整合能力，作为所有技术和产品的输出平台，面向开发、测试、运维、运营人员和终端用户，提供应用开发所需的开发框架、技术引擎、软件包、应用程序接口、工具、组件/服务、规范/工艺等一系列资源集合，在构建核心技术能力的同时实现技术能力的敏捷交付与共享复用，将精力聚焦在不断快速发展的新场景上，快速高效地推进数字化转型。云计算、大数据、物联网、人工智能、区块链等新一代信息技术的不断兴起，催生出很多新的业务场景，相关新技术应用实践发展迅速，底座型云平台是投身"新基建"、建设"数字中国"的有力抓手。

本章将回答以下问题：

（1）什么是云应用技术底座？

（2）云时代的技术底座有哪些特点？

（3）云应用技术底座有哪些主要的技术体系和特征？

（4）如何利用云应用技术底座？

第一节　传统企业 IT 架构存在的问题和挑战

信息技术体系正在经历一场大迁徙，硬件、软件及整个基础设施正在加速解构和重构，云计算、大数据、人工智能、物联网、区块链等数字化技术迅速发展，催生出新的金融业态。技术发展的快速性、多样性、高价值对应用方式提出挑战，传统的 IT 系统架构越来越难以应对新业态，主要存在以下四个问题。

1. 架构松散，烟囱林立

在传统的企业 IT 架构下，企业应用系统各自为战，独立建设，相互之间没有或只有松散的关联，形成一个个烟囱。该架构不可避免地导致重复功能建设，不仅造成重复投资和资源浪费，而且给系统集成和运维工作带来诸多困难，从而进一步增加了资源浪费。

2. 开发效率低下，难以适应市场变化

在传统的企业 IT 架构下，采用的是传统的开发模型和资源获取流程，公共技术能力重复开发而不是复用，这就导致系统开发效率低下，往往当系统开发完成后，最初的需求早已发生变化，无法适应当前的市场需求。

3. 技术能力的快速获取与沉淀问题

在传统的企业 IT 架构下，业务应用开发团队除了要进行业务开发外，还需要关注资源管理、软件架构设计、服务治理、专业算法等技术问题，这对开发人员的能力提出了较高的要求，导致学习成本大大增加，开发效率低下，并且这些应用中形成的技术难以沉淀复用。

4. 传统的单体架构已无法应对当下海量的业务与数据需求

当前，许多大型企业业务和互联网应用都存在海量的用户连接和数据处理需求，传统的单体架构已远远无法满足随之而来的高并发和高可用要求，这就需要通过分布式架构对传统单体架构进行改造。

第二节　云应用技术底座架构

为了适应业务发展，许多大型互联网企业和金融机构对其技术能力进行改造，通过将基础技术能力整合成云应用技术底座，以云服务方式对外输出，为业务赋能，成为数字经济时代的技术领军者。如图 1-1 所示，科技企业的技术能力按照分层分块，以耦合内聚的方式设计云应用技术底座架构。

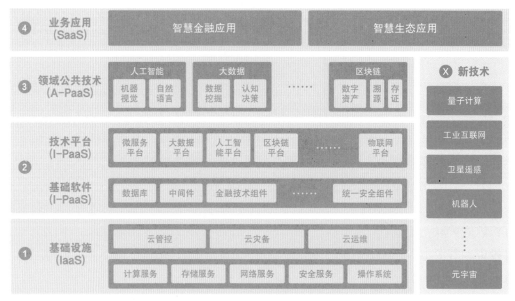

图 1-1 科技企业云应用技术底座架构

如图 1-1 所示的技术底座架构包含 4 层核心技术能力层以及 1 个新技术探索领域。4 层核心技术能力层提供业务所需的 IT 技术能力，包括业务应用（SaaS）、领域公共技术（A-PaaS）、技术平台与基础软件（I-PaaS）以及基础设施（IaaS）。

① 业务应用。业务应用提供业务领域关键业务技术，如银行业务应用所需的产品设计、发布、运营能力以及账户开设、销户能力等。

② 领域公共技术。领域公共技术提供人工智能、大数据、区块链、公共技术服务等领域性技术服务能力。此类技术具有专业性高、功能内聚、复用度高的特征，通过企业级集中研发供给后可大幅降低研发成本，提升研发质量。

③ 技术平台与基础软件。技术平台提供软件开发所需的开发框架、测试工具、运维工具等，并以云化的服务方式为应用提供开发、托管和运行支撑能力。基础软件属于行业关键技术，能力载体主要通过软件产品和算法源码形式体现，如数据库、中间件、分布式、容器、安全等关键基础软件和共性技术相关算法及软件。

④ 基础设施。基础设施提供金融级、企业级应用运行的基础设施交付能力，基于云计算技术实现软件定义计算、存储、网络的快速弹性交付以及服务化供给，该层为整个 IT 技术系统提供统一的运维管控支撑以及相应的云服务。

4 层核心技术能力层主体上呈现自下而上的支撑关系，跨层级间也可进行能力支撑，处于底层的技术能力具备更高的通用性和基础性。

在新技术探索与研究领域，应结合业务应用实际需求以及技术先进性保证原则，基于 4 层核心技术能力层，适度进行新兴前沿技术的验证使用。

总体上，技术底座包含了当前使用的主流技术领域和系统建设模式，保证了技术的全面性，从业务应用到基础设施形成了一条端到端的完整技术栈，实现了纵向技术栈的自包含，有效地支撑了业务应用的快速开发。

第三节　云应用技术底座建设

一、建设目标

技术底座对应用研发、交付、运行所依赖的技术进行平台化、组件化，以云服务为主要交付方式，服务于应用研发、业务中台、数据中台、生态合作用户，实现技术基础能力的快速供给，目的是对业务赋能，支持业务的创新和快速发展。其建设目标包括自服务、多租户、资源池化、弹性伸缩和应用托管。

1. 自服务

用户不需要技术底座以及各技术提供商的协助，通过底座提供的完备介绍以及支持 API，就可以自助按需获取云端的各种技术资源并自助完成应用服务全生命周期的管理。

2. 多租户

技术底座具有多租户体系，可支持不同业务、不同身份的人员使用，支持租户隔离，实现对数据、服务能力的划分。业务使用方可通过统一的门户入口，对各类技术服务进行管理，对人员权限、租户服务进行相应的调整。

3. 资源池化

资源池化分为基础设施资源池化、中间件和数据库等基础技术服务池化，以及人工智能、大数据、区块链等技术服务能力池化 3 个维度。基础设施资源池化的目的是屏蔽底层基础设施资源的复杂性。中间件资源池和数据库资源池的目标是相同的，即让基础设施、中间件资源和数据库资源对应用系统来说变化为黑盒，实现集中化的资源分配和管理监控，实现基础设施、中间件资源和数据库的弹性扩展。技术服务能力池化的目的是让用户及应用可以一站式地使用它所需要的各类服务，不用关心服务的部署和运行，快速赋能业务创新，提升生产力。

4. 弹性伸缩

弹性伸缩是指实例资源的自动伸缩。云应用技术底座可根据用户的业务需求和策略，经济地自动调整弹性计算资源，在某一时间段业务量增加或减少时，相应增加或减少实例资源，通过自我调控来降低人工操作的成本，从而提高工作效率，提升生产力。

5. 应用托管

用户完成应用开发后，可以将应用托管在技术底座上，由技术底座为应用提供全生命周期的管理，如应用创建、部署、启动、升级、回滚、伸缩、停止和删除等；提供容器、虚拟机等多种部署支持；提供多维度的应用指标监控，跟踪应用上线运行状态；提供可视化、界面化的日志查看、搜索等功能，帮助用户快速进行问题定位。

二、建设范围

云应用技术底座作为面向开发、测试、运维、运营人员和终端用户提供应用开发所需资源的一站式服务平台，包含的技术领域有容器云计算、分布式微服务、敏捷研发、大数据、人工智能、区块链等技术服务组件。容器云计算使得技术和资源能够以弹性灵活的方式得到充分利用，通过整合云原生开源技术，为应用提供动态资源调度、弹性编排管理及自动化运维等能力。分布式微服务可实现应用各服务间的解耦，支持服务单独构建和部署，可助力用户快速构建和运行可弹性扩展、容错性好、易于管理的松耦合应用。敏捷研发是为研发赋能，提供全流程"一体化"的敏捷开发服务，为产品创新提供基础平台和工具支持。大数据通过高性能数据采集与集成、流数据及批数据计算、多样化分析展现、灵活的数据服务，以及全生命周期的数据管理能力，助力快速变现数据价值。人工智能作为发动机，是一切技术能够更好落地于业务的依托，也是智能应用的核心要素。区块链以其安全可靠、不可篡改的特性，可解决交易活动中最重要的信任问题，从而推动新的商业模式的产生。

三、架构建模

在架构体系设计层面，云应用技术底座主要包括承载底层核心技术能力的框架层、展现应用支撑能力的平台层以及贯穿各层的运营运维和研发管理服务。按照技术对外暴露复杂程度，从下往上、由少到多，云应用技术底座包含的技术能力可分为 6 层，其中框架层可细分为 4 层，平台层可细分为 2 层（见表 1-1）。

表 1-1　云应用技术底座的分层模型

平台层	L6层	业务领域和技术领域的通用服务	为了处理和解决某个领域的共性问题而研发的一系列运行态的组件和服务，包括特定的业务领域和特定的技术领域两类服务
	L5层	平台功能组件	对各技术领域能力进行封装与整合后对外呈现的运行态功能，包含为支撑技术平台自身运行、应用管理、测试、运维和运营所研发的各类运行态的功能组件

框架层	L4层	开发测试工具	指为了支撑编码、测试等应用研发过程而提供的一系列辅助工具的集合
	L3层	应用开发接口及插件	对应用开发框架能力的扩展，基于应用开发框架提供的可插拔的方法和软件工具（包括 SDK、API、代码模板等）的集合。主要依附于 L2 应用的开发框架而存在，不能脱离开发框架独立工作
	L2层	应用开发框架	是对 L1 层关键技术的封装。指为了实现标准化的研发模式，简化应用开发过程、落地技术标准和架构管控要求而形成的技术基础功能的集合，包含可供应用直接使用的开发框架及用于解析开发产物的技术引擎
	L1层	关键技术	指支撑某个技术领域的一组基础的、必须自主可控、持续演进的最为重要的技术、专利和方法

第四节　云应用技术底座建设意义

构建云应用技术底座，统一各类新技术应用研发语境，让研发人员在同一套架构语言下沟通与协作，将极大地提高应用研发、沟通、协作效率，降低沟通成本；明确可复用的内核技术与协同机制，通过统一的服务供给方式支撑应用快速规模化落地，可提升研发效能；通过资源集约化管理，可节省研发资源；持续引入新技术、发掘核心技术，建设核心技术体系，有序进行技术演进，可逐步实现核心技术自主可控，打造技术"护城河"，推动数字化转型。其对企业的价值体现在以下 6 个方面：

① 云化的技术服务供给。对应用研发、交付和运行所依赖的技术进行平台化、组件化改造，以云服务为主要交付方式，实现基础技术能力和服务的快速供给，支持业务创新和快速发展。

② 解耦应用对底层技术的依赖。通过对基础技术资源进行整合，运用技术平台化的方法，打造领先的技术平台；通过技术云化供给和平台产品化，解耦应用对底层技术（如硬件、操作系统、数据库、中间件、开发语言）等的依赖，降低技术的应用门槛。

③ 面向端到端应用交付能力。对各类技术服务进行云服务化改造，实现对应用的全面托管，用户只需申请即可使用共享的技术能力，不用关心服务的部署和运行，能

够快速赋能业务创新，提升生产力。

④ 满足行业属性要求的能力。针对不同行业属性，有侧重地进行技术能力演进和提供相应技术服务，如针对金融业务的需求，在交易一致性、高可用性、高性能、多中心多活、金融级安全、金融业务公共服务等方面提供完善的能力支持。

⑤ 对核心技术自主可控的持续演进能力。加强关键技术的底层框架研究，具备对关键技术进行优化、改进的技术兜底能力，对国产数据库、中间件等进行积极探索、测试验证和应用试点，构建全栈自主可控能力，应对未来的技术风险，提升安全可控能力。

⑥ 构建"技术引领"的企业文化。通过采用敏捷开发、DevOps 等先进的 IT 行业工作模式，培育对先进技术的共同追求，构建起通过技术创新引领业务价值提升的企业文化，促进企业形成良好的研发生态，保持企业处于行业引领地位。

2

第二章
大数据平台

导　　读

近年来，随着互联网、云计算等技术的不断发展，以及企业数字化程度的不断提升，企业数据呈现爆发式的增长，数据价值日益凸显且逐渐成为企业的核心竞争力。大数据时代，如何最大限度地挖掘和发挥数据价值，用数据说话，以数据驱动业务的发展转型，成为关键问题。越来越多的企业开始加大在数据领域的投入，开启了新业态下大数据平台的建设，也催生出日益丰富的大数据创新型应用场景。

本章将回答以下问题：

（1）什么是大数据？

（2）大数据的发展历程和核心价值是什么？

（3）如何设计和建设大数据平台？

（4）如何应用大数据技术？

（5）大数据的未来发展趋势是什么？

第一节　概述

一、基本概念

　　什么是大数据？迄今为止，关于大数据的定义仍未统一，"大数据"只是"大规模的数据"吗？ 2001 年，Gartner 分析员道格·莱尼在一项研究中指出，数据增长有 3 个方向的挑战和机遇：量（Volume），即数据多少；速（Velocity），即资料输入、输出的速度；类（Variety），即多样性。这也就是说"大数据"是海量的、高增长率的和多样化的信息资产，需要新处理模式才能具有更强的决策力、洞察发现力和流程优化能力。

　　其他研究机构（如 IDC、麦肯锡等）对"大数据"也给出了一些定义。在 2012 年，维克托·迈尔 - 舍恩伯格和肯尼斯·库克耶在《大数据时代》一书中首次提出了大数据的"4V"特征，得到了业界的广泛认可。

　　大数据的"4V"特征包括规模性（Volume）、高速性（Velocity）、多样性（Variety）、价值性（Value）。

　　① 规模性。数据量大，即采集、存储和计算的数据量都非常大。真正大数据的起始计量单位往往是 TB（1 024 GB）、PB（1 024 TB）。

　　② 高速性。数据增长速度快，处理速度也快，时效性要求高。比如，搜索引擎要求几分钟前的新闻能够被用户查询到，个性化推荐算法要求尽可能地实时完成推荐。这是大数据区别于传统数据挖掘的显著特征。

　　③ 多样性。种类和来源多样化。大数据的种类包括结构化、半结构化和非结构化数据，具体表现为网络日志、音频、视频、图片、地理位置信息等，数据来源可以由传感器等自动收集，也可以由人类手工记录。

　　④ 价值性。数据价值密度相对较低。随着互联网及物联网的广泛应用，信息感知无处不在，信息量大，但价值密度较低。如何结合业务逻辑并通过强大的机器算法来挖掘数据的价值，是大数据时代最需要解决的问题。

　　之后，业界不断扩展大数据的基本特征，从"4V"扩展到更多的"V"，如有效性（Validity）、真实性（Veracity）等，使大数据的定义越来越完善。比如，从真实性特征的角度来看，数据规模并不能决定其能否为决策提供帮助，追求高数据质量是一项重要的要求和挑战。

　　除了上述主流的定义，还有人使用"3S"或者"3I"描述大数据的特征。"3S"指的是大小（Size）、速度（Speed）和结构（Structure）。"3I"指的是：① 定义不明确的（Ill-defined）——主流的大数据定义都强调数据规模需要超过传统方法处理数据的规模，而随着技术的进步，数据分析的效率不断提高，符合大数据定义的数据规模也会相应地不断变大，因而并没有一个明确的标准；② 令人生畏的（Intimidating）——从管理大数据到使用正确的工具获取它的价值，利用大数据的过程中充满了各种挑战；③ 即时的（Immediate）——数据的价值会随着时间的推移而快速衰减，因此，为了保证大数据的可控性，需要缩短从数据搜集到获得数据洞察结果之间的时间，使得大数据成为真正的即时大数据。这意味着，能尽快地分析数据对获得竞争优势至关重要。这些表述都异曲同工，与"4V"理论的核心基本一致。

大数据的特性对数据的存储、加工、分析和展现能力都提出了更高的要求。如果将数据比喻成"鱼"的话，传统数据处理就好像是"池塘捕鱼"，而大数据的处理则如同"大海捕鱼"。面对体量巨大、种类繁多、处理速度快、价值密度低的大数据处理场景，我们无法再奢望用一种工具解决所有问题，而是针对不同的场景，选择不同的数据存储、加工、分析和展示工具。

在新时代，大数据技术很大程度上依赖云计算平台的分布式处理、云存储和虚拟化等技术。而且，无论是人工智能技术还是云计算技术的蓬勃发展，都离不开海量数据的支撑。大数据、云计算、人工智能也被称为技术"铁三角"。

二、发展背景

1. 大数据的起源

大数据的起源最早可追溯至 1980 年，美国著名未来学家阿尔文·托夫勒在他的著作《第三次浪潮》中将"大数据"称颂为"第三次浪潮的华彩乐章"，这便是"大数据"一词的由来。1998 年，一篇名为《大数据科学的可视化》的文章在美国《自然》杂志上发表，"大数据"正式作为一个专用名词出现在公共刊物中。虽说大数据的概念已逐渐成为普遍认同的事实，却仍停留在一种构思或者设想层面，大数据该如何从一个概念落地到生产生活过程中并未明确。

2004 年前后，谷歌相继发布了《分布式文件系统 GFS》《大数据分布式计算框架 MapReduce》《NoSQL 数据库系统 BigTable》3 篇论文，也就是人们常说的大数据"三驾马车"。这 3 篇论文的发布带来了大数据发展史上的一次重大变革，它为人们提供了一种解决大数据体系 3 个核心问题的思想和方案，即数据存储、处理运算、数据有序组织，奠定了大数据技术的基石。

受这 3 篇论文的启发，2004—2005 年，道格·卡廷（Doug Cutting）和迈克·卡法雷拉（Mike Cafarella）在 Nutch 项目中实现了类似 GFS 和 MapReduce 的功能。直至 2006 年，Hadoop 从 Nutch 中独立出来成为一个开源项目，受到了众多企业的追捧，推动了日后大数据产业的蓬勃发展，带来了一场深刻的技术革命。2008 年，Hadoop 成为 Apache 的顶级项目，至此，大数据生态体系逐渐形成，主流互联网企业也相继启动了

相关项目。

随后 10 年，随着网络、存储、计算等技术的不断成熟，大数据迎来了第一次发展高潮，各种大数据企业和应用如雨后春笋般涌现并迅速发展壮大，世界各国也纷纷将大数据纳入战略布局，这意味着大数据时代已正式到来。

2. 大数据时代的思维变革

大数据时代带来的不仅是技术的革新，还有人们思维方式的转变。《大数据时代》一书中提到，"大数据让我们以一种全新的方式，通过对海量数据进行分析，获得有巨大价值的产品和服务，或深刻的洞见，最终形成变革之力"。"更多""更杂""更好"是大数据时代带给我们的思维变革。

（1）从随机样本到全体数据

在过去缺少信息收集工具和处理能力受限的背景下，随机采样成为数据分析的有效手段，以便人们用最少的数据获得最多的信息。但随机采样分析结果的准确性在很大程度上依赖于采样的绝对随机性，在现实生活中这是很难实现和保证的，一旦采样过程中出现任何偏见，分析结果就会完全不同。因此，如果有可能的话，我们希望收集所有的数据进行分析，即"样本＝总体"。

随着大数据等技术的不断发展，信息的收集和处理不再像过去那样困难。对趋于完整的海量数据进行加工、处理和分析，可以最大限度地帮助企业洞察用户需求、开展营销分析、挖掘客户价值，为企业的生产经营带来巨大收益。

偶然与必然

历史确实在重复发生，而了解过去，你就可以预测未来。

—— 威廉·江恩

当我们抛出一枚硬币时，硬币正面或者反面朝上是偶然的；但当我们抛出上万次甚至上亿次时，硬币正面朝上的次数约占总次数的 1/2。伯努利大数定律证明，当实验次数足够多时，事件发生的频率将无限接近其真实发生的概率。这也是大数据的本质内涵所在，简单来说，就是通过对超大量的历史样本数据，利用统计学等数学模型进行训练和计算，从而得出符合现实规律的分析及预测。

（2）允许不精确，接受混杂

在尽可能保证数据完整性的前提下，随着数据体量的不断扩张，一方面势必会面临不精确甚至错误的数据产生；另一方面，数据的类型和格式也会变得纷繁复杂。大数据思想的变革在于不再执着于追求数据的精确性。事实证明，大数据基础上的简单算法比小数据基础上的复杂算法更加有效，利用大数据的规模效应来减小不精确数据带来的影响，在自然语言处理、用户行为分析等越来越多的应用场景中都创造出了更好的成果。

海纳百川的谷歌翻译系统

谷歌翻译部的负责人弗朗茨·奥奇（Franz Och）是机器翻译界的权威，他指出，"谷歌的翻译系统不会像 Candide 一样只是仔细地翻译 300 万句话，它会掌握用不同语言翻译的质量参差不齐的数十亿页的文档"。谷歌会吸收它能找到的所有翻译，利用各种各样的数据来进行训练。正是这种对混杂数据的高度容忍和吸纳，使得其在使用同样算法机制的情况下翻译质量表现得更为突出。

（3）相关关系取代因果关系

知道"是什么"就够了，没必要知道"为什么"。不再探求难以捉摸的因果关系，转而关注事物的相关关系，这是大数据思想的又一重大转折。大数据的核心是预测，通过对事物间关联关系的分析，往往可以帮助人们更清晰地发现和认识事物的发展规律，并且预测事物的发展趋势，甚至收获一些意想不到的结果，从"啤酒和尿布"到"蛋挞与飓风"，这些例子屡见不鲜。

蛋挞与飓风的故事

"沃尔玛，请把蛋挞与飓风用品摆放在一起"，这是大数据的经典案例之一。通过对大量历史交易记录数据进行观察分析，沃尔玛注意到，每当季节性飓风来临之前，不仅手电筒的销量增加，而且美式早餐含糖零食——蛋挞的销量也增加了。因此，每当季节性飓风来临时，沃尔玛就会把蛋挞与飓风用品摆放在一起，从而增加销量。

3. 大数据时代企业面临的挑战

随着云计算、物联网、5G 技术的发展，人、机、物的三元世界会高度融合，进入网络化的大数据时代，全球数据量继续飞速增长。根据国际权威机构 Statista 的统计，2020 年全球数据产生量为 47ZB，而到 2035 年，这个数字将达到 2 142 ZB，全球数据量将迎来更大规模的爆发，如图 2-1 所示。

面对数据井喷式的增长，传统企业现有技术架构无法满足日益丰富的用数需求，普遍面临数据处理能力不足、内部数据流转不畅、数据质量不高、数据开发门槛高等挑战。

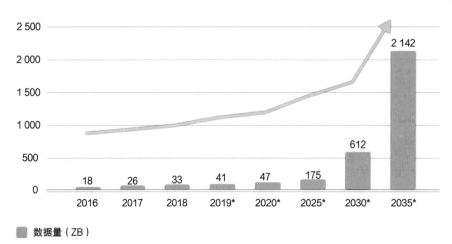

图 2-1 全球每年产生数据量

（1）数据处理能力不足

首先，面对日益庞大且增长迅速的数据量，传统集中式计算架构出现了难以逾越的"瓶颈"，单机模式的数据库存储和计算性能有限，无法处理百 TB 及以上级别的数据。其次，传统数据库无法兼容数据的多样性，不适用于海量网页内容、日志、音频、视频等半结构化或非结构化数据的处理。最后，以社交网络、用户行为、网页链接关系等为代表的数据，往往需要通过图的形态以最原始、最直观的方式展现其关联性，这是传统的关系型数据库所无法满足的。因此，新的业务场景需要选择合适的大数据存储、处理、分析技术，才能真正充分发挥大数据的价值。

（2）内部数据流转不畅

企业在大数据方面面临的最大挑战之一就是数据的碎片化。在很多企业尤其是大型企业中，数据往往散落在不同的部门，存储在不同的数据库中，使用的技术也是多种多样。这导致企业内部数据形成了一个个孤岛，相互之间难以打通。数据孤岛会造成数据流转和共享困难，数据的价值难以挖掘。同时，由于技术所限，为了实现数据互访，同样的数据必须复制多份，这就造成数据的冗余。此外，企业需要将内外部数据打通，将不同数据关联整合起来，如此才能更好地发挥大数据的价值，帮助企业洞察客户、明确业务需求。

（3）数据质量不高

研究表明，高质量的数据可用性提高 10%，企业效益将提高 10% 以上。很多企业由于业务需求不明确，库表设计不合理，数据采集、传输过程中出现失真，对数据预处理阶段不重视，缺乏统一的数据标准和规范等一系列问题，导致数据的真实性、准确性、唯一性、完整性、一致性、关联性和及时性得不到保障，致使数据的可用性低、质量差。这就需要企业在实施大数据战略前做好全面的规划，打破固有业务边界和思维模式的限制，实现数据的统一管理，提高数据质量，进而提升企业的数据价值变现能力。

（4）数据开发门槛高

目前，大数据分析处理往往需要组合使用多种大数据技术（如 MPP、Hadoop、Spark、Kafka、Flink 等），技术复杂度高且迭代更新快。数据工程师在数据开发过程中需要掌握各种工具技术，门槛高成为导致大数据人才紧缺的重要原因之一。据《中国经济的数字化转型：人才与就业》报告显示，2018 年我国大数据技术人才缺口超过 150 万，预计到 2025 年或将达到 200 万。因此，企业需要一个高效的数据开发和应用平台，以降低数据开发门槛，提升开发效率，从而帮助企业快速构建数据应用，加快数字化转型步伐。

综上所述，在数字化信息爆炸式增长的过程中，传统的技术架构、单一的产品工具往往无法满足企业级用户对于数据的存储与管理、采集与预处理、计算与应用能力的需求。打造一个能够有效存储各类数据、满足不同加工要求、实现数据价值快速转化的大数据平台，已经成为企业高效运用大数据的重要基础。

三、发展历程

随着数据处理技术的发展，大数据平台主要经历了 3 个阶段：20 世纪后期主要基于 Oracle、DB2 等传统交易型数据库构建；21 世纪初期大规模分布式存储及并行处理技术的发展使数据平台发展为基于分布式技术架构的大数据平台；随着云计算时代的到来，大数据与云计算的深度融合赋予了新时代大数据平台更多的特性。

1. 早期的大数据平台

20 世纪 80 年代，部分企业开始在数据处理方式上进行信息化的探索，其中，银行业一直走在信息化的前列。在 20 世纪 90 年代初期，银行开始推广计算机的运用和开发，实现联行清算、信贷储蓄、信息统计、业务处理和办公自动化。当时的信息系统主要面向交易，而且由于没有联网，数据的统计分析还不能摆脱手工记账、算盘计数的历史。这个阶段数据还没有统一的规划，同一份数据在多个系统中重复录入、重复保存，各系统的数据定义、采集流程也自成体系，无法快速地汇集、整合。

到了 2000 年前后，网络技术的发展将单机系统变为网络化系统，这使数据的集中处理成为可能。随着越来越多的数据集中，面对数据的大量沉淀，越来越多的企业意识到集中的数据处理平台是企业发展的重要基础，所以建立了以 ODS 和数据仓库为代表的数据平台，并开始建立一系列的数据标准和规范，通过数据平台解决了跨部门、跨业务、跨平台的数据整合。此时的数据处理技术以"小型机 + 关系数据库"为主，实施成本相对高昂，数据类型相对单一，平台的扩展能力也受到一定限制。

2. 基于分布式技术的大数据平台

2000 年之后，随着互联网技术的发展，数据开始呈指数级增长，传统的小型机体系已经无法满足海量数据的存储计算需求，对平台可扩展性的要求也越来越高。因此，以 Teradata 为代表的大规模并行处理架构（Massively Parallel Processing，MPP）的分布式数据库飞速发展，MPP 技术在保留了传统关系型数据库的特性同时，实现了数据处理能力的横向扩展，在金融、电信等行业得到了广泛应用。与此同时，以 GFS、MapReduce 为代表的新型分布式系统架构开始萌芽。2006 年 BigTable 论文的发表，标志着新的大数据时代的到来。

这个阶段的大数据平台以 MPP 数据库和 Hadoop 等分布式技术为核心。尤其是 2010 年以后，基于普通 PC 服务器的大数据平台系统成为市场主流，各类大数据技术都可以在廉价的服务器上部署，不再依赖于昂贵的小型机或者一体机设备，平台扩展能力和处理能力增强，数据存储和加工成本降低，进而推动了大数据技术和应用的快速发展。以中国建设银行为例，2004—2014 年的 10 年间，数据量由最初的 10 TB 增长到 1PB，而 2014—2020 年，数据量由 1PB 增长到 40PB。数据的分析方式也发生了相应的变化，由传统的固定报表逐渐转变为由业务人员自主查询和在线分析。在这个阶段，大数据平台主要以较为成熟的产品技术为主，由于各厂商或技术之间有较高的技术壁垒，跨技术体系的数据共享依然比较困难。

3. 基于云计算技术的大数据云平台

2015 年至今，在新一轮数字化技术发展浪潮的引领下，云计算作为"新基建"的重要组成部分得到了广泛重视，也为大数据技术发展带来了新的飞跃。

云计算为大数据提供了可以弹性扩展、相对便宜的存储空间和计算资源，使中小型企业也可以像大型企业一样通过云计算来完成大数据分析。并且，云计算实现了资源的弹性供给和按需配置，为企业尝试使用大数据技术进行创新提供了有效途径。此外，云计算技术实现了海量计算的技术标准统一，依托云计算的分布式处理、分布式数据库和云存储、虚拟化技术，使不同技术平台上的大数据更易于管理，更快速地被处理和分析。

此外，各类大数据技术开始主动改变自身的架构，积极云化。大数据技术已经从最早的强调"存储计算本地性"的理念演进到现在的强调"存储计算分离"的理念。主流的大数据技术组件都主动拥抱云原生，例如 Flink 和 Spark 都深度整合支持了 Kubernetes 集群，Kafka 也在不断探索云化框架，包括去掉 Zookeeper 的依赖等。正如一句古训，"顺之者昌，逆之者亡"，不适应云计算架构的大数据组件不断萎缩，云计算和大数据的融合发展将带来一次革命。

因此，新的大数据平台以云化转型作为关键，"云"的力量将赋予大数据平台更多的想象空间和整体性的提升。一是对平台功能进行全云化构建，实现了真正意义上的海量数据存储。随着算力和存储能力的增强，采用存储与计算分离的设计提升了资源供给的灵活度，以及不同计算引擎对数据的共享处理能力。二是优化了数据在平台上的开发流程，云化技术使大数据组件的部署和运行高度统一，能够在一个平台上完成所有加工，从而实现数据的端到端敏捷开发。三是云计算创造的以 SaaS 形式提供服务的全新模式有力地推动了开源软件的发展，在开源软件中，大数据是最热门的领域。在数以千计的开源技术中，云计算提供了丰富的大数据处理组件和技术，能够覆盖更多的数据采集、计算、存储、应用场景。

4. 核心价值

"大数据"由 20 世纪提出的一个朦胧的概念发展至今，已逐步摘掉面纱，特别是"十三五"时期，我国大数据产业取得了突破性的发展，产业规模年均增速超过25%，2020 年达到约 8 000 亿元，产业价值不断提升。大数据与各行业深度融合，金融大数据、医疗大数据、农业大数据等日渐成熟，这些都在潜移默化地影响着人们的生产和生活。大数据已经从"前沿技术"变为"重要应用"，发挥的价值愈加明显。这表明，大数据已经成为融入经济社会发展各领域的要素、资源、动力、观念。

如果"十三五"时期更多的是从新兴产业的角度看待大数据，那么"十四五"时期大数据已经在产业基础、产业链、产业生态等方面发展成数字化技术中的重要组成部分。特别是面向大数据的云计算技术、大数据计算框架等不断推出，新型大数据挖掘方法和算法大量出现，传统产业开始利用大数据实现转型升级。大数据技术进一步驱动企业决策由"经验依赖"向"数据依赖"转变，帮助企业更加科学地评价经营业绩、评估业务风险、配置企业资源、优化业务流程，引导企业业务健康发展。

在金融领域，银行、证券公司等金融机构普遍具有庞大的客户群体，有良好的数据基础。随着金融科技的发展，金融大数据在精准营销、反欺诈、反洗钱、普惠金融、供应链金融等领域得到了广泛应用。以某商业银行小微企业快贷业务为例，过去，针对通过专家规则生成符合贷款条件的小微企业客户白名单进行授信营销，成功率在10%~15%，一类快贷产品需要 30 余万次电话营销，一次电话营销总体成本为 7~8 元；现在，通过大数据分析企业资质、历史资产或交易等信息来优化营销名单，响应率由12% 提升到了 29.1%，实现呼出 60% 的电话量即可覆盖 93.4% 的响应客户，工作量及成本均降低了 40%。

在零售领域，随着电子商务的普及，在 PC、移动端积累的海量数据可以帮助企业全面分析客户行为，洞察客户需求，从而为客户提供更加优质的个性化服务。英国零售商博柏利（Burberry）集成了旗下实体店、网上商店、移动终端以及各大社交网站的数据，利用大数据技术，以前需要 5 小时才能完成的客户档案分析，现在 1 秒就能完成。门店销售人员能够在客户踏入店内时立即识别客户信息，了解客户过去的购买记录，并为其提供个性化建议，大大提升了客户体验。

在供应链管理领域，汽车供应链是相对复杂的，制造工艺、消费者需求、经济因素以及新的破坏性趋势的变化都会影响原材料、零件和整车的汽车供应链网络。目前，越来越多的汽车公司借助大数据分析优化企业订单、库存、物流等供应链管理流程，从而降低了成本，提高了利润。例如，捷豹路虎（Jaguar Land Rover，JLR）公司对其数百家供应商的零件数据进行建模分析，实现了销售订单的预测及计划制订。整个供应链模型的查询时间由过去的数周缩短至约 30 分钟，使公司能够及时应对消费偏好和市场条件变化对供应链的影响，从而最大限度地减少或避免了可能由供应商产生的损失。

在医疗领域，2020 年年初，由新型冠状病毒引发的肺炎疫情汹涌而至并持续蔓延，在举国上下的疫情防控中，大数据在疫情监测分析、人员管控、医疗救治、复工复产等方面都得到了广泛应用，并取得了巨大成效。例如，武汉利用海量多维度监控数据和人工智能识别技术，通过"控、防、查、看"手段，辅助疫情实时监测管控、出入口排查、重点人员追踪与溯源，实现社区、医院、超市等重点区域联防联控，在火神山医院、雷神山医院及 26 所方舱医院、29 所定点医院和 132 个隔离点进行了大规模应用，为武汉市打赢疫情防控阻击战提供了有力支撑。

第二节　如何构建大数据云平台

大数据技术日新月异，大数据平台也多种多样，每个企业应在众多技术中选择适合自身业务特点的技术，构建自己的大数据云平台。本节通过对大数据云平台调研，总结出构建大数据云平台的参考框架、技术理论、能力模型和技术组件。

一、参考框架

随着数据的快速膨胀，数据的处理能力和数据价值的快速释放越来越成为企业发展的重点，因此，越来越多的企业已经构建了自己的大数据云平台，每个企业都有特色业务，如阿里的电商、腾讯的社交等，相应地它们的大数据云平台框架就会有不同的侧重点。

1. 典型大数据云平台介绍

下面以阿里、腾讯、星环为例，简单介绍它们的大数据云平台。

（1）阿里云 MaxCompute

MaxCompute 是阿里云研发的大数据基础计算平台，主要应用于日志分析、机器学习、数据仓库、数据挖掘、商业智能等领域。

MaxCompute 基于阿里云的基础能力，以 SQL、MapReduce、Graph 等多种编程模型的数据处理方式，通过抽象的作业处理框架，为各种大数据处理任务提供统一的编程接口和界面，实现了多租户、水平扩展、数据高可靠等云化特性，支持高并发、高吞吐量的数据上传、下载，离线加工、机器学习等计算任务。在数据安全方面，支持基于 ACL 和 Policy 的用户权限管理，可以配置灵活的数据访问控制策略，防止数据越权访问，同时支持日志的跟踪审计。

其主要技术特点如下：

① 支持大规模集群及用户和高作业并发。单一集群规模可以达到 1 万台以上，支持同城多数据中心模式，能够根据用户的数据规模自动扩展集群的存储和计算能力。

② 数据存储安全。采用数据多副本、读写请求鉴权、应用沙箱、系统沙箱等多层次数据存储技术和访问安全机制来保护用户的数据，保证不丢失、不泄露。

③ 数据管理能力。支持数据生命周期管理，根据数据价值或标签实现数据存储的差异化，提高数据的综合价值。

④ 数据备份。对平台上的数据能够进行全量或增量备份，满足数据中心数据集群间的互备需求。

⑤ 权限控制。支持数据访问权限管理，包括登录权限、创建表权限、读写权限、白名单控制权限等。通过云管平台管理权限控制，提供集中统一的用户权限管理，将系统中各组件的权限管理功能集中呈现和管理，对管理员简化权限管理的操作方法，对普通用户屏蔽内部的权限管理细节，从而提升权限管理的易用性和用户体验。

⑥ 多用户协作。通过配置不同的数据访问策略，可以让不同的用户协同工作，每个人仅能访问自己权限许可内的数据，在保障数据安全的前提下提高工作效率。

（2）腾讯 TBDS

腾讯大数据处理套件（Tencent Big Data Suite，TBDS）集实时 / 离线场景高性能分析引擎、数据开发以及数据治理功能于一体，包括 Kafka、Spark、Flume、Zookeeper、Hive、Storm 等业界流行的开源大数据组件，以及腾讯自研的作业调度引擎组件、交互式查询框架组件，形成了数据接入、数据存储、数据计算、数据管理的一站式开发管理平台，用户可以根据不同的大数据处理需求进行实时数据开发、离线数据开发以及算法开发等工作。

主要技术特点如下：

① 海量数据处理。TBDS 支持底层万台机器的集群资源调度协调，以及 200PB 的超大海量数据存储、每天 15PB 离线数据处理和万亿条数据的实时计算任务。

② 扩展性。平台各类资源能够平行扩展，各组件一旦资源不足，能够在保证服务不中断或者短时间中断的前提下，通过新分配节点实现快速平行扩容。

③ 资源隔离。TBDS 提供了项目级别、租户组级别、用户级别以及功能组件级别

的多用户、多任务并行处理计算，解决了云化模式下多用户同时使用平台的需求。通过 TBDS，用户可以同时互不干扰地处理多项任务，不同项目和不同任务之间从资源层面完全隔离。

④ 兼容性。TBDS 涵盖大数据存储、离线大数据处理、实时流处理、权限控制、运维平台、统一的任务调度机制、第三方应用开发接口等大数据平台功能，兼容并支持其他异构大数据平台功能，无论是社区开源版本的大数据平台，还是第三方商业版本的大数据平台，都能够兼容和集成到 TBDS 中。

⑤ 易用性。TBDS 提供了丰富的数据分析工具，支持模块的拖曳和自由组合，数据处理流程符合业务处理习惯，从而提升了应用开发和使用的友好性、易用性以及操作的便利性。

（3）星环大数据云平台 TDH

星环大数据云平台（Transwarp Data Hub，TDH）是一款企业级 PaaS 平台产品，是用于提供云上大数据服务、云应用管理、数据资产管理、人工智能模型管理的统一平台。TDH 包括 5 类核心产品：分析型数据库（Transwarp Inceptor 和 Transwarp ArgoDB）、实时流计算引擎（Transwarp Slpstream）、知识库（Transwarp Search 和 Transwarp StellarDB）、操作型数据库（Transwarp Hyperbase）、数据科学平台（Tranwarp Discover）。

主要技术特点如下：

① TDH 主打 Hadoop 技术，支持从 GB 到 PB 级各类规模的复杂查询和分析，具有高度可扩展性，可以通过增加集群节点数量，线性提高系统的处理能力。

② 提供专门用于部署、管理和运维 TDH 集群的组件，支持产品一键安装、一键升级和图形化运维，并提供了预警和健康检测功能，简化了运维操作。

③ 基于闪存技术对 MPP 进行升级形成的高性能引擎 ArgoDB MPP 能够实现高性能的数据处理，使用该组件可以覆盖多种场景下大数据处理的需求。

④ 流处理组件在事件驱动计算的基础上支持 SQL、存储过程、CEP、规则引擎、流式计算、流式机器学习等复杂编程模型。

⑤ 全文搜索组件支持通过 SQL 实现大数据的全文搜索，利用层次化存储、堆外内存管理等创新性技术，提高了系统的可用性。

⑥ 图形化的大数据开发工具套件（包括数据整合工具 Transporter、数据建模工具 Rubik、报表工具 Pilot 等），提高了大数据的开发效率，降低了技术门槛。

⑦ 用于存储和计算结构化或非结构化数据的引擎能够存储日志记录、JSON 和 XML 文件以及二进制数据，支持高频次的数据入库和高并发精确检索。

⑧ 统一的安全、多租户管理组件实现集中的安全控制和资源管理，支持 Kerberos 和 LDAP 认证，可以做细粒度的权限控制，并且提供租户管理功能。

2. 大数据云平台参考架构

不同的企业有不同的平台规划，但在云计算体系下，大数据平台归属 PaaS 层，向下通过基础设施层（IaaS）获取资源供给（虚机和容器），向上支撑软件服务层（SaaS）进行应用开发，其大致的架构如图 2-2 所示。大数据平台在此基础上可以进一步细化为 I-PaaS 和 A-PaaS 两层。A-PaaS 趋向于 PaaS 和 SaaS 之间，从应用和数据层面入手，提供环境来实现基于云的快速应用程序开发工具和应用程序部署。I-PaaS 趋向于 IaaS 和 PaaS 之间，从存储计算资源入手，创建一个中心生态系统，用于查询、管理和修改所有数据和资源操作。因此，大数据平台的数据存储计算相关组件，如 MPP 数据库、Hadoop 分布式存储、图数据库等，归属 I-PaaS；数据处理相关的组件，如数据采集、数据可视化、数据挖掘、数据管理和数据计算等，归属 A-PaaS。通过对以上能力的自由组合，大数据云平台能够满足大数据处理的不同场景需求、快速开发和交付应用。

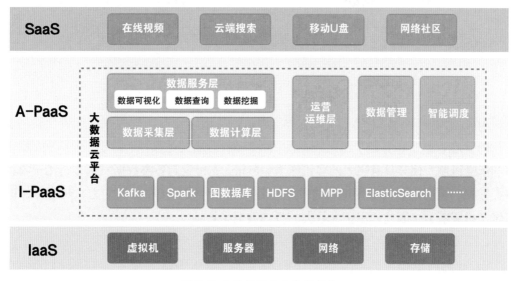

图 2-2　大数据云平台参考架构

二、技术理论

大数据技术日新月异，我们可以通过不同的技术构建大数据云平台，其技术产品如图 2-3 所示。

下面针对不同层次、具有代表性的技术进行介绍。

1. 数据采集技术

数据采集层的技术繁多，主要有文件数据采集、实时数据采集以及数据库之间数据的卸载、加载、同步等数据基层的技术。

图 2-3 大数据技术产品

（1）Flume

Apache Flume 是一个分布式、可靠、可用的服务，用于高效地收集、聚合和移动大量的日志数据，具有基于流式数据的简单灵活的架构。其可靠性机制及多种故障转移和恢复机制，使其具有强大的容错能力。Flume 支持定制各类数据发送方，用于收集各类数据，同时提供对数据进行简单处理并写到各种数据接收方的能力，具备良好的自定义扩展能力，因此常用于大数据的日志数据采集场景。

（2）Canal

Canal 是阿里巴巴的一个开源中间件项目，基于 Java 实现。Canal 模拟 MySQL Salve 的交互协议将自己伪装成 Salve 节点向 MySQL Master 发送 dump 协议，MySQL Master 收到 Canal 发送过来的 dump 请求，开始推送 binlog 日志给 Canal，Canal 监听 MySQL 的 binlog 日志，解析 binlog 并在本地回放 sql 语句。基于这个特性，Canal 能高性能地同步 MySQL 数据的变更。

（3）Sqoop

Apache Sqoop 是一款开源工具，主要用于 Hadoop 与关系型数据库（MySQL、PostgreSQL 等）之间进行批量数据的传输。Sqoop 专为大数据批量传输设计，底层将数据导入、导出的命令翻译成 MapReduce 程序，实现数据的抽取、转换和加载。MapReduce 的特性使得基于 Hadoop 的 Sqoop 具有高并发、高性能的数据传输、高数据容错性等特性，同时 Sqoop 支持自动转换数据类型。

（4）DataX

DataX 是一个开源的异构数据源离线同步工具，实现包括关系型数据库（如 MySQL、Oracle 等）、HDFS、Hive、HBase、FTP 等各种异构数据源之间的数据同步功能。DataX 作为离线数据同步框架，采用 Framework+Plugin 架构构建，将数据元读取和写入，抽象成 Reader/Writer 插件，纳入整个同步框架中。DataX 提供数据质量监控、数据转换、数据控制、数据容错等功能。

2. 数据存储技术

大数据云平台可以提供本地块存储、NAS、SAN、云硬盘、对象存储、分布式 HDFS、Ceph 等多类型的数据存储，平台管理的存储能够实现自动化、智能化，使存储效率提高，通过多副本机制高效保证数据安全，存储资源弹性伸缩，从而满足应用发展需求，降低运营成本。

其中，主要的大数据存储技术有对象存储和分布式存储。

（1）对象存储

对象存储（Object-based Storage）是一种新的网络存储，可提供基于分布式系统之上的对象形式的数据存储服务，是大数据生态圈的一个新的技术领域。对于对象存储而言，它既有 SAN 存储的优点，即高速直接访问存储设备上的数据，又有 NAS 的优点，即数据可以分布式存储、共享，从而实现了高性能、高可靠性的跨平台数据存储共享体系结构，特别容易进行扩展。和传统的存储形态不同，对象存储的核心是将控制流（元数据记录）与数据流（数据读写）分离，控制端只负责记录元数据，而由每个对象存储设备自行管理其上的数据分布，并完成读写过程，它提供 RESTful API 数据读写接口及丰富的 SDK 接口，并且以网络服务的形式提供数据的访问。

目前的对象存储技术分为两大阵营，即开源产品与商业化产品。其中，开源产品以 Ceph、OpenIO、Swift 为主；商业化产品则以各家存储企业以及云厂商推出的对象存储方案为主，如腾讯云 COS、阿里云 OSS、华为云 OBS 等。

（2）分布式存储

分布式存储是将分散在多个存储服务器上的存储资源构成一个虚拟的存储设备，简单地说，是通过网络使用每台存储服务器上的磁盘空间，并将这些分散的存储资源构成一个虚拟的存储设备。

分布式存储最早由谷歌提出，旨在通过廉价的服务器来提供大规模、高并发的 Web 访问。该技术采用可扩展的系统结构，利用多台存储服务器分担存储负荷，利用位置服务器定位存储信息。这不仅提高了系统的可靠性、可用性和存取效率，还易于扩展。打个比方，如果把数据比作一个人，存储比作客车，那么，传统存储就是用客车运输人，一到春运，客车不够了，就只能采用火车进行运输，火车采用一节一节的车厢运输，就是分布式存储。

大数据平台上最常用的分布式存储技术是 HDFS（Hadoop Distributed File System）。HDFS 是作为 Google File System（GFS）的实现，是 Hadoop 项目的核心，是分布式计算中数据存储管理的基础。HDFS 是基于流数据模式访问和处理超大文件的需求而开发的，可以运行于廉价的商用服务器上，具有高容错、高可靠性、高可扩展性、高获得性、高吞吐率等海量数据处理特性。

HDFS 使用 Master 和 Slave 结构对集群进行管理。一般一个 HDFS 集群由一个 NameNode 和一定数目的 DataNode 组成。NameNode 是 HDFS 集群主节点，DataNode 是 HDFS 集群从节点，两种节点各司其职，共同协调完成分布式的文件存储服务。

3. 计算资源管理技术

计算资源管理是实现多种计算引擎协同工作的基础，也是大数据平台云化构建的基础，资源管理的主要技术是 YARN 和 Kubernetes。

（1）YARN

YARN（Yet Another Resource Negotiator，另一种资源协调者）是 Hadoop 系统中的资源管理器，它是一个通用资源管理系统，可为上层应用提供统一的资源管理和调度，它的引入为集群在利用率、资源统一管理和数据共享等方面带来了巨大好处。通过 YARN，用户可以运行和管理同一个物理集群机上的多种作业，如 Spark 批处理和 Flink 流计算处理作业，这样可以对相同的数据进行不同类型的数据处理。

YARN 的基本思想是将 JobTracker 的两个主要功能（资源管理和作业调度/监控）分离，主要方法是创建一个全局的 ResourceManager（RM）和若干个针对应用程序的 ApplicationMaster（AM），这里的应用程序是指传统的 MapReduce 作业或作业的 DAG（有向无环图）。

YARN 分层结构的本质是 RM，这个实体控制整个集群并负责管理应用程序向基础计算资源的分配。RM 将各个资源部分（计算、内存、带宽等）安排给基础 NodeManager（YARN 的每节点代理）。RM 还与 AM 一起分配资源，与 NodeManager 一起启动和监视它们的基础应用程序。

AM 管理在 YARN 内运行的应用程序的每个实例，还负责协调来自 RM 的资源，并通过 NodeManager 监视容器的执行和资源的使用（CPU、内存等的资源分配）。从 YARN 的角度讲，AM 是用户代码，因此存在潜在的安全问题，YARN 假设 AM 存在错误甚至是恶意的，因此将它们当作无特权的代码对待。

NodeManager 管理 YARN 集群中的每个节点。NodeManager 提供针对集群中每个节点的服务，从对一个容器的终生管理进行监督到监视资源和跟踪节点健康。NodeManager 管理抽象容器，这些容器代表着可供一个特定应用程序使用的针对每个节点的资源。YARN 使用 HDFS 层，它的主要 NameNode 用于元数据服务，而 DataNode 用于分散在一个集群中的复制存储服务。

（2）Kubernetes

Kubernetes 作为一种容器集群管理工具，其创建之初的核心功能就是资源调度。Kubernetes 通过统计整体平台的资源使用情况，合理地将资源分配给容器使用，并且保证容器生命周期内有足够的资源运行。在 Kubernetes 中，通过 Node 和 Pod 进行资源的使用，Node 是节点，是对集群资源的抽象。Pod 是对容器的封装。Node 提供资源，Pod 使用资源。Kubernetes 是云原生的基础技术。

4. 数据处理技术

国内大数据平台数据处理产品有百度的 Pingo、阿里的 DataWorks、腾讯的 TBDS、华为的 DataIDE 和金山的 DataCloud 等，下面以 BAT（指百度公司、阿里巴巴集团、腾讯公司三大互联网公司）产品为例进行介绍。

Pingo 是百度云上提供的批量和流式数据处理系统，它在弹性计算资源管理和改进的数据访问管理层之上，运行优化的 Spark 计算引擎，提供 SQL 分析和 DataFrame API，支持低延时的批量数据和流式数据的加工和处理，对外提供 REST Service 任务执行接口。

DataWorks 是阿里云重要的 PaaS 平台产品，提供数据集成、数据开发、数据地图、数据质量和数据服务等全方位的产品服务、一站式开发管理的界面。DataWorks 基于 MaxCompute、实时计算、E-MapReduce 和交互式分析等计算引擎服务，提供海量数据的离线加工分析、数据挖掘等功能。

TBDS 提供了多种高性能的分析引擎，以应对实时流数据处理、离线批数据分析、实时多维分析等海量数据分析场景。此外，TBDS 还提供了全链路的数据开发以及数据治理服务，帮助提升大数据开发效率。

以上产品有一个共同的特点，即提供离线计算和流计算的开发能力。

（1）离线计算

离线计算是在输入数据不会产生变化且在解决问题后立即得出结果的前提下进行的计算。离线计算具有以下特点：数据量巨大，保存时间长；在大量数据上进行复杂的批量运算；数据在计算之前已经完全到位，不会发生变化；能够方便地查询计算结果。目前主流的离线计算框架有 MapReduce、Spark 和 MPP。

① MapReduce。MapReduce 是一个基于谷歌发布的 MapReduce 论文开源实现的并行计算框架，该框架把复杂的并行计算抽象为 Map 和 Reduce 两个阶段，用户开发应用时无须关注一系列复杂的分布式计算问题，如任务调度、资源分配、容错和数据分片等，只需重点关注如何把要解决的问题转换为一系列 Map 和 Reduce 操作。MapReduce 是离线批量计算的代表，采用移动计算优于移动数据的理念，计算任务通常直接在 HDFS 的 DataNode 上运行，这样不仅避免了数据的移动，而且采用并行计算的方式，大大减少了数据处理所需的时间。

② Spark。Spark 是一种基于内存的开源计算框架，将迭代过程的中间数据缓存到

内存中，根据需要，多次重复使用，从而减少了硬盘读写，能够将多个操作进行合并后计算，因此提升了计算速度。Spark 的 DAG 特性让计算任务的编排变得更为细致紧密，使得很多 MapReduce 任务中需要落盘的操作得以在内存中直接参与后续的运算，在大多数情况下可以减少磁盘读写。如果计算不涉及与其他节点进行数据交换，Spark 可以在内存中一次性完成所有操作，大幅提升计算的效率。

③ MPP。MPP 即大规模并行处理框架，其原理是将任务并行地分散到多个服务器和节点上，在每个节点计算完成后，将节点计算的结果汇总成最终的结果。MPP 框架以 MPP 类型数据库为主要载体。MPP 数据库是目前金融业使用最为广泛的大数据计算引擎。MPP 数据库采用 Share Nothing 的分布式架构，如图 2-4 所示。这种架构将在多台服务器上运行的独立数据库实例进行统筹管理，形成一个大的数据库，统一对外服务。所有提交的任务都会并行地分散到所有计算服务器和节点上，在每个节点计算完成后，再将各自部分的结果汇总在一起，得到最终的结果。这样，MPP 架构就将原来只能在一台服务器上运行的作业分布到几十乃至上百台服务器上，计算能力相比单机有了极大的提升。

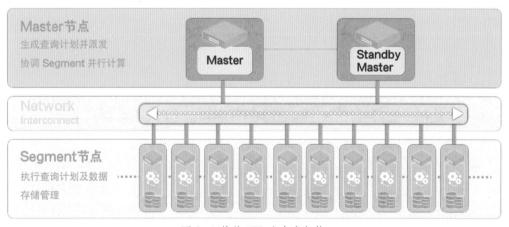

图 2-4 传统 MPP 分布式架构

但是，这种 MPP 架构有如下缺点：一是由于 MPP 架构中节点间通信和交互管理的特点，单个 MPP 集群的并发能力和可扩展性受限。当单集群规模达到上百台后，就很难再进行扩展，若需要进一步提升并发和计算能力，只能通过集群拆分进行分库分表，进而造成数据冗余和资源浪费。二是计算与存储不分离，导致计算和存储资源绑定在一起，无论是计算资源不足还是存储资源不足，都要对两者同时进行扩容，造成了资源的浪费；另外，计算存储耦合，其他 MPP 集群以及一些外部引擎难以访问存储数据。三是采用物理机部署架构（非云原生），资源的分配调度不灵活。无论是集群创建，还是升级、扩容等，操作复杂且耗时很长，给用户带来了较高的运维成本。四是木桶效应明显，当一台服务器发生故障时，整个集群的性能会显著下降，进而影响作业的运行效率。

为了解决以上问题，利用云计算技术对传统 MPP 进行增强，实现计算、存储、元数据分离的架构，支持跨集群数据共享，单机群规模达到上千节点，支持 PB 级数据存储，具备高并发、高扩展性、资源动态伸缩、故障自动恢复等能力，为超大规模数据仓库的建设提供基础。

图 2-5 是云化存储计算分离 MPP 数据库的架构图。它主要分为管理模块和用户模块。其中，管理模块的管理控制台负责资源调度、服务启停、监控告警等；用户模块包括 3 个部分，即元数据集群、计算集群、共享存储。元数据集群负责元数据的存储、访问和事务控制等。中间的计算集群是云化 MPP 的无状态计算服务层，通过创建一个个共享数据的计算集群，实现计算能力的横向扩展（图 2-6），为用户提供海量数据的

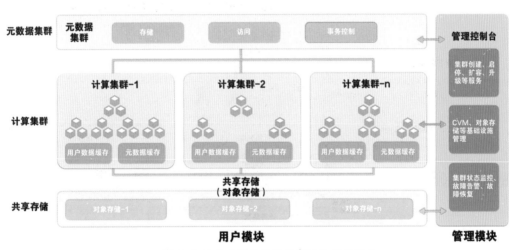

图 2-5 云化存储计算分离 MPP 数据库架构

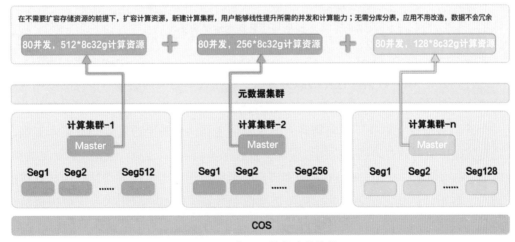

图 2-6 云化 MPP 数据库的扩展

高并发计算能力。最底层的共享存储负责用户数据的持久化存储和访问。由于在共享存储上数据是远程访问，效率相对较低，因此在每个计算节点上创建缓存服务，能大大提升数据的访问效率。

云化 MPP 数据库采用的是云原生架构设计，所有计算资源均通过调用 IaaS 接口创建或销毁。由于计算层的所有服务为无状态服务，不会对应用或者数据产生影响。同时，云化 MPP 数据库的数据分布映射采用了一致性 Hash 算法，最大限度地避免了因为节点创建或者销毁所带来的数据重分布。用户可以根据应用或者运维需求，灵活地完成计算集群的扩容、缩容、升级和故障隔离恢复等操作，如图 2-7 所示。

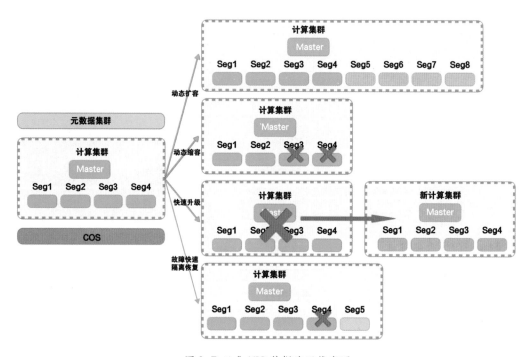

图 2-7 云化 MPP 数据库运维变更

此外，云化 MPP 数据库这样的服务分层、数据共享的架构能够对传统的数据应用进行简化和优化。如图 2-8 左边所示，采用传统的 MPP 数据库，每个应用需要各自建立一个甚至多个独立集群，不同集群间的数据传递和共享需要通过复制数据来实现，无论是数据库集群的管理还是应用数据的一致性保障，都极其复杂，且造成了资源浪费。如图 2-8 右边所示，采用云化 MPP 数据库后，各个应用可以搭建并在独立的计算集群上运行，各个计算集群间数据共享时不需要复制数据。同时，应用作业可以根据负载情况，灵活地调度到不同的集群，或者动态地对某个计算集群进行扩/缩容，提高了应用的灵活度以及资源的利用率。

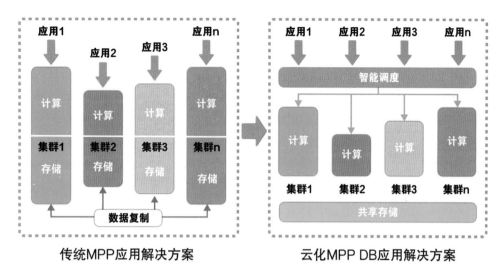

图 2-8 云化 MPP 数据库的应用解决方案

（2）流计算

流计算与离线计算不同，当数据产生后需要立即进行处理。流数据源源不断地持续生成，以事件的方式传送。例如，在金融行业中，用户查看了哪个理财产品，明细点击了几次等都会产生流数据。流计算即是面向流数据的计算，由于数据是实时且持续的，将按照其发生的顺序发送至流引擎进行计算。所以，流计算引擎系统具有低延迟、可扩展、高可靠的特点。目前，主流的流计算引擎有以下 3 个。

① Apache Storm。Apache Storm 是一个分布式实时流式数据处理引擎。Storm 设计用于在容错和水平可扩展方法中处理大量数据。Strom 的计算模型通过拓扑的计算模型实现，是与 MapReduce 类似的分布式计算模型，但与 MapReduce 不同的是，MapReduce 是以作业形式提交，最终会结束，而 Storm 会一直执行下去。一个拓扑结构包含 Spout 和 Bolt 两种角色，Spout 是数据的起点，Bolt 则是数据处理的核心，是实现业务逻辑的关键节点。Storm 在早期的大数据平台使用较多，非常成熟，侧重于极低延迟的流处理场景。

② Spark Streaming。Spark Streaming 是流式处理框架，是 Spark 的扩展，支持可扩展、高吞吐量、容错的数据流处理，处理后的数据可以存放在文件系统或数据库中，方便后续加工，并提供类 SQL（StreamCQL）的查询语言。它将原始数据分片后装载到集群中计算，对于数据量不是很大、过程不是很复杂的计算，可以在秒级甚至毫秒级内完成处理。Spark Streaming 利用了 Spark 的分片和快速计算的特性，将实时传输进来的数据按照时间进行分段，然后合并一起，再提交给 Spark 处理。

③ Flink。Flink 是一个针对流数据和批数据的分布式处理引擎和框架，用于处理有界的批量数据集和无界的实时数据集。Flink 的主要场景是流数据，批数据只是流数

据的一个极限特例，所以 Flink 也是一款流批统一的计算引擎，业界也将其作为新一代的大数据计算引擎。Flink 对事件和状态的精确控制实现了在无限制的流上运行任何类型的应用程序。有界流由专门为固定大小的数据集设计的算法和数据结构在内部进行处理。Flink 的核心计算框架是 Flink Runtime 执行引擎，它能够接受数据流程序并在一台或多台机器上以容错方式执行。Flink Runtime 执行引擎可以作为 YARN 的应用程序在集群上运行，也可以在单机上运行（对于调试 Flink 应用程序来说非常有用）。Flink 提供了面向流式处理的接口和面向批处理的接口，以及用于流处理的 DataStream API 和用于批处理的 DataSet API。Flink 能够运行任何规模的有状态流应用程序，将应用程序并行化为可能在集群中分布并同时执行的数千个任务。并且，Flink 易于维护非常大的应用程序状态，它的异步和增量检查点算法可确保对处理延迟的影响降至最低，同时保证状态一致性。

5. 数据可视化技术

数据可视化技术有众多的商业产品和开源技术，每种技术都有特色，无法做到统一的标准。因此，大数据平台在集成各种技术时，建议以托管方式为主，保证原来技术的完整性。

（1）帆软 FineReport 和 FineBI

帆软是国内知名的数据可视化产品，主要包括 FineReport 和 FineBI 两个组件。FineReport 用于报表制作，包括报表的多样展示、交互分析、数据录入、权限管理、定时调度、打印输出、门户管理、大屏展示等。借助 FineReport 的无代码技术，开发人员可以构建数据分析展示系统。FineBI 用于自助大数据分析，凭借帆软的数据引擎、自动建模等技术，用户只需在仪表板中拖曳操作，便能制作出数据可视化信息，进行数据钻取、联动和过滤操作，自由地对数据进行分析和探索。

FineReport 和 FineBI 的使用对象和目的不同，FineReport 着重于短期的运作支持，用来产生固定格式的周报、月报等；而 FineBI 主要面向业务人员自行设计报表进行分析，偏向于自主分析辅助决策，关注长期的战略决策。

（2）达芬奇（Davinci）

Davinci 是一款国产开源可视化软件，围绕"数据视图"和"可视组件"两个核心概念设计，提供 DVaaS（Data Visualization as a Service）平台解决方案，面向业务人员、数据工程师、数据分析师、数据科学家。Davinci 支持多种可视化功能，提供一站式数据可视化技术。其既可作为公有云、私有云独立使用，也可作为可视化插件集成到第三方系统，并提供强大的定制化能力，使其和第三方系统融为一体。

（3）iChartjs

iChartjs 是一款基于 HTML5 的国产图形库，使用 JavaScript 语言，利用 HTML5 的 Canvas 标签绘制各式图形。iChartjs 致力于为 Web 应用提供简单、直观、可交互的体验级图表组件，是 Web 图表展示的解决方案。

iChartjs 作为一个轻量级的 JavaScript 组件，提供各种 API 以及多种样式的图表和图形，能够快速构建图表并可跨平台使用。iChartjs 有很多不同的图表类型，用户可以定制适合自己网站主题和颜色的方案。

6. 数据挖掘技术

大数据平台的数据挖掘技术支撑用户对大数据的高阶分析，主要采用的技术有以下 3 种。

（1）Jupyter

Jupyter 是一个开源软件，通过 10 多种编程语言实现大数据可视化分析和开发的实时协作。它的界面包含代码输入窗口，通过运行输入的代码和基于所选择的可视化技术提供视觉可读的图像。Jupyter 还能与 Spark 等框架进行交互。对不同输入源的大量数据进行处理时，Jupyter 能够提供一个全能的解决方案。

（2）R 语言

R 语言由奥克兰大学统计系的 Robert Gentleman 和 Ross Ihaka 共同开发，并在 1993 年首次亮相。其具备灵活的数据操作、高效的向量化运算、优秀的数据可视化等优点，受到用户的广泛欢迎。同时，它也是一款优秀的数据挖掘工具，用户可以借助第三方扩展包，实现各种数据挖掘算法的落地。

（3）Python

Python 是由荷兰人 Guido van Rossum 于 1989 年发明的，并在 1991 年首次公开发行。它是一款简单易学的编程类工具，其编写的代码具有简洁性、易读性和易维护性等优点，受到广大用户的青睐。其原本主要应用于系统维护和网页开发，但随着大数据时代的到来，数据挖掘、机器学习、人工智能等技术促使 Python 进入数据科学的领域。Python 拥有各种第三方模块，用户可以利用这些模块完成数据科学中的各类任务。例如，Pandas、Statsmodels、Scipy 等模块用于数据处理和统计分析，Matplotlib、Seaborn、Bokeh 等模块实现数据的可视化功能，Sklearn、PyML、Keras、Tensorflow 等模块用于数据挖掘、深度学习等场景。

7. 数据服务技术

数据服务提供统一的查询，屏蔽底层的技术差异，相关的技术产品有 Kylin、Presto、Spark SQL 等。

（1）Kylin

Apache Kylin 是一个开源的分布式分析引擎，提供 Hadoop 之上的 SQL 查询接口及多维分析（OLAP）能力以支持超大规模数据，最初由 eBay 开发并贡献至开源社区。它能在亚秒级内查询海量数据，主要用于支持大数据生态圈的数据分析业务。Kylin 通过预计算的方式，为海量数据集定义数据模型，构建立方体（Cube），进行数据

的预计算。

（2）Presto

Presto 是由 Facebook 开源的 MPP 架构的开源 SQL 查询引擎，适用于交互式分析查询，支持 GB~PB 级数据量。Presto 本身并不存储数据，但是可以接入多种数据源，并且支持跨数据源的查询。

Presto 支持的数据源包括常见的关系型数据库（如 Oracle、MySQL、MPP），以及大数据存储计算引擎（如 Hive、HBase、Kudu、Kafka 等）。Presto 是基于内存的 OLAP 分析工具，具有高并发、低延迟的特点。

（3）Spark SQL

Spark SQL 是 Spark 中用于结构化数据处理的模块，能够在 Spark SQL 中执行标准的 SQL 语句，数据既可以来自本身的分布式数据集（RDD），也可以是 Hive、HDFS、Cassandra 等外部数据源，还可以是 JSON 格式的数据。Spark SQL 可以融合多种数据源，同时实现了关系查询和复杂分析算法，其特点如下。

① 集成。Spark SQL 允许将结构化数据作为 Spark 中的分布式数据集进行查询，并在 Python、Scala 和 Java 中集成了 API，这种集成可以实现 SQL 查询与 Spark 程序混合。

② 统一数据访问。Spark SQL 提供了一个有效处理结构化数据的单一接口，可以加载和查询各种来源的数据。

③ 兼容 Hive。Spark SQL 重用了 Hive 前端和 MetaStore，提供与现有 Hive 数据查询和 UDF 完全的兼容性。此外，Spark SQL 支持标准的 JDBC 和 ODBC 连接。

④ 可扩展性。Spark SQL 利用 RDD 模型支持交互式查询和长查询等不同的引擎，使其能够扩展到大型、复杂的作业。

8. 数据管理技术

目前，数据管理技术有 Apache Atlas、LinkedIn Datahub 等。

（1）Apache Atlas

Apache Atlas 是 Hadoop 社区为解决 Hadoop 生态系统的元数据治理问题而开发的开源项目，它为 Hadoop 集群提供了包括数据分类、集中策略引擎、数据血缘、安全和生命周期管理在内的元数据治理核心能力。Atlas 提供开放的元数据管理和治理能力，以建立数据资产目录的方式，对这些资产进行分类和管理，并为数据科学家、分析师和数据治理团队提供围绕这些数据资产的协作能力。Atlas 还支持横向海量扩展，具有良好的集成能力，因而得到了广泛的应用。

（2）LinkedIn Datahub

LinkedIn Datahub 是 LinkedIn 公司为了方便员工发现公司内部数据、跟踪数据集移动、查看各种内部工具和服务的动向而开发的数据发现和管理工具。它从不同的源系统中采集元数据，并进行标准化和建模，从而作为元数据仓库实现血缘分析。Datahub

由 LinkedIn 开源，主要在 LinkedIn 内部使用，外部应用较少。

9. 智能调度技术

智能调度包括任务调度、资源调度和数据调度。任务调度关注在正确的时间点启动正确的任务，确保任务按照正确的依赖关系准确执行；资源调度关注底层物理资源的分配管理，目标是最大化利用集群机器 CPU、磁盘、网络等存储与计算资源；数据调度关注数据的使用频率与数据分布，目标是合理高效地使用数据。目前主流的调度技术有以下两种。

（1）Oozie

Oozie 是 Cloudera 公司贡献给 Apache 的一个管理 Apache Hadoop 作业的工作流调度系统，提供对 Hadoop MapReduce、Pig Jobs 的任务调度与协调。Oozie 需要部署到 Java Servlet 容器中运行，主要用于定时调度任务，在多任务的情况下也可以按照逻辑顺序进行调度，与 Hadoop 生态圈及其他部分集成在一起，支持多种类型的 Hadoop 作业，以及特定系统的工作（如 Java 程序、Shell 脚本等），具有可伸缩、高可用和可扩展的特点。

（2）Zeus

Zeus 是阿里巴巴开源的一款分布式 Hadoop 作业调度工具，支持多机器的水平扩展，一台机器为一个节点，由 Master 节点分发任务至不同的 Worker，实现任务的分布式调度。Zeus 支持 Hadoop MapReduce 任务、Hive 作业和 Shell 脚本等作业调度。此外，Zeus 不仅可以执行独立的任务调度，还支持任务之间的依赖调度。

三、能力模型

大数据云平台处理的对象是海量数据，其特点是来源多，类型杂，体量大，既有离线批处理需求，也有时效性要求高的流计算需求。因此，在对大数据云平台进行能力设计时，需要面对如何高效地对多数据源、异构数据进行采集，如何对大规模数据量的数据进行高效的数据加工集成，如何高效且较低成本地存储海量数据，如何便捷地管理数据并保障数据安全等一系列问题。从数据加工价值链的相关环节和技术来看，大数据云平台主要包括数据采集、数据存储、数据处理和分析 3 个部分。

数据采集是大数据处理的起点，麦肯锡的一个调查表明，在医疗、零售等领域，没有被采集的数据多达 99.4%。虽然金融数据的采集比例较高，但实际上仍有大量信息没有被获取。因此，如何获取更多的信息是大数据平台的关键技术之一。

数据采集后需要存储，面对各式各样的数据，需要不同的存储技术把不同类型的数据有效地存储起来。

大数据处理的本质是要整合分析各类数据，以发现更有用的信息。石油被称为"工业血液"，不仅在于它是重要的燃料，还在于它能被提炼加工成各种产品。大数据作为信息时代的"石油"，同样需要"深加工"，如此才能充分挖掘它的潜力。

此外，在传统的数据加工架构的基础上，大数据云平台在功能设计上还需要在以下三个方面进行增强。

一是支持不同的数据时效性。根据不同系统与不同业务数据的业务特性，支持应用根据不同的时效性需求对数据进行采集与处理。同时，数据不但要从内部交易系统获取，还要考虑现代数据分析仍依赖各类外部数据的问题，因此必须提供网络爬虫、第三方数据接口等数据获取方式。

二是进行统一的数据传输平台建设，同时针对前台系统与后端系统对数据交换方式的时效性与数据量差异，从数据量、时效性、数据形态等多维度进行考量，规划数据交换系统功能。

三是有专业的大数据分析工具。不同业务对各自领域的数据分析能力都有很多个性化的需求，如开源的 Python、R 等分析语言与 SmartBI、JasperReports 等可视化工具可以展现传统 BI 环境下难以分析的内容，并在不同的硬件、操作系统环境中跨平台部署。

通过对数据加工处理能力以及应用特性的抽象和总结，企业级大数据云平台应该具备以下 8 个方面的基础能力，如图 2-9 所示。

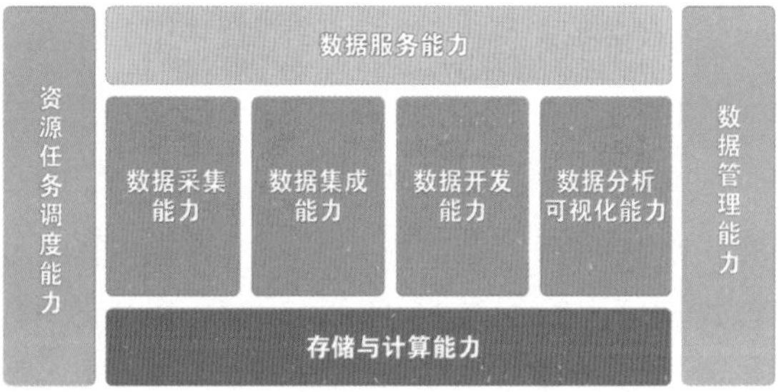

图 2-9 企业级大数据云平台的基础能力

（1）存储与计算能力

存储与计算能力可以满足大数据处理所需的基础资源需求，包括对结构化、半结构化、非结构化多种类型的数据存储，以及离线计算、流计算、图计算等多种计算引擎。为保证平台具备灵活的扩展性，在云计算的环境下，该能力应采用"存储计算分离"模式实现。

（2）资源任务调度能力

资源任务调度能力利用云计算的虚拟化、容器化等技术，实现计算资源的灵活编排、任务的智能分发和运行，以及数据按照业务场景的高效访问，为大数据云平台提供资源调度、作业调度、数据调度，确保高效的资源配置及作业执行。

（3）数据管理能力

数据管理能力是大数据云平台的核心能力，对数据在平台内流动提供全流程的管理、分析及可视化服务，包括元数据的实时接入、数据权限、数据血缘等功能，精细化控制数据的流动，实现以元数据为驱动的数据资产管理框架。

（4）数据采集能力

数据采集能力可以实现多渠道（公有云、私有云）、多类型（结构化、非结构化）、多种方式（批量、实时）的数据采集，支持灵活、高效、配置化的操作，满足个性化的数据采集需求。

（5）数据集成能力

数据集成能力能够提供不同数据类型、跨异构系统的数据检核、转换、同步、整合等能力，为用户提供交互式、配置化的数据集成方式，降低数据加工门槛。

（6）数据开发能力

数据开发能力为开发人员提供端到端集成开发环境，支持批量数据、实时数据、图数据等多类型数据的开发，实现从开发、测试到部署全流程服务，满足应用的敏捷发布部署需求。

（7）数据分析可视化能力

数据分析可视化能力提供易用的数据分析挖掘环境，既能满足传统的多维分析，又能支持基于人工智能算法的深度挖掘。同时，提供丰富的图表可视化形式，以更直观的方式让用户洞察数据价值。

（8）数据服务能力

数据服务能力通过统一的数据访问接口，屏蔽数据存储和处理技术的差异，将数据以服务的形式发布，增强数据的开放性和服务的标准化，为平台数据和外部应用的连接提供保障。

四、技术组件

大数据云平台基于大数据技术，结合能力模型进行能力建设，其九大组件及各组件能力如图 2-10 所示。

图 2-10 大数据云平台技术组件

1.数据采集组件

大数据云平台的首要任务就是数据接入,随着时间和业务的变化,数据来源不断发生变化,从原来的企业内部系统逐渐扩大到从企业外部获取数据,如互联网数据、第三方购买的数据,这些数据都需要接入大数据云平台,这就需要平台提供统一的数据接入技术,即数据采集组件。

数据采集组件不仅要支持从多种不同类型的数据源采集数据,还要考虑数据采集的时效性。比较典型的有批量数据采集、流式数据采集、报文采集、统一采集管理。

(1)批量数据采集

批量数据采集是将外部文件采集到大数据云平台的存储上。批量数据采集分为文件推送和文件拉取。文件推送是从云外通过客户端(Agent)主动将文件推送进平台,文件拉取指平台主动到数据源的文件服务器拉取文件。批量数据采集适用于先存储后计算,对实时性要求不高,但对数据的准确性、全面性有严格要求的应用场景。

(2)流式数据采集

流式数据采集是将实时数据采集进大数据云平台。采集的数据源包括文件、消息队列、数据库等。流式数据采集支持 API 和自定义 Source,适用于对数据实时性要求高的场景。

(3)报文采集

报文采集通过 API 采集数据,包括交易流程配置和交易流程日志查询两部分,通过在报文采集模块中配置具体的交易,包括入参、出参、交易流程、协议等,将配置好的交易提供给第三方调用,然后返回数据。

(4)统一采集管理

为了支持上述不同类型的采集任务,平台可以通过统一管理的方式进行任务管控,包括创建数据采集任务、查询采集任务状态、采集任务启动与停止、采集状态上报等功能。

2.数据集成组件

数据集成组件是大数据云平台用于数据转换、加工、检核的数据 ETL 套件,能实现数据的整合、不同存储引擎间的数据同步、不同类型数据的数据加工等操作,覆盖大数据云平台中大部分数据转存和计算场景。

数据集成组件提供全方位的数据同步和计算能力,支持 MPP、Kafka、Hive、对象存储、Redis、HBase、MySQL 等多种数据源,提供同源、异源结构化和半结构化数据的同步、加工、转换、整合功能,以及离线计算、自定义函数系统,适配多种计算引擎。

数据集成组件主要包含以下三大工具模块:数据检核、数据同步和数据整合。

(1)数据检核

在处理数据之前,需要对不符合要求的数据,例如缺失值、异常值、重复数据,进行检核。检核包含技术检核和业务检核两类。数据检核工具执行配置的检核规则，实现数据的清洗、检核。

（2）数据同步

数据同步能在不同数据存储引擎间进行数据交换，支持对数据进行加解密、脱敏、标准化、分隔符替换、字符集转换、字段筛选，以及对数据文件进行拆分、合并等操作，能实现从源端到目标端数据的加载、卸载、复制。

（3）数据整合

大数据云平台数据来源众多，需要将不同来源的新旧数据进行加工，形成每天全量或切片数据，这需要用到数据整合工具。数据整合工具支持各种加工算法，如增量切片算法、全量切片算法、拉链算法、时点快照算法及数据表拆分等，便于整合分散的数据资产。

3. 存储与计算组件

存储与计算组件具有数据存储和数据计算的能力。

（1）数据存储

为满足多样化的数据存储要求，如日志、图片、文本、视频等结构化、半结构化和非结构化数据，大数据平台应提供海量及多类型的数据存储能力，如对象存储、分布式存储、云存储等。大数据云平台处于 PaaS 层，提供的存储技术多以数据库为主，例如关系型数据库（如 Oracle、MySQL、PostgreSQL 等）、分布式数据库（如 Hive、Greenplum）以及 NoSQL 数据库（如 Redis、ElasticSearch、HBase 等）。

同时，由于平台云化的特性，数据存储的技术也必须具备云化的特性，特别是弹性扩展、数据高可用以及提供多种接口供上层应用访问的能力，以满足不同技术对存储的访问以及应用业务连续性建设的需求。

（2）数据计算

在大数据处理中，海量数据处理无法由单台计算机完成，只能通过计算机集群模式以分布式完成计算任务。而在分布式环境中进行大数据处理，除了对存储的访问，还涉及计算任务的分发、计算负荷的分配、计算机集群之间的数据迁移等，并且要考虑计算机或网络发生故障时的数据安全，情况比单机环境要复杂得多。

如果说分布式存储解决的是大规模数据高效存储的问题，那么分布式计算则解决大规模数据高效处理的问题。分布式计算可以提高程序性能，实现高效的批量数据处理，分布式程序在大规模计算机集群（廉价的服务器）上运行，可以并行执行大规模数据处理任务，从而获得强大的计算能力。

大数据云平台的计算能力能够为海量数据处理提供强大的算力，满足不同场景计算时效的需求，并能适配多种计算引擎，提供批计算（如 Hadoop、Spark、MPP 等）、流计算（如 Spark Streaming、Flink 等）和图计算（如 Neo4j 等）能力。

4. 数据开发组件

在大数据开发过程中，随着开源技术的发展，数据开发技术日新月异，经常会遇到多种多样的开发语言，如 Java、Scala、Python、Go、SQL 等。有些开发语言的学习成本较高，对开发人员的技能要求也较高。而且，不同的业务系统在进行数据开发应用时，使用的技术也不尽相同，这就需要一个统一的大数据开发环境，支持多种开发技术，满足不同应用的开发需求。

数据开发是大数据云平台的重要组件之一，提供端到端的大数据 IDE 开发环境，实现开发、测试、部署全流程服务，支持多种计算和存储引擎服务（包括离线计算、数据集成、实时计算、图计算等），提供数据传输、转换和集成等操作，从不同的数据存储接入数据并进行转化（包括在线创建解决方案、函数、作业流），具有脚本开发、资源上传等功能，以满足个性化的数据开发需求，进而降低开发门槛，提高开发效率。

数据开发人员基于数据开发组件，实现流计算任务、离线计算任务、图计算任务的开发，通过对作业流的编排，使之进行合理的任务执行，开发过程中提供任务版本管理，便于对开发的任务进行管理，如任务的开发、测试、发布等。数据开发有以下 4 个特点。

（1）集成开发环境

大数据云平台具有离线数据、流式数据开发，以及数据分析挖掘开发等功能，这些就需要有各自的开发环境和开发语言。其中，开发环境提供以下支持：① 支持涵盖数据采集、数据集成、数据开发、数据测试、版本部署等一站式数据开发 IDE 环境；② 提供 Web IDE 的编程和运行环境，支持 SQL、Java、Python、Perl、SparkSQL、Scala、Shell 等开发语言，以及代码的语法检查等，以满足不同业务的开发需求。

（2）多样化操作界面

不同的开发环境对开发人员的要求不同，为了降低数据开发门槛，大数据云平台需要支持拖曳式开发和代码交互方式开发，实现高效、便捷的开发模式及上线部署，从而降低开发门槛，提高开发效率。

（3）可扩展性

大数据云平台的数据开发具备插件式的开发套件集成框架能力，可以快速集成新的开发插件（如数据采集、数据集成、流式计算等）、开发算子（如数据质量检核、数据转换、数据整合、UDF 等）。

（4）功能完备性

大数据云平台的数据开发能力需要支持从数据作业开发、保存到测试、发布的全流程一站式操作，无须多个开发工具切换。

5. 数据可视化组件

数据可视化工具能够让数据分析师以简单的、直观的形式，把数据分析的结果进行展现，帮助用户理解数据反映的规律和特性，更为便捷地获取数据价值。大数据云平台运用可视化分析能力，实现了报表开发工具统一，能够进行数据模型的规划与设计、分析维度的建立，以及各种报表和服务的开发，还支持固定报表和报告的自动生成，提供直观的图形化展示。

数据可视化组件架构主要由数据建模层、数据分析层和数据展示层组成，如图 2-11 所示。

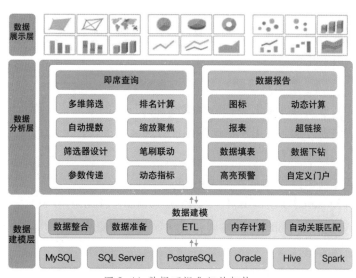

图 2-11 数据可视化组件架构

（1）数据建模层

数据建模层包含数据源的接入和数据模型的构建，数据源的接入，支持接入各类数据源的明细数据进行报表制作，例 如 Mysql、Oracle、Hive 等。可视化组件基于细节数据，在前端完成各种维度可视化组合计算，因此，建模层提供各种数据整合算法、数据准备和数据 ETL 建模、管理查询的工具与算法，用户基于数据建模层提供的简单易用的建模界面，通过简单的鼠标点击与设置即可生成数据模型，简化建模过程。

（2）数据分析层

数据分析层基于数据建模层的能力，主要提供两种功能：即席查询和数据报告，即席查询（亦可称为 BI 分析），主要适用于面向业务人员，支持多维筛选、排名计算等灵活自主分析场景，支持拖拽式和编写 SQL 等两种分析方式，并以表格或图形化的方式展现数据；而数据报告（亦可称为固定报表），适用于制作固定样式的报表和图形展示，支持行列报表和各类图形的展示，为固定报表支持提供动态计算、高亮预警、数据下钻等功能。

（3）数据展示层

数据展示层提供将数据以丰富展现形式的图表形式进行展现，为了可支持数据展示，主要支持以下形式：数据报告的图表展示：包括柱形图、折线图、饼图、雷达图、散点图、面积图、地图等多种图表类型。即席查询结果展示：提供自定义图表配置与制作实现自助分析查询，展示更加复杂的数据表达。大屏展示：设计酷炫的大屏效果，营造特定的展示氛围。

6. 数据挖掘组件

数据挖掘是通过数据挖掘分析工具，帮助用户打通业务理解、数据理解、数据预

处理、特征工程、数据建模、模型评估和应用的全链路，从而降低客户数据挖掘成本。

大数据云平台的数据挖掘组件具有数据挖掘的可视化模型训练、模型测试、部署、发布等管理功能，支持各类机器学习引擎，提供了大量丰富的算法；支持对象存储、HDFS、文件、数据库等多种存储形式，自动对接数据管理组件，获取用户的元数据、数据权限等信息；对接数据可视化组件，加强分析结果的可视化效果。其主要模块包括以下几个。

（1）数据集管理

可以将外部的异构数据源添加为抽象的数据集，提供统一的程序接口 SDK 对异构数据进行读写，用于数据挖掘任务和离线推理任务。

（2）模型开发

提供可视化建模和 Notebook 两种方式进行模型开发，支持主流数据挖掘框架，如 Sklearn、LightGBM、XGBoost、Spark MLlib 等，以及主流的数据挖掘算法，如 SVM、逻辑回归、线性回归、决策树、随机森林、协同过滤等，以满足多样化的数据挖掘需求。

（3）模型管理

通过平台训练的模型可以自动进行模型管理，对相同实验下的模型进行对比，并把模型发布为实时推理服务和离线推理服务。模型信息包括模型序列化文件、模型封装程序、模型训练脚本、模型的超参数信息、模型的指标以及模型校验信息等。

（4）推理服务

产出的模型可以发布为推理服务，包含实时推理服务和离线推理服务。实时推理服务支持高并发实时访问，离线推理服务支持 TB 级数据的离线推理。在集群场景下，Spark 框架会进行数据的水平拆分和合并；在单机场景下，平台会实现数据拆分和合并，无须在封装脚本中进行处理。

（5）自动化建模

随着机器学习在各个领域取得令人瞩目的成果，对数据科学家的需求与日俱增。然而，一名合格的数据科学家既要有扎实的理论基础，又要精通各种主流模型开发框架，此外还要对相关的业务领域有深入的了解，这限制了机器学习的进一步广泛应用。一个典型的有监督机器学习的任务包含数据清洗、特征工程（特征选择、特征预处理、特征构建 / 衍射）、算法选择、算法参数调优和模型验证等步骤。模型研发是一个循环迭代的过程，在这一过程中，一方面，数据科学家要在数据准备和算法调优上花大量的时间，其中包含大量的重复性工作；另一方面，模型的效果在很大程度上依赖于数据科学家在技术、工具、数据分析挖掘和相关业务领域的技能和经验。自动化建模能够解决上述痛点，降低模型研发的门槛，提升模型研发效率，缩短模型验证周期，快速响应业务需求。

7. 数据服务组件

数据服务组件提供了标准的数据访问接口，能屏蔽大数据平台底层差异，服务于应用的数据获取，其主要能力如下。

（1）通用查询能力

通用查询能力采用 JDBC、RESTful、API 等方式。应用通过传入 SQL 语句的方式进行数据查询。通用查询能力具有如下特点：

① 支持各种主流数据库的查询。屏蔽底层技术，自动将输入的查询转换为底层相应数据库的查询，支持 MPP、ElasticSearch、图数据库、Hive、Redis、HBase 等查询。

② 支持单实例 / 跨源的联邦查询。支持 MPP、Hive、HBase、ElasticSearch 等常用数据库的联邦查询。

③ 查询复用。支持查询模板的复用，可以基于已有的模板构建新的查询。

④ 支持查询审核。由审核人员对查询的执行效率和安全性进行审批，避免不恰当的查询导致资源过度占用。

（2）模式化查询服务

数据服务为开发者提供了可视化的 API 封装服务，可以将标准化的 API 服务整合到应用中，衍生出新的应用和新的服务。封装后的数据服务，可以发布至数据服务总线对外开放，使之与大数据应用和外部生态深度合作、协同发展，让数据产生更大的价值。

（3）数据发布订阅服务

数据生产者通过发布服务对外提供数据，通过订阅的方式通知消费方数据就绪情况，或进行定期性的数据推送，支持批量数据、临时数据查询和在线同步或异步数据查询。

8. 数据管理组件

大数据云平台数据管理组件提供了一种"元数据驱动"的数据管理模式，提供云上、云下数据的统一管理，提供数据地图、数据质量、数据血缘分析能力。通过统一的元数据管理解决数据流转、数据合规使用问题，助力企业掌握数据全景，打通采数、识数、取数、用数全流程，实现数据管理无死角。

数据管理提供数据标准、元数据、数据模型、数据分布、数据交换、数据生命周期管理、数据质量、数据安全及数据共享等服务。同时数据标准、元数据、数据质量等几个领域相互协同和依赖。通过数据标准的管理，可以提升数据的合法性、合规性，进一步提升了数据质量，减少了数据生产问题。在元数据管理的基础上，可进行数据生命周期管理，有效控制在线数据规模，提高生产数据访问效率，减少系统资源浪费。数据权限可以更好地保障数据安全，保障数据使用的可控性。数据管理组件具备以下功能。

（1）元数据管理

元数据描述了数据的来龙去脉和数据抽取转换规则，是保证数据质量的关键。元数据管理实现业务模型与数据模型的映射，帮助理解数据；可以有效地管理运行作业的任务流、数据流和信息流，支持需求变化，从而提高系统的可扩展性。

（2）数据权限管理

数据权限提供针对用户的数据公开、数据权限申请、授权、回收、审批操作和数据权限校验服务，建立多维度、全方位的"防护栏"，对数据进行授权访问，防止数据泄露，并对数据使用进行跟踪。

（3）统一数据资产管理

统一数据资产管理可以规范各类应用系统的数据生命周期管理，优化存储结构，有效控制在线数据规模，提高生产数据访问效率，减少资源浪费，提高系统运行的整体效率和效果。此外，提供合适的数据保存策略，满足企业经营管理和监管的要求。通过元数据管理支撑海量数据资产的快速识别定位、高效有序管理和智能便捷应用，使用户全面掌握数据资产情况、运行状况和数据资产的来龙去脉。

（4）数据资源目录

数据资源目录按照统一的标准规范实现对数据资源的梳理、元数据采集、描述、编目、分类目录管理和展现，为分散异构的信息资源提供统一的元数据管理、目录管理，并提供分类导航、资源搜索和定位等服务，是实现企业信息资源共享交换、数据整合和大数据应用的桥梁，也是提高数据治理和提高信息标准化服务水平的重要技术手段。用户可通过数据资源目录发现自己感兴趣的数据，查看具体数据库表和抽样数据，并申请数据权限。

（5）全链路血缘分析

血缘分析提供在线的全流程元数据采集和数据流向的统一视图，方便定位问题根源和知识的传递，覆盖数据运行中的元数据变化，能全面掌握数据流转过程中的加工情况、任务依赖，实现全链路的影响分析。

9. 智能调度组件

大数据云平台支持多种开发语言和运行任务，如 Hive、Spark、Java、Shell、Python 等。智能调度组件为平台上的其他组件（如数据采集、数据集成、图计算、数据挖掘、流计算等）及第三方应用提供统一的作业调度能力，使平台上不同类型的作业更好地共享底层计算资源（如 YAM、容器等）。智能调度将作业流、作业的各种依赖条件（如时间依赖、作业依赖、作业流依赖、文件依赖等）抽象成事件，通过事件驱动的方式，保证作业运行更加高效。

通过智能调度组件，可实现对大数据云平台任务、资源以及数据的调度，以及对用户作业的管控和运维。其具体包含以下能力。

（1）任务调度

智能调度组件为离线计算提供批量化、可视化的作业流/作业的条件配置、资源配置、告警配置等功能，实现复杂的任务编排，提供丰富的作业运行频度和作业实例化翻牌控制策略，满足不同场景下的批处理需求。此外，为流计算作业提供统一的作业启动、停止、监控功能，从而形成批流计算一体化的任务调度能力。

（2）多租户支持

智能调度组件提供多租户的支持能力，包括不同租户的作业调度配置隔离，以及不同租户间的计算资源隔离，保障多租户间的任务执行性能。

（3）多维度资源管理

智能调度组件从逻辑资源和物理资源两个维度进行资源管理，逻辑资源实现了对应用作业并发度的控制能力，物理资源是在计算组件的资源管理（YAM 和 Kubernetes）之上，对作业实现 CPU、内存等底层资源限制。对于容器类作业，可以控制提交到 Kubernetes 执行；对于大数据类作业，可以控制其使用的 YAM 物理计算资源。

（4）一站式运维

智能调度组件提供作业流 / 作业干预功能，以满足日常的调度监控运维，包括作业异常诊断、作业运行轨迹分析等，方便用户及时掌握各类任务的运行情况。

第三节　产品和应用

大数据云平台建设的目标是实现基于基础设施云 IaaS，打造包含数据存储与计算、数据采集、数据集成、数据可视化、数据挖掘、数据服务、数据管理、智能调度和数据开发等能力的大数据云服务，为大数据应用的开发提供可复用的大数据技术，为用户提供门槛低、简单易用的各类大数据应用环境，支持企业数据湖、数据仓库等应用的技术架构体系。

以中国建设银行大数据云平台为例，其基于开源技术进行构建，与业界大数据技术发展保持同步，实现核心代码及关键技术的自主可控。平台使用的开源技术达到 90 余种，覆盖数据采集、存储、计算、服务，以及数据管控、运营运维等方面。中国建设银行大数据平台是基于全云化 IaaS 产品和采用 Kubernetes+Docker 技术构建的 PaaS 化平台，所有组件具备资源在线弹性伸缩、多租户等云化特征。通过打造九大技术能力，提供全流程、开放、全栈、易用的大数据技术服务，降低大数据应用建设的技术门槛，在一个平台上能够满足大数据技术处理的场景需求，实现大数据应用的快速交付。

一、平台特点

大数据云平台设计时，既要充分考虑技术的领先性、稳定性、易用性、易维护性，

也要考虑实施和集成过程中的灵活性、复杂性、成本投入等多方面的因素。面对数据应用建设中的各类场景和问题，通过九大组件能力的建设，进行多角度、多层次设计和实现，使大数据云平台具备了以下特点。

1. 插件化

① 技术产品插件化。通过基础平台的支撑作用，新技术可以以插件形式引入，不影响其他技术的使用。

② 功能插件化。以插件形式组合和扩充组件功能（如新模块、新算法等），实现丰富的组件化功能。

2. 易用性

① 开发用户的易用性。在功能设计时重点考虑应用开发的便捷性，屏蔽底层差异，降低开发门槛。

② 运维用户的易用性。各组件提供丰富的运维接口，符合云计算的统一规范，方便运维监控。

3. 个性化

① 用户界面个性化。各组件功能高度解耦，用户可以灵活定制个性化工作界面。

② 产品功能个性化。针对大、中、小应用分别提供合适的、轻量级技术和服务。

4. 伸缩性

① 集群规模的伸缩。所有组件不存在扩展"瓶颈"，支持 10 000+ 以上集群规模，且可以实现动态扩缩容。

② 组件功能的伸缩。组件能够根据权限、黑白名单等设置进行功能屏蔽或调整。

5. 兼容性

平台支持不同类型的硬件设备、操作系统（含国产化芯片服务器和操作系统）。同时，平台可以兼容之前的应用程序、SQL 语法、函数，保护原来的应用资产。

6. 安全性

① 租户隔离。各组件功能均支持计算、数据等资源的隔离，确保租户间不受影响。

② 权限控制。通过细粒度的权限控制，对数据进行从申请、使用到销毁的全流程控制。

二、数据能力

大数据云平台提供 PaaS 化的技术能力，以赋能应用的方式触达客户。大数据云平台面向的用户主要包括数据开发类用户和数据应用类用户。前者主要负责数据湖、数据仓库的构建，完成数据集成和公共指标的加工；后者在数据集成的基础之上，进行数据可视化、数据挖掘等应用。相应地，平台可以帮助用户进行数据整合及标准化计算、数据应用及数据产品的搭建，实现技术能力和数据能力的相辅相成。

1. 数据整合能力

由于数据分散在各个应用系统中，所以在分析数据之前的一项重要任务是做数据整合，按照一定的数据标准来进行数据整理，进而为数据应用提供基础、全量的数据。大数据云平台提供了离线计算、流计算和图计算能力，可以帮助开发用户便捷地实现相关的数据集成。

数据的标准化整合加工包含数据预处理以及后续通用的数据模型加工。数据预处理包括常见的增量合并全量、统一编码、技术性检核、业务性检核等功能。大数据云平台通过提供相关的数据集成来降低开发者使用门槛，加速数据整合视图的构建。

数据整合加工过程，是体现大数据的规模性、多样性以及高速性的重点应用场景，是对大数据云平台的数据开发、计算、管理能力的最佳验证。

2. 数据应用能力

在数据集成和标准化的基础上，大数据云平台真正发挥出数据价值，实现数据价值的赋能，印证大数据的价值性（Value），这主要通过以下 3 种方式来展现。

（1）数据可视化

数据可视化侧重于数据分析和数据报表的可视化展现。数据分析常以业务经验和直觉为导向，以假设验证、线索追踪为主要分析思路，在展现方式上通常包含数据报表、可视化展现两类。

大数据云平台可以支撑固定报表和灵活报表的开发和展现。对于多机构应用的报表，可根据不同机构的需求，设置数据查询和展示权限。不同机构的人员查询时，能够找到对应的报表，既避免了重复开发，也实现了不同机构间的数据隔离，充分发挥出报表云化建设的优势。

除传统的报表应用外，数据可视化分析与大屏展现也是大数据平台提供的一种分析利器。可视化的数据分析强调"所见即所得"，用户只需在操作界面进行维度和度量配置，即可实现低代码的、丰富的数据分析与数据展现。

（2）即席查询与数据实验室

数据可视化是基于历史数据，在给定的业务规则指导下进行数据的统计分析和展现。在实际数据应用中，还存在大量应用需求不明确、需要根据数据的探查情况完成创新性的数据应用。这种数据探查以及实验室应用无法在测试环境下进行，通常要基于真实的生产数据，面向具备数据挖掘技能的专家级用户快速开发、快速应用。

通过在生产环境中划分出逻辑独立的测试资源和生产资源，以及隔离的测试数据视图和生产数据视图，建立数据实验室来支撑即席查询和实验性的数据使用需求，进行挖掘模型的研发，规避不恰当的数据操作导致的生产事故。

（3）数据挖掘

数据挖掘强调业务经验、挖掘方法与数据的融合，是一个从理解业务需求、寻求解决方案到接受实践检验的完整过程。它基于发生的历史数据，做出预测性的判断，如预测客户是否流失、是否会提升营销的响应度等。随着数据挖掘技术的不断发展，出现了低代码极速建模、MLOps 等新兴的数据建模方式，在一定程度上降低了建模的门槛，提高了数据挖掘应用的建设效率。

与数据实验室不同，数据挖掘还存在单独的生产资源区、基于生产视图进行模型的投产运行。这种投产方式和传统的 IT 应用有一个明显的差异，就是在生产环境中完成了所有的数据探查、建模和投产过程。因此，在业务流程管控上，需要相应地配套即时研发、即时审批、即时投产等新的管理流程。

除上述数据能力外，应用的非功能需求（如运行的效能、高可用、稳定性等）也是非常重要的。在数据的高可用保障方面，要配套多地域、多可用区技术支撑高可用、负载均衡、就近访问的需求。对于重点应用，还应具备应用层的数据双写、双核查的保障机制，避免单点故障。在数据架构层面，提供可见、可用、可运营的数据能力，为数据应用提供更便捷、更及时的支持，实现数据资产化、资产服务化和服务业务化，进一步释放业务价值。

三、数据应用

1. 基于大数据云平台的数据湖构建

通过大数据云平台可以构建完整的数据湖架构；利用大数据云平台提供的统一存储、统一计算、统一元数据、统一访问的解决方案，可打通各类存储、计算引擎。通过对各类数据的统一管理，可避免数据重复存储、重复计算等；通过数据地图、数据血缘，可提升各类数据的使用效率。

（1）大数据云平台数据湖的架构

大数据云平台数据湖的架构如图 2-12 所示。基于大数据云平台的能力，数据采集组件完成数据流、日志文件、数据库等各类数据的获取，进入数据湖存储管理后与元数据打通，再通过开发组件与调度组件的工作流处理各类数据，并提供统一的查询、搜索与分析服务。将每类、每份数据记录在数据管理组件中，进而通过数据集成、分析挖掘、交互分析等组

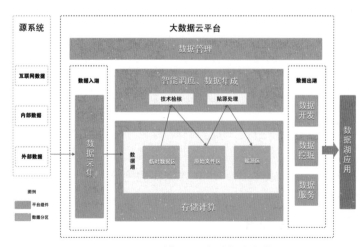

图 2-12 大数据云平台数据湖架构

件为应用提供易用的使用方式。

（2）基于大数据云平台数据湖的特点

① 资源快速供给。数据湖的数据类型丰富多样，包括结构化数据（如数据库表）、半结构化数据（如客户行为数据、服务器运行日志等）和非结构化数据（如音频、图像等）。因此，数据湖的数据体量巨大，所需的存储容量远远大于数据仓库，需要根据数据特性选择合适的底层数据存储技术，降低存储成本。云化的资源快速弹性扩展可以满足数据存储与计算能力的需求。

② 数据集中存储与共享。数据需要从企业的各业务系统持续收集、存储，并通过加工、挖掘进行价值分析，从而指导业务决策。数据湖架构实现数据的集中存储，可实现海量数据的可靠存储与高效分析。数据存储资源池、统一的命名空间，以及多协议互通访问，能够实现数据资源的高效共享，减少数据移动。数据集中存储与共享实际上是将存储资源池化，将计算和数据进行分离。目前，仍然有人不能接受大数据的计算和数据分离架构，认为一旦采用分离架构，必然会导致性能的降低。但实际上，分离后可极大地降低存储成本，有效提高计算资源利用率，增强计算和存储集群的灵活性。但不是所有情况下都要分离，根据笔者多年的实践经验，以下情况适合存储计算分离：一是，随着数据量的增长，存储和计算资源的使用率出现不均衡，比如用户行为分析中的用户留存分析，存储数据量不断增长，但计算资源基本不变；二是，业务部门向平台部门单独申请计算或存储资源，分离架构可以更灵活地分配资源，特别是数据的清洗、加工整合和归档备份场景更适合存储和计算的分离。存储与计算分离技术能够实现多个计算集群共享同一份数据，一方面可以降低数据冗余，另一方面可以按需新建计算集群或对已有计算集群进行扩容，满足应用对计算能力的多样化需求。例如，a 集群用来做用户画像应用，b 集群用来做推荐引擎应用，它们可以共享同一份数据。这样既实现了不同应用的计算集群资源的隔离、避免相互影响，又实现了集群即开即用、用完即释放等云化优势，达到节约计算资源的目的。

③ 技术屏蔽。数据湖采用多种存储技术，如 HDFS 和对象存储，同时支持关系型和 NoSQL 等类型的数据库，存在各种技术接口不一致的问题。因此，大数据云平台建立了统一的数据访问层，对应用屏蔽底层数据的分布和存储技术接口差异，让应用和用户可以便捷地使用数据。

④ 数据治理。数据不仅要存下来，还要治理好，否则数据湖将变成数据"沼泽"。平台化的数据湖架构能否驱动业务发展，数据治理至关重要。从企业内部和外部采集的数据种类多样，需要对这些原始数据进行整合加工，再根据各业务组织、场景、需求形成易于分析的数据。数据治理是一系列复杂的工作，重点要关注元数据的管理。基于大数据云平台的数据湖架构为海量数据集提供了一套集中的数据管理系统，能够提供全局的数据资源目录、完整的元数据描述、数据血缘关系，方便用户查找和了解数据，

更好地完成数据分析。

⑤ 数据快速分析。前述的大量工作实际上都是为了加速数据分析的过程。数据快速分析需要提供多种数据分析引擎，大数据云平台提供的多种计算和分析方式，能够直接触达底层各类数据，减少数据的移动和转换，支持高并发读取，进而提升分析效率。

（3）大数据云数据湖架构的优势

① 存放所有数据。在传统的数据仓库建设过程中，分析数据源、理解业务流程和数据模型的建立需要较大的投入，目的是形成一个高度结构化的数据原型，这种方式通常被用来简化数据建模和节省数据仓库所需要的存储空间。数据湖可以储存所有的数据，因此，业务方能够追溯到任意时间的数据进行分析。由于数据湖所需要的硬件与传统数据仓库需要硬件不同，通过使用普通的服务器和存储即可非常经济地将存储容量扩展到 PB 级别，而数据仓库一般会使用高性能的服务器和高端存储。

② 支持所有的数据类型。数据仓库中的数据经过高度结构化的处理，非结构化的数据如日志、文本、图片和影像等数据被大量忽略，原因是使用数据仓库消费和存储非结构化数据会比较困难且代价较高。数据湖的储存方式支持结构化数据和非结构化数据，不论来源和结构，数据在数据湖中能够保持原有的形态，直到使用的时候才会进行转换。

③ 提供更高的数据时效性。数据湖可以实时、准时地进行数据采集、加工和展现，完成实时决策，例如，通过流计算技术手段，可以为旺季营销等业务场景提供分钟级别的数据统计和汇总，为业务人员快速调整营销策略提供决策支持。另外，数据湖还可以为不同的应用提供秒级别的数据支持，例如，用户通过网站、手机 App 等渠道访问金融产品页面时，可以在点击按钮、链接的下一刻就推荐相关性强、用户非常感兴趣的产品，促进销售的转化率。

④ 支持所有的用户。数据仓库中的数据经过标准化和结构化更容易被人们使用和理解，一般可以满足 80% 左右的业务用户分析需求。对于其他高级用户，如数据分析师、统计学家乃至数据科学家，这类用户可能会用到更加高级的分析工具和更加全面的数据源，虽然也会用到数据仓库，但所需要的数据往往会超出数据仓库的范畴，只能通过数据湖满足相关的业务需求，在数据湖中对他们所需要的大量多元化数据进行分析。

⑤ 更容易适应变化。数据仓库因复杂的数据转换建模过程，在数据和模型变更时需要投入大量的人力和时间。特别是很多业务问题无法等到数据仓库团队完成数据整合加工后再给出答案，这些快速增长的需求需要通过自助的方式来迅速应对。数据湖的数据以原始的方式存储并且在需要使用的时候被转换，用户可以使用全新的方式去浏览数据，寻求问题的解答。如果数据是有价值且可以被重复利用的，那就可以给予这些数据一个更加合适的模式（如将数据结构化之后导入数据仓库中），使得它们能够被更加广泛地使用。

⑥ 更敏捷的应用交付能力。利用大数据云平台，应用不再需要到处寻找数据，也不需要把大量的数据搬到应用端，而是通过复用数据湖的数据，包括原始数据、整合数据以及结果数据，利用数据湖的技术进行再加工和分析，专注于业务的创新，实现更敏捷的交付。

⑦ 更快的洞悉能力。数据湖能够让用户在数据经过清洗、转换和结构化之前就访问数据，这种方式使用户能够比数据仓库的方式更快地得到结构化数据和非结构化数据。通过更丰富的数据资源，数据湖能够更加精准地构建客户关系图谱、客户画像、产品画像等数据洞察所需的基础能力，助力智能获客、精准营销、智能风控和智能化运营等业务场景。不过，数据湖并非用来替代数据仓库，而是在大数据时代对数据仓库的一种补充，两者基于不同的需求和场景来协同工作。

2. DaaS 能力建设

DaaS（Data as a Service）是数据即服务的简称，是数据供给的最新方式。和 SaaS 定义的软件即服务不同，DaaS 是对各类数据信息进行加工，形成信息组合应用，就像搭积木一样，对基础数据信息以不同的方式进行组装。DaaS 可以进一步盘活数据，提升数据的价值，已成为数字化转型的重要抓手。

对于大多数据应用方而言，一方面受限于行业知识的广度、深度以及数据的完整性，单独构建数据应用的成本较高，而且数据的口径以及正确性难以保证；另一方面，数据交易市场尚处于发展阶段，数据加工、处理过于分散，而数据金字塔顶部的数据作为重要的资产，缺乏释放的渠道。这些原因导致了 DaaS 在近几年受到青睐，且有了广阔的发展空间。

苹果公司的 Apple Watch

苹果公司于 2015 年发布了 Apple Watch，这款手表的出现迅速地使可穿戴设备成为主流，数以千万计的用户开始使用 Apple Watch 进行各种操作，包括监控心率、安排社交日程、遥控家庭娱乐设备等，从而产生了大量的数据。同一年，苹果公司宣布和 IBM 合作，开发一个大数据的健康平台，将相关的数据包装起来重新出售，是 DaaS 市场较早的参与者之一。

在金融场景上，支付宝推出的"芝麻分"、中国建设银行推出的"龙信商"等，将个人信用评价作为 DaaS 产品输出，并用于免押租车、先享后付等脱媒应用场景。

（1）DaaS 架构

现阶段主流的 DaaS 架构如图 2-13 所示，它被认为是技术中台和数据中台的结合体，基于大数据技术，充分利用内外部数据以及跨业务、跨渠道的数据整合，结合外部公司或团体的数据经验，构建相关的业务标签数据库，而后在数据体系的基础上，

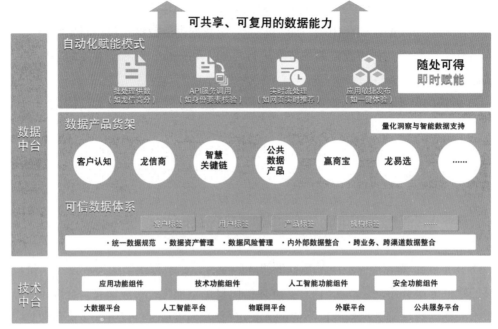

图 2-13 DaaS 架构

构建出行业数据产品货架。

对外服务方面，DaaS 提供了包括实时数据服务、API 服务调用等在内的主流数据服务模式，使得业务应用可以根据自身的流程管控，复用数据中台、技术中台供给的数据能力，实现"随处可得、即时赋能"的应用效果，并通过效果评估的方式，反哺数据中台，实现数据管理应用和 DaaS 的良性循环。

DaaS 的构建遵循"业务导向、中台协同、共建复用"的原则，统筹提炼业务需求急迫、通用性强的需求，最大限度地复用已有成果和功能，强调数据中台与业务中台、技术中台建设的协调配合，共同驱动贯通全域的高速数据流动闭环。

（2）基于大数据云平台的 DaaS 能力构建

大数据云平台在构建时，即按照云服务的理念进行数据即服务能力的打造。与传统仅面向最终应用和用户的数据即服务不同，大数据云平台扩展了数据即服务的用户范围，既有面向最终应用和用户的数据即服务的获取能力，又有面向数据服务开发人员的数据即服务的研发能力，打造了从数据服务开发者到数据服务消费者的全链路的数据即服务能力。

如图 2-14 所示，大数据云平台数据即服务能力由以下几个组件构成，包括数据管理组件、数据服务组件和数据服务总线组件。

① 数据管理组件。在构建 DaaS 时，首先面临的问题是数据如何获取，以及数据的含义是什么。为了降低数据服务构建门槛，大数据云平台通过数据管理组件的元数

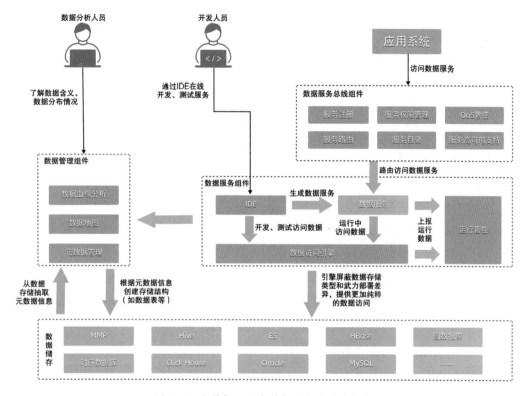

图 2-14　大数据云平台数据即服务能力框架

据管理功能，实现对大数据云平台的所有数据源的统一管理和元数据的采集，形成统一的元数据。在此基础上，构造了易于理解的逻辑数据视图，实现了逻辑视图数据与底层物理元数据的映射，屏蔽了底层的数据分布差异，通过逻辑数据视图，从业务上定义具体的数据含义。数据服务研发人员只需要基于逻辑数据视图，就可以查看和理解数据，进行数据服务的研发。

② 数据服务组件。数据服务研发人员通过数据管理组件找到所需数据之后，如何将数据服务化是构建 DaaS 过程中面临的第二个挑战。大数据云平台的数据服务组件简化了数据服务的研发和发布，提供了数据服务研发的可视化 IDE 和开发模板。开发出来的数据服务支持一键发布到数据服务总线，通过统一的数据访问引擎，为应用提供便捷的数据访问方式，屏蔽了大数据场景中各种繁杂的数据存储和计算技术带来的数据访问复杂性，最大可能地避免应用在数据服务建设过程中被技术细节困扰。

③ 数据服务总线组件。构建 DaaS 之后如何使用这些服务、如何在企业范围内有效管理这些服务，是数据服务化面临的第三个挑战。大数据云平台通过数据服务总线组件为应用提供数据服务的管理功能，帮助应用方便高效地使用数据服务。数据服务总线组件提供统一的服务注册管理功能，既支持基于大数据云平台研发的数据服务，也支持外部应用开发的数据服务发布到数据服务总线，形成企业级的数据服务入口，

方便应用查找所需要的数据服务，为企业级的数据服务的管控提供技术支撑。在使用数据服务过程中，数据服务总线组件提供了统一的数据服务访问功能，帮助应用解决访问过程中的技术问题（如采用什么协议、如何获取服务的访问地址、如何保证访问过程的安全等），数据服务总线组件根据不同场景的访问提供不同的解决方案，使数据访问的过程不再繁杂。

大数据云平台通过数据管理组件、数据服务组件和数据服务总线组件，打造了从数据服务研发、数据服务发布到数据服务使用的数据即服务能力，让数据成为一种服务，更快地融入业务流程中。

（3）DaaS 的优势

DaaS 的目标是将数据按需提供给用户，而不必关注存储位置、产生过程或数据所有者。在大数据云平台的支持下构建数据服务具有以下优势。

① 敏捷性。通过数据服务总线整合访问入口，用户无须考虑底层数据的来源。如果用户需要不同的数据结构或者调用特定位置的数据，能够通过最小限度的变更快速地满足需求。

② 数据质量。通过数据服务来控制数据的访问能够有效提升数据的一致性，因为更新点只有一个，无论服务的访问方式和部署形态如何变化，都能够保证提供一致的数据内容。

③ 效率、高可用和弹性。借助大数据云平台能够提升数据服务效率，通过存储计算资源的动态调配，能够保证数据服务的高可用和访问效率。未来会有越来越多的企业提供专业化的数据服务，而数据的流通也必然会促进整个社会数据资产的繁荣。

第四节　典型应用——实时数据监管报送

一、案例背景

在金融领域，银保监会、人民银行、外管局等监管机构要求金融机构定期或不定期报送数据，通过数据分析统计，建立风险监管监控体系，有效确保金融行业规范运营。如何利用大数据云平台支持各种实时数据处理架构，满足实时数据仓库建设需求，满足金融机构根据不同监管机构的具体要求，按时、定时上报准确数据等需求，是本案例讨论的重点问题。以银行为例，如图 2-15 所示。

由图 2-15 可知，监管机构的数据报送方式和接口数据形式各有不同，另外，由于银行数据量大，数据格式各异，数据来源复杂，数据跨度涉及银行所有业务等，监管

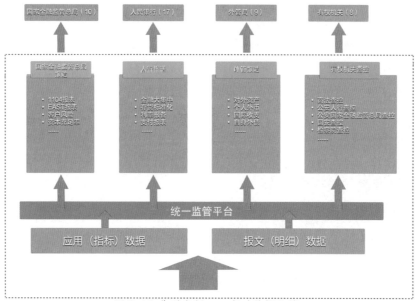

图 2-15　典型案例——实时数据监管

报送工作也变得尤为复杂。

　　早期的监管报送多以项目方式运行，每次对接新的监管机构或者新的数据接口都需要端到端定制化开发，甚至有些数据处理任务直接来自业务数据库夜间存储过程跑批的结果数据，造成了数据上报时效不可控、项目重复开发建设、数据治理难以管控、无法快速对接新的监管需求等多种问题。

二、应用需求

　　随着金融监管规范化、全面化发展，银行对监管报送和实时数据仓库的应用需求不断完善。监管报送方面，银行开始建设独立的"统一监管报送平台"系统，向下对接大数据平台能力，完成统一数据集成、批量处理等；对内构建监管数据模型、数据校验、数据补录等；向上提供多种预置数据上送机制、配置化数据接口映射等。实时数据仓库方面，时效性要求为分钟级，那么基于实时数据仓库使用方式来定位的问题，从高可用角度来看，如果实时数据仓库任务被阻断，可以接受临时回退到小时级批量数据仓库任务替代执行，待实时数据仓库任务修复后再切回去。

　　实时数据仓库对数据质量要求极高，在满足实时报表等日常使用场景的需求下，数据仓库数据被视作数据资产，因其能够支持各种其他数据使用场景而被长久保留。另外，实时数据仓库还可以容忍短期内数据质量问题，但 $T+1$ 天的数据仓库数据则要求确保准确性。数据仓库开发的工作量大，对数据仓库开发人员的技能要求偏向业务逻辑实施，以 SQL 开发为主，因此需要尽量降低数据仓库开发人员的开发和运维成本。

三、建设目标

为了满足监管报送要求，建设数据监管报送应用时，应实现以下 3 个目标。

1. 数据时效

① 支持 $T+1$ 天批量计算。涉及全业务线运营数据，数据量大，需要确保数据结果按时完成。

② 支持分钟级流式计算。数据仓库计算逻辑通常比较复杂且数据量大，有时会涉及大表关联计算，要在分钟级内完成所有复杂逻辑计算。

2. 报送质量

需要保障数据准确性；及时发现数据质量问题；如有数据质量问题，可以按时灵活修复，尤其是 $T+1$ 天数据仓库数据需要严格保证其准确性。

3. 高可用

保证每天按时上报，避免因单点故障问题阻塞数据处理任务而导致数据上报不及时的情况。

四、建设内容

金融机构监管报送项目的建设，充分发挥了大数据批量和实时计算技术的实践优势，结合金融机构自身的信息技术基础，且在不改变企业现有信息架构的前提下，通过监管报送平台和实时数据仓库的建设，助力企业实现在数据管理和存算资源方面的最佳实践。主要包括以下两方面。

1. 监管报送建设目标内容

搭建监管报送平台，建立金融机构报送数据指标与监管报送体系。依托大数据云平台，完成多方位数据质量管理。直接对接监管报送平台，实现数据的自动对接、自动转换，无缝衔接监管报送指标。

2. 实时数据仓库建设目标内容

基于大数据云平台提供的数据采集、数据集成、流式计算、离线计算、数据管理等组件，建设流批一体的实时化数据仓库。

数据仓库实施的本质是将数据源做实时处理或者批量处理。从企业实际业务场景出发，无论是实时数据还是离线数据，通过实时数据仓库建设，进行统一存储，满足各类业务场景需求，提升企业经营管理效率。

五、重难点分析

在数据库存储过程中，传统数据处理能力已无法满足大数据量的处理需求，需要借助大数据批量计算技术的支持才得以完成。目前，比较常见的大数据批量数据处理过程为 ETL，即 Extract-Transfor-Load（抽取—替换—加载）。在大数据云平台上，数据集成组件可以完成抽取和加载过程，离线计算组件可以支持大数据量定时任务。

离线计算组件依赖 Hadoop、Spark 等分布式计算任务和 HDSF 等分布式存储，可以确保数据存储和数据计算的高可用，即在少量计算或存储服务器出现问题时，不会造成数据丢失或者作业失败。但计算资源的抢占，有可能影响作业运行时长的稳定性，甚至会因为资源不足而造成作业失败，所以在方案设计时就需要考虑到这一点。

另外，随着流式计算引擎能力不断增强和成熟，批量计算逻辑均可通过流式计算方式实现。但大数据量的关联计算和聚合计算，总会涉及大量数据的读写 IO、网络传输、内存计算等。批量数据仓库一般为夜间作业，可以接受若干小时计算处理当日数据，而流式计算的方式是最新数据按条或小批量进行业务逻辑计算，相当于批量计算夜间几个小时完成的计算任务量，被流式计算平摊到每天 24 小时不间断计算中完成。因此，理论上讲，在同样复杂度的计算逻辑下，流式计算方式可以保持在短时间内完成每条或每小批数据计算处理。

如果实时数据仓库的需求对时效性要求较高，如 $T+1$ 分钟，除增加处理并行度、增大内存资源、调整参数性能调优等外，还可以考虑调整数据仓库模型工艺。一般批量数据仓库会按主题划分，倾向于构建明细"宽表"模型；而实时数据仓库是由事实表数据增量变化驱动的，为了降低单个流式计算任务复杂度，提高时效性，可以考虑围绕单张驱动事实表构建"窄表"模型。

流式计算任务一般会比批量计算任务更难运维，批量作业可以通过简单重启操作进行修复或补数，而流式作业出现问题时，需要考虑逻辑计算是否对齐、丢数据或重复消费，以及如何补历史数据等问题，要根据需求选择合适的数据架构。

本案例需求对数据质量要求较高，若上报数据出现问题，就会给金融机构带来一定的负面影响。大数据云平台的数据管理组件提供的数据质量功能，可以通过配置数据质量检测策略，在每次批量作业完成时自动生成数据质量报告，一旦检测到数据质量问题，会通过预警方式发送给相关负责人进行及时处理。

六、总体设计

监管报送应用的整体设计如图 2-16 所示，可以满足不同用户、不同加工场景的需求。数据开发人员基于大数据云平台实现数据从业务数据库进行数据的抽取，然后经过离线、流式的加工计算等处理任务的开发，将结果数据保存到数据仓库。业务开发人员基于监管报送平台，实现明细数据和汇总数据等监管报送数据的按时上报，为了保证数据统一入口、出口口径，一般数据目标为数据仓库。

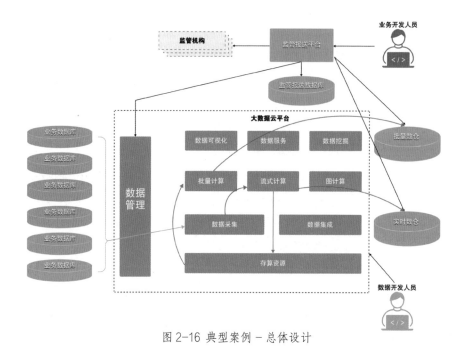

图 2-16 典型案例 – 总体设计

下面对数据链路和服务链路进行详细的介绍。

1. 数据链路

① 数据采集组件从各个业务数据库实时采集增量数据并发送到队列，如 Kafka。

② 流式计算组件进行数据仓库模型计算逻辑处理，并将结果实时写入实时数据仓库。

③ 流式计算组件将 ODS（贴源数据）落到流存储，如 Hudi、Iceberg 等。

④ 离线计算组件定时从流存储中取出数据，进行数据仓库模型计算逻辑处理，并将结果批量写入批量数据仓库。

⑤ 配置数据管理的"数据质量"功能，对每次离线计算和流式计算的结果进行核检校验，并发送质检报告，如果检测到有数据质量问题，也会向相关数据开发人员发送预警信息。

2. 服务链路

① 监管报送平台定时扫描每日计算结果，并交叉比对数据结果校验信息。

② 如果数据质量没有问题，则开始上报流程。

③ 如果数据质量有误，则会向相关业务开发人员发送预警信息要求跟进，进入补录流程。

④ 将待上报数据做分片处理，通过相应的报送接口进行数据上报，每次数据分片上报成功后会在监管报送数据库里进行记录，确保不会漏报或重报。

七、价值点和应用创新点

基于大数据云平台构建的监管报送应用，实现了技术的复用、应用的快速构建，以及业务价值的快速释放。下面对应用的创新点进行总结。

1. 时效

针对离线数据部分，基于大数据云平台的离线计算组件，可以满足业务 $T+1$ 天批量计算需求，为了确保离线计算可以按时完成计算任务，在方案实施中考虑以下优化策略。

① 逻辑。优化数据链路，避免数据重复计算；优化批量作业本身计算逻辑，避免触发大量数据 shuffle（大量数据网路传输）；优化调度依赖，避免等待不必要的上游依赖等。

② 资源。建立独立独占计算资源队列，确保不会被低业务优先级作业抢占资源；批量作业参数精细化调优，确保足够计算并行度；优化任务调度引擎，支持智能调度等。

③ 时间。将批量作业启动时间尽量提前，最好预留出 2 倍正常批量作业运行时长，确保当作业失败重启时，有第二次机会完成批量作业。

④ 前置。批量作业需要等待数据集成任务完成后才能开始，传统批量数据集成一般基于 Sqoop 之类工具组件，每天在固定时间启动所有相关数据源表批量拉取，对网络资源和时间耗费较大，可以考虑通过实时数据集成至实时数据湖并构建 ODS，大量节省网络搬运数据的时间。同时，依赖优化算法，可以让 ODS 更快产出（如旧快照 + 新增量计算新快照），以提早完成 ODS 前置准备工作。

针对实时数据部分，为了提高实时数据仓库的时效性，可减少或限制"基于窗口的计算逻辑"。流上窗口计算意味着计算引擎需要实时维护状态数据，窗口跨度越大，需要维护的状态数据量越大，也意味着时效性的降低，还会带来流式任务运维复杂度。具体实践如下。

① 减少多流关联计算。尽量围绕单一驱动事实表构建数据仓库模型，如订单表、通话表等，避免多个驱动事实表在流上关联计算。

② 减少流上聚合计算。尽量在流上只做明细级别的数据计算，将聚合统计计算推迟到目标存储上计算，OLAP 型数据存储为大数据聚合提供了大量计算优化，可以很好地满足聚合时效性。

2. 质量

基于大数据云平台数据管理组件的数据质量功能，可以实现可配置化数据结果校验机制、报告和预警功能，满足本项目报送数据质量需求。

当数据质量功能检测数据结果异常并报警给相关人员后，相关人员可以通过离线作业的运维相关功能诊断任务本身是否有问题，如通过日志检索等；也可通过数据管理的数据血缘分析功能诊断数据内容问题可能由哪些上游数据表或列造成。当定位到问题后，运行问题可通过调参并重跑修复，内容问题可以通过调整作业逻辑并重跑修复。

3. 高可用

大数据云平台本身确保数据链路上没有单点问题，为了防止异常发生，需要配套完善的预警机制，如分级升级预警机制，在批量作业关键节点上配置预警规则，如果触发则通过短信、邮件、电话等方式自动通知相关人员，并确保相关人员已着手处理（相关人员需要手动确认），否则，则升级预警级别，通知其直属负责人，直到有人在系统中确认并着手处理。

4. 数据处理架构

大数据的数据处理架构众多，如图 2-17 所示。不同的处理架构有不同的优缺点。

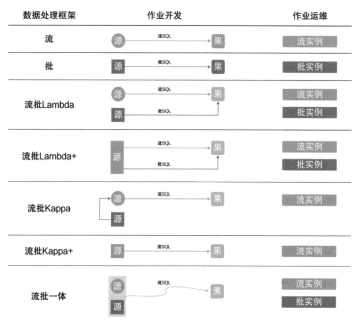

图 2-17 大数据的数据处理架构

（1）流架构

典型实时数据源为队列存储，如 Kafka 等；开发阶段通过开发流 SQL 完成业务逻辑，并将结果实时写入目标存储；运维阶段需要运维流作业实例。

（2）批架构

典型批量数据源支持扫描读取，如 Hive 等；开发阶段通过开发批 SQL 完成业务逻辑，并将结果批量写入目标存储；运维阶段需要运维批作业实例。

批 SQL 为标准 SQL 语义，流 SQL 比批 SQL 语义更加丰富，如支持各种窗口计算逻辑。

（3）流批 Lambda 架构

作为对流式作业数据质量的保障，流批 Lambda 架构是一种常见的流批数据架构，通过同时启动流式作业和批量作业，流式作业和批量作业分别执行处理逻辑相同的流 SQL 和批 SQL，将计算结果融合并对外提供查询和使用；需要两套开发 SQL、两套运维实例。

① 优点。流式计算资源可控；批量计算稳定易维护；流式链路出问题时，批量链

路可以作为备份方案继续支持业务。

②缺点。同样处理逻辑需要开发和维护两套 SQL，即流 SQL 和批 SQL。

（4）流批 Lambda+ 架构

流批 Lammbda+ 架构在流批 Lambda 架构的基础上，引入了流存储类型（如 Hudi、Iceberg 等），流存储支持流入 / 流出、批入 / 批出，因此统一了流批 Lambda 架构的流转存储选型，是对流批 Lambda 架构的升级优化；优缺点同流批 Lambda 架构。

（5）流批 Kappa 架构

为了弥补流批 Lambda 架构的缺点，通过将批数据源数据定时回灌（back fill）到流数据源，进行定时数据结果校准；只需要一套开发 SQL（流 SQL）、一套运维实例（流实例）。

①优点。只需开发和维护一套 SQL 代码，解决了流批 Lambda 架构的痛点。

②缺点。每次批量回灌时，流式处理数据量会激增，为了保证时效性和稳定性，需要调整作业运行参数，加大资源；另外，如果流链路出现问题并阻塞，没有备份链路机制保障业务不中断。

（6）流批 Kappa+ 架构

流批 Kappa+ 架构是在流批 Kappa 架构的基础上，引入了流存储类型（如 Hudi、Iceberg 等），无须批量数据回灌操作，是对流批 Kappa 架构的升级优化；优缺点同流批 Kappa 架构。

（7）流批一体架构

为了解决流批 Lambda 架构开发期间两套 SQL 的痛点，但依然保留两套运维实例以确保稳定性和高可用，引入"虚拟表"概念，虚拟表可以同时映射物理实时数据源（如 Kafka、Hudi 等）和物理批量数据源（如 Hive、Hudi 等），开发人员只需编写流 SQL 进行开发，在上线时可生成创建流实例和批实例同时运行，从而同时获得流批 Lambda 架构和流批 Kappa 架构的优点，去除流批 Lambda 架构和流批 Kappa 架构的缺点。

在实际项目实践中，并没有绝对银弹的架构模式，当数据量不大时，Kappa 系列架构可能会是更好的选择；当对时效性要求高但对数据质量要求不高时，也可选择单纯流架构；当计算逻辑不复杂且对时效性要求不高时，定时短批架构也可以满足需求。最终选择何种数据处理架构，需要从业务需求、处理数据量、时效性要求、数据质量要求及可运维存储系统选型等角度综合考虑。

第五节 发展趋势与展望

一、技术发展

1. 自动化

随着大数据云平台支持的数据能力组件越来越丰富，功能越来越细致，如何降低用户学习和使用成本成了一个课题。大数据能力不断普惠化，可以让中小企业迅速掌握大数据驱动业务的能力，进而将主要工作重心投入在业务发展和创新上，以较低的成本让大数据资产价值驱动业务的增长。

大数据云平台的技术发展也会随之进入一个自动化时代，自动化体现在云平台设计和使用的各个层面。例如：

① 数据开发自动化。一套开发语言（如标准 SQL）可以自动打包成批量计算作业、流式计算作业、数据服务作业等；通过可视化算子组件拖曳自动生成数据处理逻辑；通过自然语言处理（NLP）技术将自然语言编译成数据处理逻辑；将其他数据处理系统逻辑自动化迁移至大数据云平台。

② 数据运维自动化。异常作业自动重启恢复；运行参数自动调优；运行资源自动扩缩容；智能任务调度自动调整批量计算任务运行策略；数据质量问题自动修复。

③ 数据诊断自动化。自动扫描作业所有相关信息并给出数据质量诊断报告；自动提出可修复或可优化建议。

④ 数据资产自动化。自动维护企业数据资产大盘；自动为每个数据资产评分、推荐；自动分析数据资产脉络以优化整合资产生产路径。

未来，数据应用和业务应用的界限会越来越模糊，数据开发人员和业务开发人员的角色分工也不再明确，由于大数据云平台自动化屏蔽了大部分大数据专属技能，使得大数据项目开发和运维也成了一个全栈业务开发人员的日常工作范畴。

2. 融合化

大数据云平台基于主流基础组件构建而成，而基础组件的发展和变迁也会影响大数据云平台的架构设计、使用体验和最佳实践。比如，在前文案例实时数据仓库中，流存储的出现带动了流批 Lambda+架构和流批 Kappa+架构的新的方案演进。

从数据使用模式看，数据系统的划分如图 2-18 所示。

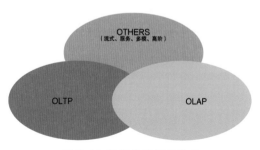

图 2-18 数据使用模式关系

① OLTP（联机事务处理）。OLTP 是事件驱动和面向业务应用的，也可称为面向交易的数据处理过程。

② OLAP（联机实时分析）。OLAP 是面向数据分析的，也可称为面向信息分析的数据处理过程。

③ 流式。基于流式处理技术的数据处理能力。

④ 服务。强调对外提供数据服务能力。

⑤ 多模。单一数据系统支持多种类型数据的存储和处理，如结构化数据、半结构化（JSON、XML 等）数据、文本数据、地理空间数据、图数据、音视频数据等。

⑥ 高阶。以比关系型数据处理模式（如 SQL）更加高阶的数据处理方式，如机器学习、统计分析和模式识别等算法，对数据进行分析等。

目前呈现数据处理系统融合化趋势，下面介绍几类新生类型。

① HTAP（事务分析一体）。OLTP 和 OLAP 的融合系统，同时具备 OLTP 业务交易业务能力和 OLAP 数据分析能力，目前这类数据系统正在逐渐被应用和打磨，如果成熟，则会在一定程度上改变和优化现有大数据的技术架构。

② HSAP（服务分析一体）。OLAP 和数据服务的融合系统，同时具备 OLAP 数据分析能力和高并发低延迟数据服务能力，如支持点查询、缓存、联邦查询、交互分析等，是对数据分析和数据服务的一体化架构优化。

③ 流批一体。流处理和批处理的融合改进架构。

④ 湖仓一体。数据仓库面向报表和分析等场景，数据湖面向挖掘和数据科学等场景，一种新的融合趋势是一套数据系统同时具备数据湖和数据仓库的能力和特性，以减少数据系统选型。

由此可见，为了不断降低大数据云平台的使用和运维成本，底层基础组件也在以各种融合化思路对众多组件类型做减法，以优化技术架构，提升场景支持能力。

3. 领域化

传统大数据平台的开发和设计围绕技术功能划分，从数据源到数据应用，经历了数据采集、数据处理和数据服务，因此 3 个组件独立开发迭代，甚至之间没有打通，用户使用体验是在数据采集、数据处理和数据服务 3 个平台上分别完成相应的开发任务。由于数据采集的特殊性，有的企业会将数据采集由一个团队集中运营管理，将数据处理和数据服务下放给各个业务数据开发人员，使得数据开发流程按照技术组件切分，如图 2-19 所示。

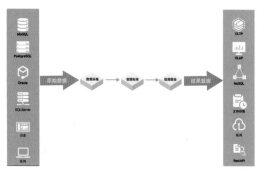

图 2-19 传统数据开发和使用流程

新的数据平台建设理念 data mesh（数据网格）架构，将 DDD（Domain Driving Design，领域驱动设计）思想迁移到数据开发领域，提倡数据开发流程和边界基于业务领域划分，而非技术组件划分，领域之间可以通过"数据产品"进行共享和订阅，各业务领域数据开发人员可以在数据网格平台上自助使用所有数据处理能力，并在统一的管控和标准化规范下进行日常数据开发工作，如图 2-20 所示。

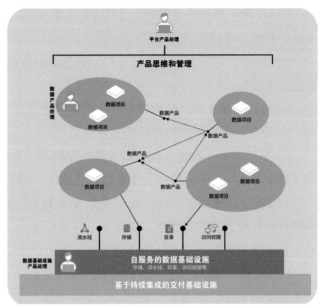

图 2-20 data mesh 架构下的数据开发和使用流程

数据网格为大数据云平台发展提出了一个新的发展方向，也改变了企业使用和开发数据的思路和流程，支持业务驱动企业数据建设，其前景值得期待。

二、应用发展

1. 智能化

人工智能流批技术已经发展了很多年，有其独有的数据处理流程和业务场景支持，随着人工智能技术越来越普及，其支持的业务场景越来越广泛，大数据平台和人工智能应用也以更加紧密和协作的方式为业务带来价值。

以前大数据平台和人工智能数据平台各自有其发展路线，而近年来两者的融合度越来越高，很多企业在大数据平台能力之上构建人工智能数据平台、人工智能中台等。从数据项目上看，人工智能技术带来的智能化也融入传统大数据平台支持的领域。以下列举几个例子。

① 对话 BI 报表。传统 BI 报表通过数据开发人员预置逻辑和展示，业务用户按照固定方式与报表交互使用，而新一代的基于智能对话的 BI 报表让业务人员可以直接通过自然语言与 BI 平台交互。BI 平台通过应用 NLP 等技术自动组装数据逻辑和展现，并返回给用户，形成了更加灵活、自然、高效的数据使用方式。

② 增强分析。传统分析主要基于统计等对历史数据进行分析挖掘，而增强分析将智能算法无缝融入分析过程中，可以直接看到趋势、分群、异常点识别等，提升了数据人员的分析洞见能力。

③ 智能决策。传统的管理决策主要靠人治,大数据能力可以给予管理者足够的信息,以辅助管理者更好、更准确地作出决策,而未来部分初级管理有可能直接来自数据驱动的智能,而非人。基于此思想,很多传统的方式都会被改写和颠覆,让人类社会进入一个人治和智治的共治时代。

以上几个例子讲述了数据＋智能如何改变传统的业务和方式,而未来智能的应用会更加广泛,数据和智能也不再分治,"数据智能"会成为新的业务形态。

2. 应用化

企业的大数据使用成熟度是分阶段的,初期考虑业务线上化,然后考虑数据如何归集,接下来考虑如何更好、更快、更准地处理数据,最后考虑数据价值如何赋能业务。数据成熟度低的企业在数据使用上呈现一种"茶壶"现象,即在庞大的计算资源和数据量上,众多数据建设和开发最终主要以数据仓库和数据报表的形式赋能业务,这样既无法量化数据价值,也无法有效利用数据。

数据应用是一种更加直接的数据使用方式,数据处理的结果不是通过人来解读,而是直接支持业务系统运作。数据应用的结果更加明确,价值更易于量化,而数据应用的普及和规模化需要实时数据处理能力和人工智能技术的支持,也需要业务人员更加有数据使用想象力和创新力。

未来,随着企业数据成熟度的不断提高,数据应用会成为数据赋能业务的主要形式,数据应用会以比数据报表更大的价值带宽,让数据价值直接接触业务流程,驱动业务运营。同时,既懂业务领域又有数据智能敏感度的新一代数据产品经理会成为企业迈向数据应用化的主要推手和重要人才。

3. 混合云化

随着公有云服务和 SaaS 的不断成熟,越来越多的企业会将其部分业务搬到公有云上运作,同时保留核心业务在本地私有化运作。

如何规划和设计公有云业务和私有云业务,会成为未来企业数据建设和应用的一个课题。混合云(公有云和私有云)需要在技术、安全等方面打通,并且给数据使用方无感的使用体验。这对未来大数据云平台的发展建设提出了新的挑战,相应的技术组件或架构实践也会逐渐成型,让混合云成为收放自如的基础设施形态。

三、生态发展

目前,我国还处于大数据云平台生态发展的初期,大数据云技术因其技术门槛较高、涉及的技术和生态领域较为宽广,很多云相关技术、产品、服务都还处于萌芽发展期,且底层核心技术更多地还是依赖国外开源技术,我国自主产权的技术还未有更多的突破。虽然个别公司目前处于领先行业的位置,但受制于技术壁垒、市场环境、行业属性的各因素影响,完全的寡头企业并未完全显现,专注于垂直领域的各类大数

据云平台公司开始进入市场，国内的大数据云平台也将朝着标准化、多云化、国产化方向发展。

1. 标准化

一方面是指衡量大数据云平台性能、安全性、易用性的各类指标的标准化。随着各类大数据云平台公司慢慢进入市场，市场逐渐呈现出"百花齐放"的形态，而良莠不齐的发展态势也制约了行业的发展。为了让国内大数据技术更好、更快、更健康地发展，中国信息通信研究院作为国家在信息通信领域（ICT）最重要的支撑单位以及工业和信息化部综合政策领域主要的依托单位，联合行业领军企业在逐步制定和完善行业规范和标准，夯实行业发展基础的同时，也引领整个行业的良性发展。

另一方面是指大数据云平台产品的标准化。不同于应用系统，大数据云平台各有各的形态，很难标准化。数据的形态虽然多样，但目前大数据云平台加工的数据还是以能够解析并计算的数据形态为准，数据类型较为标准，加工流程从采集、数据处理到数据接口都可以标准化，这也为大数据云平台的标准化带来可能。

2. 多云化

目前，市场以阿里云、腾讯云、华为云作为云平台的主流平台，每家企业和产品都有自己的特点和优点，但在某些应用场景下，也都有着各自的缺陷和壁垒，无法完全满足客户需求，这就为其他云平台企业带来了市场机会，已有一些新的云平台厂商开始进入市场。

无论是新进入的大数据云平台企业还是小一些的大数据云平台企业，为了各自的发展，都在寻求一种与大平台不一样的发展方式，主要分为两种：大数据云平台＋行业解决方案的方式和集成云平台方式。第一种方式主要是以大数据云平台为载体，为企业提供行业解决方案，该类公司的核心业务在于行业解决方案，主要是在专业领域方面发展的同时依据客户需要来建设云服务，这类云平台将会越来越贴合行业属性。第二种方式主要是集成现有云厂商平台，从客户需求出发，以组装插件的方式为客户提供定制化的云服务，这种方式将会促进云平台厂商的产品向更加模块化、可插拔、轻量级的发展方向。

3. 国产化

近年来，国内大数据技术在高速发展，为了能够拥有自主可控的技术知识产权，国家已经将大数据底层基础建设上升至战略发展高度。例如，在企业去 IOE 的要求、基础技术企业的扶持，以及"十四五"规划等方面，无不体现了国家对于大数据技术发展的支持和信心。我们坚信在国家的大力支持下，在政府决策的引领下，由我国自主研发的大数据技术将会得到稳健的提升，并取得长足的发展。

第三章
容器云平台

导　读

容器是更加适合云时代发展的新一代承载技术。容器技术有利于企业构建强大的 PaaS 平台能力，在人工智能、机器学习、大数据分析、软件定义网络、边缘计算、5G、物联网等领域有可期待的广阔前景，成为未来云架构中最重要的趋势性技术之一。容器在互联网、金融证券、数字化政府、智能制造、电信通信、电力能源等行业得到了广泛使用。大部分的企业用户部署了大量的容器环境，用于互联网化服务、大数据分析以及云网融合等不同场景，容器的轻量、敏捷、弹性、跨平台等特性已获得普遍认可。

容器云致力于打造弹性、敏捷、集约、高效的基础设施、平台和业务服务，而企业数字化转型也具有敏捷开发、快速发布、降本增效等需求。两者的发展愿景高度统一，这也成为驱动容器云技术发展的重要动力。因此，企业用户和平台应用如何更好地适应云的技术发展，如何适应与云时代相伴的数字化转型进程，成为各类开发者的关注热点。

本章将回答以下问题：

（1）如何理解容器技术？

（2）云时代容器技术有哪些变化？

（3）容器技术有哪些典型产品和应用？

（4）如何利用容器技术？

（5）如何建设容器云平台？

<h1 style="text-align:center">第一节　概述</h1>

一、基本概念

容器云平台基于 Docker 和 Kubernetes 等容器技术构建，已经获得巨大的市场空间，并形成了一整套与容器有关的云上生态系统。它通过使用编排工具进行容器集群化管理，提供应用开发、资源托管和平台运维等功能，并结合日志管理、监控管理、用户认证、权限管理等能力，助力应用研发更敏捷、交付更快速，助力应用运维统一标准、高效运维，更好地支撑企业业务敏捷研发和模式转型。

简言之，容器云平台是遵循"面向终态、优化资源"理念来构建的新一代 PaaS 云平台，容器云平台致力于提高企业 IT 基础资源管理能力和业务应用全生命周期管理能力，在降低运维运营成本和消除安全风险隐患的同时，可以帮助企业获得更高的运维效率和研发敏捷性，保障业务稳定运行和高效迭代。

二、发展背景

在企业技术架构演进上，容器是主流技术和演进未来，尤其是在以微服务架构和云上架构为主流的现在。企业技术架构已从传统的堆加式转换成基础设施的云化，以及现今主流平台＋应用模式。据权威机构披露，未来企业技术架构将转化成第四种中台架构，由基础资源的云化转换为业务能力的云化，使企业聚焦于业务能力和应用前台的复用，如图 3-1 所示。

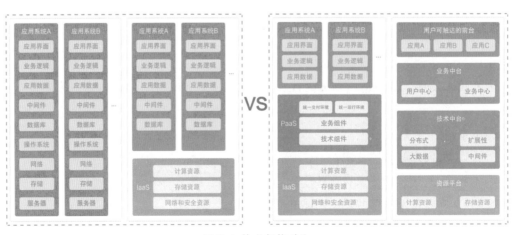

图 3-1 技术架构对比

在数智化时代，生态用户充满着大量的年轻化、智能化、精准化等诉求，应用系统要具备更加灵活多变、敏捷开发与稳定运维的权衡。那如何适应未来技术架构的发展？如何承接需求激增、高可用要求的业务应用？以 Kubernetes 为代表的容器云平台成为每个企业 CTO 和 IT 部门的关键任务与不可忽视的一个关键路径。

三、发展历程

云计算的技术演进朝着愈加灵活的方向不断发展，从物理服务器到虚拟机，一直发展到以 Kubernetes 技术为代表的容器云，如图 3-2 所示。众所周知，提到容器技术就绕不开 Docker 容器和 Kubernetes 容器编排系统。在此处我们将就 Kubernetes 的发展背景做重点说明。

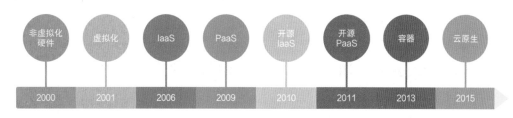

图 3-2 云计算技术演进

Kubernetes 是由谷歌开源的容器编排管理引擎，起源于谷歌内部历史悠久的 Borg 系统，因功能丰富强大而被众多企业采用。其发展路线注重规范的标准化，支持底层不同的容器运行时、网络和存储。Kubernetes 容器编排系统的核心是解决应用的自动部署，以及扩展及管理容器化应用程序。

越来越多的企业基于 Kubernetes 容器云平台构建容器云 PaaS 平台，协同微服务架构和 DevOps，实现敏捷、轻量、快速、高效的开发、测试、交付和运维一体化。在一定程度上，容器技术的出现使传统意义上的业务开发和交付模式发生了颠覆性的变化，弹性伸缩、镜像封装、标准化交付等新特性与数字化转型的诉求高度吻合，已经成为云原生体系中的核心组件。容器云应运而生并随势而涨。

四、核心价值

当企业提及数智化转型和企业上云话题时，云平台必定是绕不开的话题。在被频繁、高热度地讨论的背后，容器云作为主流的技术中台底座，其真正的价值正在显现。比如，"一次编写，随处运行"的能力使容器云将越来越多地从蓝图变得模板化和实例化，就像将容器化应用程序以描述文件的形式被部署一样。企业可以根据业务发展

的状况和需求，设置节点和工作负载伸缩策略或使用节点资源池，随时按需扩容集群、扩容节点。

容器云平台在快速发展中不断呈现出"以应用为中心、向业务聚焦、与未来共生"的特性。我们认为容器云平台应具备以下三大核心价值，这也是衡量容器云平台的三个关键要素。

1. 故障隔离，自动化运维

容器云平台能实现大批量机器的自动化运维，降低甚至消除物理机宕机对业务造成的影响，充分利用旧底层资源设备，通过自动化扩缩容，可大幅减少扩缩容难度，缩短时间，真正实现流量高峰、云上应用等场景下的降本增效。

2. 可移植性高，全流程协同

应用实现标准化改造后，可移植性高，不受云服务厂商绑定，迁移成本和难度极低。同时，在异构环境下，基于镜像等的标准化应用部署不会导致操作系统级别的变更，能够实现开发 / 测试 / 运维人员的高效协同。

3. 资源高效，敏态交付

容器云平台比传统虚拟化技术更高效，成本更低，可动态分配和回收，可合理利用资源。同时，内置基于容器技术的持续集成 / 持续交付（CI / CD）流水线，可提高代码集成和构建的效率，缩短新业务的研发周期。

第二节　技术理论介绍

一、参考架构

参考技术架构如图 3-3 所示。

随着容器技术的发展，容器技术领域衍生出了各种各样与之相关的技术框架和生态系统。容器的根本原理是利用 Linux 内核的 Namespace 机制和 Cgroup 机制，构建出一个个互相隔离的进程。容器的核心技术能够保证容器在宿主机上的稳定运行，包括容器规范、容器运行时、容器管理引擎等。其中，容器规范旨在解决兼容问题，将多种类型的容器融合在一起。容器运行时是容器真正运行的地方。容器管理引擎对外提供接口，方便用户对容器进行管理；对内与运行时交互。

随着容器在企业内的部署和使用快速增多，容器也逐步过渡到容器云，容器云平台技术让应用以容器的方式在分布式的集群环境中运行。容器云平台包括容器编排引擎、容器管理平台和基于容器构建的 PaaS 平台。其中，容器编排引擎负责管理、调

图 3-3 技术架构

度容器，保障资源合理利用。业界知名的编排引擎主要有 Docker Swarm、Mesos 和 Kubernetes。

　　容器的技术框架用于支持容器提供更丰富的基础设施。其中，监控能够让用户实时了解应用运行状态，保证容器健康稳定运行。日志管理为排查应用问题提供重要依据。容器安全工具保证容器的运行安全，防止容器被攻击。容器网络主要用于解决容器与节点之间、容器与容器之间、容器与外部的连通性及隔离性。服务发现机制可以动态感知容器在运行过程中的动态变化，如当负载增加或容器崩溃时，集群会自动创建启动新的容器；当负载减小时，集群会自动停止并销毁多余的容器；同时，集群会根据节点的资源使用情况在不同节点中迁移容器，容器的 IP 等信息也可能会随之发生变化。

二、技术理论

1. 容器技术生态全景

　　容器云生态持续丰富，已扩展至底层技术、编排及管理技术、安全技术、监测分析技术以及场景化应用等众多分支，形成了支撑应用云原生化的全栈技术链路。仅容器技术场景就逐渐演进出安全容器、边缘容器、Serverless 容器、裸金属容器等多种技术形态。

2. 容器运行时

容器运行时掌控容器的整个生命周期,贯穿了容器从拉取镜像、启动运行到终止的过程。容器运行时主要具有容器镜像格式制定、容器镜像构建、容器镜像管理、容器镜像共享、容器实例管理、容器实例运行等功能,这些功能之间不会互相依赖,可以由小的组件单独实现。

Docker、CoreOS 和谷歌共同提出了 OCI(Open Container Initiative,开放容器标准),该标准提供两种规范:容器运行时规范和容器镜像规范。

根据功能不同,容器运行时可分为 Low-level 和 High-level 两类。只关注容器运行的运行时被称为 Low-level 容器运行时,提供镜像管理及 API 接口等高级功能的运行时被称为 High-level 容器运行时。两种类型的容器运行时都是为了解决不同的问题而提出的差异化设计方案,需要根据业务场景进行选择。常见的 Low-level 容器运行时有 RunC、RunV、gVisor 等,常见的 High-level 容器运行时有 Containerd、CRI-O 等。在实际应用中,两种类型的容器运行时根据各自分工,协作完成容器管理工作,如图 3-4 所示。

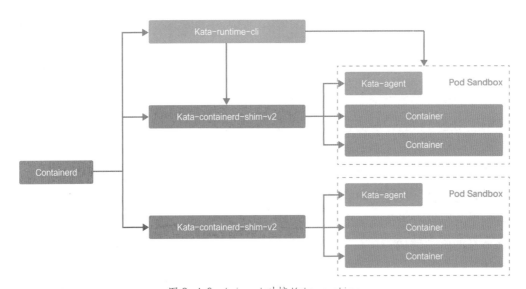

图 3-4 Containerd 对接 Kata-runtime

Low-level 容器运行时大多符合 OCI。Kubernetes 只需要支持 High-level 容器运行时即可,如 Containerd 等,然后由 High-level 容器运行时按照 OCI 对接不同的 Low-level 容器运行时,如 RunC(通用)、gVisor(安全增强)、RunV(隔离性更好)等。High-level 容器运行时可以通过不同的 Shim 对接不同的 Low-level 容器运行时,如 Containerd 对接 Kata-runtime。

CRI(Container Runtime Interface)是容器运行时接口规范,由 Kubernetes 提出。

容器运行时只要实现了 CRI，就可以接入 Kubernetes。

在 Kubernetes 中，Kubelet 作为核心组件在各个节点上运行，负责与容器运行时交互。容器运行时接口的设计解耦了容器运行时和 Kubernetes。容器运行时更新迭代时，不需要对 Kubelet 进行重新编译发布。CRI 推进了容器运行时更新迭代的步伐，最大限度地保证了 Kubernetes 的代码质量和平台的稳定性。Kubelet 对容器运行时接口的调用关系如图 3-5 所示。

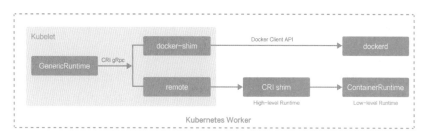

图 3-5 Kubelet 架构设计

行业内主流的 CRI 项目有 Docker、Containerd、CRI-O、Frakti 和 Pouch，它们与 Kubelet 的对接方式如图 3-6 所示。

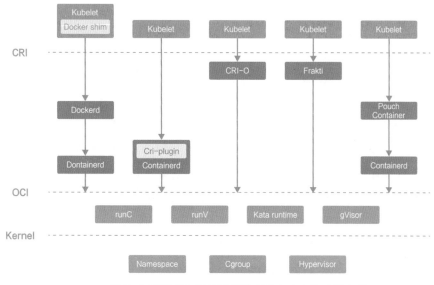

图 3-6 不同 CRI 项目运行时与 Kubelet 的对接方式

Kubernetes 提供对多运行时的支持。一个典型的场景是，在单个集群中分别使用不同的容器运行时管理可信业务容器和不可信业务容器时，Kubernetes 使用 API 对 RuntimeClass 支持多运行时，给出了很好的解决方案。其工作原理如图 3-7 所示。企

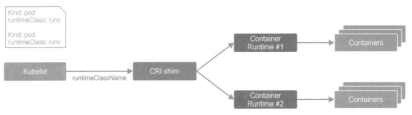

图 3-7 多运行时工作原理

业应综合考虑业务特点、实际需求、使用场景等，选择合适的容器运行时。

3. 主流的容器编排引擎

容器编排是将容器部署、容器管理、容器弹性伸缩、容器网络管理等链路进行自动化处理，帮助企业从以往管理成百上千容器和主机的烦琐操作中解脱出来，在提高管理效能的同时，获得由容器编排而带来的极致性能体验。

多个行业的大量实践表明，企业无须顾虑基于现有的硬件环境（即软硬件资源的利旧和信息资产的资源整合）会受到容器环境选择的限制，利用容器编排技术，就可以支撑在异构环境中部署同样的应用，而无须重新开发应用。

因此，容器编排常用于自动化处理和任务管理。容器编排工具提供了一个管理容器和可扩展微服务架构的 Framework 框架。三种主流的容器编排引擎分别是 Mesos、Docker Swarm 以及 Kubernetes。

Apache Mesos 是一个分布式调度系统。其作为一种资源管理器，从 DC/OS（数据中心操作系统）的角度提供资源视图。Apache Mesos 的工作模式是主从结构模式，主节点负责任务的分配，从节点上运行的 Executor 执行器负责任务的具体执行。Apache Mesos 通过 Zookeeper 来给主节点提供服务注册、服务发现等能力，并通过 Framework Marathon 提供容器调度能力。

Docker Swarm 是由 Docker 发布的容器调度框架，内置 Overlay 网络及 Load Balancer 负责均衡等组件，提供服务注册、服务发现。其主要优势集中体现在对标准 Docker API 的调用上。原理上，Swarm 由一系列代理组成，这些代理被称为 Node 主机节点。Swarm 调度器会将任务分配到主机节点。

Kubernetes 基于谷歌在生产环境中运行的大量应用工作负载的实践，借鉴了谷歌内部使用 Borg 系统获得的诸如资源调度框架等大量经验教训。Kubernetes 使用 Pod 的概念将容器划分为基本的逻辑单元。Pod 是一组逻辑上相关联容器的集合，被共同部署和调度，集中提供一个服务。相比于以 Docken Swarm 和 Apache Mesos 为代表的基于相似度的容器调度方式，Kubernetes 简化了对集群的管理，这也是其与其他两个框架最主要的区别。在业内，Kubernetes 已经成为容器编排领域的事实标准，被广泛用于自动部署、扩展和管理等容器化应用场景。

4. 一云多芯

一云多芯，指的是用一套云操作系统来管理不同架构、不同厂商、不同型号的硬件服务器集群。不同架构的服务器芯片等硬件可以被封装成标准算力，为客户提供体验一致的云计算服务，从根本上解决不同芯片共存所带来的多云管理问题，使得云上资源池的强大算力能够得到最大限度的利用。一云多芯的主要适用场景有以下两种。

一是创建新的云平台。企业为了能够对资源进行较强的管控，避免与单一芯片绑定，需要在单机房使用多种类型的芯片，或者是在一云多机房的场景下在不同机房使用不同类型的芯片。

二是对已有云平台进行扩容。为了满足业务规模的不断增长以及新业务的上云需求，对云平台产品需要进行扩容。扩容后与已有机房形成多机房架构或容灾机房架构，都须支持使用不同的芯片。

对于不同的业务场景，以集群、AZ、Region、云等不同粒度对混部能力进行不同层次的划分，提供支持一云多芯能力的全栈混合云产品，释放异构多元算力，在功能、安全性、可靠性等方面提供一致性的体验。

对于提供一云多芯能力的云平台来说，底层的硬件、上层的操作系统和软件都是多样化的、异构的，任何一个环节出现细小问题，都可能会影响一云多芯。做到正确识别、有效管理，进而达成高效协同，是非常重要的。

5. 容器云网络

（1）挑战

容器编排为大规模的容器集群管理提供了资源调度、服务发现、扩缩容等核心功能，但并未提供容器网络、容器存储等基础设施。然而吊诡的是，要真正支撑大规模的容器集群，网络才是最基础的一环。因此，现在企业 IT 部门的首要任务就变成了提供敏捷、弹性和高度灵活的网络基础设施。网络工程师则更多地思考如何让可编程网络、软件定义网络（SDN）及网络功能虚拟化（NFV）等技术在新型的基于容器的 IT 基础设施中起作用。

一句话概括容器网络的挑战："以隔离的方式部署容器，在提供隔离自己颗部数据所需功能的同时，保持有效的连接性。"这里提炼两个关键词——"隔离"和"连接"。虽然容器可以复用宿主机的基础网络来解决连接性问题，但网络隔离的问题决定了必须为容器专门抽象出新的网络模型。

（2）模式

根据不同的需求，常见的容器网络插件有 Overlay 模式、路由模式和 Underlay 模式，如图 3-8 所示。

① Overlay 模式。典型的特征是容器网络的 IP 段与主机的 IP 段独立。容器网络 IP 段进行跨主机网络通信时，会在主机之间创建隧道，将所有容器网络 IP 段的包封装为

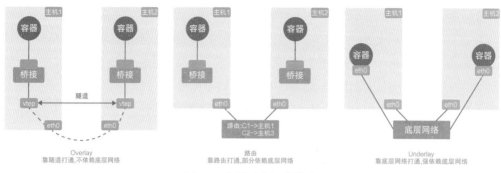

图 3-8 容器网络插件模式

底层物理网络主机之间的包。Overlay 模式模式的优势在于其不依赖于底层网络，不侵入物理网络，维护管理简单。Overlay 的劣势在于容器网络无法进行溯源监控，且容器访问集群外部网络需通过 SNAT 穿越等方式，难以做到网络流量的精细化管控。因此，对于安全性管控较高的场景，需要采取定制化的网络方案。

② 路由模式。主机网络与容器网络分属于不同网段。路由模式与 Overlay 模式的主要区别就在于容器进行跨主机通信时是通过路由打通的，不需要在不同主机之间做隧道封包。路由的打通需要依赖底层网络有二层可达能力。

③ Underlay 模式。对现有组网有侵入性，容器与宿主机位于同一网络层上。Underlay 模式下，容器之间网络的打通依赖于底层网络能力。其优势在于安全性较高，能够精细化管理和监控网络流量；劣势在于网络维护管理工作量大，占用现有比较珍贵的 IP 地址，需要做详细的顶层规划，比较烦琐，也不灵活。

（3）方案

典型的容器网络实现方案有以下几种。

① Flannel。提供多种网络后端实现，覆盖场景较多。

② Calico。采用 BGP 协议提供网络直连能力，功能较为丰富，对于底层网络有一定要求。

③ Canal（Flannel for network + Calico for firewalling）。嫁接型项目。

④ Cilium。基于 XDP 和 eBPF 技术实现的高性能 Overlay 网络方案。

⑤ Kube-router。采用 BGP 协议提供网络直连能力，同时集成基于 LVS 的负载均衡能力。

⑥ Romana。采用 OSPF 协议或 BGP 协议提供网络直连能力。

⑦ WeaveNet。采用 UDP 封装实现 L2 Overlay，支持用户态和内核态两种形式。

（4）插件选型

企业如何进行容器网络插件选型，我们建议从功能需求、环境限制和性能需求 3 个方面进行评估。

① 功能需求。不同的网络插件提供的功能不同，适配的应用场景不同。如果需要安全策略功能，具有 Network Policy 能力，支持对 Pod 网络之间的访问策略进行管控，可以选择 Calico、Weave 等网络插件；如果要求集群内外网络互联互通，可选择 Calico-bgp、Sriov 等 Underlay 模式的网络插件；如果要求服务发现、负载均衡等功能，则需要慎重选择 Underlay 模式的网络插件，因为大部分 Underlay 模式的网络插件是不支持 Kubernetes 的 Service 服务发现功能的。

② 环境限制。不同环境对底层能力的支持不同。在虚拟化环境下，网络限制较多，可以根据需要进行选择，如 Flannel-vxlan、Calico-ipip、Weave 等 Overlay 模式的网络插件；在物理机环境下，可选择 Calico-bgp、Flannel-hostgw、Sriov 等 Underlay 模式或路由模式的网络插件；在公有云环境下，可选择云厂商提供的网络插件。

③ 性能需求。不同网络插件的性能损耗是不同的。使用 Overlay 模式或者路由模式的网络插件，容器创建速度更快，响应速度更快，对业务处理更及时；使用 Underlay 模式的网络插件，容器创建速度慢。Underlay 模式和路由模式网络性能相对较好，Overlay 模式网络性能相对较差。

6. 服务暴露—负载均衡

在 Kubernetes 中通过控制器来自动管理 Pod，但是 Pod 一旦发生扩缩容，如何自动适配相关的服务，就涉及服务发现和服务暴露。Kubernetes 中通过 Service 来实现这种服务。Service 可以创建一个统一固定的入口，自动为后端的 Pod 服务进行负载均衡，当后端 Pod 扩缩容时，调用者可以无感知使用原来的 Service 入口，而服务请求则会动态地分发到不同的 Pod。

随着容器的发展，围绕 Ingress Controller、Sidecar、API 网关等产品层出不穷。从传统 ADC 到以服务为中心的现代轻量级解耦式 Service Proxy，技术回归到类似面向 Web 的简单的负载均衡时代。

在 Kubernetes 中，通过 Ingress Controller 来管理服务路由，社区有众多 Ingress Controller。Kubernetes Ingress Controller 是由 Kubernetes 社区开源的 Ingress 控制器，基于 Nginx，附加了一系列 Lua 插件，用于实现额外功能。对于大部分 Kubernetes 用户和工程师来说，它是较为简单和直接的选择。

① Nginx Ingress Controller。Nginx 公司官方开发的产品，包括基于 Nginx 的开源版本和基于 Nginx Plus 的商用版本。该控制器稳定性高且兼容性强，不依赖第三方模块。与 Kubernetes 官方开源的 Ingress 控制器相比，去除了 Lua 代码，保证了较高的速度。开源版本受到较大限制。相比之下，付费的商用版本有更多附加功能和高级功能，如主动健康检查、JWT 验证、实时指标监测等。Nginx Ingress 对 TCP/UDP 流量能够全面支持，但缺乏流量分配功能。

② HAProxy Ingress Controller。HAProxy 是业界知名的负载均衡器、代理服务器，

有大量用户。HAProxy Ingress 控制器提供基于 DNS 的服务发现功能，支持通过 API 接口进行动态配置更新，支持"软"配置更新（在配置更新时无流量损失）。HAProxy Ingress 控制器支持大量负载均衡算法。

③ Istio Ingress Controller。Istio 作为一个全面的服务网格解决方案，采用 Envoy 作为服务的辅助代理，提供最大限度的控制性、透明性、安全性和可扩展性。Istio Ingress 控制器可以管理所有传入的外部流量，控制集群内部的所有流量，能够对负载均衡、流量路由、流量监控、服务间访问授权、金丝雀发布等进行优化。

部署和管理 Kubernetes 集群时，通常需要满足来自业务人员和开发人员以及业务应用自身的需求，然后根据需求分析和架构分析为集群选择合适的 Ingress 控制器。

7. 容器云存储

数据是企业的重要核心资产。业务应用在各个层次会产生海量的数据，这些数据具有巨大的潜在价值，捕获并存储、分析、处理这些数据是获取价值不可或缺的重要步骤。因此，容器云平台支撑业务应用的重要基础能力之一就是对业务应用数据的持久化支持。

企业为了用好容器云平台，亟须对存储资源做预先的顶层规划设计，重视存储介质、存储数据量、存储性能、存储产品、存储方式等众多场景需求。同时，对容器云平台的存储方案选型和设计，不仅需要考虑业务应用数据的持久化存储，也需要考虑容器云平台自身的存储需求，如数据存储需求、镜像存储需求等。在设计存储方案时，也需要考虑数据库、消息队列等云上中间件对存储的需求。

（1）常见的存储方式

容器云常见的存储方式大致可分为容器内部存储方式、容器远程卷存储方式和容器宿主机本地磁盘存储方式 3 类。

容器内部存储方式：将数据存储在容器的读写层。在容器的原生设计中，当容器被销毁，读写层也会同步被销毁，读写层的业务数据会随之丢失，就像是存储在内存中的数据一样，当应用进程关闭或断电、关机时，内存中的数据就会被清空。因此，容器内部存储方式并不是持久化的，只能当作临时的数据存储方案。

容器远程卷存储方式：远程卷存储包括 NFS 存储卷、OSS 存储卷和分布式远程存储卷等。其中，分布式远程存储卷又包括 Ceph 存储、ScaleIO 存储和 GlusterFS 存储等。

容器宿主机本地磁盘存储方式：直接使用宿主机上的本地存储卷，对宿主机磁盘做映射。这种方式不支持创建快照。容器宿主机本地磁盘存储方式的优点是其不需要独立存储，读写效率较高，创建操作方式简单，适用于对存储 I/O 性能要求较高的场景。其缺点是容器不能在节点之间进行漂移。

（2）存储方案选型

为容器云平台选择和设计存储方案时，需要考虑和评估以下几个特性：业务应用数据的持久化存储、容器云平台自身数据的持久化存储、镜像存储、中间件部署需要的存储。其中，最为重要的是前两种。

① 业务应用数据的持久化存储。包括宿主机本地存储卷存储和分布式远程存储卷存储。前者是对宿主机磁盘的映射，其容量和读写性能是由磁盘的规格和性能来决定的。后者通常是容器云平台的首选存储方案。

② 容器云平台自身数据的持久化存储。容器云平台自身依赖很多组件，可存储容器云平台的状态信息和配置信息等数据，对存储的性能有较高的要求，一旦出现意外，容器云平台可能会陷入瘫痪状态。

③ 镜像存储。镜像仓库用于存储包括应用镜像和中间件镜像等镜像数据所需的存储空间。

④ 中间件部署需要的存储。运行某些中间件需要的特殊存储需求。不同的中间件对存储的需求可能是不同的。

（3）持久化存储需求

企业需要关注的其实更多的是数据的持久化存储，有些企业要求容量比较高，有些可能比较低。值得关注的是，在金融等关键基础设施领域需要对海量数据的持久化存储做好超前顶层规划设计。存储方案能否支持容器迁移是非常关键的一个衡量指标。

不同业务应用对数据存储的需求也是不同的，所以没有明确的标准，用户需要根据实际情况决定，越重要的数据对存储的要求越高，必须能够持久化存储并做好备份。容器的内部存储方式是难以做到持久化的，本地存储方式又难以进行迁移。因此，更多情况下是采用分布式远程存储卷的存储方式来满足持久化存储的需求。

8. 可观测能力管理

随着容器应用的种类以及数量不断增多，分散在集群各个节点上的容器化应用的日志管理和监控管理也给传统的运维工作带来了极大的挑战，亟须变革。企业对于应用的性能数据及日志数据的统一监控和管理成为必然的选择。

如何掌握平台及应用的运行状态，是系统运维人员十分关注的问题。目前，了解运行状态的主要手段是通过系统监控和采集日志及相关性能指标数据，并传输到服务器端进行分析和各类可视化展示。

（1）日志管理

容器云平台自身及容器云上运行的各种业务应用系统在运行的过程中会产生海量的系统级和应用级日志。通过对日志进行采集、传输、存储、处理和分析，企业能够对系统的全局性运行状况进行把控。容器云平台上的日志可按照运维领域分类为平台自身日志和业务应用日志。平台自身日志主要是指容器云平台组件在运行过程中产生的系统级日志。业务应用日志主要是指部署运行在容器云上的容器应用产生的日志。一般来说，业务容器内的应用日志会通过标准输出输出到容器所在的宿主机，再由容器引擎接收并重定向日志数据。对于日志数据量比较大的业务应用，企业可以考虑通过网络的方式直接重定向到日志收集器，不通过文件进行中转，这样可以在一定程度上加快日志数据的流转速度。

容器化应用日志数据的收集是非常关键的。应用日志中包含日志来源拓扑信息以及 IP 地址信息等身份信息，具有数据量巨大、数据价值密度低等特性，因此，企业应根据业务需求和系统平台策略、保存时间等对日志数据进行分类归档，并对存储空间溢出等异常情况进行保护设计。

通常，企业可通过使用一些基础监控组件来实现基本的日志采集、存储、可视化和分析等功能。但是，在分布式架构中这些组件采集的日志分布在各个节点上，甚至应用及平台记录的日志路径和名字都是一样的。这样就导致了系统无法分清是哪个节点、哪个容器，进而导致无法对日志进行直接的聚合和分析。此外，还普遍存在本节点无法访问其他节点的日志信息的情况。总之，对于日志信息的管理是离散的、不成体系的。

在弹性伸缩、快速故障恢复、应用迁移和大规模微服务化部署等场景下，容器实例会扩展到集群中的各个节点上，进而应用生成的日志随之分散存放在各容器所在的主机上。这些都给整个应用系统的日志监控和故障排查带来了很大的挑战。与很多传统大型应用将日志持久化在本地不同，容器化应用需要考虑将分散在多个容器中的日志统一采集，再汇聚到外部的集中日志管理中心，以满足对应用日志的管理需求。

EFK 方案是社区开源的容器云日志管理方案，提供日志采集、日志存储、日志查询、可视化展示等功能，如图 3-9 所示。

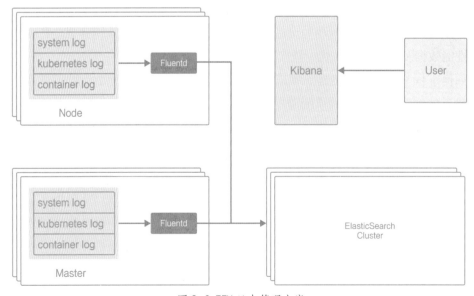

图 3-9 EFK 日志管理方案

（2）监控管理

企业依赖于监控管理系统了解容器云平台及其应用的运行状况，处理系统主要告警及性能"瓶颈"。容器集群及容器化应用在长时间运行的过程中会不可避免地产生大量的故障告警或错误，如节点不可用，CPU及内存长时间使用率过高，磁盘空间不足，容器应用启动错误，数据库等服务超时，应用日志数据报错等。这些故障可能很久才会出现一次，也可能在短时间内大量重复地出现，或者某个单一故障会引发后续一系列其他故障。

如何及时发现每种故障、降低在短时间内大量重复出现的故障频率、抑制因原故障引发的一系列其他故障，以及如何及时进行故障告警、后续故障告警检查，是容器云平台需要提供的重要运营管理功能之一。监控分为平台监控和应用监控，一般采用Exporter、Prometheus、Grafana相结合的方式来实现监控。

如图3-10所示，Prometheus是一款开源的优秀监控解决方案。它能在监控Kubernetes平台的同时，监控部署在此平台中的应用，且提供了一系列系统工具集及多维度监控指标。

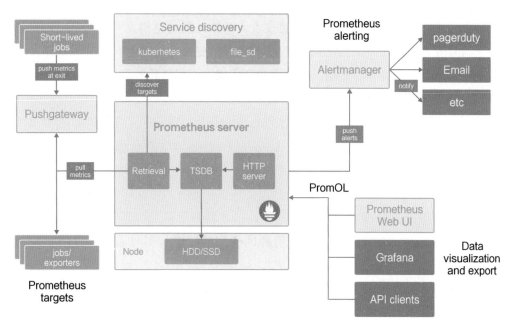

图 3-10 Prometheus 架构

9. 容器云安全

安全是容器云领域中一个非常关键的话题，容器云在不同层次所涉及的安全问题也是不同的。基础设施资源层作为容器云的底层，包括计算节点、存储、网络等，这些基础设施资源共同构成容器云的集群。容器及容器调度组件、容器管理组件等在基础设施资源层之上运行。其中，容器引擎在各个主机节点之上运行，通过容器管理组件和管理调度组件等实现对容器的管理调度、资源分配、配额限制等。容器中运行着应用服务，每个应用服务又可能对应若干容器服务实例或 Pods，一系列服务共同构成服务层。容器云平台涉及众多层次，每个层次都包含众多组件，每个层次都涉及对应的安全问题。

（1）基础设施资源层安全

容器云平台的资源由基础设施资源层供给。企业在大多数情况会直接使用物理主机或者基于虚拟化来搭建容器云集群。虚拟化在物理机之上做了一层隔离，多了一层安全保证，但虚拟化会导致较大的性能损失。使用物理机还是虚拟机，需要根据实际情况选择。

基础设施资源层还涉及网络安全和存储安全。

Kubernetes 本身提供了一种网络策略（NetworkPolicy），但不是所有的容器网络插件都提供网络策略的支持。网络策略资源可以定义不同 Pod 之间的网络访问策略，包括允许哪些容器互相通信，以及允许哪些容器与其他网络进行通信，可以通过配置来控制容器的出口流量和入口流量。

容器云的存储安全与所选择的存储技术、存储方案息息相关。数据安全对所有的企业来说都是非常重要的。业务应用数据不能直接放在容器内进行简单的存储，需要及时备份，或者采集到节点存储，或使用共享存储，或存储到外部数据中心。

（2）容器管理调度层安全

容器管理调度层的安全主要涉及容器的调度安全、容器的生命周期管理安全等。为了将容器调度到集群中合适的节点上，Kubernetes 调度器会通过预选和优选选出最合适的节点，同时提供亲和性、反亲和性等策略，以满足调度需求。在应用弹性水平伸缩的场景中，需要确保容器实例在不同的节点上能够均匀分布，避免因为容器集中到某些节点而导致节点资源紧张或耗尽，影响节点上的其他业务容器。此外，还需要对业务服务的响应时间和节点资源的使用情况进行实时监控，以便于及时进行自动调整。

对于容器云弹性伸缩来说，业务服务在缩容时需要确保业务能够正确被处理，处理完毕之后才能进行资源的回收。因此，需要设置合理的负载均衡策略，确保新的请求不被分配到即将停止或正在停止的实例上。容器异常、容器迁移、容器删除、容器重启同样面临着这些问题。特别是在金融行业，业务涉及资金存取，更需要确保请求数据不重复、不丢失。容器发生异常时可能会导致请求处理中断，因此，为了保障整体安全，仅依赖容器引擎本身的调度是不够的，还需要结合合理的业务逻辑和完备的事务机制。

用户需要对容器操作时，可以通过 API 接口来实现。Kubernetes 提供 ABAC、

RBAC、Webhook 等多种针对 API 的安全访问策略和认证机制、授权机制、准入机制。需要注意的是,Kubernetes 所提供的这些机制只是属于容器云平台组件的访问控制机制,不等于容器云平台本身的访问控制机制。容器云平台还应该建立自身的认证机制、授权机制和访问控制机制。

(3)容器引擎和容器安全

容器引擎的安全是通过 Linux 的系统安全策略来实现的,不同的容器引擎具有的安全能力也是不同的。

私有业务代码在容器中运行时,应该如何保障其安全性呢?首先需要确保容器在进行资源分配时有充足的资源配额,在容器中业务进程可以自由使用,但不能越界,不能逃逸。Docker 等常用的容器引擎通常需要权限访问系统资源,但是开放 Root 权限可能会带来致命的威胁,也不满足安全规范的要求。企业用户在使用容器云平台时应该对所有需要高等级权限的指令进行梳理,为特定用户赋予特定时间范围内执行特定指令的权限。为了提高整个系统的安全性,必须对访问权限进行严格的控制。同时,还应该为容器和资源配备实时监控工具,确保容器能够安全稳定地运行。

(4)服务层安全

服务层就是在容器云上运行的各类微服务。微服务涉及数据治理问题,数据治理能力将对微服务的实现产生直接影响。微服务在服务层的安全集中体现在数据安全上。数据的存储方式、数据的体量、数据的质量、数据的分库分表以及数据的分类分级等都关系着微服务的设计实现、服务质量以及部署方式。

微服务通信安全和接口安全也是非常重要的。通常,企业在使用微服务架构时,为了实现对微服务接口的管理以及对微服务接口进行访问控制,需要利用服务网关的能力。同时,业务需要采用 SSL/TSL 加密等技术为微服务接口实现安全的通信机制。服务网关是一个非常关键的安全组件,通常在服务网关这一层需要实现一系列微服务管理机制,如路由、转换、映射、过滤、容错、熔断、限流、服务优先级设置等,保证容器云平台的安全和微服务的安全。需要注意的是,服务网关作为关键组件,是所有请求应答的出入口,其性能可能会成为"瓶颈",因此,企业需要选择合适的产品,设计合理的网关集群部署方式来满足性能和稳定性的需求。

(5)应用层安全

容器云平台提供给用户的最关键能力之一便是应用管理。通常,企业需要明确开发环境、测试环境和生产环境等不同环境的能力划分。一般建议使用镜像仓库作为开发测试环境和 UAT/ 生产环境之间的媒介,由镜像仓库为镜像提供安全保障。

通过服务编排可以将各个微服务共同构建为业务应用。容器云平台对应用实现权限管理和服务治理的一个重要方式是采用多租户结构设计。服务和应用都需要严格按租户进行区分和管理、运维,化繁为简。把服务和应用当作资源,采用租户权限管理,

为服务和应用实现访问控制机制和准入机制，是实现应用安全的一种重要方式。

（6）基础组件安全

为容器云平台实现统一认证中心、权限中心等基础组件，不仅是建立微服务生态系统的需求，也是建立企业级微服务平台的需求。统一认证中心和权限中心可以实现用户单点登录、基于角色的权限管理、用户认证、用户授权、访问控制等重要安全能力。在建设容器云平台时，微服务生态会涉及很多的开源组件和商用组件，大多数组件会附带自身的权限管理体系和认证体系。完整的企业容器云平台应该打通平台众多组件的权限，为用户提供更好的管理服务和运维服务，便于统一管理。诸如微服务治理组件、任务调度组件、监控组件、告警组件、日志组件、计量计费组件等，都需要保证访问控制安全以及部署安全。

（7）镜像安全

容器与镜像息息相关，镜像的安全会直接影响容器的安全。镜像如果存在漏洞等安全隐患，可能会使容器云平台面临严重的安全威胁。通常镜像仓库会集成镜像安全扫描工具。

Docker Hub 提供在线漏洞扫描，CoreOS 也将 Clair 项目进行了开源，Clair 工具可以对接 CVE 漏洞库对镜像的漏洞进行扫描。不同镜像仓库的能力栈各有差别，提供的安全能力也不同。镜像的构建一般依赖于基础镜像，镜像安全主要涉及镜像、系统、容器运行时这三个重要部分的安全管控。社区、企业中产生的镜像数量不断增加，如何管理维护这些镜像、如何保证版本的一致性也是需要考虑的关键问题。

10. 容器云联邦多集群

在大型企业中，一般会建立多个数据中心，进行多集群管理，常见的考虑因素如下：第一，集群和业务需要容灾备份，保证高可用，而单个数据中心、单个集群难以满足要求；第二，多个数据中心一般会分布在不同地区，不同数据中心之间的网络时延高。第三，不同数据中心的服务器可能由不同的云服务提供商托管，相互之间可能无法提供互联互通的网络。第四，不同数据中心的安全等级和安全策略可能是不同的。

因此，容器云平台一般会纳管多个容器云集群，以便能够对多个集群的所有资源进行统一管理、统一分配。将多个容器云集群纳入同一个容器云平台进行统一管理，有以下两种常见的方案。

一是容器云平台通过对接各个容器云集群的 API 服务，分别向不同的集群下发请求，完成不同集群内的资源统一管理和应用统一管理。容器云平台通过调用 Restful API 的方式控制集群，包括对各种资源对象进行增删改查等操作。同时，容器云平台还需要实现应用多集群部署管理、应用跨集群水平扩展、应用跨集群服务发现和应用跨集群自动故障切换等功能，并设置合理的网络策略，以此来保证各个容器云集群的控制面不受恶意攻击，如图 3-11 所示。

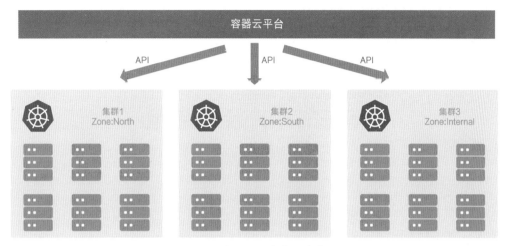

图 3-11 容器云平台管理多集群

　　二是通过使用统一的 Federation 控制平面来对多个容器云集群进行统一管理。通过将用户的应用分散部署到不同地域、不同数据中心、不同集群乃至不同云环境下，实现动态的优化部署，进一步节约运营成本。

　　在 Federation 架构中，引入一个位于所有集群之上的 Federation 控制平面，通过该控制平面对企业屏蔽子集群，提供一个统一的管理入口，如图 3-12 所示。通过这个统一的控制面，企业可以像操作单个集群一样去操作所有被 Federation 管理的集群。然而，Federation 也导致了一些新的问题。

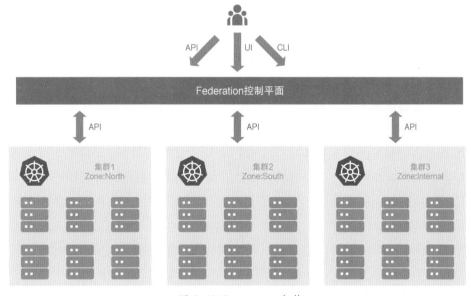

图 3-12 Federation 架构

目前，开源社区有 KubeFed、Karmanda、OCM、ClusterNet 等多集群联邦调度解决方案。

第三节　产品和应用

一、建设思路

1. 建设目标

容器云平台是基于原生 Kubernetes 的 API 接口，面向跨集群、多租户场景进行设计，通过 WebUI 方式与自然人用户进行交互的容器化应用集群管理平台。通过统一的管理门户，容器云平台可以实现多个 Kubernetes 集群上的状态监控、应用部署、滚动发布、扩缩等操作。同时，除了原生 Kubernetes 所提供的 API 接口，容器云平台也提供了其他的对外服务接口来发布非原生集群管理功能。

随着应用容器化改造整体进度的不断推进，业务应用对容器云平台的综合能力要求也不断提高。为提供良好的交互体验，并与周边多个平台融通，以及切实降低管理成本和运维成本，平台建设目标如下。

① 增强异构集群管理能力和平台资源数据分析能力。强化对集群组件的配置管理能力、批量化管理能力以及对集群内节点的统一治理能力，提升大规模集群环境下的管理效率，管理员能够清晰掌握当前资源的全量数据，为集群扩容和资源优化提供决策依据。

② 再造统一 IT 运维体系和兼容融合异构多云纳管能力。深化与数据中心运维体系的对接，将容器技术融入企业现有合规管控流程，增强容器化应用的安全稳定能力，完成与数据中心运维体系的适配和集成；增强容器云平台和 IaaS 层云管平台的兼容能力，强化容器云平台对 IaaS 层特性的利用能力，同时容器云平台将与多个平台实现融合和数据互通，进一步实现统一运维的目标。

③ 完善备份恢复能力和业务高可用能力。平台应能够面向更多资源对象灵活备份，使备份恢复策略更具针对性，提升灾备能力；提供多活容器集群高可用能力，为容器应用提供机房级的统一发布管控和多活部署能力；提供跨机房多活、故障隔离、联邦发布等高可用能力。

④ 提供良好的用户体验。主要包括新增校验手段和提示，优化权限结构，开放用户自治能力和操作界面优化，在提升操作效率和扩大管理范围的同时减少人为失误；提升可视化集群治理能力及平台自动化运维功能，增强整体运维及可观测性能力，降

低平台运维的复杂性。

⑤ 提升安全可靠和自主创新能力。通过强化容器安全控制、联合研发、源码贡献等举措，使其满足不同场景下灵活的安全策略和信息创新等需求。

2. 建设方案

容器云 PaaS 平台向下对接基础设施云 IaaS 平台，且为上层业务应用 / 金融创新提供了一系列能力（赋能）和解决方案，如图 3-13 所示。

业务应用/金融创新
分布式微服务平台
人工智能平台
大数据平台
边缘计算平台
一体化协同研发平台
云数据库平台
移动前端平台
……
分层松耦合
容器云PaaS平台
基础设施云IaaS平台
节约成本，提升资源利用率
标准化应用交付模式，提升敏捷性
统一应用运行时环境
应用部署更简洁，更高效，更可控
更好的弹性伸缩、更智能的编排调度
声明式API服务能力，只需声明，不关心实现
应用与运行环境解耦
编排调度与基础设施解耦
强化应用的容错性、扩展性
降低门槛，提升效率，节约成本，减轻应用项目组心智负担
分布式等应用架构演进所带来的复杂性并没有消失，而是尽量把复杂留在平台，把简单留给应用

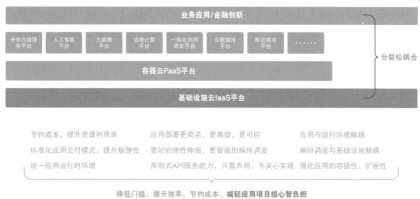

图 3-13 容器云平台整体架构

容器云平台组件共涉及 50 多个技术组件，主要以开源为主，在存储、网络、数据库、部署模型等方面按金融级应用的高可用要求做了定制化开发，最终形成全面覆盖的云原生技术栈，与业界的先进水平及技术发展方向保持一致；同时平台适配各种基础设施云环境，兼容国产化芯片、操作系统和数据库的适配，对外输出无须额外改造，如图 3-14 所示。

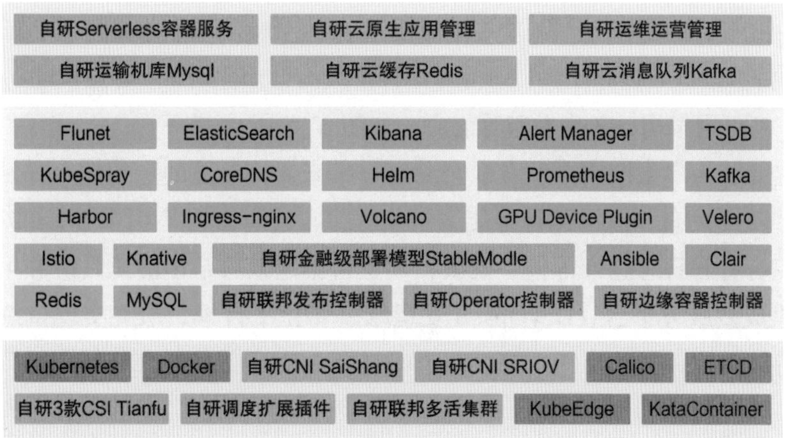

自研Serverless容器服务
自研云原生应用管理
自研运维运营管理
自研运输机库Mysql
自研云缓存Redis
自研云消息队列Kafka
Flunet
ElasticSearch
Kibana
Alert Manager
TSDB
KubeSpray
CoreDNS
Helm
Prometheus
Kafka
Harbor
Ingress-nginx
Volcano
GPU Device Plugin
Velero
Istio
Knative
自研金融级部署模型StableModle
Ansible
Clair
Redis
MySQL
自研联邦发布控制器
自研Operator控制器
自研边缘容器控制器
Kubernetes
Docker
自研CNI SaiShang
自研CNI SRIOV
Calico
ETCD
自研3款CSI Tianfu
自研调度扩展插件
自研联邦多活集群
KubeEdge
KataContainer

图 3-14 容器云平台组件

3. 实施策略

为完成以上建设目标，容器云平台的实施策略如下。

首先，需要构建租户体系、资源和应用体系。建设租户权限管理模块（包括用户管理、角色管理、权限管理等）、资源管理模块（包括资源分配、用量统计、各类K8s资源和自定义资源等）和应用管理模块（包括应用全生命周期管理、应用联邦、容器管理、配置管理、密钥管理等）。

其次，建设运维和可观测能力。建设关键为三要素：运维、监控和日志，具体包括运维管理模块（包括集群管理、节点管理、网络管理、存储管理、镜像管理等）、监控管理模块（包括监控数据采集、存储、报表、展示、告警等）和日志管理模块（包括日志采集、存储、备份、检索等）。

最后，根据企业个性化业务和安全合规等需求，就不同的能力模块进行建设，其中必不可少的有容器安全和服务网格。具体为安全管理模块（包括镜像安全、容器安全、集群安全、运行时安全、安全策略等）和服务网格管理模块（包括网格管理、服务治理、策略管理等）。

二、产品体系

美国作家杰·萨米特（Jay Samit）在《不颠覆，就会被淘汰》一书中说："颠覆的重点不在于发生什么事，而在于你如何回应发生的事。"

正如《银行4.0》中所提到的，"科技颠覆没有例外可言，不会只选择冲击某些个领域却让银行金融业不受影响"。同样，金融科技为传统金融行业的发展带来了巨大的冲击和挑战。金融行业迫切需要数字化转型，向数字金融、互联网移动金融和非储蓄类业务的转型。这对企业组织、技术储备、平台和能力提出了新的要求和挑战。在一定程度上，金融企业的发展趋势恰如逆水行舟，不进则退，须主动拥抱金融科技，采用新的技术和平台。

因此，转型后的金融企业须实现对前台业务的敏捷响应、敏捷开发、持续集成、持续部署、持续改进等链路闭环，具备弹性轻量级的自动化运维、容错机制、故障自愈、弹性伸缩、高可用架构、灰度发布等能力，如图3-15所示。

平台应能够为广大应用开发者和企业用户带来异构环境的一致性、弹性伸缩、高可用设计、灰度发布、蓝绿部署等能力；须提供集群管理、应用中心、CI/CD、交付中心、监控告警和日志查询等核心模块；须支持集成兼容众多的工具链和第三方插件应用，如集成微服务平台、DevOps开发运维一体化平台等，最终实现持续集成、持续部署、持续监控、持续反馈、持续改进等链路的闭环。另外，容器云服务平台应兼容底层IaaS层基础设施服务平台和虚拟资源池，能更好地部署运维上层大数据、人工智能、区块链、手机银行和普惠金融等应用场景。

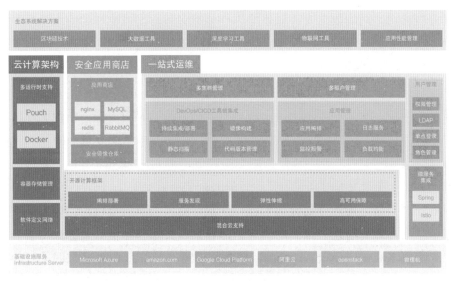

图 3-15 容器云服务平台整体技术架构

总之，以"容器为基本单元、采用基于容器镜像的应用分发部署模式"为特性的容器云服务平台，在内部架设管理架构，用于编排和管理容器；对外以运维门户为渠道，隐藏底层复杂逻辑。企业只要明白简单的业务逻辑，即可在容器云平台快速方便地完成应用开发、创建、部署、管理和运维等全生命周期操作，减少传统云平台对应用架构、支持的软件环境服务等方面的限制，给企业极大的开发运维自由度，最大限度地帮助企业实现云上转型和快速响应一线业务需求，持续获得容器云带来的经济效益和企业竞争力。

三、云化的应用模式

本部分主要对资源管理、组织管理和应用管理 3 个核心能力进行介绍。

1. 核心能力之资源管理

在资源智能调度方面，下文将从以下高频场景介绍容器云服务平台在资源方面的能力。

（1）多云统一纳管

平台支持对公有云、私有云和物理机环境下的 Kubernetes 平台进行统一的可视化混合资源管理，支持对虚拟资源的自动化申请、释放，并提供多集群的注册、修改、运维、监控等核心功能，如图 3-16 所示。

图 3-16 混合多云纳管

平台应针对不同的数据中心对集群进行分类管理，支持统一的应用全生命周期管理以及丰富的集群运维工具包。平台提供标准应用的封装格式，实现应用服务的一次封装、无限制跨平台部署。

（2）集群部署

按照用途，集群可划分为上层管理集群和下层业务应用集群。平台的系统服务和组件以容器方式部署在K8s集群内。管理平台通过调用各个业务集群的kube-apiserver（K8s核心组件之一），管理K8s资源（如Deployment、Service等）。业务应用集群是企业使用平台发布服务时部署用户服务的K8s集群。

按照环境类型，集群可划分为管理、开发、测试、预发布、构建和生产集群。企业可以根据实际业务场景和预算规模规划部署集群类型和容量。业务应用集群的数据信息（如集群Kubeapiserver、Harbor、日志监控组件等信息）通过管理平台的集群添加功能注册到平台进行管理。平台使用K8s自定义类型资源（CRD）Cluster资源类型记录各个集群的信息。

各个集群部署时，须部署集群对应的镜像管理服务Harbor。各个Harbor之间通过镜像同步功能，将开发测试的镜像推送到预发布或生产集群。生产集群可以部署测试环境通过后推送过来的镜像。

（3）集群全生命周期管理

① 集群注册。集群注册主要是将一个现有的Kubernetes集群加入容器云服务平台，进行统一的管理。

② 集群修改。集群修改允许运维管理员在后台组件信息变更之后，进行可视化的同步更新，主要实现对镜像仓库、登录信息、集群域名、负载均衡、外部挂载及集群模板信息的修改。

③ 集群维护。在集群出现突发性问题或需要进行维护的情况下，运维管理员可将集群置于运维状态，保证集群不被其他用户继续调度。

④ 集群删除。删除集群将会彻底将集群从当前数据中心移除，集群的分区、应用、服务等资源也会随集群移出当前系统。因此，这就需要有高级权限的人员执行该操作。同时，企业可通过审计模块来查阅集群的相关操作信息。

（4）集群组件监控

平台对各类关键组件都实施了监控，能够最大限度地确保集群在运行过程中的可靠性和可观测性。运维管理员可以在报警中心开启对于这些组件的报警事件，以便第一时间发现平台自身的异常状态，如图3-17所示。

（5）集群资源管理

运维管理员无须进入更深层次的页面便可总览整个集群的运行情况和资源使用情况。同时，对于集群的主机资源，可以做到主机的上下线；对于分区（Namespace）也

图 3-17 集群组件状态

可以做对应的增加、删除以及容量扩 / 缩容。

（6）集群迁移

运维管理员可选择集群、租户、分区、项目，在界面上完成集群迁移，从而实现集群内的服务在保持运行的状态下，平滑地从旧集群整体迁移到新集群。

2. 核心能力之组织管理

在组织管理方面，平台基于多租户设计理念，能够提供基于异构环境下不同租户间的基础设施资源共享、数据隔离和权限隔离。

组织管理的核心是由多租户带来的一系列优势。多租户并不是传统理解上的"单一用户"，而是一系列复杂的资源集合，其实质上是基于系统内核的一种软件设计模式。

（1）多租户设计

多租户解决的是异构环境下不同租户的基础设施资源共享，但具有数据隔离和权限隔离的特性。

容器云服务平台的租户管理系统可分为 3 个层级，即租户、项目和命名空间，如图 3-18 所示。

租户：通常，从企业的组织架构上可以理解为一个部门团队或者大的项目集。

项目：项目一般会对应到一个具体的项目组团队。

命名空间（Namespace）：可运行服务的一个或多个命名空间（如多集群场景下，一个项目组会在不同集群下有多个同名的命名空间）。

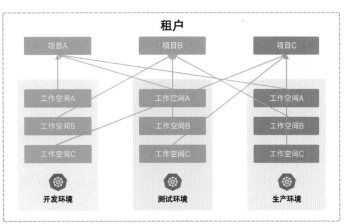

图 3-18 组织管理——多租户设计

租户是平台上对资源划分的虚拟管理空间。企业需要将用户信息绑定到租户下，才能拥有该租户的资源权限。企业可以对团队成员分配全局角色，不同的角色显示对应的权限。目前，系统默认的角色有开发人员、测试人员、运维人员。企业也可以根据实际业务添加新角色进行分配，如可以选择一个用户进行多角色分配，也可以给多个用户分配一个或多个角色。

（2）租户间的资源隔离

平台上的租户资源都是严格按照业务需求隔离的。首先，从底层资源来说，不同的应用在不同的 Pod 中运行，通过 Cgroup 实现资源限制，通过 Namespace 实现资源隔离。其次，对于租户来说，不同的租户拥有各自的命名空间。最后，对于不同租户下挂载的除内核资源外，其他资源如存储、日志文件、模板、报警信息等也都通过底座后台进行资源过滤。

（3）租户间的网络通信隔离

平台默认不同租户之间是不能通信的，同一租户内应用是可以互相通信的。但是，在一些特殊情况下，又存在需要不同租户互相通信的场景。因此，平台可通过租户白名单等方式来解决这种需求。在租户设置白名单后，在白名单内部的其他租户可以同该租户进行单方面通信。

3. 核心能力之应用管理

在应用管理方面，平台应以 CI/CD 为核心提供从代码拉取、编译、自动化测试、镜像构建到应用部署的一整条流水线，并且提供一键发布和应用版本升级服务；平台应提供应用服务的日志采集和查询，并对集群主机应用服务的资源使用情况进行监控和告警。

（1）应用的弹性扩/缩容，资源的智能调度

调度组件决定了当前集群的主机资源能否被合理高效利用以及业务应用是否被合理地分配了资源。K8s 的智能调度是将应用的多个 Pod 实例合理地调度到各个 Node 节点上运行，即以调度器来实现资源的分配和应用调度。

在传统方式下，业务应用和计算、存储、网络等基础环境资源紧密耦合，业务应用的扩/缩容同时意味着基础环境资源的扩/缩容，而这会非常耗时，甚至需要漫长的采购流程。尤其是涉及非常多操作的环节，这些操作都是串行的，如创建主机、为主机分配存储、为主机配置网络、为主机安装操作系统、开通网络关系访问策略、部署应用、审计部署、配置负载均衡策略等，完整地将流程走完可能需要数天、数周甚至数月的时间。即使通过使用 IaaS 平台、虚拟化平台、自动化工具可以在一定程度上缩短基础环境资源扩容所需的时间，将整个流程缩短到数个工作日，这对于真正需要弹性的应用来说还是远远不够的。

在容器云的环境下，业务应用和基础环境资源之间是解耦的或者松耦合的关系。

一般只需要在应用部署的模板文件中修改控制副本的参数，然后下发到集群，集群中运行的副本控制器会根据副本参数来自动创建新的副本实例或删除旧的副本实例，使得最终的实例副本数符合部署模板文件中所定义的实例副本数，业务应用的整个扩/缩容流程可以在短短数秒到数十秒之内完成，及时满足业务应用面临突发紧急扩容的场景，实现真正意义上的弹性伸缩。

（2）故障隔离与排查分析

故障隔离和排查原因通常是运维实践中面临的艰难挑战。通常情况下，开源社区不能完全满足企业对于服务高可用的核心诉求。在组件和硬件故障等方面较为突出，如对于 Docker、Kubelet、CNI 网络插件和 Container 等组件故障，心跳检测和健康检查无效；对于节点网卡、节点系统 Crash/Hang 住和节点硬件故障导致宕机等硬件故障，无法做到立即消除故障，如图 3-19 所示。

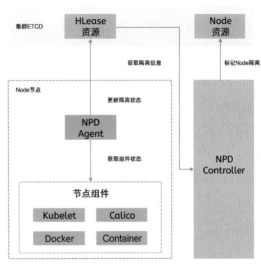

图 3-19 Node 节点故障隔离

通过心跳或健康检查等方式，平台可以做到故障的及时诊断，通过打标签的方式将故障 Pod 标记为故障状态，且设置隔离时间。同时，业务正常启动新 Pod 的方式，实现核心组件和主机硬件在 5s 内隔离，按照预先设置的规则保留故障现场，用于后期故障排查和原因分析。

（3）监控告警

平台监控针对容器化的各类资源，可获知集群、主机、应用服务等对象的健康状态和资源使用情况，有助于提升容器云平台的稳定性。企业可以根据预设规则进行监控报警，排查业务"瓶颈"。平台应支持对接邮件、短信、企业微信或第三方监控平台等告警渠道，以便在出现不可预估的意外时第一时间通知相关运维人员来解决问题，如图 3-20 所示。

图 3-20 监控告警架构设计

（4）日志管理

日志管理采用自主伸缩性和高可用性设计，企业可以便捷地访问和搜索，对于厘清业务系统和发现未知的潜在性隐患具有突出表现。为了降低记录日志的存储成本，平台应支持配置日志存放路径，如采用 Emptydir、Hostpath 以及分布式存储等作为日志的存放目录。一般而言，对于非核心业务的应用推荐使用 Emptydir 或 Hostpath 方式来存放；而对于核心业务的日志，则建议采用分布式商用存储，以保证日志数据的可靠性和完整性，如图 3-21 所示。

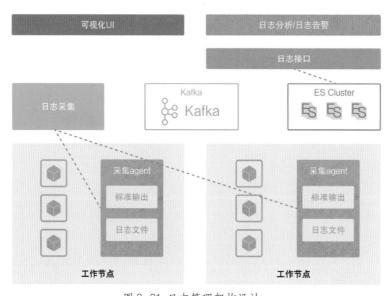

图 3-21 日志管理架构设计

4. 其他能力简介

（1）镜像仓库

镜像仓库用于存放镜像，常包含企业运行时所需要的环境和应用程序。企业用户可以通过镜像仓库进行镜像部署、镜像推送及镜像清理等操作。

平台须提供私有和公有两种类型的镜像仓库。私有仓库可以存储租户自建应用镜像；公共仓库上的镜像为平台共享镜像，所有人员都可以查看并拉取镜像。平台应支持镜像漏洞分析功能，分析指标包含漏洞总数、漏洞等级分布数及漏洞详细信息等，如图 3-22 所示。

（2）容器网络

平台支持所有遵循 CNI 的网络插件。企业用户可以根据自己的诉求选择其他厂商和自定义开发的网络插件方案，如 Calico、Flannel 和 Macvlan 等。

图 3-22　漏洞分析

（3）容器存储

平台提供存储卷的管理，包括云硬盘、本地磁盘和网络存储等任何底层存储。平台支持 Kubernetes 的各类存储方案，如系统类（如 Ceph、Glusterfs、NFS、Quobyte）、接口类（如 Cinder、Flocker、iSCSI、FC、FlexVolume）、云平台类（如 GCE、AWS、Azure）。

企业用户在选择存储方式时，需要基于实际的业务需求进行综合考量。容器云服务平台是用来承载业务应用的，是为业务应用服务的。不同的业务应用对存储的需求可能是不相同的，有的需要较高的安全性，有的可以容忍数据丢失。总之，不同的业务应用，场景不同，需求不同，采取的存储产品、存储方案也就不同，为存储所付出的资金代价也不同。

（4）应用商店

应用商店是平台提供的一些常用应用模板的合集，可以为企业提供丰富的常用服务矩阵。平台支持企业可以自行创建应用并直接从应用商店启用，而无须自己去打包镜像，如图 3-23 所示。

平台支持集中化展示同一个租户项目下的所有应用模板、服务模板和有状态服务模板。利用模板，企业可以便捷地发布服务、有状态服务或者应用，而不需要每次新建发布。

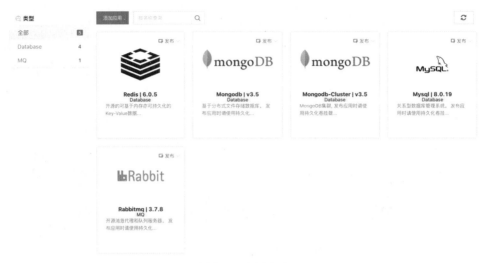

图 3-23 应用商店

5. 总结与回顾

容器云服务平台实现了应用与运行环境的解耦，众多业务应用负载都可以被容器化，而且应用容器化满足了敏捷、可迁移、标准化的诉求；Kubernetes 的运用让资源编排调度与底层基础设施解耦，实现了资源的编排和高效调度。

系统环境标准化。容器云服务平台采用容器镜像技术实现应用交付标准化，能够将应用系统及其依赖环境进行镜像封装打包，以开箱即用的轻量化方式快速传输、启动和部署，实现开发、测试、生产、运维等多种场景下 IT 资源的标准化，彻底解决了以往应用服务因环境不一致而引发的一系列问题。

资源管控自动化和最大化。平台采用 Kubernetes 作为资源编排调度，以面向"终态"的声明资源定义方式，实现计算、网络、存储等 IT 资源自动化管理与高效分配。当应用有新的资源需求时，可以通过弹性伸缩得到满足，做到资源与应用的最大化适配，从而实现资源利用率提高至传统模式的数倍。当出现资源故障时，灵活找到资源备份，并与应用自动化运维关联，自动化迁移应用至备份资源，做到故障的秒级自愈。

应用发布运维自动化。平台通过将负载均衡器与应用发布自动化关联配置，实现应用自动化发布，并且具有灰度、蓝绿和金丝雀发布等能力。同时，应用的运维也是以标准化的面向终态方式进行管理。通过平台的自动化巡检，做到应用故障自发现和基础资源自动化打通，实现应用的自动化迁移，从而实现了应用故障秒级自愈。应用弹性伸缩能力在基础资源管理自动化和应用运维自动化关联的加持下极易实现。

交付流程规范化。平台通过自动化的 CI/CD 流水线、资源配置和服务调度，实现了从代码到应用服务的快速交付，只需几或几十分钟，快速响应业务的需求变化，从而达到精简且敏捷的软件交付。

第四章
DevOps 平台

导　　读

20 世纪 60 年代，随着北大西洋公约组织（NATO）第一次提出"软件工程"概念，软件产业应运而生。最初的软件程序功能比较简单，一个软件从一个想法变为实际可操作的应用，程序员一个人便可以完成所有阶段的工作。20 世纪 80 年代中期，面向对象语言的兴起，同时伴随着计算机硬件技术的升级，软件产业的规模也逐渐庞大，软件复杂度的不断攀升导致单兵作战已经无法满足复杂的功能要求，至此涌现出了大量的开发模式，人们致力于研究如何安全地提升产品的交付效率。

DevOps 已发展 10 余年，其创造者 Patrick 最开始提出这个概念是为了调和开发与运维之间的矛盾，到如今，DevOps 已发展成一种覆盖软件全生命周期，由微服务、自动化测试、容器云服务等技术组建起来的 DevOps 生态。尤其是 2013 年，Docker 容器技术兴起并在 DevOps 实践中得到了广泛的应用，极大地简化了构建、部署、运维的复杂度和成本，从而进一步推动了敏捷研发和 DevOps 的发展。DevOps 通过工具链和流程的融合，为企业数字化转型、加速产品创新提供了平台和工具支持。本章将重点介绍 DevOps 理念和企业实施 DevOps 的策略，旨在帮助企业提升工程实施自动化交付水平，建立端到端的需求流动过程，快速实现价值交付，推进新时代的研发模式转型。

本章将回答以下问题：

（1）如何理解 DevOps 技术？

（2）云时代 DevOps 技术有哪些变化？

（3）企业如何建设自己的 DevOps 平台？

（4）如何利用 DevOps 技术帮助企业提升效能？

第一节　概述

一、基本概念

维基百科这样定义 DevOps：DevOps（Development 和 Operations 的组合词）是一种重视"软件开发人员（Dev）"和"IT 运维技术人员（Ops）"之间沟通合作的文化、运动或惯例，通过自动化"软件交付"和"架构变更"的流程，使构建、测试、发布软件能够更加地快捷、频繁和可靠。

百度百科这样定义 DevOps：DevOps 是一组过程、方法与系统的统称，用于促进开发（应用程序 / 软件工程）、技术运营和质量保障（QA）部门之间的沟通、协作与整合。

我们可以看到国内外百科条文对于 DevOps 的定义略有差异，国内提到了开发、运维、质量保障三个部门，而国外仅提到了开发和运维两个部门。基于此，我们调查了市面上很多公司对于 DevOps 的工作规划和工作内容，结果显示，不同公司对 DevOps 的理解存在差异。有的公司认为 DevOps 是一种团队合作模式；有的公司认为 DevOps 是一种思想；有的公司则认为 DevOps 是一种提高研发效能的工具。这其实是由于它们接触的是不同发展时期的 DevOps 所导致的认知不统一。DevOps 起初仅着眼于开发部门与运维部门之间的矛盾调和，但随着近些年软件工程的快速发展，它的内涵也不断发展与丰富，形成了由微服务、自动化测试、容器云服务技术等组建起来的 DevOps 生态。2017 年，我们有幸和 Patrick 对 DevOps 的定义范围进行了探讨，在结合时代背景和行业发展的思考下，一致认为：DevOps 是以精益思想为指导，基于敏捷开发与自动化流程，串联需求端到运营端的完整生态链。通过 DevOps 生态链能够加强企业部门之间的沟通与合作，促进提升软件质量和交付效率。

二、发展背景

20 世纪初，福特首先把泰勒科学管理原则应用于生产的组织过程，创立了流水线作业体系，其基本特点是以流水线形式大批量生产出种类单一的产品，以实现规模经济效益。第二次世界大战结束后，全球进入了经济修复周期，市场需求相对稳定且单一，这让泰勒福特制这种生产方式成为当时最为先进的管理思想与方法。进入后工业化时代，随着人们消费能力的不断提升，人们开始追求质量和品牌，市场需求向多元化、个性化转变，此时泰勒管理学指导下的标准化、大规模的生产模式已经难以适应，直至 20 世纪 90 年代末，以丰田制造为代表的新的管理方式和管理哲学应运而生。

20 世纪 80 年代中期，美国通用汽车濒临破产危机，而日本丰田汽车的丰田英二、大野耐一等人在分析了泰勒福特制生产方式后，结合日本国情创造了精益生产模式，以低成本、高质量、高效率的特点，使日本的汽车工业超过了美国。在市场竞争中遭受失败的美国汽车工业意识到，致使其竞争失败的关键是美国汽车制造业的大批量生产方式输给了丰田的精益生产方式。1985 年，美国麻省理工学院组织世界 17 个国家的专家、学者，花费 5 年时间对 90 多家汽车厂进行对比分析，耗资 500 万美元研究总结出这一先进的生产方式，并于 1990 年出版了《改变世界的机器》一书，把丰田生产方式命名为精益生产，并对其管理思想的特点与内涵进行了详尽的描述。

1996 年，原作者出版了它的续篇《精益思想》，进一步从理论的高度归纳了精益生产中所包含的新的管理思维，并将精益理念扩大到其他领域，把精益生产方法外延到企业活动的各个方面，衍生了精益创业、精益需求、精益人才、精益设计等一系列方法，从而促使管理人员重新思考企业流程，消除浪费，创造价值。精益思想作为DevOps 最底层的根本指导思想，其价值体现在企业能够及时响应市场需求变化，高效地进行软件开发，实现快速价值交付，获得回报。这就是精益思想在软件开发过程中的应用，也正是其核心"杜绝浪费，持续改善"的有效实践，如图 4-1 所示。

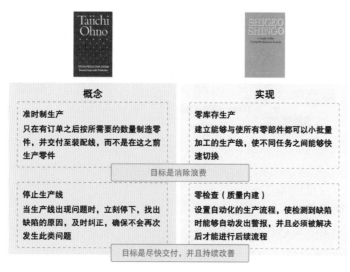

图 4-1 精益制造的核心

IT 行业也存在类似的发展路径。20 世纪 90 年代，软件系统主要是解决业务中重复性强或计算量大的问题，支撑范围主要局限在业务中的某一过程或环节。在这一时期，业务离开了软件也能开展，软件对于业务来说不是必要条件，所以当时软件功能的更新频率可以是数月甚至数年。21 世纪 10 年代，随着二维码、电子钱包等技术的飞速发展和我国劳动力成本的持续攀升，传统依靠大量人员投入的人员密集型开发和运维管理体系已经难以适应和满足新商业形态下的企业数字化转型升级的要求。这个时期的软件服务深入社会各个角落，社会生活的衣、食、住、行、用都依赖于软件系统，软件已经成为业务的核心支撑，必须提供 365×7×24 小时的服务，任何中断服务都可能会带来极大的经济损失或社会损失，软件功能的更新频率需要控制在数天、数小时甚至数分钟。

三、发展历程

1. 软件工程中研发模式的发展

民用软件产业崛起于 20 世纪 80 年代，2000 年后蓬勃发展，其中作为创造软件的重要环节——软件研发，逐渐形成一套完整的科学理论，从整体的发展过程来看，主流的研发模式发展大致分为 3 个阶段，即瀑布研发模式、敏捷研发模式、DevOps 研发模式，如图 4-2 所示。

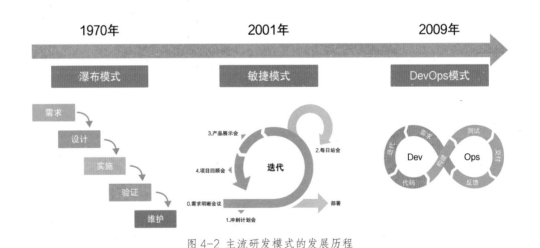

图 4-2 主流研发模式的发展历程

（1）瀑布研发模式

20 世纪 60 年代，NATO 第一次提出"软件工程"概念，软件产业应运而生。一个软件从一个想法变为实际可操作的应用，所涉及的各个阶段被称为软件的全生命周期，主要包括规划、编码、构建、测试、发布、部署、维护，如图 4-3 所示。

图 4-3 软件全生命周期

最初的软件程序功能比较简单，一个程序通常只有几十到几百 K，程序员一个人便可以完成所有阶段的工作。但随着计算机硬件技术的升级，软件产业的规模也逐渐庞大，出现了软件开发的精细化分工，除软件开发工程师外，又诞生了软件测试工程师、软件运维工程师等，如图 4-4 所示。

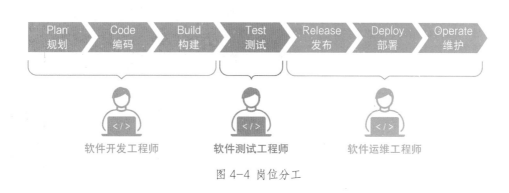

图 4-4 岗位分工

不同岗位之间有不同的工作职责和范围，形成了各类岗位之间的边界，因此，工作内容就自然而然地分成了几个阶段。传统的软件开发流程中，开发人员花费数周甚至数月编写代码，然后将代码交给测试团队进行测试，再将最终的发布版交给运维团队去部署。这 3 个阶段，即开发、测试、部署，前一个阶段的全部工作完成之后再进入下一个阶段，就像是一条瀑布，一下接着一下地滑落，这就是早期所采用的软件交付模式，称为瀑布研发模式，如图 4-5 所示。

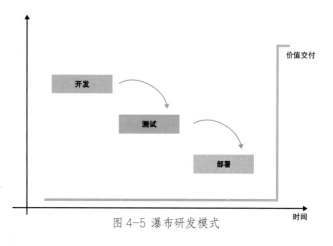

图 4-5 瀑布研发模式

（2）敏捷研发模式

传统的瀑布研发模式适用于用户需求非常明确、开发时间非常充足的项目。到了20世纪90年代，随着各种开发规范和需求的不断增多，软件开发流程越来越"重型化"。2001年，17位软件开发领域的领军人物聚集在美国犹他州的Snowbird雪场，分享各自对软件研发的想法，他们意识到如今的市场需求变化非常迅速，项目需求可能会随时变化，按照传统的瀑布研发模式，会导致团队花费三四个月时间开发了一款软件，投入市场后却发现市场已经有类似的竞品，或者这个市场的风口已经过去了。为了及时响应市场需求的日益变化，"敏捷研发模式"被正式定义出来。它通过把一个最小可行性产品（MVP）投放到市场，及时收集市场对产品的响应和反馈，在下一个开发周期进行改进，以此应对快速变化的需求，如图4-6所示。经过两天的讨论，全体与会者达成共识，以"敏捷"（Agile）一词来概括这套全新的软件开发价值观，并将一份简明扼要的《敏捷宣言》传递给世界，同时宣告了敏捷开发运动的开始，成为软件发展历史上浓墨重彩的一笔。自2006年起，谷歌、微软、亚马逊等国外的大型互联网公司掀起了一股敏捷研发的热潮。

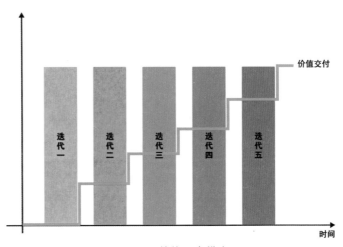

图 4-6 敏捷研发模式

敏捷开发可以更快地发现产品问题，更快速地将产品交付给用户，团队可以更快地得到用户的反馈，从而进行更快的需求响应。另外，这种小步快跑的方式可以减少版本之间的变动，降低变更风险，

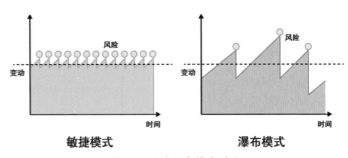

图 4-7 两种研发模式对比

并且如果发生了问题，也可以相对轻松地解决。敏捷模式与瀑布模式的对比如图4-7所示。

（3）DevOps 研发模式

尽管敏捷研发模式大幅提升了软件开发的效率和版本更新的速度，但是它的效果仅限于开发环节。开发人员（Dev）的工作是添加新特性，而运维人员（Ops）的工作是保持系统运行的稳定。在 Ops 看来，Dev 在添加新特性时所带来的代码变化会导致系统运行不稳定，于是矛盾就在两者之间出现了。

此时，比利时根特市的一名咨询师 Patrick Debois 也意识到了这个问题，他于 2007 年从事大型政府数据中心迁移工作中的测试部分。在这个项目中，他需要频繁往返于 Dev 团队和 Ops 团队之间，此时 Dev 团队已经实践了敏捷开发，而 Ops 团队仍然采用传统的运维模式。双方的工作节奏完全不同，这让他很不适应，于是他思考能否让 Ops 团队也敏捷起来，提升与 Dev 团队配合的质量与效率。

2008 年，在加拿大多伦多举行的一次敏捷会议上，Patrick 遇见了 Andrew Shafer，两个志趣相投的人成立了一个讨论组，讨论如何消除 Dev 与 Ops 之间的鸿沟，但是人们的兴趣不太大，并没有得到很多反馈。

2009 年 6 月 23 日，雅虎旗下的图片分享网站 Flickr 的运维部门经理 John Allspaw 和工程师 Paul Hammond，在美国圣荷西举办的 Velocity 2009 大会上，发表了题为《每天部署 10 次以上：Flickr 公司的 Dev 与 Ops 的合作》的演讲。Patrick 偶然在比利时的家中观看了此场演讲的在线视频，这立即引起了他的共鸣。在这次演讲的鼓舞下，2009 年 10 月 30—31 日，在比利时根特市，他以社区自发的形式举办了首届名为 DevOpsDays 的大会。这次大会吸引了不少开发者和系统管理员，大家聚集在一起讨论让两个不同领域之间无缝配合的最佳方法。该事件引起了这两个领域专家的广泛关注，并引发了 Twitter 上的热烈讨论，限于推特 140 个字符的限制，Patrick 把 DevOpsDays 中的 Days 去掉，而创建了 #DevOps# 这个 Twitter 标签，至此，DevOps 诞生了。

2. DevOps 技术生态的发展

DevOps 平台统一支撑持续集成、持续交付、自动化测试、自动化部署等环节，以简化开发、测试、运维过程的监督管理工作，降低沟通成本、交付风险以及运营成本。不少企业纷纷创建 DevOps 部门，并着手建设 DevOps 平台，这进一步推动了 DevOps 在国内的发展进程。DevOps 能被业界快速接受，离不开相关技术的同步发展，特别是云计算技术和基础设施的成熟，以及新的架构范式的出现。总体而言，DevOps 主要经历 4 个发展阶段，如图 4-8 所示。

（1）脚本与 Jenkins

2009—2011 年，DevOps 其实称不上是"系统"，开发和运维还是处于相对割裂的状态，其特点是运维人员利用自制脚本完成部分工作。在搭建整个应用系统的过程中，首先需要在 DevOps 系统外创建运行应用所需的资源环境，DevOps 系统对这部分没有控制，只负责在资源环境搭建好后自动化部署应用，资源环境的搭建与之后的应用部署过程是割裂的，需要人为地协调控制。不能实现从资源环境创建到应用部署的整体过程的一键执行，这种交付过程风险高，多个开发测试环境不统一，经常出现在一个

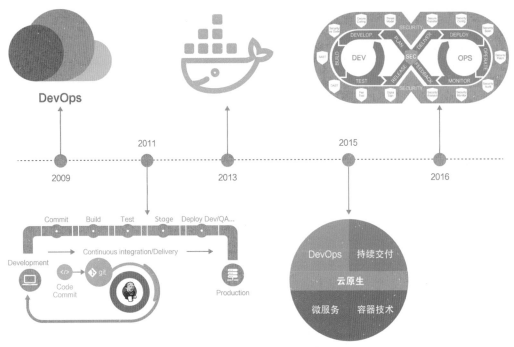

图 4-8　DevOps 领域关键技术发展路径

环境里运行正常却在另外一个环境里运行不正常的现象。

　　某互联网公司在阿里云采购了一批新的服务器，准备在上面部署服务，此时这家公司的运维工程师先启动一组包年的虚拟机后，用本地工具手工填写目标服务器 IP 地址、登录密码、登录密钥等信息，连接服务器后上传自动化脚本工具，然后手工运行自动化脚本部署，如 Shell、Python、Ruby 脚本，进行应用的安装部署升级，而且之后当增加或减少节点后，也由人手工运行自动化脚本来配置系统。虽然每次都通过上传自动化脚本的方式来运行，但长期以来工程师们不同的操作风格、登录服务器后的零碎操作，以及临时修改的配置文件，导致每个环境的服务器都有所差异，这使得大多数情况下在 SIT 环境部署的服务可以运行，但在 UAT 环境部署的服务并不能执行。

　　例子中的互联网公司采用的这种方式也是国内大多数组织当时实践 DevOps 的状态，这一时期 DevOps 概念在国内还比较新，基本上都是运维人员自发进行的 DevOps 实践，这就导致其自动化程度和效率有非常大的改进空间。

　　2011 年出现了开源项目 Jenkins，它是一个用 Java 编写的持续集成工具，可以执行任意 Shell 脚本和 Windows 批处理命令，通常用于自动执行与构建、测试和交付或部署与软件有关的各种任务。Jenkins 并不实现某一特定功能，而是提供一个自动化平台，它以插件化的方式来集成各种各样的插件工具，用户可以通过定义每个步骤的实现方式，组合成一条流水线，完成一个步骤后自动执行下一个步骤。此时的 Jenkins Job 并没有可视化界面，仅有命令运行时的命令行输出内容。Jenkins 自动化的特性使其迅速成为实施持续集成的核心工具。

2016 年，Jenkins 发布 2.0 版本，并且发布了 Pipeline 插件。Pipeline 插件是一套运行于 Jenkins 平台上的工作流框架，将原本独立运行于单个或者多个节点的任务连接起来，实现单个任务难以完成的复杂流程编排与可视化，如图 4-9 所示。Pipeline 是 Jenkins 2.0 最核心的特性，它帮助 Jenkins 实现从持续集成到持续交付的转变。Pipeline 插件的运行方式使用 Groovy 语言来定义，通常被写入一个名为 Jenkins file 的文件中，该文件可以被放入项目的源代码控制库中。Pipeline 插件提供了非常强大的方法来开发复杂的、并行的持续交付流水线，让 Jenkins 可以实现从版本控制到交付客户的完整过程的自动化实施。同年，Jenkins 的市场份额上涨至 60%。

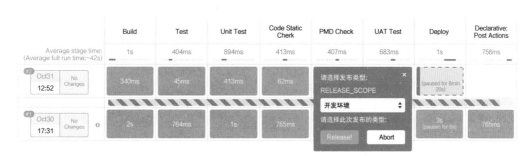

图 4-9 Jenkins Pipeline 示例

（2）Docker 与 Kubernetes

2013—2015 年，DevOps 系统特点是对镜像技术的应用。2013 年，dotCloud 公司推出 Docker 项目，Docker 在容器技术的基础上，引入分层式容器镜像模型、全局及本地容器注册表、精简化 REST 等特性。由于容器没有管理程序的额外开销与底层共享操作系统，其性能更加优良，系统负载更低，在同等条件下可以运行更多的应用实例，可以更充分地利用系统资源。同时，容器拥有优秀的资源隔离与限制能力，可以精确地对应用分配 CPU、内存等资源，保证应用间不会相互影响。它将应用程序隔离成单独的容器，因此应用变得更加便携，也更为安全。Docker 可以将所有依赖打包进应用程序的容器，并将所有的东西作为独立的单元交付，应用程序也独立于操作系统以及平台，用户可以轻松地在任意机器或者平台上运行这个应用程序。借助于 Docker 类似虚拟机的特性，这一代的 DevOps 系统实现了秒级启动、秒级自动修复、服务发现、弹性伸缩等能力。通过对 Docker 和 Jenkins 的集成，可以进一步改进交付工作流。

某公司的网站业务量增长，需要扩容服务集群，同时公司也在开展 DevOps 运动，鼓励让 Dev 进行部分 Ops 工作。在 Docker 出现之前，如果要搭建一个服务环境，需

要下载依赖的软件，并编译、安装、配置，最终让服务可用。Dev 对于 Ops 的这些操作并不熟悉，没有丰富的实操经验，一旦中间有个步骤出错，就要从头再来。用了 Docker 之后，服务运行涉及的所有依赖都打包在了镜像里，Dev 只需从仓库拉取一个镜像，运行一个容器，服务就可用了。

2013 年，谷歌推出开源项目 Kubernetes，提供了以容器为中心的部署、伸缩和运维平台。Kubernetes 支持 Docker、Rkt 以及 OCI 等容器标准，能够在各种云环境中快速部署 Kubernetes 集群。对无状态应用，Kubernetes 可通过副本数解决横向扩展的问题；对有状态应用，也可通过容器里面足够的信息来处理异常情况。

（3）微服务与云原生

2014 年，软件开发教父——ThoughtWorks 公司的首席科学家马丁·福勒，正式提出"微服务"的概念。其核心是将应用功能分解到离散的各个服务当中，从而降低系统的耦合性，并提供更加灵活的服务支持。这一理念指导的企业应用架构模式拥有服务产品快速开发、快速交付的能力。传统企业为应用提供更新，发布的周期按周、月来计算，而互联网公司能在一天内进行上百次更新，而这种快速迭代和部署是建立在云基础设施和自动化持续交付能力之上的。

2015 年，谷歌联合其他 20 家公司宣布成立了开源组织 CNCF，"云原生"的概念逐步成熟。云原生可以理解为一系列技术及思想的集合，既包含微服务、容器等技术载体，又包含 DevOps 的组织形式和沟通文化。企业通过云原生的能力可以实现平滑而快速地将业务迁移到云上，享受云的高效性和按需伸缩的能力。云原生的本质和目标是一种应用模式，它能够帮助企业快速、持续、可靠、规模化地交付软件，其中关键的支撑组件包括容器、服务编排管理和微服务技术。云原生可以说是从概念上统一了构建、交付、运行现代应用的最佳实践集合。

这一时期的 DevOps 系统特点是在上一代的基础上实现了应用跨云可迁移性和弹性伸缩。Linux 容器技术有很高的适配性，越来越多的云平台支持容器，用户再也无须担心受到云平台的捆绑，同时令应用多平台混合部署成为可能。在运行环境上，强调应用程序的运行环境是以容器和 Kubernetes 为主的云基础设施；在流程管理上，主要配合使用持续集成、持续发布以及 DevOps 能力；在软件开发上，基于微服务架构构建现代应用程序和软件。虽然微服务架构也可以在传统虚拟机或物理机上运行，但是微服务架构的最佳运行载体是以容器为代表的云原生环境。随着用户规模和需求的增长，应用要能快速扩展，提高服务能力。传统企业依靠购买硬件的方式来提升和扩展服务能力，而云原生架构可以通过虚拟化的技术实现按需扩展，动态地扩展服务实例，以满足计算、存储、服务资源的弹性需求。微服务架构作为云原生概念的核心组成部分，本质上就是为了更好地适应云环境下的高效开发和运维。

某公司想把一套服务从 AWS 迁移到 Azure 上，那么它将不得不创建一组虚拟机镜像及虚拟机，并配置安装系统或应用的组件，如果系统复杂庞大，这个过程会耗费很多的时间和人工，并且依赖于具备这些知识的工程师。有了云原生之后，这个过程将变得非常快速且简单，只需在 Azure 上启动需要的标准虚拟机，然后下载容器镜像、配置启动容器、配置相关 DNS 等，即可完成跨云迁移。

（4）新的浪潮

2016 年，随着 DevOps 应用的逐步深入，行业开始关注系统的安全和合规性，出现了 DevSecOps 等细分领域，开始倡导 Security as Code、Compliance as Code 等新理念。从字面上看，DevSecOps 在 DevOps 的基础上增加了 Sec，可以理解成在遵循 DevOps 的理念下，将安全融入其中，是 DevOps 的升级版。DevSecOps 强调安全是团队每个人的责任，安全活动需要渗透 DevOps 开发过程的各个环节中，以克服安全测试的孤立性、滞后性、随机性、覆盖性、变更一致性等问题。通过固化流程、工具、加强人员协作等方式将自动化、重复性的安全工作融入研发体系内，让安全属性嵌入整条生产线中，保证软件生产的可信与可靠。

四、核心价值

与传统研发模式相比，DevOps 研发模式体现了对软件开发全生命周期的系统性、整体性的设计思考，同时为 IT 企业的多方诉求提供了一个行之有效的解决方案。DevOps 的落地涉及 DevOps 平台的建设、流程体系建设、人员赋能、标准规范等多个方面，对于企业和团队而言，其核心价值在于对以下几个方面的提升。

1. 业务响应能力提升

DevOps 带来了更高的自动化水平，能够大幅提高产品的研运吞吐量，提升对业务需求的响应能力。敏捷的业务响应可以帮助企业以最小成本进行试错，将新功能快速交付给用户，及时调整业务方向。开发者能够更加聚焦用户价值，集中精力开发，持续快速验证。

2. 研发效能提升

通过对研发交付过程中的环境准备、编译构建、代码审查、系统测试、软件部署等过程的自动化，减少人为因素带来的不可靠性，缩短操作时间，全面提升价值流转效率。基于 DevOps 平台，通过对流水线执行过程的数据采集、清洗过滤以及进一步的度量分析，实现产品研发交付过程的持续优化，既包括研发效能的优化，也包括平台能力建设、研发交付流程、研发标准规范等方面的优化。

3. 投产信心提升

在以往的敏捷开发过程中，频繁地投产让开发者总感觉有风险。DevOps 平台针对需求、设计、开发、测试、发布和部署等过程，进行全面的数据化和度量评估，针对重点关注指标建立质量门禁，从而实现自动化的技术管控。由以往单一的结果管控转

变为关注研发交付的过程管控，让开发者面对频繁投产时有充足的信心。

4. 交付质量提升

DevOps 在提升研发效率的同时可以提升交付软件的质量。不同项目或产品的研发团队，在同一套平台上开展研发交付活动，通过平台预先制定的流程、规则等，约束不同研发团队的交付活动，实现研发交付规范与标准的统一，实现企业级的优化提升与改进。研发产品的交付质量从现有的部署结果质量保障延伸到源代码质量保障、测试覆盖度保障等过程，从而实现从源代码到部署阶段全过程的质量检查与质量提升，全链路提升研发产品的交付质量。

5. 客户满意度提升

对于客户而言，只有当产品交付时才会产生价值。想要让客户尽快发现它的价值，就必须让价值一点一点地、顺畅地流到客户端，而不是在最后关头让客户接收大量的价值，因为如果后续的工作太多，一旦某个环节跟不上，就会发生"堵塞"，价值无法流动，只能等待，等待即浪费。因此，DevOps 的核心原则之一就是让价值流动，建立端到端的需求流动过程，提高组织交付应用程序和服务的能力，迅速完成价值传递，实现价值交付。与传统软件和基础设施管理流程相比，DevOps 能够帮助企业更快地开发和改善产品。这种速度可以让企业更好地为顾客提供服务，并且在市场上高效地参与竞争。

第二节　技术理论介绍

一、参考架构

DevOps 平台参考架构如图 4-10 所示，技术基座是 DevOps 平台运行的基本环境，涵盖物理服务器、虚拟服务器、容器服务器、数据库、网关等基础设施，也包含基础的软件系统，如权限系统、用户中心等。左右两根支柱分别是企业文化和制品仓，其中企业文化涉及项目执行过程中需要遵守的原则和规范，有了企业文化、组织文化的加持，DevOps 的效果才能持久。制品仓是企业的核心资产之一，制品管理的范围涵盖了日常开发测试的产物、编译和运行过程中用到的依赖，以及投产过程中的版本包。架构中间的流水线和代码库是支撑 DevOps 平台日常使用的核心工具，流水线覆盖软件生命周期中集成到部署的环节，通过流水线的自动化构建能够极大提升组织的研运效能。代码仓库是开发者日常进行开发的地方，也是企业的核心资产之一，代码仓库的安全性、稳定性对企业来说至关重要。

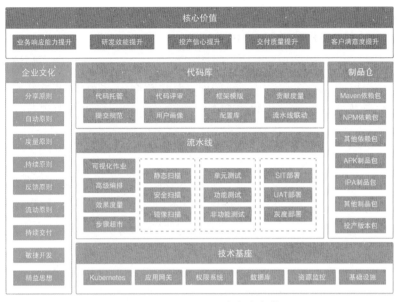

图 4-10　DevOps 平台参考架构

二、技术理论

1. 理论框架

DevOps 领域通用的理论框架是由 Damon Edwards 和 Jez Humble 所定义的 CALMS，此框架得到了 Patrick Debois 的认可。

CALMS:

Culture ——文化：公司各个角色共同承担业务变化，以达到高效的合作与交流；

Automation ——自动化：尽可能地减少价值链上的人工操作；

Lean ——精益：运用精益原则更频繁地交付价值；

Metrics ——度量：度量并使用数据来优化交付周期；

Sharing ——分享：分享成功和失败的经验来相互学习。

（1）文化

文化是企业和组织综合实力的体现。按照 Ron Westrum 博士的"三种文化模式"，分别是权力型文化、规则型文化和绩效型文化。绩效型文化是以 KPI 和 OKR 为导向，在 DevOps 中建议应用最新的 OKR 体系进行文化的建立。OKR（Objectives and Key Results）即目标与关键成果法，是一套明确和跟踪目标及其完成情况的管理工具和方法，最初由英特尔公司创始人安迪·葛洛夫（Andy Grove）发明，后被约翰·道尔（John Doerr）引入谷歌使用，1999 年 OKR 在谷歌发扬光大，之后在 Facebook、Oracle、Linked in 等企业中被广泛使用。2014 年，OKR 传入中国。2015 年后，百度、华为、字节跳动等企业都逐渐使用和推广 OKR。

（2）自动化

自动化是 DevOps 落地的核心思想，如果只依赖人工操作，则无法显著提高工作效率，也不能消除 IT 过程中的浪费。自动化是将重复、耗时、易出错、频繁发生的工作用自动化平台或自动化脚本进行编排与管理。真正实现 DevOps 的自动化需要逐步实现持续集成、自动化测试和持续交付等环节。在云环境下，还应努力实现基础设施即代码和持续交付流水线。

（3）精益

精益思想最早来自丰田汽车，以丰田的大野耐一为代表的精益思想在 20 世纪 80 年代被应用到制造业。精益的核心是向客户交付价值，减少浪费。在软件开发领域，流程及开发过程中的低效和浪费都需要精益的思想予以解决和避免。

（4）度量

管理大师德鲁克有句名言："没有度量，就没有管理。"DevOps 想要把产品和服务尽可能快地部署到生产环境中，从而获得更大的交付价值，就需要管理度量与技术度量。管理度量是站在客户视角来看的，例如交付周期、前置时间；技术度量更多的是从 IT 视角进行度量，包括开发速率、缺陷率等指标。度量能够帮助我们实现快速反馈，只有通过真实数据的反馈，驱动产品或服务快速改进，才能帮助企业进行正确的决策。

（5）分享

传统组织有职能墙，而 DevOps 则是将开发与运维整合起来，共享信息。随着企业规模的扩大，员工之间的交流渠道将以几何级数的速度增加，因此，如何组织员工进行高效的沟通成为企业的一个重要课题。在 DevOps 的实践中，让企业内的基础团队应用敏捷方法，实现企业内部信息的共享。典型的分享包括问题分享、进度分享、信息分享、工具分享、指标分享、反馈分享。

2. 基础原则

（1）流动原则

流动原则是指要实现从开发到运维这个过程中的快速、平滑的价值流动，以实现更快的价值传递。结果是开发或者运维的局部目标被弱化，而开发和运维等协同所产生的整体目标在这条原则中得到强化。提升价值流的流动速度对达成 DevOps 目标至关重要，可以通过工作可视化、限制 WIP、减小批次大小、降低手工作业次数等手段实现。

（2）反馈原则

反馈原则存在于价值流的各个阶段的逆向过程中，通过反馈机制保证开发的安全性和可控性。反馈原则对于大型的复杂系统开发尤为重要，由于在复杂的系统里很难及时发现问题，通常只有在发生重大故障时才能发现问题所在，所以很容易出现灾难性问题。我们需要在价值流和组织中构建快速且有效的反馈机制，使得问题在规模较小、修复成本较低的情况下被发现并得到修复，在灾难发生前消除问题，进一步营造团队的学习氛围，创造一个高效开发的正反馈循环，让每个人都参与到质量的控制中，通过在整个组织中建立快速、频繁、高质量的信息流，不断优化系统，从而使得整个系统更加安全和稳定。

（3）持续原则

持续原则聚焦于创造一个持续学习和持续实践的企业文化。这使得组织中的成员能够不断地积累知识和经验，而这些知识和经验最终将成为团队的巨大财富。良好的企业文化有助于推动 DevOps 的实施。DevOps 提倡免责的文化，提倡高度信任的文化，提倡分享、协作和深度沟通，这种文化将会对企业员工的日常工作产生积极的影响。

3. 核心技术

（1）自动化测试

自动化测试在开发者编写代码的时候就已经开始了。开发者在本地环境时会进行单元测试；在构建环境时会进行静态代码扫描、集成测试等；在测试环境时会针对功能、回归、API、UI 等多方面进行测试，以此保证集成功能可以如期发布。在预发布环境时，还要进行人工测试、压力测试、回归测试、灰度测试等；最终发布到生产环境时会进行流量治理和运用混沌工程注入故障，用以检测系统稳定性等。测试的自动化程度是衡量组织 DevOps 成功与否的重要指标。

（2）持续交付流水线

流水线是 DevOps 的核心，它将各个分散的工作任务串联起来，形成一个自动化的工作流，常用的流水线工具有 Jenkins、Travis CI、Gitlab。面向企业内的 DevOps 平台，应提供向导式的、灵活的、开放的流水线服务，支持在线、可视化的流水线步骤编辑，覆盖代码获取、编译、构建、测试、打包、部署、归档等常用的自动化操作。流水线的构建产物能够直接对接投产发布模块，减少人工操作带来的不稳定因素，提升研发人员的开发、集成、部署效率，通过频繁的持续集成，能够显著提升代码质量。

（3）微服务架构

当 DevOps 系统庞大到涉及多个相对独立的业务模块时，需要将业务分解到足够小的粒度。微服务实现了每个模块的独立运行、独立维护和独立治理。通过对业务的解耦，能够有效提升平台自身的需求交付效率，使系统更加灵活。DevOps 平台能够灵活地进行横向扩展、平滑上云，从而在架构上支撑应用市场业务的快速发展。利用在线的微服务治理与云平台，实现微服务的弹性伸缩、熔断降级等功能。

（4）云原生

云原生作为 DevOps 平台的载体，是实现企业级 DevOps 平台的基础，它负责在多云环境中管理 Kubernetes 集群和云计算平台。基于容器技术的云原生平台，可以通

过构建一套完善的 PaaS 能力或者中台来提高 DevOps 的执行效率。持续流水线服务使用容器执行，并通过 Kubernetes 进行调度，能够充分利用基础设施资源。流水线服务独立部署并实现云化改造，实现了平台各微服务组件的完全容器化，可极大地提升平台的部署效率和扩展性。云原生平台能够提供灵活的系统资源扩展，从而大幅提升 DevOps 平台的并发支撑能力。

第三节　产品及应用

一、建设思路

1. 建设目标

DevOps 平台的目标是建设企业级、项目级、工程实施、研发支持这四个层次的研发生态，建立支持研发全流程的端到端工具链，通过工具链和流程的融合，提升组织在需求多变环境下的产品交付质量和研发效率。

围绕敏捷开发、自动化、持续交付开展 DevOps 建设工作。在 DevOps 研发体系下，将项目研发测试流程、规范、工具嵌入平台中，实现研发和质量管控过程精细化、透明化管控，实现一体化的质量视图、效能视图，及时进行交付风险预警。推进研发管理的智能化水平，提升组织的代码规范性、自动化水平、测试能力以及投产质量，弥补传统行业研发效能短板，逐步提升组织整体研运水平，推进新时代的研发模式转型。

2. 建设方案

（1）需求管理能力建设

需求管理是产品研发交付流程的初始阶段，是把产品需求具体化，形成待办事项列表，将用户故事的验收标准和需求测试用例进行关联，并最终通过产品经理、需求方和最终用户验收产品功能是否满足用户故事要求的管理过程。需求管理能力，是指对需求收集、优先级评估、工作量估算、需求关联开发项以及需求跟踪、验收的环节管控能力，要求组织能对需求进行快速测试、快速确认、快速反馈、快速优化。

（2）开发测试能力建设

开发测试能力是衡量一个组织实施 DevOps 效果的核心指标，是在软件生产过程中，对开发测试相关的过程、方法等进行定义和管理，具体涉及工具开发能力、环境治理能力、基础测试能力、专项测试能力等。通过建设全域的持续交付流水线，建立起从开发测试到生产全线的敏捷开发流程，实现研发测试工具之间的自动流转整合，大幅精简持续集成、测试和发布流程的同时，将相关活动线上化、自动化。

（3）投产管控能力建设

投产环节是产品研发交付流程的最终阶段，是软件生命周期中，将构建测试完成的应用和服务正式交付或提供线上服务的过程。投产管控能力，是指对于涉及多个团队之间协作和交付的复杂投产过程，通过合理规划、版本控制、分层实施等方式，有效控制版本交付风险，并及时获取用户信息反馈，帮助持续改善软件投产交付过程的能力。

（4）运营管理能力建设

良好的运营管理能力是保持 DevOps 实施效果的关键。运营管理能力不仅要关注稳定性、安全性、可靠性，更要关注体验、效率、收益。运营管理能力需要以业务为中心，提供响应及时、流程简单、支持全面、操作友好的运营服务，支撑企业高效 DevOps 的持续发展和战略成功。运营管理能力涉及用户体验管理、度量评价管理、运维管理、容量与成本管理等。

3. 实施策略

（1）自上而下地转型

研发模式转型的前期需要投入大量的成本，并且可度量的成效不明显，这会导致项目组独自实施转型的进度缓慢，自信心也会受到影响，最后缺乏持久作战能力，很难获得成功。如果能够在前期获得高层领导的支持，自上而下地推动转型，则能达到事半功倍的效果。这可以从企业愿景、实现愿景需要进行的改变、数字化时代企业面临的挑战、如何借 DevOps 之力破局等方面与领导层沟通，以获得支持。

（2）以点带面地转型

对于成员较多的项目团队，可以先挑选出一个不多于 12 人组成的团队（两个比萨饼原则——由亚马逊 CEO 贝索斯提出，他认为如果两个比萨不足以喂饱一个项目团队，那么这个团队可能就显得太大了）作为先锋团，实践 DevOps 全流程，团队成员需要覆盖软件开发周期的全部角色。先锋团队外的项目成员可以按照现有模式继续工作，或者选择他们感兴趣的点进行局部导入，如流水线、看板、代码库等。通过展示先锋团队获得的效能增长收益，让其他团队看到 DevOps 模式确实有效，这样以先锋团队为中心，向外部其他团队辐射，从而推动企业整体转型。

（3）项目类型抽象

企业在构建 DevOps 平台前，首先要对组织中的项目进行抽象，将工作流程类似的项目归纳为一类：可以按部署平台分类，如 PC、安卓、苹果、SaaS；也可以按产品类型分类，如平台类、应用类、移动端类。接着对各类型项目的工作流程进行梳理，识别出哪些是可以自动化执行的环节，哪些是需要人工干预的环节。运用精益思维，发现影响执行效率的关键节点，并采取相应措施进行优化。

践行 DevOps 的方式在很大程度上受公司组织架构的影响，例如在银行业，数据中

心作为重点保护资产，其安全级别非常高，所有上线内容均需要层层审批和安全检查，服务上线和更新需要在数据中心全方位的监控下，手动通过堡垒机进行部署。这就导致了他们的研发团队无法真正做到"持续部署"。所以，对于工作流的梳理，应当做到循序渐进、适可而止，对于那些"性价比"不高的自动化环节可以保持其原本的工作状态，把重点放在提升研发、测试、运维的效能上。

平台类、应用类产品所需的开发能力分别如图 4-11、图 4-12 所示。

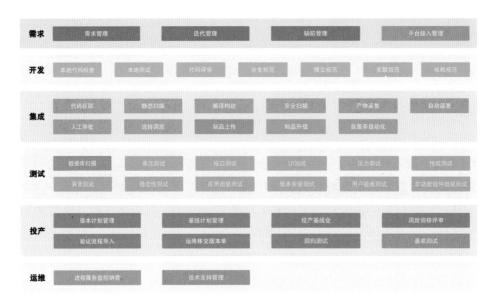

图 4-11 平台类产品所需能力

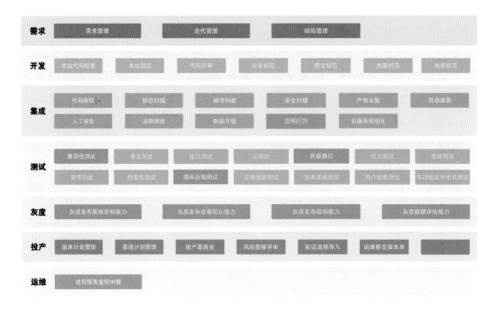

图 4-12 应用类产品所需能力

（4）基础设施建设

工欲善其事，必先利其器。有了转型的决心，接下来就该思考如何将方法和流程落地。国内企业通过长期的实践，总结出了一套基础的 DevOps 实用工具，普遍适用于任何规模的公司，这些工具包括项目需求管理、实施进度跟踪、源代码版本管理、持续集成和交付、代码质量管控等（见图 4-13）。

图 4-13 常用的 DevOps 工具

（5）引入敏捷研发模式

引入敏捷研发模式可有效提升需求的响应速度，以增量交付的形式快速传递价值。敏捷研发模式不是指某一种具体的方法论、过程或框架，而是价值观和原则。符合敏捷价值观和原则的开发方法有 Scrum、看板（Kanban）、极限编程（XP）、动态系统开发方法（DSDM）、特征驱动开发（FDD）、水晶开发（Crystal Clear）等。目前，国内最常用的方法是 Scrum 和 Kanban，推荐国内企业以 Scrum 与 Kanban 结合的方式为主，推进敏捷研发模式的落地。

对于传统开发模式的团队，应避免在团队当前进行的开发周期中实施敏捷研发模式，避免团队因研发模式的转变而产生焦虑和承担更多的交付压力，这可能会导致项目延期以及质量下降。建议在新项目开始的时候实施敏捷研发模式，同时为了保证尽可能顺利地导入敏捷研发，可以准备一个"过渡列表"，列出每个转型阶段准备做的事情和计划要做的事情。

在甲乙方的合作模式下，乙方最好能与甲方提前沟通好需求的提交方式。乙方向甲方提前说明研发方式为敏捷开发模式，例如每两周一个迭代，每个迭代开始前会和甲方沟通近两周需要完成的功能，并且需要甲方承诺当期迭代内不会变更需求。如果有新的需求，乙方将会在下一个迭代中规划，并在下一个迭代开始的时候重新梳理需求的优先级。

大多数实践敏捷研发模式的团队和公司至少需要 3 个月的时间学习敏捷研发的基础知识，并逐步尝试敏捷研发中涉及的工件和活动，而对于传统的大型企业，则可能需要更长的转变时间。平均来说，这种转变需要 3~6 个月的时间去适应，一年左右能形成习惯。转型期间最好能够指派一名敏捷教练全程监督，转型初期以督促和提醒为主，转型后期以点评和评估为主。

（6）构建自动化测试体系

自动化测试金字塔如图 4-14 所示。

测试金字塔的概念由敏捷大师迈克·科恩在《Scrum 敏捷软件开发》（*Succeeding*

with Agile: Software Development With Scrum）一书中首次提出。他的基本观点是：测试金字塔最底层是单元测试，然后是业务逻辑测试，最后是 UI 测试。此后马丁·福勒提出了测试分层概念，以区别于传统的自动化测试。自动化测试金字塔代表了不同测试内容所投入自动化测试的比例，基本原则是底层应当有更多的单元测试、接口测试和逻辑测试，顶层的 UI 测试用例能覆盖到主业务流程即可。如果一个产品没有做单元测试与接口测试，只做 UI 层的自动化测试是不科学的，很难从本质上保证产品的质量。

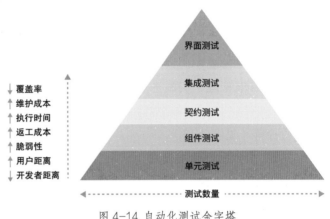

图 4-14 自动化测试金字塔

想要在 UI 层面上实现全面的自动化测试，就必须花费大量的人力和物力，而最终获得的收益可能会远远低于所付出的成本，因为根据自动化测试金字塔原理，越往金字塔上层，其测试用例的维护成本越高，测试执行速度越慢，失败时的信息越模糊，问题越难以跟踪。

从业内最佳实践来看，谷歌的自动化分层投入占比是单元测试占比 70%，接口测试占比 20%，UI 测试占比 10%。同时，自动化测试基本遵循二八原则，比如 UI 测试，不需要覆盖所有场景，测试到 20% 的常用功能能够覆盖 80% 的使用场景就可以了。

（7）规划分级流水线

为什么要设计多级别的流水线？一是因为快速验证，提前测试；二是因为开发与测试并行，以及版本验证和新功能开发并行时，避免依赖和影响。

代码和部署环境存在对应关系，流水线作为代码编译到服务部署的一个中间环节，自然也需要有对应关系。我们可以对流水线进行大类区分，如分成研发流水线和投产流水线两大类。区别是研发流水线用于开发测试环境 SIT、UAT 的部署，流水线可通过代码提交自动触发，其得到的构建产物无法进行投产；而投产流水线只能通过手动方式触发，其得到的构建产物能够自动被制品库采集，并可通过投产管理模块进行投产发版。

流水线与分支和环境的对应关系如图 4-15 所示。

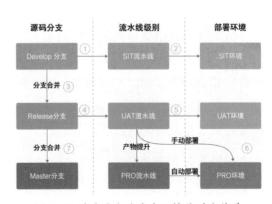

图 4-15 流水线与分支和环境的对应关系

以下为过程描述：

① 开发者频繁地将代码提交到开发分支（Develop），然后利用 Jenkins 的钩子（Hook）功能频繁地自动触发集成测试（SIT）流水线。

② 集成测试（SIT）流水线频繁地将服务部署到集成测试（SIT）环境进行验证。此时 Develop 分支、SIT 流水线、SIT 环境均包含大量的测试版本。

③ IT 环境测试验证通过后，研发经理或架构师将开发分支（Develop）合并到发布分支（Release），这个操作过程可能不会频繁发生。

④ 发布分支（Release）自动触发验收测试（UAT）流水线。

⑤ 验收测试（UAT）流水线将代码部署到验收测试（UAT）环境进行测试验证。此时 Release 分支、UAT 流水线、UAT 环境包含较少的测试版本，其中通过测试的版本包均可以达到上线的质量要求。

⑥ UAT 环境验证测试通过后，制品仓库自动获取 UAT 流水线的构建产物，此时验收测试（UAT）流水线的构建产物可通过手动或自动的方式部署到生产（PRO）环境。

⑦ 项目经理或架构师对部署到 PRO 环境的服务进行验证，确认无误后，将发布分支（Release）的代码合并到主干分支（Master），并打好版本标签，此时 Master 分支的最新版本始终对应当前生产环境的代码，而且 Master 上的所有版本均是可以部署上线的版本，可通过版本标签快速回滚。

流水线的建设应满足"一次构建多次使用""并行执行""快速反馈优先"等原则。接下来，我们可以根据项目的实际情况进一步对不同级别的流水线进行细致划分，如图 4-16 所示。

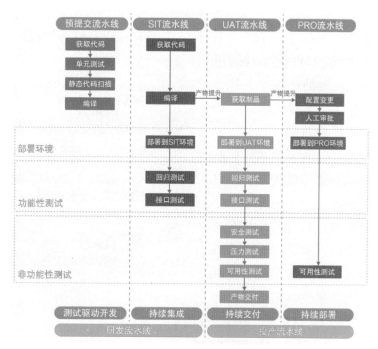

图 4-16　分级流水线

① 预提交流水线（Pre-submit Pipeline）。预提交流水线属于研发流水线，只做编译之前的动作，代码真正提交到 Git 中央仓库之前触发，避免问题代码污染中央仓库的

主干或分支代码。分级流水线是一种思想，并不是一成不变的，很多项目团队在实施时只有两条流水线，即一条 SIT 研发流水线和一条 UAT 投产流水线。例如，若没有预提交流水线，那么可以把"单元测试"和"静态代码扫描"这两个步骤加到 SIT 流水线里面。

② SIT 流水线（System Integrate Test Pipeline）。系统集成测试流水线属于"研发流水线"，代码提交到 Git 中央仓库以后自动触发，用于验证分支的代码质量和集成效果，只做必要的功能性测试。

③ UAT 流水线（User Acceptance Test Pipeline）。用户验收测试流水线属于投产流水线，SIT 流水线通过后，合并代码到 Release 分支后手动触发，进行完整的测试，如功能测试、非功能测试、版本验证测试等。由图 4-16 中可以看到，SIT 流水线、UAT 流水线都没有"单元测试"和"静态代码扫描"，因为这些属于最基础的部分，应该在最底层的流水线中执行，如果到了 UAT 环境还存在单元测试的问题，那说明代码就不该合并到这个发布分支。

④ PRO 流水线（Production Pipeline）。生产部署流水线属于投产流水线，对 UAT 环境产物进行配置变更和上线，并完成上线后的基准测试。PRO 流水线是没有构建产物的，它只是走了一个自动化部署生产环境的过程，中间引入了审批环节以及最后一个冒烟测试。值得注意的是，产物的交付是在 UAT 流水线通过的阶段，而不是在 PRO 流水线。UAT 流水线通过后，这时的产物已经是交付件了，不要尝试在 PRO 流水线重新编译代码，要拿着 UAT 流水线通过后的产物直接部署生产。在日常使用流水线的过程中，团队可以通过一块屏幕、指示灯、喇叭，看到或听到部署流水线的健康状况，为团队提供状态可视化和即时反馈，以便及时修复，如图 4-17 所示。

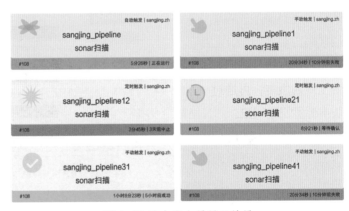

图 4-17 流水线大屏展示效果

（8）项目级研发效能度量

DevOps 体现了精益思维，在精益思维中，持续改善是核心理念之一。DevOps 强调在持续交付的每个环节建立有效的度量和反馈机制，为持续改善价值流提供依据。度量机制通过设立清晰、可量化的度量指标，帮助衡量改进效果和实际产出，及时调整研发节奏。反馈机制可以加快信息传递速率，有助于在迭代或项目初期发现问题并解决问题，减少后续返工带来的成本浪费。度量和反馈可以保证整个团队内部信息获取的及时性和一致性，避免信息不同步导致的问题，明确业务价值、交付目标和状态，促进价值流的快速流动。

研发效能度量模型，是从效能角度对研发活动过程及结果进行指标定义、数据收集、量化分析的数学模型，可通过该模型实现对研发活动的描述、评估、改进和预测。

研发效能度量模型：MDE = F（f scope，f schedule，f quality，fcost，frs，fss）

其中，f scope，f schedule，f quality，fcost，frs，fss 分别代表对范围，进度，质量，成本，有序稳定性，规范安全性的评估结果。

①度量指标族。指为了达成特定度量目标的一系列度量指标，指标间存在关联关系，即能综合地反映度量目标的情况。

②有序稳定性。关注系统研发过程的价值流转是否有序，以及交付效能是否持续稳定。

③规范安全性。关注系统研发交付过程的合规性，以及产物流转及管理的安全性。

通过研发效能度量模型进行综合分析，明确组织的研发效能改进路径，同时对 DevOps 平台的支撑能力进行评估，指导平台功能建设规划。

研发效能度量模型如图 4-18 所示。

需求交付阶段 \ 管理目标	项目管理4大核心领域				金融行业特性	
	范围	进度	质量	成本	有序稳定性	规范安全性
需求开发	需求变更	需求开发周期	现存违规 / 单元测试执行	缺陷修复	代码提交分布	代码提交规范
构建部署		流水线执行时长	流水线执行结果	流水线修复		有效流水线占比 / 项目风险评分
需求测试	测试需求覆盖	测试计划执行	缺陷清除	缺陷关闭	缺陷收敛趋势 / 需求缺陷比	安全监测
需求投产	版本任务变更		投产结果 / 缺陷逃逸	投产就绪提前	投产需求数 / 投产前置时间	投产申请合规

图 4-18 研发效能度量模型

指标的拣选和设定是效能度量的基础，科学合理地设定度量指标有助于改进目标的达成。在拣选度量指标时需要关注两个方面，即度量指标的合理性和有效性。合理性方面依托于对当前业务价值流的分析，从过程指标和结果指标两个维度来识别 DevOps 实施结果，以及整个软件交付过程的改进方向；有效性方面一般遵循 SMART 原则，即指标必须是具体的、可衡量的、可达到的、同其他目标相关的和有明确的截止时间的，通过这五大原则可以保证度量指标的科学有效。

实施 DevOps 的初期可能不会看到比较直观的效能提升，甚至会有所下降，这是正常的，项目团队需要一个适应周期。有一些工程实践，比如结对编程，更是消耗了俩人的时间去开发一份代码，这在短期内的确会使效能降低。大概通过 3 个月的适应，团队的效能可以达到原有水平，6 个月左右将开始逐渐展现 DevOps 提升效能的效果。此时可以通过建设度量模型对研发效能的提升效果进行评估。

（9）企业级 DevOps 成熟度评估

企业定期（如每半年）对 DevOps 团队进行一次成熟度评估，根据观察结果和经验对 DevOps 团队做出评价，发现不足，并推动持续改善。

根据 DevOps 团队的具体情况，评估人员针对 DevOps 调查问卷中的每个问题进行打分。为使评估结果尽可能地客观，评估人员必须从不同的角度去了解团队，比如观察团队工作，与团队负责人及相关干系人面对面沟通，查看团队的一些产出和度量数据，并且尽可能考虑团队的长期表现，而不仅仅是短期行为，这主要遵循以下两条原则。

① 第三方评估。第三方是指在公司或组织内部有资格的、能够保持客观性的敏捷教练。

② 实地考察。评估人员前往团队的实际工作场所，通过以下 3 种方式进行评估。

方式一：观察实际工作。参与团队的迭代关键活动，如需求讲解、迭代计划、站会、评审演示、回顾会议、故事讲解和故事点估算活动、代码检视等，了解团队的实际工作情况。

方式二：面对面访谈。和产品经理、业务分析师、迭代经理、开发测试骨干、持续集成负责人以及科室领导等面对面交流。

方式三：检查过程产出物。比如产品愿景图、用户故事地图、物理看板、产品待办清单、故事、案例、缺陷等，CI 工具中的配置、构建任务和历史、TVShow、单元测试、自动化测试案例、Wiki 知识库、概要设计、原型图以及其他相关文档。

表 4-1 是 DevOps 调查问卷。

表 4-1 DevOps 调查问卷

		问题	权重	评分
沟通协作	跨职能团队	团队是否在 4~10 人范围内，包括将需求转变为高质量产品的所有职能人员构成（典型包括业务分析师、开发人员、测试人员），所有人在迭代中全程参与？	20%	
	面对面沟通	团队所有成员是否在同一地点办公，随时可面对面交流？若分散在同一建筑的不同楼层，不算同地办公，至少减 1 分；通过视频方式交流至少减 1 分，注意观察 Always On 系统是否随时开启？	15%	

		问题	权重	评分
沟通协作	与业务紧密协作	业务人员（产品经理、业务代表等）是否全程参与交付过程，如产品经理和团队坐在一起，或定期安排与团队一起工作，准时参加各迭代关键活动？团队有疑问时，能否随时找到业务人员询问和确认？	20%	
	关键活动按时	团队和产品经理是否能遵循迭代日历的节奏，按时、完整地进行各项关键迭代活动，包括待办清单梳理和估点、迭代计划、站会、迭代评审演示、迭代回顾？	20%	
	会议卓有成效	团队的各种会议是否卓有成效，如提前准备充分，有明确聚焦的目标和议程，不延时，参与者积极发言，有清晰的纪要，总能够达成指导行动的成果？	10%	
	管理透明化	团队是否有效运用了看板将各种管理信息透明化，比如迭代关键活动安排、每个迭代的计划、进度跟踪、任务分配、风险和问题、重点改进事项等？管理者能否通过看板了解团队的运行情况？	15%	
团队治理	团队自主性	团队运作是否具有自主性，主要关注团队所有成员共同参与进行故事估算（而非少数管理者进行估算）？团队是否根据自身实际容量和历史产能制订可行的、可承诺的迭代计划，不会经常过度承诺或承诺不足？管理层和业务方能否尊重团队在敏捷原则下自主制订的计划，不随意强加外力干涉？	15%	
	成员稳定性	团队成员（包括 BA/Dev/Test）是否每个人有 80% 以上的精力专职投入在产品交付上，而不是同时负责多个产品，且一个季度内团队成员的变动率不高于 20%？	10%	
	每日站会	团队是否每日在固定时间、固定地点举行站会，在 15 分钟内完成，每个人快速清晰地分享各自的进度、计划和阻碍，每个人都在倾听，而不是给一人做汇报，同时更新团队看板信息？Scrum Master 是否记录了问题阻碍？	5%	

	问题		权重	评分
团队治理	跨团队协调协作	当一个较大的产品或项目群由多个紧密关联的 Scrum 团队构成时，是否存在有效的机制（如 Scrum of Scrums 会议，或项目群滚动计划会议）在多个团队之间进行例行的沟通协调，相关干系人都能参加，积极管理彼此的依赖和影响，做到计划和进度对齐，既保持各团队相对独立运作，又确保跨团队的工作能够及时、高质量地交付？	10%	
	知识共享、沉淀	团队内部或相关的多个团队之间是否进行定期的交流和分享，将经验和教训在组织中横向进行传播？是否将产品、团队、过程、技术等有价值的信息有效地沉淀下来，让所有成员能够容易地获取？	10%	
	风险管理	团队是否能够积极尽早地识别和管理风险，比如采用风险管理矩阵，或在故事地图、迭代看板上明显标注外部依赖和不确定性等风险和问题，在每次的计划和评审过程中对风险和问题进行讨论并更新；及时考虑和采取有效措施来应对风险？	10%	
	持续改进	团队成员是否形成了持续改进的文化，能够持续地定期进行回顾，对各方面的经验和不足进行审视，并制定切实可行的、权责明确的改进措施？能否将改进措施落实到位？	20%	
	迭代完成度	团队是否总能完成每个迭代的既定目标，即综合了迭代负荷、临时变更、跨职能协作、依赖和风险管理等因素后，能够在迭代内通过集成测试和必要的验收，所有计划的故事达到 Definition of Done（参考迭代完成率指标）？	20%	
快速响应	适应性计划	团队的迭代周期是否为 2~4 周（4 周迭代最多 4 分），且是固定周期（闭合时间盒），不过早进行未来的详细计划，不过早对未进入迭代计划的需求承诺准确的交付日期？	15%	
	轻量级需求	产品经理和业务分析师是否以用户故事的形式定义需求，节省用于书写和维护完备的需求规格所花费的时间；而将更多的精力投入与团队的紧密合作，帮助团队尽早交付成果？	10%	

	问题		权重	评分
快速响应	产品待办清单	产品经理和团队是否持续地维护一个所有未完成工作的产品待办清单，包括新特性、优化、遗留缺陷和技术改造等工作，所有工作项都按照优先级自上而下地进行了排序，以此替代了传统的"需求变更单"管理；产品待办清单既不会太长（过多需求处于等待），也能保证团队有持续不断的输入？	20%	
	需求小颗粒度	产品待办清单中高优先级的故事（即下一个迭代可能要交付的内容）是否在进入迭代前已经拆分到了合适的小颗粒度，小到能够有把握在一个迭代内完成开发和测试（参考大小：通常 5 天内能完成开发）？	15%	
	减少并发	团队是否能有意识地控制每个成员的并行工作量，确保每个人不会同时在两个以上的故事或任务上工作？	5%	
	业务的引导	产品经理或业务分析师是否提供了高质量的故事输入，包括为故事提供清晰完整的验收标准，为涉及界面的功能提供原型（高保真不是必要的，除非是为了给外部客户做演示；通常线框图足以辅助交流）？每个迭代前产品经理能否根据最新的情况及时调整产品待办清单的内容和优先级，从而引导团队下个迭代交付的方向？	15%	
	尽早反馈和验收	团队是否能够频繁和尽早地将完成（通过测试）的故事向产品经理或业务代表进行演示，并收集反馈，及时进行调整？在迭代后期，产品经理或 UAT 人员能否及时完成用户验收？	10%	
	频繁发布	团队是否频繁地将新版本的软件发布给用户？发布节奏从 2 周到 2 个月，相应分数从 5 分到 1 分，超过 2 个月 0 分	10%	
价值驱动	产品愿景	产品经理是否为产品或产品的每个发布版本树立了明确的愿景和目标，并将该愿景和目标清楚地传达给团队，例如讲解或张贴在所有人能看到的地方	5%	
	需求价值传递	产品经理和业务分析师是否为每个业务专题、用户故事、技术故事都声明了清晰的价值或目的	5%	

		问题	权重	评分
价值驱动	业务价值驱动优先级排序	产品经理和团队是否以需求的价值作为最重要因素（兼顾考虑依赖、风险和实施成本等）对所有用户故事进行了优先级排序，该优先级顺序清晰地展示在产品待办清单中，并持续更新	20%	
	滚动规划	产品经理是否能够持续滚动地对产品／系统当前、下一个和下下一个迭代（或版本）进行滚动规划，如采用故事地图，让相关干系人和团队看到产品的演进路线，触发团队提早进行风险和依赖识别，协调外部资源，做好概要设计和技术预研等前期准备工作	10%	
	需求价值分析	产品经理和业务分析师是否对业务专题（或大颗粒度的业务需求）的用户或业务价值定义了可量化的衡量指标，这些指标能真正反映上线的特性给用户和业务带来的实际成效	15%	
	MVP 拆分	产品经理和团队是否致力于从大的解决方案中拆分出当前最有价值的最小化部分进行交付，并尽早上线，而不是一次性交付完整的解决方案	20%	
	按优先级交付	团队的工作计划是否能严格按照产品经理与团队达成共识的优先级开展；并且迭代计划的故事也明确优先级，开发、测试人员能够按照优先级顺序开展工作，确保最优先的故事最早交付出来	10%	
	价值验证	当业务专题（或大颗粒度的业务需求）交付上线后，团队是否能根据价值分析时提出的衡量指标，收集相关的运营数据和用户反馈，将指标数据呈现给产品经理，并能够基于真实的价值数据来调整后续的工作计划	15%	
质量保障	达成"完成"的标准	团队是否能在迭代结束前完成集成测试，并将所有发现的一般及以上级别缺陷都修复完成（除非由产品经理和 Scrum Master 讨论后确认其风险很低的情况可以暂时不解决）？	15%	

		问题	权重	评分
质量保障	测试前移	团队能否在故事实际编码开始之前完成对完整测试场景（GWT 格式的场景化测试案例）的分析，并和开发人员一起对故事测试场景进行评审、调整，达成共识，避免因理解分歧或理解不完整而导致缺陷和返工？	20%	
	开发演示	开发人员是否在充分完成自测后，在部署的开发或测试环境下向测试人员进行当面演示，在主流程和基本场景都通过的前提下测试人员再做完整的故事测试？	5%	
	代码评审	团队是否建立了每天例行的代码评审机制，对每天提交代码的质量进行集体评审，并有机制确保评审发现的问题都进行了修复（若团队日常工作中普遍采纳了结对编程，则可以不用所有代码都进行集体评审）？	10%	
	代码静态分析	团队是否利用了工具频繁（如每日代码提交，或每日多次）对提交的代码质量进行静态分析，并且团队能立即对发现的不良问题（严重级别以上的问题，如高重复率、高复杂度）进行修改，不遗留问题？	10%	
	单元测试	开发人员是否为新增和修改的代码创建了单元测试来验证其正确性，并且这些单元测试能够通过持续集成来频繁地执行，保证持续有效？	10%	
	自动化功能测试	团队是否创建了有效的自动化测试脚本来对组件或系统的功能进行测试（包括服务接口测试和 UI 测试），并且这些测试脚本能够通过持续集成来频繁地执行，保证持续有效；团队是否遵循"测试金字塔"原则，不同层级的测试是否有合适的覆盖范围？	20%	
	自动化非功能测试	团队是否利用工具模拟对系统或应用的性能、安全性、并发稳定性等非功能性质量进行了验证，并且这类验证也是尽可能自动化的，可频繁执行？	10%	
敏捷设计	架构师融入团队	团队中是否有经验丰富的架构师或技术负责人，作为团队的一分子，参与团队各种关键活动，在开发人员遇到相关设计问题时随时可以与其进行面对面讨论，并且能够承担起技术方案或概要设计评审的职责，架构师和技术负责人也承担部分开发工作？	15%	

	问题		权重	评分
敏捷设计	技术方案评审	团队是否在新功能、新特性进入迭代开发前完成了技术方案的概要设计和评审（主要关注外部集成依赖、服务或组件模型、逻辑数据结构以及非功能性质量），尽早识别和解决技术风险，保证迭代交付过程顺利？	25%	
	延迟详细设计	团队成员在遇到设计问题时能否立即和架构师或技术负责人展开面对面沟通，快速确定实现方案，而不是进行文档化的、类级别的详细设计？	15%	
	技术债务管理	团队是否有意识地在持续分析和管理交付过程中产生了技术债务（技术债务指一些为了满足当前业务交付进度而有意留下的不良设计或代码），并有计划地进行偿还，对设计和代码进行重构，以消除隐患？	25%	
	松耦合架构	系统与外部相关系统之间的通信是否全部通过 REST 服务或消息队列的方式，没有代码级或数据库级的依赖，能够不依赖其他系统独立测试，独立升级部署（所谓独立升级部署，是指当两个系统的接口发生改变时，一个系统部署升级时不需要与其依赖的另一个系统同时配合升级，这需要一些技术手段，如特性开关、适配层、接口版本向下兼容等）？	20%	
持续交付	统一配置管理	团队是否采用了统一的配置管理，即将应用代码、单元测试、自动化测试脚本、自动构建脚本、数据库变更脚本、环境配置等以合理的目录结构存放在统一的源代码库中，全部进行版本化管理？	10%	
	单主干开发	开发团队是否采用了"单主干＋发布分支"的分支策略：每天新的代码频繁提交到唯一主干，没有特性分支，在迭代结束时创建或合并到发布分支来为发布提供稳定版本，甚至能直接从主干发布？	10%	
	持续集成	团队是否建立了有效的持续集成流水线，频繁且自动化地对代码进行构建，快速获得反馈？该构建过程应包括编译、静态分析、执行各类测试、产生包、各环境自动部署等；构建成功或失败，能立即通知到团队，一旦失败，团队能够立即关注并解决导致错误的问题（或回滚代码），让构建通过	25%	

		问题	权重	评分
持续交付	分层构建	针对同一个代码库，团队是否为不同的目的建立了不同层级的持续集成流水线，以合理的不同频率执行不同的任务组合，从而平衡执行频率和执行效率的矛盾，更快获得构建反馈？	15%	
	环境管理	团队是否为开发验证、集成测试、自动化测试，以及预生产发布等准备了独立的环境来支持各级验证环节，且每个环境有明确的目的并随时稳定可用；最好是这些环境能够以脚本来定义和自动化变更其配置？	10%	
	不停机变更	新的软件版本发布到生产环境的过程是否在大多数情况下能够不中断服务，不会导致系统不可用或会话丢失，不影响用户体验？	10%	
	灰度发布	团队是否采用了灰度发布的策略来提升新版本上线的安全性？比如新版本或者个别新的特性只对受控的少数用户可见；经过一段时间的实际运行，对系统的运行情况、用户反馈进行收集和分析；若发现问题可快速回滚，或关闭特性，若验证通过，再逐步开放给更多用户，降低有问题的变更可能造成的损失？	20%	

（10）流管平台运营机制

在不断提升企业级 DevOps 平台能力的同时，为了让研发人员能够更快地从 DevOps 平台中获得收益，提高产品的开发效率和质量，还需要建立起健全的平台运营机制，为项目团队提供"最后一公里"的技术支持。

①工具支持。项目团队在开发、测试、上线、投产过程中，遇到代码托管、依赖仓、流水线、制品管理等问题时，都能在第一时间得到运营团队的帮助和技术支持，平台还需要提供相对完整的操作手册、指导视频等。

②规范指导。项目团队应当熟练掌握并严格遵守代码开发、测试、投产、运维等流程中所涉及的工程规范，同时，运营团队要在整个流程中对工程技术规范进行指导和检验，确保产品的质量。

③文化建设。运营团队不仅需要在工具支持和规范指导上为项目团队提供服务，还需要建设企业的 DevOps 文化，良好的文化不仅可以让流程和工具发挥更大的作用，而且能激发人们对现有流程和工具的思考，进而引出更多有关流程和工具的优化需求，促使流程和工具向着更加有利于业务发展的方向持续改进。

二、产品体系

国家新基建战略的全面实施，以及"十四五"规划的全面开展，极大地推动了各企业特别是金融行业的数字化转型进程。研发运营一体化（DevOps）作为数字化转型的关键管理实践和技术抓手，是帮助企业提升 IT 交付效能、实现企业数字化转型的必要手段。通过把人员、流程、工具、文化相结合，建立端到端的自动化流程，DevOps 实现了"快速交付价值，灵活响应变化"，日益受到了各大公司的关注。

下文基于对金融业务和 IT 技术的深入理解，从 DevOps 软件研发能力的角度出发，结合在金融行业的丰富实践案例与经验积累，参考中国信息通信研究院制定的 DevOps 国际标准，对企业级 DevOps 平台的产品体系进行了全面的阐述，旨在助力各企业数字化转型，帮助企业建立规范化、标准化和自动化的交付流程，提升研发交付效率和交付质量。

1. 功能架构

随着市场竞争的日益激烈，IT 建设面临巨大的变革，企业必须与时俱进，在研发体系中注入更多敏捷能力，更加灵活地面对和驾驭未来业务发展和技术变化带来的不确定性，真正实现科技驱动创新和引领业务发展。DevOps 平台需要深度结合精益项目管理、敏捷开发、持续交付、分层自动化测试等，为产品研发的各个阶段提供协同工具，并通过与容器技术的无缝结合，提升分布式、微服务以及混合架构下的研发效能。同时，银行业的 DevOps 平台可以针对其行业特殊性，支持物理子系统、配置库体系等概念。企业级 DevOps 平台应重点关注六大功能领域的建设，即协作域、工程域、开发域、测试域、运维域、度量域，以此实现研发团队的敏捷交付、价值交付，最终提升研发效能和交付满意度，如图 4-19 所示。

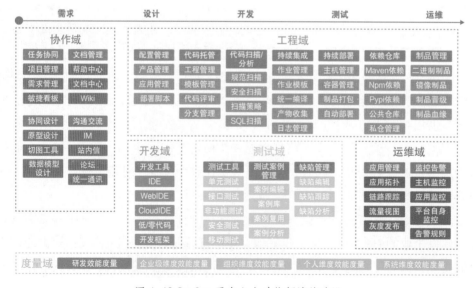

图 4-19 DevOps 平台六大功能领域的建设

126

2. 能力模型

DevOps 领域能力模型如图 4-20 所示。

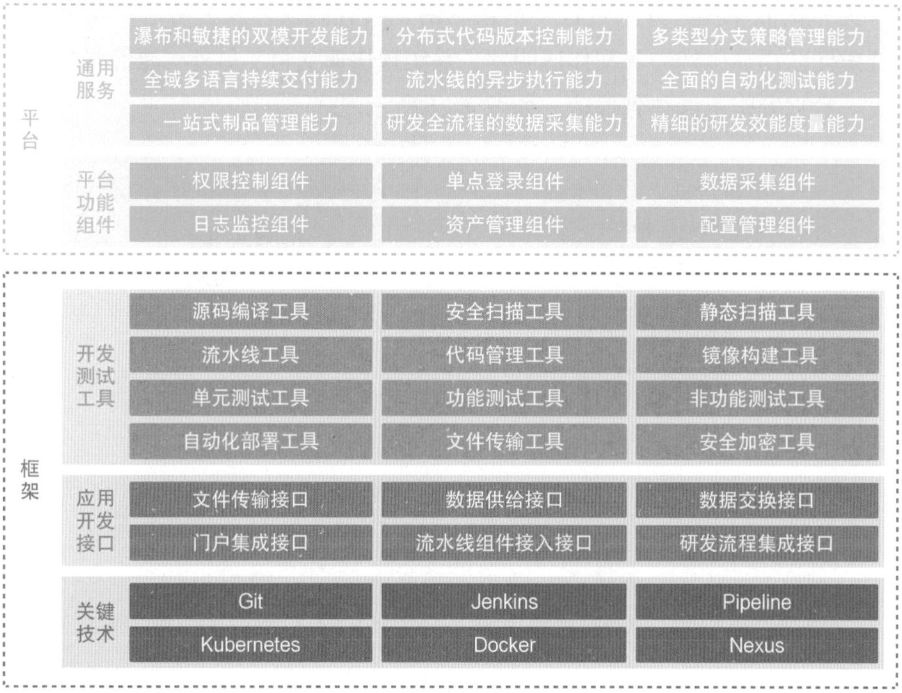

图 4-20 DevOps 领域能力模型

（1）瀑布和敏捷的双模开发能力

对于使用传统稳态研发模式的公司来说，DevOps 平台应在支持稳态瀑布研发模式的基础上，满足越来越多的项目组对快速交付的需求，实现敏态项目管理功能，同时为项目组进行敏捷研发模式实践提供管理和可视化工具。支持敏捷流程中的主要关键元素，包括项目管理、需求管理、迭代管理、用户故事管理、工作项管理、案例和缺陷管理、附件管理、依赖项管理等研发过程管理工具。需要提供多维度的可视化看板，如需求项看板、用户故事看板、依赖项看板、工作项看板等，能够友好地支持研发人员进行敏捷工程实践。覆盖敏态和稳态两种研发模式和不同类型项目的使用场景，通过流程与工具的融合，促进提升研发团队内部、团队之间协作的研发效率。

（2）分布式代码版本控制能力

随着公司业务需求的不断增长，对应用系统的开发效率和质量提出了更高的要求，如何提升产品开发效率和产品质量，保障源代码、文档等配置资产的版本有序受控，成为新时代研发过程中要面临的挑战。代码版本控制是应用系统研发的基础保障环节，通过分布式的代码版本控制，使系统具有良好的负载均衡和弹性伸缩能力，能够承受用户大量的并发存取操作，确保系统 7×24 小时稳定运行。同时，分布式版本管理系统可以让开发者在不同的计算机上，在不同地点，共同开发同一个仓库。与版本库只集中存放在中央服务器的集中式管理系统不同，分布式版本管理系统在每台计算机上都有一个完整的版本库，开发过程不依赖网络，具有离线开发、协作开发等特点，可以帮助开发团队提高生产力和写作透明度，并实现快速交付。另外，源代码分布存储、异地容灾、数据安全更能得到保障，如图 4-21 所示。

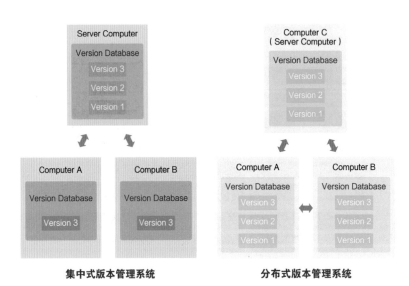

图 4-21 集中式与分布式版本管理系统对比

（3）多类型分支策略管理能力

平台应具备多类型的分支策略管理能力。分支策略是一种有效保持主分支代码质量的策略机制，让团队可以通过配置灵活的策略实现对主分支的保护。比如，不允许直接向主分支提交代码，必须经过代码检视才能合并，必须经过特定人员批准才能合并、必须解决所有代码检视意见才能合并等。同时，允许开发者制定更加复杂的策略规则来适配团队的不同诉求，如并行开发、协作开发、紧急修复等。

（4）全域多语言持续交付能力

全域多语言持续交付能力是指 DevOps 平台应具有一套覆盖软件开发全生命周期，支持多种开发语言类型，用于落地持续集成、持续交付等实践的自动化流水线工具链。它包含项目实施过程中的分析、设计、开发、测试、部署、投产等所有环节，支持多语言、多框架、多平台。其重要意义在于把流水线作为一个高效的沟通和验证的平台，开发人员频繁地集成代码，每次集成都通过自动化的流水线进行构建、部署、测试，从而尽早发现各个开发人员代码上的冲突和缺陷，让他们尽早沟通解决，避免后期返工，耽搁进度。这个过程可以极大地减少集成的问题，让团队能够更快地开发内聚的软件。随着软件项目复杂度的增加，越早发现风险和问题，解决问题的代价越小。全域强调的则是流水线贯穿软件的全生命周期，即从需求端到运营端，流水线全程参与，如基于 Jenkins 设计的流水线系统（图 4-22）。

图 4-22 基于 Jenkins 设计的流水线系统

（5）流水线的异步执行能力

在持续交付流水线的执行中，经常会遇到流水线长时间阻塞在某一个阶段（stage）的场景，而往往这种阻塞点并不是开发者很关注的节点。例如"安全扫描"阶段，这类扫描通常很耗时，对于基础资源不充足的组织，安全扫描执行一次可能需要 3 天。扫描结果是投产控制角色关心的内容。在某些情况下，即使安全扫描没有通过，也允许上线，对于这种结果参考性强于必要性的节点，应提供该节点异步执行功能，避免影响流水线的整体敏捷性。

以流水线接入安全扫描阶段为例。接入安全扫描的流水线运行策略为串行异步运行，包含获取代码、单元测试、编译、部署、测试等阶段。在编译阶段之后，流水线异步运行安全扫描阶段，即安全扫描阶段发送扫描请求，创建扫描任务，请求成功后即视为此阶段执行成功（在安全扫描系统上成功创建了扫描任务），流水线继续执行后续的部署、测试等阶段。流水线不以安全扫描的结果作为流水线成功或失败的条件。这种执行策略即使流水线成功运行之后，流水线详情页面依旧有可能没有安全扫描的最终结果（因为没有扫描完成）。直到安全扫描完成后，流水线详情中才能看到安全扫描的结果，如图 4-23 所示。

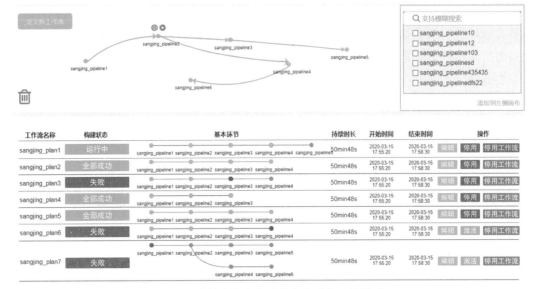

图 4-23 支持流水线相继触发的系统设计原型

（6）全面的自动化测试能力

自动化测试是所有实施 DevOps 企业的最大痛点，软件的版本随着开发的一个个迭代而产生，每个版本都有需要解决的问题，频繁地发布使得每次上新版本都需要重新测试。只有经过大量测试案例测试过的版本才是可靠的，而且只有使用自动测试才能够保证在短时间内完成大量的测试案例。大量重复的测试是非常烦琐的，并且需要消耗大量的人力才能够完成。自动测试能够很好地解决这个问题。自动化测试具有一致性和可重复性，能够轻易检测到哪里进行了修改，包括修改的功能是否影响之前的功能。同时自动化测试可以被调整到晚上和周末执行测试，既可以充分利用公司的资源，也避免了开发和测试之间的等待。

（7）一站式制品管理能力

一站式制品管理能力是提供企业级的制品所依赖的管理、版本管理、生命管理能力，提供在线的制品搜索、依赖拓扑、统计视图等功能，让开发团队能够轻松获取制品的正确版本，避免前后版本不一致，如图 4-24 所示。所有制品都需要跨开发团队、跨站点管理、纳入版本控制，以此确保质量上乘、可靠性高且具备可审核性，如图 4-25 所示。在支持代理公网仓库的基础上，还需要充分考虑兼容机构现有私服，支撑机构私服的迁移。在系统管理上采用直线制组织结构，可满足企业制品安全、自主可控的业态需求，为日益严峻的制品管理问题提供保障。

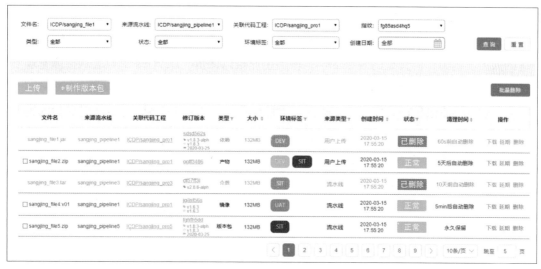

图 4-24 制品管理系统范例

图 4-25 版本包信息展示

（8）研发全流程的数据采集能力

基于研发工具链实现管理流程与需求资产、架构资产、测试资产等研发资产的集中、联动管理。结合数据埋点自动采集研发过程数据，建立研发过程数据自动采集的机制，将实施过程数据和研发资产通过平台清洗、加工和分析沉淀为企业级研发资产，并形成流程和资产数据的联动，提供项目、需求项、业务功能、源代码、流水线、投产基线等不同维度的企业级的资产情况全方位视图，如图 4-26 所示。

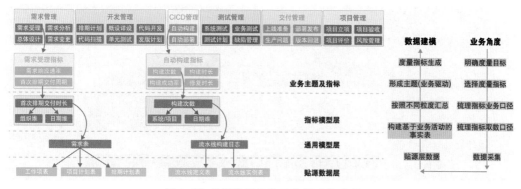

图 4-26 指标数据开发及数据采集过程

（9）精细的研发效能度量能力

DevOps 转型给研发团队带来了新的工程实践方式，在转型的过程中会消耗企业大量的人力、物力，但转型的效果如何，很多企业难以评价。DevOps 平台应从指标管理、数据管理、分析与决策以及运营管理等多个维度综合评估企业的研发效能，帮助企业建立高效、敏捷的软件研发环境，使企业了解现状、与目标的差距、是否在向目标前进、进展程度如何等信息。灵活、完备的标准化研发度量体系应从基础数据获取、数据计算分析、数据整合以及数据展示等方面对软件全生命周期的研发过程进行精准度量。同时，度量数据亦可以作为衡量 DevOps 在企业经营利润中所占贡献的评价依据。在项目或迭代结束后，或月度、季度总结时，团队负责人、高级管理者或企业 CEO，可通过仪表盘快速查看团队研发效能数据，激发团队的工作热情，使项目团队能够持续地为用户产生有效价值，帮助企业提升战略执行力，创造企业业务发展新契机，促进企业长期高效地交付业务价值，加速变革，助力企业研发转型并促进企业整体效率的提升。

3. 应用场景

（1）代码托管（见图 4-27）

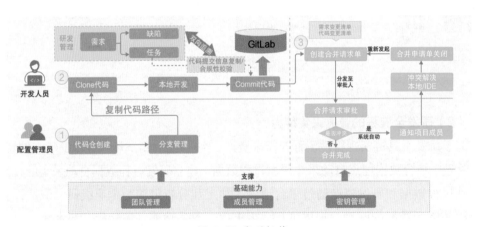

图 4-27 代码托管

（2）依赖管理（见图 4-28）

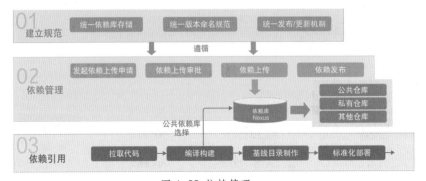

图 4-28 依赖管理

（3）制品管理（见图 4-29）

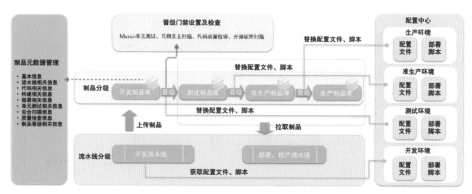

图 4-29 制品管理

（4）持续交付流水线（见图 4-30）

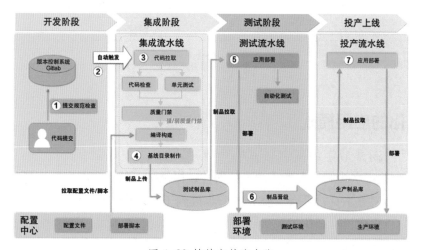

图 4-30 持续交付流水线

（5）质量内建（见图 4-31）

图 4-31 质量内建

（6）全流程管理（见图4-32）

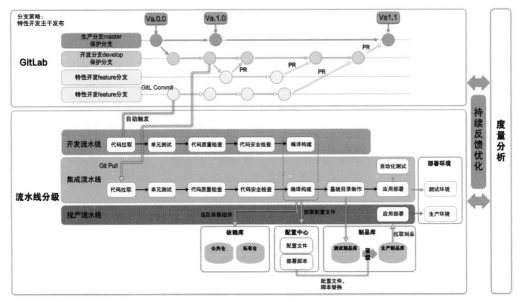

图 4-32 全流程管理

三、云化的应用模式

1. 云化的开放组件接入模式

DevOps 的流水线应具有灵活的可扩展性，提供统一的平台能力接入规范和标准化接口，支持第三方工具、平台、服务自助集成到工具链中，以满足不同项目的使用需求。支持门户集成、自动化工具集成和研发流程集成，实现与其他平台的无缝连接。此举不仅可以降低 DevOps 平台自身的开发成本，还能增加其他团队对于本平台的信任度，形成一种良性循环。另外，平台自身也需要对接入的第三方系统进行不定期考核，从稳定性、成功率、用户满意度、客户支持质量等方面进行考察，最终针对临近质量门限的系统或工具进行相应的优化处理。

2. 云化的容器应用投产模式

DevOps 平台应在版本包类型投产的基础上增加对容器镜像类型应用的投产机制支持。容器技术消除了线上线下的环境差异，保证了应用生命周期的环境一致性和标准化，越来越多的测试和运维人员采用直接部署软件镜像来进行测试和发布。建立研运一体化的容器应用投产发布通道，优化改造现有投产发布工具及流程，实现对容器应用从开发测试到生产部署的全流程管控，充分发挥容器镜像分层、并行传输的特性，提高容器发布实施效率，实现容器高效发布及投产实施的自动化，满足企业容器应用规模化投产需要，加速企业云原生进程，如图 4-33 所示。

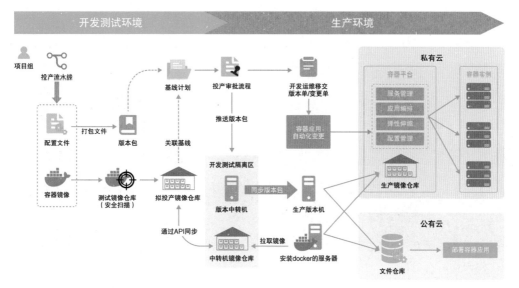

图 4-33 容器化投产方案

第五章
分布式微服务

导　　读

微服务是基于"分而治之"的思想演化来的。随着业务的不断发展和用户体量的快速扩张，传统 IT 系统的单体架构已经无法满足海量、高并发类型的业务对系统性能的要求，于是 IT 系统架构从单独架构向分布式架构演进，在此过程中，IT 系统被拆分和分解为粒度相对较小的服务，微服务架构应运而生，并凭借单个服务简单易开发、灵活可扩展、独立部署等优势，快速成为互联网和金融等大型企业的主流 IT 架构。

本章将回答以下问题：

（1）微服务架构是如何发展起来的？要解决哪些核心问题？

（2）一个完整的分布式微服务架构涉及哪些关键的支撑技术？

（3）如何打造一个金融级的分布式微服务平台产品？

（4）在云原生时代，分布式微服务面临哪些问题？又将如何进一步演进？

第一节　概述

一、基本概念

"微服务是一种用于构建应用的架构方案。微服务架构有别于更为传统的单体式方案，可将应用拆分成多个核心功能。每个功能都被称为一项服务，可以单独构建和部署，这意味着各项服务在工作（和出现故障）时不会相互影响。"——红帽认证系统管理员

"微服务是一种开发软件的架构和组织方法，其中软件由通过明确定义的 API 进行通信的小型独立服务组成。这些服务由各个小型独立团队负责。"——亚马逊云科技

"微服务是一种软件架构风格，它是以专注于单一责任与功能的小型功能区块为基础，利用模块化的方式组合出复杂的大型应用程序，各功能区块使用与语言无关的 API 集相互通信。"——维基百科

"简而言之，微服务架构风格是一种将单个应用程序开发为一组小服务的方法，每个小服务都在自己的进程中运行，并通过轻量级的通信方式（通常是基于 HTTP 协议的 API）进行相互通信。这些服务是围绕业务能力构建的，并且可以通过完全自动化的部署机制独立部署。这些服务被最低限度地集中管理，它们可以用不同的编程语言编写并使用不同的数据存储技术。"——马丁·福勒

从上述对微服务的定义中可以看出，业界对微服务不存在统一的定义，但是对微服务的特征描述相对统一。微服务是一种架构风格，这种架构风格与传统的集中式架构存在明显的区别。在此架构下，应用功能按照不同的划分维度拆分为不同维度的功能模块并单独对外提供服务，而且各模块间的能力具有高内聚、低耦合的特点，同时，微服务具有与具体开发语言解耦以及适合于自动化构建和快速交付的能力。

为在本书中保持概念的一致性，本书中所述的微服务架构特指应用软件的架构风格，而微服务特指在该种结构风格下被拆分的逻辑上独立的功能模块或者实际独立运行的独立服务进程。

二、发展背景

微服务架构的出现并非偶然，其诞生和发展符合软件系统架构的发展趋势。软件架构的发展可分为单体架构阶段、分层架构阶段、面向服务架构阶段以及微服务架构阶段。当然，从发展现状来看，已经涌现出诸如服务网格架构和无服务器架构等更新型的架构模式。总体上来说，软件架构可粗略地划分为集中式架构和分布式架构，单体架构和分层架构可划分为集中式架构，面向服务架构和包括微服务架构在内的新型

架构可归属为分布式架构。

　　微服务架构的出现与这个时代的软件应用、IT 技术的发展以及 IT 架构设计理念的演进有着密切的联系，例如，将业务功能服务化，是面向服务的架构的延续和升级。

　　然而，微服务架构与面向服务的架构都具备模块拆分、开发聚合、降低依赖、故障隔离、独立开发、方便部署等优点，但也有明显的不同，如表 5-1 所示，微服务架构与面向服务的架构在服务间通信方式、数据管理方式以及单个服务体量上都存在明显的差异。

表 5-1 微服务架构与面向服务架构比较

对比项	面向服务的架构	微服务架构
服务间通信方式	服务间通信常采用企业级服务总线的方式实现，所采用的通信协议常为重量级的 SOAP 或者 WS* 标准等	常采用消息代理或者点对点通信方式实现，所采用的通信协议常为 HTTP RESTful API 或者 RPC 方式
数据管理方式	统一数据模型和全局数据共享库	独立数据模型和独立数据库
单个服务体量	较大	较小

　　随着互联网应用的飞速发展，微服务架构在银行、大型电商、大型互联网等 IT 系统中展现了极好的适用性。例如，微服务架构所具备的易于快速自动化构建、快速交付与部署、易于维护、可独立部署、故障隔离性好、容错性好等特点与当前基于互联网的应用需求完美契合。微服务架构的主要优势如下。

　　① 高可用性。借助服务间的低耦合、无状态、故障隔离和弹性扩展等，可以对同一个服务进行多份部署，任一服务出现故障时不影响其他服务，由此获得了较高的系统稳定性。

　　② 弹性伸缩。支持依据服务容量对服务进行精细扩容或缩容；支持根据服务资源消耗量分配给服务不同的硬件资源，以此获得更大的扩展灵活性并节省成本。

　　③ 敏捷性。使企业能够更快地交付新产品、新功能和新特性，并易于调整。

　　④ 可理解性。由于单个服务具备功能明确、职责简单、代码量不高等特点，使得服务更易于理解和开发。

　　⑤ 可独立部署性。微服务的可独立部署特性，易于服务的快速、独立的更新测试，更有利于对新特性的快速验证。

　　⑥ 并行高效性。多个服务并行运行，各个服务研发团队可独立开发、部署或更新服务，减少了团队之间的依赖性，缩短了开发时间，加快了代码到生产的速度。在服务与团队的组织协调方面缩短了启动时间，并鼓励团队以迭代方式构建更复杂的产品

和功能。

可以说，微服务架构解决了当前应用软件研发的痛点。同时，当前的基础设施技术发展和业务发展需求进一步促进了微服务的快速成熟和发展。

三、发展历程

1. 分布式微服务技术源起

"微服务"这个概念最早是在 2011 年 5 月威尼斯的一个软件架构会议上被讨论并提出的，用于描述一些作为通用架构风格的设计原则。

2012 年 3 月，在波兰克拉科夫举行的第 33 次 Degree Conference 大会上，ThoughtWorks 首席咨询师詹姆斯·刘易斯做了题为 MicroServices - Java, the Unix Way 的演讲，这次演讲里 詹姆斯·刘易斯讨论了微服务的一些原则和特征，例如单一服务职责、康威定律、自动扩展、DDD 等。

"微服务架构"则是由弗雷德·乔治在 2012 年的一次技术大会上所提出来的，在大会上他讲解了如何分拆服务以及如何利用消息队列技术（Message Queue，MQ）进行服务间的解耦，这就是最早的微服务架构雏形。

而后，马丁·福勒在 2014 年发表了一篇著名的微服务文章，深入全面地讲解了什么是微服务架构。随后，微服务架构逐渐成为一种非常流行的架构模式，许多技术框架和文章涌现出来，越来越多的公司借鉴、研发和使用微服务架构相关的技术。

2016 年 4 月，Lightbend 公司的创始人兼 CTO、Akka 的作者 乔纳斯·博内尔，发布了一本小册子《响应式微服务架构》，讨论了基于响应式原理的微服务架构，以及如何将其用于构建可扩展、可应对故障的隔离服务，并与其他服务结合，以形成一个紧密的整体。

微服务架构发展历程如图 5-1 所示。

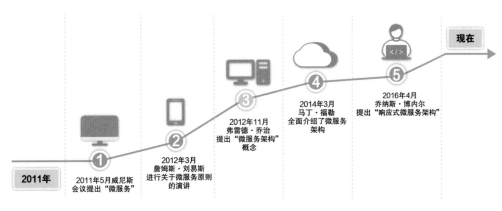

图 5-1 微服务架构发展历程

2. 微服务架构演进历程

微服务构架演进历程如图 5-2 所示。

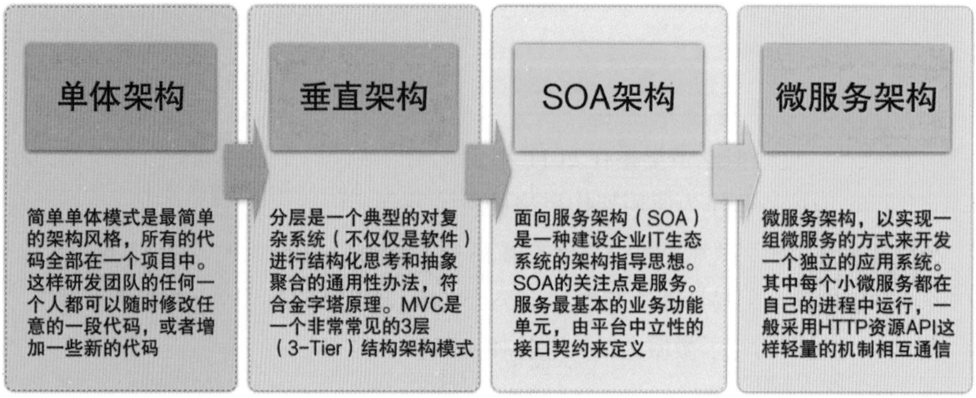

单体架构	垂直架构	SOA架构	微服务架构
简单单体模式是最简单的架构风格，所有的代码全部在一个项目中。这样研发团队的任何一个人都可以随时修改任意的一段代码，或者增加一些新的代码	分层是一个典型的对复杂系统（不仅仅是软件）进行结构化思考和抽象聚合的通用性办法，符合金字塔原理。MVC是一个非常常见的3层（3-Tier）结构架构模式	面向服务架构（SOA）是一种建设企业IT生态系统的架构指导思想。SOA的关注点是服务。服务最基本的业务功能单元，由平台中立性的接口契约来定义	微服务架构，以实现一组微服务的方式来开发一个独立的应用系统。其中每一个小微服务都在自己的进程中运行，一般采用HTTP资源API这样轻量的机制相互通信

图 5-2 微服务架构演进历程

单体架构：最简单的架构风格，所有的代码在一起，部署到单个进程，例如打包成一个 war 或者 jar，就是通常说的"大泥球"。

垂直架构：随着业务的发展，系统变得复杂，通过结构化思考，大家发现对于大规模协同开发，有效的控制手段就是对系统进行抽象和分层，例如常见的 MVC 架构。

面向服务架构：从建设企业 IT 生态系统的角度，关注企业内多个业务系统的统一集成，常基于企业级服务总线技术实现。。

微服务架构：将系统设计为一组低耦合的微服务，每个服务独立地部署运行，服务间一般采用轻量级网络通信方式进行通信，同时采用自动化的测试运维等技术降低服务拆分后的复杂度。

四、核心价值

构建企业级分布式微服务平台，一是可以为应用系统研发提供统一开发框架、公共技术组件和体系化的配套工具支撑，让应用开发团队 / 人员可以专注于业务逻辑的实现，降低对非业务相关功能的关注点和研发工作量；二是可以通过平台尽量屏蔽底层技术产品的差异，避免因底层产品更迭而导致系统频繁重构。分布式微服务平台为微服务架构落地提供统一开发工具、通用运行支撑组件以及统一运维管理能力，平台的建设可以帮助企业打造金融级的、能够支撑应用云化改造和全面应用国产化的完整技术体系。

企业级分布式微服务平台的价值如图 5-3 所示。

具体而言，企业级的分布式微服务平台可以提供以下 5 个方面的核心价值。

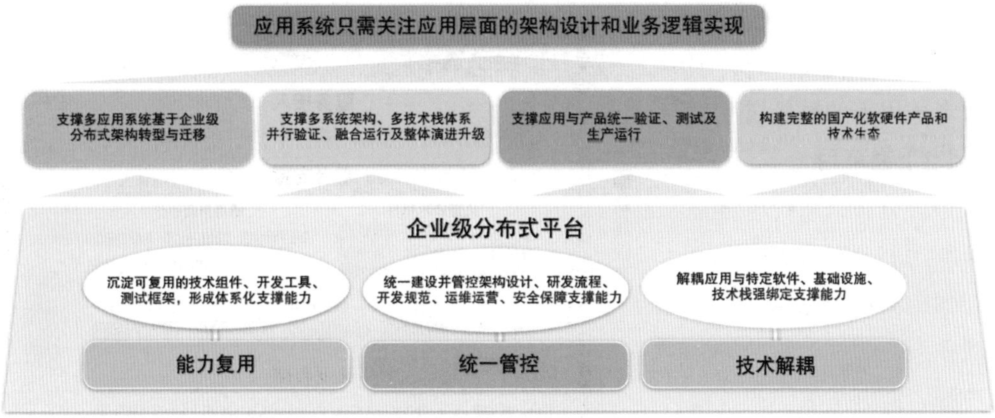

图 5-3 企业级分布式微服务平台的价值

① 统一。分布式微服务平台实现了设计、开发、测试和运维的统一模式，以及架构设计、流程、工具、测试和部署等各个层面的整体一致性。

② 集成。有机整合多种基础技术服务、基础组件和多种活动，进而促成软件开发作业工序的连贯性和整体性，深入结合应用场景，综合运用各种成熟技术及软件产品，充分赋能应用开发，提升敏捷交付效率。

③ 解耦。充分解耦应用研发与底层基础技术的依赖，降低底层基础技术对应用的侵入性，实现基础技术的服务化供给，做到操作系统无关、中间件无关、数据库无关、硬件无关、编程语言无关，在简化应用研发的同时也为信创建设扫清了障碍。

④ 共享。企业级分布式微服务平台坚持开放的态度，促进应用软件资产的复用和共享，软件应用资产、基础设施环境、管理信息数据等能够被多个工作主体共享复用。

⑤ 协同。通过实施工艺的定义和企业级分布式平台开发模式的建立，可形成工作流水线，系统分析人员、设计人员、编码人员、测试人员协同工作，提升端到端的产品交付的质量和开发效率。

第二节 技术理论介绍

一、参考架构

金融行业在进行业务应用系统微服务架构转型时，可结合典型的分层架构设计模式以及关键技术引入，实现遗留系统的架构重构。参考图 5-4 所示的架构，对核心技术能力进行平台化、服务化沉淀。

在参考架构设计时，须重点考虑以下的质量属性。

图 5-4 金融行业微服务系统参考架构

（1）高可用

金融分布式系统应具备业务应用和分布式支撑平台等层面的高可用保障能力，避免系统在正常运营期间发生中断，能够从故障或者错误中快速恢复，保障业务应用连续正常运行，满足金融领域业务连续性要求。

（2）高性能

金融分布式系统应在系统承载能力、吞吐量、并发数、响应时延等技术指标方面相比集中式主机架构具有更高的性能表现，避免业务出现性能"瓶颈"。

（3）完整性

金融分布式系统要求数据在系统、网络、存储等流转过程中准确、可靠和有效，不能因为人为因素或者系统原因造成数据损坏和丢失。分布式系统应具备完整性约束能力，确保系统中所有数据值都处于正确的状态。

（4）松耦合

金融分布式系统应遵循松耦合原则，组件之间功能独立，基于标准接口和协议集成，在部署模式、交互模式、逻辑控制等方面仅保持必要的依赖性，避免互相影响，可根据业务场景按需配置和组合。

（5）可扩展

金融分布式系统应采用分层架构思想，每层采用模块化开发和部署，功能点分解到各模块实现，新增功能宜以插件、扩展点等设计模式加入原模块，提升系统复用性。模块可独立进行水平扩展，扩大系统性能容量。

（6）开放性

金融分布式系统应采用开放架构体系，可在通用平台上运行，不与特定、专用的硬件设备或者软件系统绑定，针对异构基础设施实现互操作性，并且对新技术、新组件、新协议保持开放，可平滑演进。

（7）安全性

金融分布式系统应在基础架构、应用部署、数据存储、服务通信、运行时安全等方面进行端到端的安全保障，确保使用分布式架构的金融业务系统安全可控。

在逻辑上，参考架构采用了分层架构模式，面向微服务架构，重构后的应用具有多活部署、灾难备份与弹性伸缩等微服务特色能力。

除应用层外，其余各层均属于平台能力，其中包括用于支持应用系统流量接入的接入处理层，用于支撑应用系统互联互通、服务治理以及其他非业务逻辑处理的通用技术组件能力的平台支撑层，用于面向海量、多类型数据存储的数据存储层，以及对整个应用和平台统一管理的运维与运营管理层。

二、技术理论

微服务架构既是架构设计风格的一种演进，也是相应技术的演进，如通过消息代理代替了传统的企业服务总线。微服务架构的发展依赖配套技术的发展，但也促进了技术的发展。总体来说，微服务架构的实现依赖以下关键技术。

1. 领域驱动设计

领域驱动设计是一种面向高度复杂的软件系统时建模的方法论，它的关键点是根据系统的复杂程度建立合适的领域模型，是面向解决复杂软件系统的架构设计思想，通过事件风暴建立领域模型，合理划分领域逻辑和物理边界，建立领域对象及服务矩阵和服务架构图，定义符合领域驱动设计分层架构思想的代码结构模型，保证业务模型与代码模型的一致性。

2. 微服务开发框架

开发框架是为实现特定技术目标或保障特定语言开发更容易而创建的工具和软件库，此类工具和软件库提供了特定领域软件开发所需的通用功能。直白地说，开发框架就是软件半成品，开发人员仅需要在此基础上实现相应的业务逻辑和必要的管理控制逻辑，即可实现软件开发。

微服务开发时，需要考虑开发语言、工具套件、开发框架、开发模式以及配套的代码、文档、项目管理软件的选型和运用。目前，基于 Java 语言的微服务开发技术栈仍处于主流地位，然而，随着 Go 和 Node.js 等新开发语言及其生态的逐渐成熟，基于这些语言的微服务开发技术栈也将会在微服务生态中占据一席之地。

在选定开发语言后，配套的工具套件和开发框架也基本确定，如面向 Java 语言的 Spring Boot/Cloud、Apache Dubbo、gRPC、Apache Thrift 等微服务开发框架。借助开发框架，可以剥离业务开发人员对实现微服务时的非业务逻辑功能和代码的关注，提供统一、标准的非业务逻辑代码的开发支持和管理，提升应用软件开发效率。

表 5-2 列举了目前基于 Java 语言的主流微服务开发框架及其比较。这些微服务开发框架在底层的服务间通信协议选择上可分为基于 HTTP 协议和 RPC 协议。在大型企业，尤其是应用系统在通信性能敏感的场景下，不仅需要考虑通信协议的性能，也要考虑诸如报文传输效率、压缩/解压效率、传输安全性（如采用基于 TLS/SSL 的 HTTP 协议）、

序列化／反序列化效率、网络 I/O 模型等技术因素来综合进行选型。同时，适合所在组织的研发模式，自己配套的研发支持工具也对开发的质量和效率具有较大的影响。

表 5-2　基于 Java 语言的微服务开发框架

功能点	框架名称			
	Apache Dubbo	Spring Boot/Cloud	Apache Thrift	Motan
框架描述	经过阿里检验过的产品，在社区中有很多成功的案例和经验	基于 Spring 的完整微服务体系	跨语言的 RPC 框架	新浪微博开源的轻量级服务框架
通信协议	RPC	HTTP	RPC	RPC
服务跨平台	不支持	支持	支持	不支持
服务注册／发现	支持	支持	不支持	支持
负载均衡	支持	支持	不支持	支持
高可用／容错	客户端容错	客户端容错	不支持	客户端容错
社区活跃度	高	高	一般	一般
学习难度	低	中等	高	低
文档丰富	丰富	丰富	一般	一般

针对不同的开发语言，有不同的开发框架，由于现在主流的企业级应用程序开发语言仍是 Java，此处列出几种常见的基于 Java 语言的微服务开发框架。

Spring Cloud 是当前使用率较高的基于 Java 语言的完整的微服务解决方案，它为开发者提供了快速构建分布式系统中一些常见模式的工具（如配置管理、服务发现、断路器、智能路由、微代理、控制总线、一次性令牌、全局锁、领导选举、分布式会话、集群状态等）。

另外，如谷歌、阿里巴巴、Apache 软件基金会等都提供了不同的微服务开发框架，如阿里巴巴基于 Spring Cloud 实现的新微服务开发框架 Spring Cloud Alibaba 以及 RPC 开发框架 Dubbo、谷歌基于 Go 语言实现的 RPC 开发框架 gRPC、Apache 基金会提供的多语言 RPC 开发框架 Thrift。

3. API 网关

API 网关也称为 API Gateway，外部应用调用微服务的入口，负责微服务对应的 API 发布、管理、维护、版本管理、API 生命周期管理、流量管理、CORS 支持、授权和访问控制、限制以及监控等任务，常用的 API 网关产品有 Spring Cloud Gateway、Zuul、Kong、Nginx、OpenResty 等。

4. 注册中心

为降低微服务之间的耦合，保证系统的松耦合以及微服务升级部署的灵活性，在微服务架构中，应用程序一般不保存各个微服务的访问信息（如 IP 地址、端口号、服务名称等），而是通过注册中心在系统中集中保存服务信息并为客户端应用程序提供查询功能来实现客户端对微服务的感知，这样的设计模式和实现方式就形成了微服务的注册和发现，如图 5-5 所示。

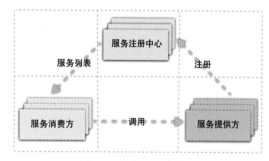

图 5-5　服务注册与发现

一般，在微服务架构中通过逻辑上集中的注册中心组件来实现上述微服务注册和发现功能。具体来说，服务注册就是将某个服务的相关信息（如 IP 地址、端口号、服务名称等）添加到注册中心，服务发现就是新注册（新增或删除）的服务模块信息能够被其他调用者及时发现。当前，常见的注册中心类软件有 Zookeeper、Eureka、Consul、Nacos 等。

注册中心是最核心的基础服务之一，当一个服务去请求另一个服务时，通过注册中心可以获取该服务的状态、地址等核心信息。服务注册主要关系到三大角色：服务提供者、服务消费者、注册中心。服务启动时，将自身的网络地址等信息添加到注册中心，注册中心记录服务注册数据。服务消费者从注册中心获取服务提供者的地址，并通过地址和基于特定的方式调用服务提供者的接口。各个服务与注册中心使用一定机制通信。如果注册中心与服务长时间无法通信，就会注销该实例，这也称为服务下线，当服务重新连接之后，会基于一定的策略在线上线。服务地址相关信息发生变化时，会重新注册到注册中心。这样，服务消费者就无须手工维护提供者的相关配置。

5. 动态管理服务

注册中心基于特定的机制定时检测已注册服务的状态。例如，默认的情况下，已注册的服务通过固定频率（如每隔 30 秒一次）向注册中心发送一次心跳来进行服务续约。通过服务续约来告知注册中心该服务仍然可用。正常情况下，如果注册中心在 0 秒内没有收到服务的心跳，注册中心会将该服务从注册列表中删除。

6. 配置中心

随着微服务数量以及服务功能的日益增加且变得复杂，程序的配置日益增多，配置生效机制需求不同，配置版本管理等问题日益突出，以中心化、外部化和动态化的方式管理所有环境的应用配置和服务配置已经成为趋势，配置中心作为微服务架构中的关键组件，为解决上述问题提供了完整的解决方案。

配置中心也属于逻辑上集中的配置管理组件，实现了应用软件的配置与业务逻辑功能代码的分离，保证了配置的动态调整和实时更新能力。目前常用的配置中心有 Spring Cloud Config、Apollo、Nacos 等。

7. 服务治理

概括来说，服务治理解决的是系统中服务提供者和服务调用者之间的链路通信和故障管理问题，为采用微服务建立策略、标准和最佳实践，通过对系统中服务的管理，支撑业务稳定高效运行，以支持企业敏捷的 IT 环境。服务治理的能力也是需要设计和开发的。所以，一般微服务架构上下文的服务治理包括服务治理能力的开发框架以及服务治理的运行时平台。

一般来说，服务治理要提供服务上线、下线、流量管理（如重试、限流、降级、熔断等）、弹性扩/缩容、故障隔离、故障自愈、全链路跟踪等能力，这些能力大多需要系统监控能力的支持，也就是需要提升服务的可观测性。

此外，微服务架构稳定高效地运转也需要诸如消息代理、缓存、分布式事务管理、分布式存储、全链路跟踪、故障演练与测试以及 DevOps 等技术能力保障。

8. 研发运维一体化

微服务架构中通常结合 DevOps 能力实现微服务的持续集成/持续交付，以实现服务的快速发布、部署。同时，微服务架构中服务数量多，服务间交互复杂，需要 DevOps 在服务测试、构建、打包、发布、部署等环节提供自动化支撑能力。

9. 微服务构建

当服务代码完成开发并推送至代码仓库后，如何快速对所提交代码的质量进行测试是所有应用软件开发者最关心的问题。然而，在进行软件测试之前，我们需要对所提交的代码打包，构建成可运行的软件包并部署至测试环境。通常，软件的构建需要先编译源代码，然后运行测试，最后组装可交付软件。

当应用系统进行了微服务拆分后，为数量众多的微服务进行手动构建是一项繁重且容易出错的工作，这就要求自动化构建工具的参与。一个高质量的代码仓库及管理工具、DevOps 工具平台可为微服务构建提供完整的工具链（具体的打包、测试、组装工具和方案可参考第四章关于 DevOps 的描述），不仅能够保证微服务的构建速度，也可提升构建质量。

10.　微服务测试

Martin Fowler 对软件测试的目的有过这样的描述："开发团队采用的任何测试策略，都应当力求为服务内部每个模块的完整性，以及每个模块之间、各个服务之间的交互，提供全面的测试覆盖率，同时还要保持测试的轻便快捷。"测试的真正目的是保障所交付软件的质量。

在微服务架构下，软件测试面临着服务数量剧增且相互间调用关系复杂的问题，不同的服务可能会在不同的环境 / 设置下运行，涉及多个服务的 UI 端到端测试，测试结果可能取决于网络的稳定性，故障分析的复杂度会随着服务的增加而提高。

为应对微服务测试挑战，我们需要保障测试工作自动化、层次化和可视化，以提升其全面性、高效性和可解释性。此外，除常规的功能测试、非功能测试及高可用测试方法及工具外，诸如多活及灾备测试、端到端全链路压测、故障演练测试等测试也是微服务测试需重点保障的能力。

11.　微服务部署与运维

微服务的部署和运维是将最终构建的软件制品投入生产环境并对其运行情况进行监控管理。通过监控运维，提供对服务运行状态的采集、分析和处理，以保障系统的稳定运行。

微服务的引入不仅引起架构设计风格和应用服务设计的改变，同时将从组织结构、研发模式、工具栈等方面对企业软件研发产生影响。因此，微服务架构以及相应研发模式和工具的引入需要结合企业现有环境认真考虑。是否具有与之相适应的研发人员组织结构？是否具有快速的环境提供能力？是否具有基本的监控能力？是否具备快速的构建与发布能力？是否具有初步的 DevOps 文化和工具基础？这些都是影响微服务效果的重要因素。

第三节　产品和应用

分布式微服务落地到企业级的 IT 架构中，需要打造具备可复用的基础能力、实现基础软硬件与应用解耦、赋能应用研发效率提升、支撑应用快速上云的平台型产品，还需要结合企业 IT 架构优化升级、业务可持续发展的需求进行建设方案与思路的统筹设计，合理分解能力建设任务，明确目标态的产品组件形态和应用模式。

一、建设思路

1. 建设目标

（1）推进架构融合

具体做法包括：建设具备跨中心、稳定可靠的应用路由，建设支持集中配置数据访问的配置中心，建设支持分布式事务与多数据源访问路由集成的数据访问代理；实现具备跨中心、基于数据的稳定可靠的应用路由能力，包括访问控制、流量控制、数据校验、应用路由寻址、请求转发等；为分布式应用和平台提供集中配置中心，包括微服务分库分表模型管理、路由部署模型管理、索引与白名单数据管理、链路跟踪、服务鉴权分析等；建立数据访问代理以支持分布式事务以及多数据源访问路由集成能力，包括最终交易一致性、并行查询、多源数据访问等。

（2）打造通用技术组件，推进开源软件使用

具体做法是研发分布式消息、分布式缓存、分布式锁、分布式 ID、分布式协调器等基础中间件，并提供配套的管理支持工具，实现开源软件的定制化研发与统一治理。

（3）实现云原生架构转型，支持云原生应用

具体做法包括：引入云计算技术实现与云计算基础设施的集成，试点容器技术应用，分别实现与监控运维系统、原应用集成平台、数据复制组件的集成；实现与云计算基础设施的集成，拓展和优化容器数据库能力，包括容器 Redis 和容器 MySQL 支持，并实现与运维系统的集成；同时，将容器技术应用纳入分布式微服务平台的技术体系，包括容器平台管理、容器应用管理、容器平台服务网格等。

（4）丰富并优化软件开发框架

具体做法是丰富完善联机交易开发框架、准实时开发框架以及批处理开发框架，完成应用开发框架优化、沉淀可复用技术功能组件、集成适配数字化研发流程并实现开发辅助功能。

（5）构建支撑满足 IT 系统国产化和应用自主可控要求的基础平台

具体做法是按照架构策略，支持多类型操作系统、多类型中间件和数据库，实现多类型操作系统（如 Oracle Linux、Redhat Linux 操作系统适配）、中间件（如 Oracle Tomcat 中间件）、数据库（如 MySQL）支持。

（6）满足监管合规要求

具体做法是实现对灰度发布的支持，为应用多活部署、应用多中心路由提供平台级支撑，实现与智能运维的集成，实现对各项监管合规要求（如安全等级保护、金融信息系统多活、灾备等）的支持。

（7）提升服务整体治理能力

具体做法包括：优化服务集成平台，实现分布式系统改造后的数据分布透明性访

问，提升服务集成平台的应用路由服务请求处理能力，支持新系统架构下的异地多活能力；适配新增的配置中心、服务集成代理等组件功能。

2. 建设方案

在建设过程中，应重点着眼于基础技术平台的强化建设，将传统技术架构转型至通用开放路线，逐步摆脱大型机依赖；同时，要总结形成全面覆盖典型业务场景的技术解决方案，为各应用提供实施方案指导。具体的建设任务包括开发能力建设、基础技术平台建设、典型业务场景的技术解决方案能力建设几个方面内容。

（1）开发能力建设

分布式微服务平台分别从应用路由、注册中心、配置中心、治理中心等方面建设开发能力，具体如下：应用路由功能建设，包括访问控制、安全校验、流量控制、数据格式转换等；注册中心功能建设，包括服务注册、服务发现、心跳检测、负载均衡、服务元数据及版本管理等；配置中心功能建设，包括集中配置管理、动态配置更新、配置推送、安全性与环境隔离等；治理中心功能建设，包括限流、熔断、降级、灰度发布等服务治理能力规则配置及下发等；数据访问代理功能建设，包括多数据库协议栈支持、连接池管理、多数据源管理、读写分离、分库分表、SQL 解析与路由等。

（2）基础技术基础平台建设

将银行核心系统技术架构转型至通用开放路线，建设技术可控的开放平台核心银行系统，消除对大型主机系统的依赖提供技术基础支撑，为后续进一步扩大国产软硬件产品使用奠定良好基础。

（3）典型业务场景的技术解决方案能力建设

基于基础平台建设经验总结，为应用提供实施方案指导，形成通用解决方案能力。

3. 实施策略

微服务平台作为战略性和基础支撑性平台，是银行核心系统建设的基础，决定银行信息系统架构的发展方向以及国产化改造能力，通过先进技术的运用及跨部门人员统一协调来加以贯彻落实。

要确保项目成功，首先必须有强有力的组织保证和相对稳定的建设团队；其次必须汲取项目管理和技术开发方面的成功经验，结合微服务平台建设的特殊需求和目标，在明确整体远景目标和建设框架后，设定确实可操作的短期和中期目标，分步骤实施，逐步丰富整体框架内的内容，最终实现整体目标。

微服务平台建设实施时，采取了"先核心、后外围，集中攻坚、稳步推广"的整体策略。微服务平台建设面向银行核心系统，在进行系统架构升级的同时要综合考虑未来的架构演进需求，并前瞻性地引入当前行业前沿技术，在核心系统成功实施后在全行应用系统上大范围稳步推广。

在明确整体目标、系统架构以及研发模式后，项目实施方案已经明确，确保了相

关任务并行推进的基本依据。按照"稳态研发＋敏捷研发模式"的指导思路，项目分成了重要迭代和若干个常规迭代，每次迭代按照计划持续实施和推进。

二、产品体系

1. 产品功能架构

分布式产品体系包括微服务平台（包括基础组件和增强特性）、分布式中间件、数据库服务、服务网格、无服务器计算（包括计算服务、应用开发框架、事件总线、消息服务以及 API Gateway 等）、分布式支持工具（包括故障演练平台和全链路压测）等，目标是构建企业级分布式应用的基石，提供安全稳定、性能卓越的开发态工具套件和运行态核心组件，兼容物理机、虚拟机和容器化部署，提供微服务应用建设、应用分布式改造迁移、大规模业务系统主机下移、小机下移以及多种分布式技术专题解决方案，助力构建企业级的体系化、大规模分布式应用系统，助力应用研发模式创新及 IT 系统战略性升级，如图 5-6 所示。

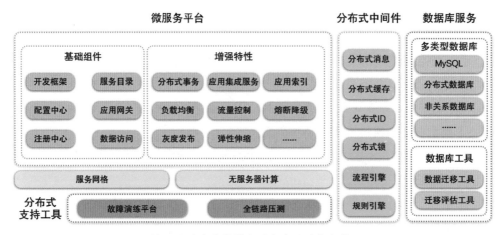

图 5-6 分布式微服务平台产品功能架构

2. 产品能力

（1）微服务平台

微服务平台为应用提供基础组件、增强特性以及开发框架等，其中，基础组件是微服务平台最小对外服务单元，提供微服务开发框架、服务目录、注册中心、配置中心、应用网关、数据访问等核心组件。增强特性主要针对用户的个性化需求，提供分布式事务、应用集成服务、应用索引等增强特性，以及负载均衡、服务限流、流量控制、服务降级、熔断降级等微服务治理能力。同时，微服务平台还提供多种类型的开发框架，包括微服务开发框架、新一代开发框架、外联开发框架、异步任务开发框架、准实时任务开发框架、总分行特色开发框架等。

（2）分布式中间件

微服务平台为应用提供多种基于物理机、虚拟机和容器的缓存、消息等高可用、高性能、低成本分布式中间件技术服务能力，包括分布式消息、分布式缓存、分布式ID、分布式锁、流程引擎、规则引擎等，中间件均可独立于微服务平台部署并提供服务，也可与微服务平台配套进行使用。

（3）数据库服务

微服务平台为应用提供包括 MySQL、分布式数据库、非关系数据库在内的多类型数据库支持，针对应用分布式改造需求，提供同构数据源数据迁移、异构数据源数据迁移等工具，以及 SQL 迁移改造评估、数据结构迁移改造评估等工具。

（4）服务网格

为支持应用实现云原生架构，微服务平台为应用提供对应用无侵入的微服务架构，提供服务网格产品，通过轻量级网络代理以边车模式为微服务之间提供网络调用、限流、熔断和监控等服务治理能力。

（5）无服务器计算

微服务平台为用户提供无服务器计算资源服务，使用户专注于应用逻辑编码，无须关注基础设施资源的配置、管理、部署和运行，实现应用程序的无感知请求。

（6）分布式支持工具

微服务平台为应用提供基于混沌工程理论实现的故障演练和全链路压测等质量保障支撑工具，支持通过故障注入、流程编排、演练库等方式，验证分布式系统容错能力，提高故障应急效率，保证系统稳定性。同时，全链路压测支持根据业务场景实现全过程、全链路系统功能压力测试。

3. 产品特性

（1）统一的微服务管控能力

微服务平台产品提供 Spring Cloud 和服务网格统一的微服务管理能力，包括服务管理、服务注册与发现、服务监控、服务鉴权、调用链追踪以及服务拓扑等。对于 Spring Cloud 和服务网格的服务，实现统一的服务注册和发现功能，实现传统微服务架构和服务网格之间的相互发现和调用，并提供了统一的服务治理能力。

（2）满足无损容灾要求

微服务平台包含构建云原生架构所需的各个组件，让用户更加专注于业务开发，满足用户场景的现状和未来需求，特别是严苛的金融场景，保证在分布式架构下承受高并发交易，在系统扩展、容灾恢复、更新发布时确保数据无损，服务可用。

（3）灵活部署

接入微服务平台的微服务支持部署在各种负载类型上，包括虚拟机、物理机和容器，

满足用户灵活使用计算资源的要求。

4. 产品适用场景

分布式微服务平台及系列产品适用于支撑海量交易、高并发分布式应用系统运行，相关技术组件与通用中间件可独立部署运行，提供高性能、高安全、高稳定性的技术能力支撑。典型应用场景包括金融机构集中式应用系统分布式架构转型与改造、传统应用微服务架构转型，以及金融应用系统底层基础技术产品替代等。

三、云化的应用模式

根据分布式技术的云化供给的设计要求和最佳实践，分布式微服务平台将平台角色分为租户管理员、应用研发、应用运维和平台管理员 4 种角色，其中租户管理员、应用研发和应用运维使用面向租户的控制台工作界面，平台管理员使用运维平台工作界面。租户控制台和运维平台在 API 和 Web 两种应用模式下提供了丰富的分布式能力，支撑应用快速上云，提升了开发和运维效率，保障业务连续稳定，并促进了组织技术创新。

本部分主要介绍租户控制台和运维平台在 API 应用模式和 Web 应用模式下的核心能力，以及不同场景下分布式能力在不同应用模式下的应用实践。

1. 应用模式介绍

（1）租户控制台 Web 应用模式

平台通过 Web 控制台提供功能向导、环境管理、服务管理、服务治理管理、路由管理、基础中间件管理、监控管理等 Web 应用模式，核心能力包括以下几种。

① 功能向导。对环境申请、服务目录创建、中间件申请等模块的功能进行快速访问。

② 环境管理。申请环境、查看环境列表等。

③ 服务管理。查看服务列表和详情、发布服务、更新已发布服务、下线已发布服务等。

④ 服务治理管理。查看和维护服务熔断规则、服务限流规则、服务容错规则、服务流量染色规则等。

⑤ 路由管理。创建路由、发布路由、修改路由，查看路由列表和详情，下线已发布路由等。

⑥ 基础中间件管理。分布式缓存管理、分布式消息管理、集群管理等。

⑦ 监控管理。监控配置、指标监控、链路监控、日志监控、告警配置等。

（2）运维平台 Web 应用模式

平台通过 Web 控制台提供平台基础信息概览、功能向导、基础信息管理、审批管理等 Web 应用模式，核心能力包括以下四种。

① 基础信息概览。由行业分布数据统计、全国分布数据统计、Top 数据概览、接

入趋势概览等 5 部分组成,帮助平台管理员快速了解平台整体的接入情况、行业地域分布情况、用户数、活跃状况、接入趋势等信息。

② 功能向导。快速进行平台基础信息、环境模板、分布式组件和中间件集群的初始化。

③ 基础信息管理。维护应用信息,查看所有的应用信息,并进行类型设置、关联环境、关联工作空间和设置标签等操作;维护工作空间信息,对工作空间进行新建和组件管理等操作;维护环境模板,对平台内的环境模板信息进行创建、修改、删除操作;维护地域信息等,对平台内的城市、区域、可用区信息进行统一管理。

④ 审批管理。对租户提出的环境模板申请进行审批,对中间件集群或资源进行审批。

2. 应用实践

(1)场景一:平台初始化,应用接入申请(见图 5-7 和图 5-8)

平台管理员初始化设置平台信息,租户管理员发起应用接入申请,应用研发完成服务实例接入。

①平台管理员完成基础信息、环境信息、各类分布式组件、服务套件、工作空间的初始化新建。

②租户管理员发起环境申请。

③平台管理员完成环境审批并为环境绑定工作空间。

④租户管理员新建服务目录。

⑤应用研发完成服务实例接入。

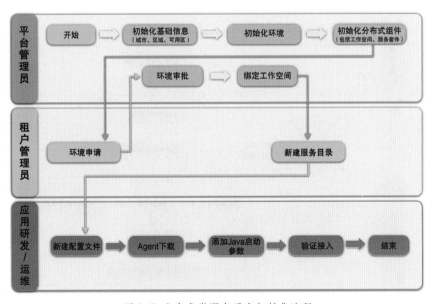

图 5-7 分布式微服务平台初始化流程

图 5-8 分布式微服务平台初始化操作指引

（2）场景二：服务接入，使用服务治理相关能力（见图 5-9 和图 5-10）

平台提供熔断、降级、限流、路由等服务治理和应用路由相关能力。

① 平台管理员进行组件导入和租户资源分配（初始化工作，只需要做一次）。

② 租户管理员进行应用接入和服务的创建（初始化工作，只需要做一次）。

③ 租户管理员进行服务治理相关规则的配置，并分配权限。

④ 应用开发可进行服务实例的接入，通过控制台进行实例状态查看及治理规则触发查看等操作。

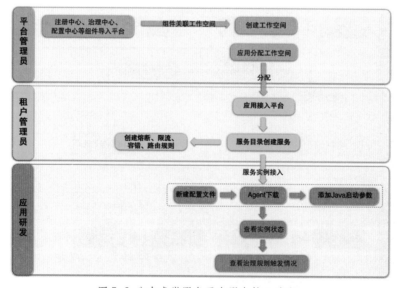

图 5-9 分布式微服务平台服务接入流程

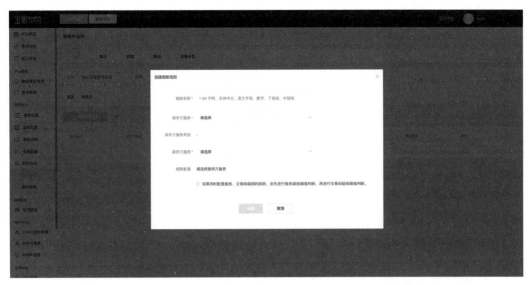

图 5-10　分布式微服务平台添加熔断规则操作界面

（3）场景三：使用中间件服务（见图 5-11 和图 5-12）

平台提供统一的分布式缓存、分布式消息等中间件服务，并支持对各类中间件资源的管控能力。

① 平台管理员线下获取中间件部署信息，进行导入和按租户进行资源分配（部署工作按需进行，导入工作只需要做一次，资源按用户申请情况进行分配）。

② 租户管理员通过控制台按需提交申请中间件资源，获得审批后可进行详情查看、日志查看、监控等操作。

③ 应用研发同租户管理员，可通过控制台在详情信息中获取访问信息（如 IP、端口、用户名、密码等信息），通过客户端接入。

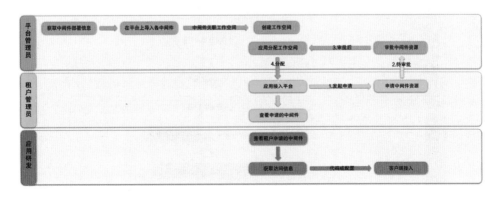

图 5-11　分布式微服务平台中间件服务使用流程

图 5-12 分布式微服务平台中间件服务运行状态

（4）场景四：使用全链路监控能力（见图 5-13 和图 5-14）

平台提供的监控能力将对接入的服务进行全链路跟踪，支持从实例、接口、异常、中间件等多维度进行监控。

① 如果租户需要对监控数据进行独立存储，平台管理员可通过 Web 控制台监控集群的数据库的配置和分配。

② 租户管理员进行应用接入和服务的创建。

③ 应用研发进行服务监控实例的接入，接入后可通过控制台查看监控信息。

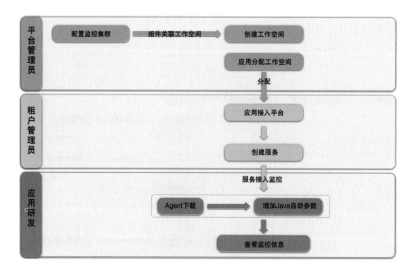

图 5-13 分布式微服务平台全链路监控使用流程

图 5-14 分布式微服务平台全链路监控概览

（5）场景五：使用日志检索（见图 5-15 和图 5-16）

平台提供的日志服务为接入的服务提供日志采集、日志存储和日志查询、查看等能力。

① 如果租户需要对日志数据进行独立存储，实现各个租户的物理隔离，并且避免 ES 集群出现单点故障，造成数据丢失等严重后果，平台管理员可通过控制台进行监控集群的配置和分配。

② 租户管理员进行应用接入和服务的创建。

③ 应用接入进行日志采集器设置。

④ 各类型角色均可以通过控制台进行日志搜索。

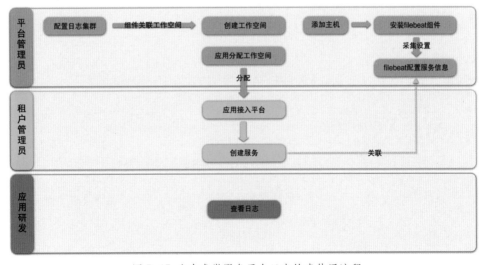

图 5-15 分布式微服务平台日志检索使用流程

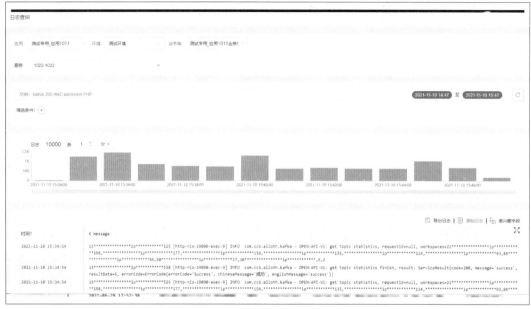

图 5-16 分布式微服务平台日志查询界面

第六章
人工智能平台

导　　读

　　自从 2016 年 AlphaGo 战胜李世石之后，"人工智能"再一次成了技术领域的一大热词，人们对"类脑"智能充满了期待，一时间以机器学习、深度学习为代表的技术解决方案在技术社区中层出不穷，许多机构与组织对它们展开了研究。人们发现，选择合适的算法并训练出单个精准的模型不是最关键的痛点，如何将人工智能形成可持续的迭代流程，以工程化的角度让人工智能具备企业级生产力，才是诸多组织面临的巨大考验。如今，在大数据、云计算、云原生、物联网等领域蓬勃发展的背景下，人工智能借力诸多领域的前沿技术，在大型机构的沃土中成长，已经形成了一套成熟的方法论。

　　本章将回答以下问题：

　　（1）人工智能技术的发展背景是什么？

　　（2）人工智能技术相较于传统计算机技术有什么特点？

　　（3）人工智能可以运用到哪些领域？

　　（4）企业如何建设人工智能应用体系？

　　（5）人工智能如何做云化建设？

　　（6）业界成熟的人工智能平台建设案例有哪些？

　　（7）人工智能平台技术的发展趋势如何？

第一节　概述

一、基本概念

　　纵观世界工业革命史，每次工业革命都极大地提升了社会生产力，影响着一代又一代人的衣食住行。如果说计算机与信息化是第三次工业革命的象征，那么人工智能就是第四次工业革命的主旋律。

　　"人工智能"这个概念的出现要追溯到 20 世纪 50 年代，艾伦·图灵（Alan Turing）在这一时期发表了一篇题为《机器能思考吗》的论文，文中有一段关于人工智能的描述，"如果一台机器输出的内容与人脑别无二致的话，我们就没有理由认为这台机器不是在思考"，也就是如今我们常常提及的"图灵测试"，这是人工智能有据可考的最早的科学实验。同一时期，由时任达特茅斯大学的数学助教约翰·麦卡锡（John McCarthy）、贝尔实验室研究员香农（C. E. Shannon），以及商、学界多位专家共同发起，在达特茅斯大学召开了为期两个月的专门讨论机器智能的学术研讨会，约翰·麦卡锡在会上提出了"Artificial Intelligence"这一术语，标志着人工智能学科正式诞生。如今，人工智能作为计算机领域的一个分支学科，其广义上是指基于计算机系统，使用相关技术代替人类的决策、分析、识别、认知等能力，或者是对人的意识和思想过程的模拟。

二、发展背景

　　在人工智能的概念被提出后，不同的解决方案接二连三地问世，催生了一些与技术相关的流派，其中比较有名的是符号主义、连接主义和行为主义。

　　符号主义认为人工智能源于数学逻辑。数学逻辑从 19 世纪末起就获得迅速发展，到 20 世纪 30 年代开始用于描述智能行为。计算机出现后，又在计算机上实现了逻辑演绎系统。该学派认为人类认知和思维的基本单元是符号，而认知过程就是在符号表示上的一种运算。符号主义致力于用计算机的符号操作模拟人的认知过程。连接主义又称为仿生学派（Bionicsism）或生理学派（Physiologism），其主要原理为神经网络及神经网络间的连接机制与学习算法。代表性成果是 1943 年由生理学家麦卡洛克（McCulloch）和数理逻辑学家皮茨（Pitts）创立的脑模型，即 MP 模型，开创了用电子装置模仿人脑结构和功能的新途径。行为主义则是基于进化主义（Evolutionism）或控制论学派（Cyberneticsism），其原理为控制论及感知—动作型控制系统。这一学派的代表作首推布鲁克斯（Brooks）的六足行走机器人，它被看作是新一代的"控制论动物"，是一个基于"感知—动作"模式模拟昆虫行为的控制系统。

　　三大流派都有各自的解决方案，从不同的角度对人工智能技术进行了诠释，各有侧重，又各有联系，流派之争伴随着一次次技术革新，共同推动人工智能技术的发展。

三、发展历程

　　人工智能发展史分为几个不同的阶段，每个阶段都有一些代表事物，如图 6-1 所示。第一次发展热潮紧跟人工智能学科的诞生，发展出了用于自然语言处理和人机交互的早期推理系统，这一时期倾向于用纯数学手段解决问题，也就是前面提到的"符号主义"，比如赫伯特·吉宁特（Herbert Gelernter）的几何定理证明机（1958 年）就是使用搜索算法来证明几何与代数的问题，但是仅仅依靠数学逻辑，显然达不到实现人工智能的预期，人工智能在这波热潮之后陷入了第一次低迷期。第二次发展热潮基于爱德华·费根鲍姆（Edward Feigenbaum）在第一次发展热潮中提出的首个专家系统 DENDRAL 中知识库的概念，发展出了统计学实现人工智能的流派，机器学习和神经网络被首次提出，借鉴生物神经网络的工作原理，辅以机器学习，能处理一些复杂的非线性问题，其代表性突破就是语音识别。第三次热潮则依靠大数据技术、算法与算力来推动人工智能技术，并且基于多层神经网络和深度学习算法，使得人工智能能够实现从数据中自行总结规律。2016 年，AlphaGo 战胜围棋世界冠军李世石，正式宣告第三次探索浪潮取得了突破性进展。如今，人工智能已经成为计算机领域的一个重要的分支学科，虽然取得了许多成果，出现了诸如机器学习、深度学习、强化学习、迁移学习等技术解决方案，但仍然在回答那个最本质的问题，"如何让机器像人类一样思考"，身处第三次探索热潮之中，机遇与挑战并存，人工智能将会以一个崭新的姿态再一次拥抱世界。

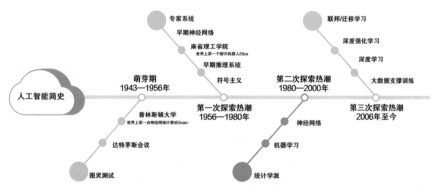

图 6-1　人工智能发展简史

四、核心价值

　　人工智能目前仍处于"弱人工智能"向"强人工智能"发展的阶段，擅长在单一领域做某种"智能化"处理，例如战胜世界围棋冠军的 AlphaGo，在围棋决策上确实非常智能化，但是如果用作图像处理就显得捉襟见肘了，因此现阶段的人工智能解决的常见问题有人脸识别、语音识别、智能推荐、文本纠错、同声传译等。如今，互联网带来了数字化的普及，虽然许多金融机构顺应了这一潮流，但是一些烦琐的业务流程没有因为数字化的引入而变得高效。举个例子，在银行里有一个流程叫作单据审核，业务员需要将扫描的纸质单据一一录入系统，再进行审核，且不说这种处理方式的正确率如何，一个业务员录入数据往往需要数分钟的时间，效率极低。这时候人工智能就派上用场了，在识别单据这类场景当中，人工智能能达到接近100%的识别率，大大提升了效率，在金融领域类似的案例还有很多。如今，人工智能在金融领域被广泛应用，比如在量化交易、投资理财、业务办理、舆情监测、欺诈检测等场景中，人工智能与金融全面融合，提升了金融机构的服务效率，扩展了金融服务的广度和深度，使所有人都能获得平等、高效、专业的金融服务，实现金融服务的智能化、个性化、定制化。

第二节　技术理论介绍

一、参考架构

前面提到，人工智能是计算机领域的一个分支学科，它既包含传统计算机技术体系，又包含人工智能技术体系，用一句比较通俗的话讲就是，在计算机上运用人工智能的工程方法论来满足人工智能需求。人工智能技术架构分为3层，即基础层、技术层与应用层，如图6-2所示。

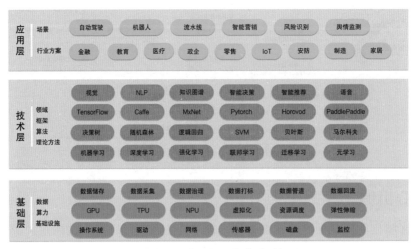

图6-2 人工智能架构体系

1. 基础层

支撑人工智能领域应用架构的硬件资源与数据资源，与我们传统上的认知并没有太大出入，只是在人工智能领域，对于某些硬件的依赖类型和程度不尽相同，对数据的处理方式也有一些新的要求。目前，人工智能技术是通过算法在海量的数据中学习某种规律来实现的，因此数据的规模和组织方式对目标的达成显得特别重要。另外，在人工智能领域，除了需要传统的 CPU 负责调度各种各样的任务，还需要有 GPU 配合 CPU 加速完成训练任务，GPU 和 CPU 结构迥异，拥有成千上万个处理单元支撑并行计算和强大的数据吞吐能力，与人工智能领域结合相得益彰。此外，除了使用主流的 GPU 之外，近年也诞生出如 TPU、NPU 之类的专用处理器，能高效地执行神经网络的推理和训练任务。

2. 技术层

这一层是最具有"人工智能特色"的理论与解决方案方法论，2016 年 3 月，从 AlphaGo 战胜李世石开始，业界再一次掀起人工智能浪潮，深度强化学习（Reinforcement Learning）为世界所认识。它从单一的神经网络开始，通过大规模的搜索算法、自我更迭，最后在逻辑层面战胜人类。机器学习教会了计算机寻找客观规律，深度学习与强化学习在机器学习的基础上，将机器智能带入了一个新的高度，而迁移学习和元学习将会是继深度学习之后的另一个技术顶峰。然而理论方法并不能解决实际问题，实际问题需要由精准的算法来解决，算法的好坏决定了结果的精准度以及成败，图 6-2 中的算法是一些经典的机器学习算法，按照模型训练的方式，算法也有很多种类，限于篇幅，感兴趣的读者可以自行查阅。有了各种理论方法与理论算法，一些先驱者将各自的实践经验汇聚之后推出了众多框架。框架的出现，让人工智能具备了工业级生产力，标志着人工智能技术正式迈入工业界。

3. 应用层

感知、行为与通信是当代人工智能的三大关键应用能力，按照市场需求可以分为 13 个场景：通用机器学习解决方案、应用机器学习、通用计算机视觉解决方案、应用计算机视觉（图像识别）、智能机器人、语音识别、自然语言处理、视频内容识别、推荐引擎及协同过滤、手势控制、情境感知计算、实时语音翻译、虚拟个人空间。人工智能对各行各业的渗透和改变将持续下去，在各个细分领域开发增量市场和数据价值将会是资本市场的良好切入点。

二、技术理论

目前，人工智能的各种技术解决方案都是以机器学习为理论基础引申出来的，相较于传统计算机体系的程序设计，它是一种新的编程范式。传统的程序设计需要人们将客观规则抽象为程序，计算机根据这些规则处理数据，最后输出答案；而机器学习则不同，它是从数据和数据中的某种答案找到推断规则，如图 6-3 所示。

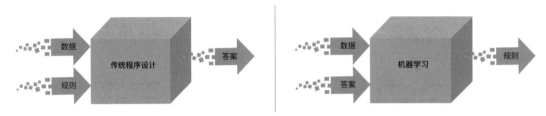

图 6-3 传统程序设计与机器学习

机器学习不是一个明确编写的程序，比如想判断出图片中的动物是不是猫，只需要提供一组猫的图片，并且将图片中猫的特征都标记出来，将这组图片与图片的特征描述输入机器学习系统，系统就可以学会将图片与特征联系在一起的统计规则，这时候将一张新的图片给统计规则进行决策，就可以识别出图片中的动物是不是猫了。机器学习理论最大的贡献是可以基于冯·诺依曼的计算机架构来实现计算的自主学习，进而获取自主分析处理数据的能力，它是现今实现人工智能的一个重要途径。机器学习经过 70 年的发展，发展出了以深度学习为代表的、借鉴人脑神经元的多层结构与处理机制，在许多领域取得了突破性进展。

第三节　产品和应用

一、建设思路

1. 建设目标

人工智能的工程化需要面对领域内的所有参与者，实现完整端到端的人工智能交付能力，建成人工智能平台，使数据从业者可以精准对接多方高维数据，完成数据的导入、清洗、标注；使算法从业者可以获得私有化模型训练环境，并运用多种机器学习与深度学习框架完成模型的训练任务；使工程化从业者可以将模型封装成模型服务，并持续对模型服务进行管理。

2. 建设方案

人工智能工程化体系的建设，需要多个技术领域的协同配合，使用当前前沿的技术或者范式，从基础设施、软硬件、支撑技术着手，与人工智能技术体系有机结合，最终形成完整的能力输出，供企业打造人工智能产品。

（1）基础共性标准建设

为人工智能工程化落地体系的相关术语、概念、技术原理、赋能方向提供理论支撑，参考相关架构标准，制定多期项目规划，提出迭代项目目标，完善迭代测试标准，确保实事求是，对每期的规划要求是可预见、可落地、可评估。基础共性标准建设切忌太超前，应该参考业界落地案例，提出合理的建设目标。

（2）支撑技术体系建设

人工智能的工程化并不是单一领域就能完成的，它的支撑技术包括大数据、云计算、网络通信、传感器等领域，每个支撑领域都需要进行体系建设。

大数据支撑体系需要规范人工智能研发及应用等过程涉及的数据存储、处理、分析等大数据相关支撑技术要素，包括大数据系统产品、数据共享开放、数据管理机制、数据治理等标准。

云计算支撑体系需要规范面向人工智能的云计算平台、资源及服务，为人工智能信息的存储、运算、共享提供支撑，包括虚拟和物理资源池化、调度，智能运算平台架构，智能运算资源定义和接口、应用服务部署等标准。

网络通信支撑体系需要评估人工智能应用占用网络资源的量级，合理估算网络带宽，并在特定的流程中使用适当的网络传输协议。

传感器支撑体系包括智能感知设备标准、感知设备与人工智能平台的接口和互操作等智能网络接口、感知与执行一体化模型标准、多模态和态势感知标准等。

（3）软硬件能力建设

软硬件能力建设的要求是规范智能计算芯片、新型感知芯片及相关底层接口等，为人工智能模型的训练和推理提供算力支持，包括指令集和虚拟指令集、芯片性能、功耗测试要求、数据交换格式、芯片操作系统的设计及检测等标准；规范人工智能软硬件优化编译器、人工智能算子库、人工智能软硬件平台计算性能等，促进软硬件平台的协同优化；规范机器学习、深度学习框架和应用系统之间的开发接口，制定模型封装标准，统一对接上下游系统。

（4）人工智能关键技术体系建设

人工智能关键技术体系建设的要求是规范监督学习、无监督学习、半监督学习、集成学习、深度学习和强化学习等不同类型的模型、训练数据、知识库、表达和评价。

（5）领域技术标准建设

领域技术标准建设包括自然语言处理、计算机视觉、语音处理、搜索与推荐、虚拟现实、人机交互等技术标准的建设。

（6）产品与运营建设

产品与运营建设包括各领域产品的落地终态产品建设，产品 IP 建设，人工智能产品能力成熟度评价、智能应用服务参考架构等标准制定工作。

3. 实施策略

（1）初期

初期应按照企业规模与战略确定好技术标准、技术选型，规划好演进方向，对于人工智能工程化 Pipeline 中的数据管理体系、模型训练体系、服务部署体系，应以数据管理体系与模型训练体系为主，服务部署体系为辅，打通数据与模型训练平台是该时期的核心目标。

（2）发展期

在发展期，全面打通人工智能工程化 Pipeline 中的数据管理体系、模型训练体系、服务部署体系，实现全流程的规范化运作，此时已经可以进行一些产品的迭代，但是这个过程中可能稳定性会有问题，不宜大规模部署商业应用。

（3）成熟期

在成熟期，已经具备完备的人工智能研发体系，能进行大模型的研发，全流程不需要太多的人为干预，在一个平台上即可满足开发人工智能相关领域产品。成熟期的稳定性会有保障，可能会有一些优化和能力提升要求。

二、产品体系

图 6-4 为企业级人工智能产品体系。

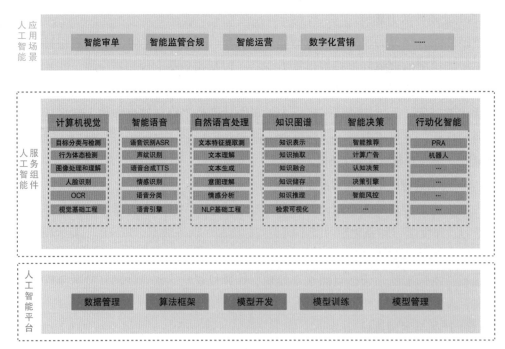

图 6-4 企业级人工智能产品体系

目前，人工智能已形成计算机视觉、智能语音、自然语言处理、知识图谱、智能决策、行动化智能等技术支撑领域，企业级产品往往需要具备端到端的人工智能全生命周期管理，为数据科学家、算法工程师、应用研发工程师、业务运营者提供从人工智能模型生产到应用的一站式服务，促进团队分工合作。人工智能平台提供从模型生产到模型应用所需的数据管理、模型开发、模型训练、模型管理、模型部署或服务等人工智能工程化能力，在此基础上，通过统一的服务管理标准、统一的工程化流程方法、统一的模型能力提升体系，构建计算机视觉、智能语音、自然语言处理、知识图谱、智能决策、行动化智能等领域的基础模型库、研发工具箱、领域数据集，提供安全可控的人工智能领域技术组件产品能力。

三、云化的应用模式

人工智能与自然、社科等多个领域关系密切，人工智能在企业级生产中分化出了图像识别、自然语言处理、语音识别、知识推理、智能搜索与推荐等专业场景，每个场景的处理逻辑大相径庭，专业化程度高，传统的研发模式需要针对每个特定的场景设计算法，生产效率极差，这种"碎片化、作坊式"的生产方式必须改变，如图6-5所示。

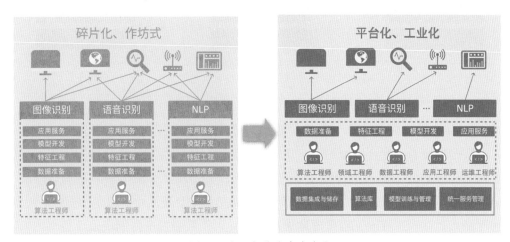

图6-5 人工智能生产力变化

Gartner 在《2021 年重要战略科技趋势》中提出，人工智能工程化将是趋势，在人工智能初级阶段，由于缺乏创建和管理生产级人工智能管道的工具链，人工智能的工业化举步维艰，要想将人工智能科学转化为企业级生产力，必须让其具备一定的工程化能力，而平台化思想是互联网时代的智慧结晶，它能将业务或者技术抽象出来，有机地整合到一起，具备强大的泛化能力。人工智能平台就是"人工智能 + 平台"，它是人工智能时代的生产力工具，降低了人工智能工业化中各种资源的协作壁垒，实现了快速业务创新，使得人工智能产品研发敏捷化、算法创新和应用落地轻量化、业务响应实时化、操作流程规范化，从根本上解决了传统"竖井式"开发所带来的问题，以强大的数据基础、科学易用的模型构建方式、快捷的模型集成以及端到端的云端服务部署，为企业人工智能应用赋能。

Gartner 在《2021 年重要战略科技趋势》中也提出了人工智能工程化的三大支柱，即 DataOps、ModelOps 和 DevOps，如图 6-6 所示。

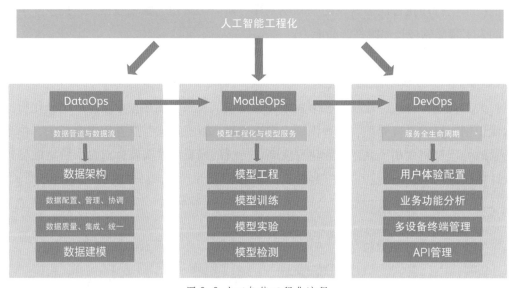

图 6-6 人工智能工程化流程

从整体来看，人工智能工程化是能够支持三大支柱一体化管道操作与管理的平台，以数据为技术，配合模型的工业化生产力，提供能够处理复杂任务的人工智能服务。以 Kubernetes 为代表的云原生技术的出现，为云计算带来了新的格局，形成了以云原生技术环境为基础的人工智能云平台解决方案，合理运用云原生的弹性、调度、编排等能力，让人工智能工程化落地更加便捷。人工智能云平台围绕云环境下的人工智能的工作流程具体展开，在这个流程中，数据工作者处理好数据，将数据打标预处理，做好数据存储对接；人工智能工作者专注于算法研究、模型开发与训练、模型封装等工作；而工程工作者则专注于人工智能能力的展现、人工智能服务的全生命周期管理。人工智能云平台是当下实现人工智能生产力的最好方式，一个标准的人工智能云平台须满足以下能力。

① 为数据清洗人员、数据标注人员、数据科学家和算法工程师提供数据可视化能力，满足数据的多维度分析和处理，能够供给语音、文本、图像等结构化与非结构化数据标注存储，提供数据多维度定制化能力与适当的数据回收（回流）机制。

② 为算法工程师、算法科学家、算法测试人员提供算法模型设计与实验的环境，提供常用算法、常用框架、工具集仓库、算力资源池化管理、资源合理分配与调度的能力，为训练常态工程效率保驾护航。

③ 为应用工程师、业务开发人员、客户提供模型服务全生命周期管理的能力，快速部署，持续集成，配合强大的监控能力，为业务方与客户提供稳定、高效、精准的人工智能产品，人工智能模型应用服务化是整个人工智能工程化的终极形态。

④ 为初级算法工程师、初级人工智能从业者提供引导式学习机制，在专人专用的基础上保障创新生产力。

云原生的特性与人工智能工程化的能力结合得相得益彰，人工智能云平台就是行业细分化的一种云原生基础平台。正因为这样的紧密联系，世界上的各大云商都相继推出了各自的人工智能云平台，例如谷歌的 AI Hub、亚马逊的 SageMaker、阿里巴巴的 PAI、百度的 BML、腾讯的 TI-ONE 等；正因为业界涌现出如此多的平台，人工智能产品得以百花齐放。

第七章
区块链 BaaS 平台

导　　读

　　区块链技术在我国发展势头持续迅猛，尤其自 2019 年以来，区块链技术首次被国家层面明确为新型基础设施，在时代发展机遇和政策红利的双重推动下，诸多巨头和创业者热衷布局区块链，区块链即服务（Blockchain as a Service，BaaS）作为区块链大规模应用的必要基础设施，更成为入场者的必争之地，竞争日趋白热化。区块链 BaaS 平台的发展离不开底层计算资源的支撑，数字化转型的 10 年也是云计算高速发展的 10 年。展望新 10 年，云计算必将像水电煤一样成为数字经济时代的基础设施，以容器为代表的云原生技术更会成为企业上云的必然选择。基于以上背景，各大平台以云原生技术为突破点，以加速数字化转型为目标点，打造链上和云端双引擎驱动的新型商业模式，全面加速区块链技术在各个产业的普及和应用，力争构筑下一代可信价值网络的基础设施。

　　本章将回答以下问题：

　　（1）如何理解区块链技术？

　　（2）区块链 BaaS 平台如何建设？

　　（3）区块链 BaaS 平台有哪些典型功能？

　　（4）区块链如何赋能实际业务场景？

第一节　概述

一、基本概念

区块链是一种由多方共同维护，使用密码学方法保证传输和访问安全，实现数据一致存储、难以篡改、防止抵赖的记账方法，也称为分布式账本技术。它是在不可信环境下，以低成本建立信任的新型计算方式和协作方式。但由于发展时间短、技术难度大等特点，区块链的应用拓展速度受到了极大限制。创新型企业瞄准云计算技术，将其在计算性能、存储能力、网络吞吐能力及规模扩展能力上的优势与区块链技术相结合，建设为区块链 BaaS 平台，将复杂底层技术整合打包，为企业及开发者提供更为灵活方便的区块链部署及运维服务，使得开发者更专注于开发应用而无须担心计算资源，从而促进了区块链应用的快速落地。

二、发展背景

在经历了互联网早期无节制的高速发展后，互联网金融行业的发展势头随着监管政策的出台被逐渐遏制，但社会金融需求却随着时代的发展被不断放大。目前，仅靠银行的传统模式根本无法满足全部需求，亟须融合区块链、云计算、大数据等数字化技术，让更多金融机构享受到数字化技术带来的服务效率、能力、广度和深度的提升，最终让更多的人享受到更好的金融服务，实现金融普惠。

随着政策的大力扶持，使用区块链构建可信应用的价值已经获得多方认可，各机构对区块链的应用需求逐步显现。但想要推进区块链与实体经济相结合，并不能要求所有企业都从零开始构建一条链，这样做既不符合商业行为追求的经济性，也不利于后期拓展。传统企业渴望使用易用性强、标准程度高的区块链通用型产品，区块链基础设施化的呼声渐高。

三、发展历程

最初，BaaS 仅在金融和保险领域进行开发。早在 2015 年 11 月，微软就将区块链技术引入其 Azure 云服务，为金融行业客户提供快速创建区块链环境的服务。随着区块链技术的逐渐普及，各个国家、地区陆续尝试建设服务地域内多个组织的区块链基础设施，其中主要代表有欧盟 EBSI、美洲开发银行 LACChain 等。此外，我国将多云跨云 BaaS 服务、开放联盟链等作为区块链基础设施的探索，业界已有的平台包括腾讯云区块链服务平台 TBaaS、阿里云区块链服务平台、百度超级链服务平台、建设银行区块链服务平台、中国移动区块链服务平台、工商银行的"工银玺链"等。

BaaS 平台供应商在区块链业务上持续加码，探索垂直场景布局全周期的解决方案，制定行业标准并建设联盟打造区块链生态。当前，以政务机构、企业级客户为中心的自上而下的商业模式已初步完成，从长远来看，基于 BaaS 平台推出通用化行业服务，加强对个人开发者或中小企业的扶持将成为区块链进一步赋能实体经济的战略路线，中国 BaaS 平台市场也将因此保持高速良性增长。

四、核心价值

为推动区块链技术与应用场景结合，降低业务系统落地难度，区块链 BaaS 平台依托云基础设施，为企业及开发者提供一站式、高安全性、简单易用的区块链服务，提供多种底层框架，支持云上快速的、弹性的部署联盟区块链网络环境，提供区块链全生命周期管理、应用开发支持、智能运维及其他配套服务。同时，为满足客户自主可控的需求，大部分 BaaS 平台同时提供私有云部署方案，符合金融级别的安全合规性要求。

区块链 BaaS 平台通过提供高性能云服务器，高带宽网络，高并发、高吞吐的存储技术，能够更好地释放联盟链的可拓展性，使得不同环境中的节点可以共同构建联盟链，加速构建价值联盟，更好地为实际业务场景服务。

第二节 技术理论介绍

一、参考架构

一般来说，BaaS 平台的整体架构自底向上可以分为 3 层，即基础设施层、基础 BaaS 层、应用创新层，如图 7-1 所示。其中，技术组件层是组成基础 BaaS 层的重要组件，将区块链底层框架进行封装，包括兼容多底层链、可插拔的共识机制、数据隐私安全性保证以及支持多语言的智能合约部署，并为上层应用提供技术支撑。

1. 基础设施层

该部分是支持区块链基础框架部署的基本环境。平台通过封装统一接口来屏蔽不同基础环境给链部署带来的差异性问题，使区块链基础框架可以方便快捷地部署在不同的底层基础设施环境中，并使用这些基础设施提供资源来部署和运行应用服务。

目前，使用最多的是云端容器化部署方式，即利用 Docker、Kubernetes 等容器技术对区块链服务平台及区块链基础框架进行灵活可扩展的部署和运行。

以建行云容器服务兼容 Kubernetes API 为例，建行云提供高可用的 Kubernetes 集群，

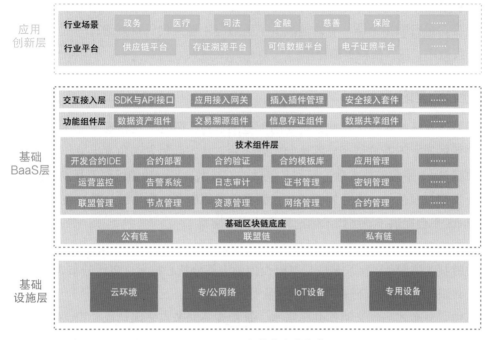

图 7-1 BaaS 平台整体参考架构

区块链 BaaS 平台集成原生 Kubernetes API，实现对建行云 Kubernetes 集群服务的访问和操作，利用其对区块链基础框架进行快速部署。

2. 基础 BaaS 层

对于不懂技术的用户，从零开始构建区块链并在其上搭建业务应用，是一件技术门槛相对较高的事情。因此，区块链开发人员通过封装共识机制、密码学算法、P2P（peer-to-peer）网络、数据隐私安全等区块链核心技术，搭建区块链 BaaS 平台，提供对用户友好、灵活简便的可视化页面，为应用开发人员提供便捷、快速、安全、可靠的区块链服务。

平台中基础 BaaS 层提供区块链网络配置和部署、运维监控、区块链节点管理维护、证书管理等核心功能，支持对区块链底层框架的智能化管理，提供开发合约 IDE、合约部署、合约验证等功能，支撑上层业务应用的快速实现。除此之外，平台还支持多链兼容运行、跨链交互等特性功能。

3. 应用创新层

应用创新层为用户提供可一键式接入的区块链应用平台，并针对不同业务场景提供行业解决方案。区块链 BaaS 平台将常用场景进行通用化功能的抽象实现，并将接口封装集成到 BaaS 平台中形成通用型小平台模块，例如供应链平台、存证溯源平台、可信数据平台等。例如对某一类食品、一系列医疗器械进行溯源的追溯，可以按照食品、医疗器械各自不同的业务逻辑进行应用层功能开发，然后调用存证溯源平台提供的统一服务接口进行数据上链，有效地减少了类似应用场景代码重复编写的工作，大大提高了开发效率，使其架构更加合理。

二、技术理论

随着区块链技术在金融业务场景的大范围落地，研发人员在参照上述行业通用技术架构的同时，不断总结场景落地的实施经验，从实际研发的角度出发，形成了适用于区块链 BaaS 平台的技术理论模型，包括关键技术、平台功能组件、开发测试工具、应用开发接口及插件、业务领域和技术领域的通用服务，为后续金融科技行业建设区块链 BaaS 平台提供了通用技术理论和关键技术模型。

1. 关键技术

关键技术该覆盖了区块链底层基础设施的大部分核心技术，包括分布式账本、P2P 网络、共识机制、智能合约、密码学算法等。

其中，分布式账本又叫作共享账本，是指在不同节点之间达成共识，每个节点记录相同的账本数据，并且彼此可以参与监督交易合法性以及互相进行作证。

P2P 网络即对等网络，又叫作点对点网络。它是一种分布式网络通信技术，没有中心化节点，各个节点的地位都是对等的，每个节点既是客户端，又是服务端。P2P 网络作为区块链的基础技术，为区块链服务，比如超级账本的 Gossip 协议、以太坊的 Kademlia 协议等，不同区块链网络采用各自的 P2P 协议完成 P2P 网络的构建。

共识机制，是指所有的参与方遵循某种规则，对交易信息达成一致，并最终保证所有参与方节点数据的一致。对于不同的应用场景采用不同的共识机制，比如工作量证明机制、权益证明机制、股份授权证明机制和 Pool 验证池等。

密码学算法是区块链的核心技术之一，当前区块链中采用的密码学算法有 Hash 算法、加解密算法、数字签名算法等，用于保证区块链数据的真实性、安全性和隐私性。

2. 平台功能组件

该部分通常封装于平台层，通过可视化的方式，为研发、运维人员提供一体化、流程化的区块链运维运营功能。例如，区块链浏览器可以实时展示区块高度、交易信息、部署合约信息、TPS 等数据，运营人员可根据区块高度增长速度或交易数量及时调整业务运营推广策略，运维人员可根据上链数据量及时扩缩容、调整运维策略等；监控告警功能主要为运维人员提供区块链网络、底层计算资源及 BaaS 平台本身的监控功能，一旦出现异常，就能提供自动报警功能，保证系统平稳运行；其他如用户管理、权限管理、服务计量等功能，与现有云平台功能相似。

3. 开发测试工具

开发测试工具主要提供智能合约的部署及安全审计功能。业务场景通过智能合约技术实现业务逻辑在脱离第三方参与的情况下自动执行，且一旦执行，不可逆转，所以在正式使用之前，需要经过充分的安全性检测工作。目前，通用的方法包括静态分析、形式化验证。BaaS 平台通常将验证方法封装为标准工具，用云化的手段实现合约漏洞的快速检测。

4. 应用开发接口及插件

应用开发接口及插件主要负责区块链底层网络与上层应用之间的通信，应用通过 SDK 和底层区块链网络进行交互。SDK 可以使用不同的语言进行开发，比如 Golang、Java、Node.js 等，同时提供应用可以访问的、对链进行交互的 RESTful API 接口，以供用户快速操作区块链。

5. 业务领域和技术领域的通用服务

随着区块链场景的大范围落地，已形成信息存证、交易溯源、数据共享、数字资产 4 类通用型功能组件。并以此为基础，结合各行业特点，形成各类通用型平台及解决方案，帮助企业根据自身需求快速搭建区块链应用，促进了区块链技术的推广和业务场景生态的搭建。

第三节　产品和应用

一、建设思路

区块链 BaaS 平台致力于打造自主可控、标准化、组件化、高性能、开箱即用的 BaaS 平台，成为新一代区块链网络基础设施；在产业价值方面，区块链 BaaS 平台致力于提供一站式应用开发服务平台，帮助客户高效搭建各类场景的区块链应用，助力实体经济发展。

1. 建设方案

区块链 BaaS 平台产品通常需要面向全行业的区块链应用场景，涉及业务复杂，对产品能力、稳定性、敏捷研发、运维能力、资源集约化使用等方面提出了更高的要求。为此，BaaS 平台在运维方面着重建设了基于云环境的部署、运维能力，利用云环境自身的资源集约、部署能力灵活 、运维便捷等特性，提高 BaaS 平台自身的稳定性和可靠性。BaaS 平台在支持复杂业务建设时，往往根据不同的场景采用不同的底层链技术，而且不同的场景所要求的部署环境也不尽相同。这些问题对区块链服务平台部署底层链的能力提出了更高的要求，为此在开发能力建设方面要着重提高组件抽象能力，使其能够在不变动核心组件的情况下通过扩展组件实现对新的底层链、新的部署

环境的支持，同时强化与敏捷研发体系融合，提高研发质量和对变化的快速响应能力。在测试能力建设方面，由于区块链节点本身的一些如 P2P 通信、共识过程、合约调用等特点，既有的测试平台很难对其进行全面测试，因此，有必要为其量身打造功能测试环境和非功能测试环境，以快速响应技术迭代。

2. 实施策略

首先，与云环境完成集成，形成一套适合区块链 BaaS 平台场景的集成方案，并按照此方案逐步推进研发工作。其次，本着测试驱动开发的原则，对测试平台进行二次开发，使其能够有效支持 BaaS 平台所要求的场景以及所采用的技术；建立平台的用户体系，完成区块链 BaaS 平台所有组件的用户权限体系建设，在此基础上推进区块链 BaaS 平台各个功能的开发。最后，全面建设运营体系，完成运营管理能力和产品推广能力建设。

二、产品体系

根据行业通用型技术架构及金融级技术底座理论基础，结合金融行业业务场景特点，区块链 BaaS 平台自下而上形成多云和多源框架支撑的底层基础设施、区块链全生命周期管理、区块链智能运维系统、智能合约研发工具链、区块链通用型技术组件和区块链行业平台 6 大类区块链产品。

1. 多云和多源框架支撑的底层基础设施

当前，区块链市场上存在多个区块链底层平台。仅就一家企业而言，加入不同的联盟往往意味着要使用不同的底层技术，且底层之间难以兼容和统一管理，研发、部署、运维耗费的资源和人力成本加倍。针对跨企业的联盟节点组网情况，受限于企业间网络环境、IT 设施的差异化特征，节点间甚至无法互联互通，无法组成有效联盟网络。

为解决这些问题，区块链 BaaS 平台将 IT 服务资源及链底层对接插件化，采用可插拔的驱动机制来适应调度异构云环境与异构链。异构云环境包括 VirtualBox、Kubernetes、Docker、华为云 / 阿里云等一系列主机环境。异构链包括 Hyperchain、Hyperledger Fabric 等。驱动管理模块通过调用驱动接口来完成主机 / 联盟链管理、主机 / 链的状态维护以及主机 / 链监控。该模块能够查询驱动创建出来的相关资源。

资源对接插件化的方式可以使区块链 BaaS 平台具备无限扩展、兼容多种主机及区块链底层的能力。更重要的是，平台通过建立多云计算能力，可实现多云高性能云服务器、高带宽网络、高并发、高吞吐的存储技术，通过建立快速接入底层能力，能够更好地释放联盟链的可拓展性，加速构建价值联盟，更好地为实际业务场景服务。

2. 区块链全生命周期管理

区块链 BaaS 平台为企业级用户提供区块链全生命周期管理，包括联盟治理、可视化部链、节点管理、通道管理、策略管理、证书管理、链纳管等多种功能。因此，企业可将所有的联盟链业务集成到区块链 BaaS 平台，实现区块链部署与运维的自动化、可视化、集中化管控，充分提升企业效率，降低管理成本。

区块链生命周期管理具体功能包括以下几个。

① 链部署。通常支持快速部署和专业部署两种方式。快速部署为系统默认部署底层、部链版本、节点数量、资源配置、共识机制等通用配置，帮助用户快速搭建区块链网络；专业部署是满足用户个性化配置的一种方式，除可自定义上述默认配置相关参数外，还包括区块打包时间、节点部署位置等。

② 链管理。支持创建、停用、启用、重启、删除、修改区块链。

③ 联盟管理。支持不同的区块链节点之间通过联盟自治机制组成联盟，支持新建联盟、邀请组织、加入联盟、新建节点与智能合约等。

④ 节点管理。对于链节点可以进行增加、删除、启用、停用、重启操作，还可以修改节点配置、下载配置文件。

⑤ 资源管理。指对通过平台创建的区块链网络资源使用进行合理分配和限制，实现网络资源的弹性伸缩，保证客户业务应用在平稳运行的前提下最大限度地降低成本。

⑥ 证书管理。为区块链中的各个节点及用户提供证书管理服务，包括证书的生成、注销及托管等服务。

⑦ 密钥管理。为区块链网络中的各个节点及用户提供密钥管理服务，包括国密算法的支持、密钥的生成、密钥的存储等服务。

⑧ 联盟链纳管。对于外部独立部署的联盟链节点，平台提供统一纳管能力，支持自动化、可视化管控外部联盟链的功能。

3. 区块链智能运维系统

如果区块链业务运行期间发生异常，就需要通过多种监控运维工具的组合来排查处理，包括监控服务、日志服务和区块链数据可视化服务。

监控服务的核心工作主要分为监控查询和告警服务两部分。监控查询将系统中涉及的区块链网络、底层计算资源、区块链 BaaS 平台自身等纳入统一的运维监控平台中。告警服务为对异常指标提供报警功能。有些平台提供自定义报警服务，用户可自定义监控指标阈值、日志关键词及告警渠道，一旦发生异常便会立刻发出报警通知，让用户及时接收并处理系统异常，降低对业务的影响和损耗，提升系统可用性。

日志服务的主要功能为日志的实时采集，日志种类从业务角度分为两种：系统日志、链日志，日志需要由统一的日志采集端进行采集，支持日志筛选及关键词筛选，同时，根据日志产生的环境不同，支持日志路径统一、实时展示、持久化存储、历史下载等功能，帮助用户快速定位和识别问题。

4. 智能合约研发工具链

智能合约研发工具通常提供在线 IDE 编译器、合约安全检测、合约文件管理等功能。

除此之外，有些平台抽象出通用型合约，提供一键生成合约模板、合约商店等服务。

（1）在线 IDE 编译器（如图 7-2 所示）

图 7-2 区块链 BaaS 平台在线 IDE 编辑器

在线 IDE 编译器提供合约在线编辑功能，具体包括以下几项。

① 合约自动生成。通过编译技术，根据可视化界面配置智能合约的变量以及函数，自动按需生成合约代码。

② 合约一键封装。根据用户所选择的不同版本 SDK 和编写语言对合约进行封装。

③ 智能合约调试。在合约编译完成后，提供模拟合约运行环境，支持合约自动化部署、方法功能测试等功能，从而帮助开发者快速开发智能合约，主要分为 4 个部分：编译、部署、执行、Debug。

（2）合约安全检测

智能合约作为在区块链上执行业务逻辑的关键，其安全性至关重要。为此，区块链 BaaS 平台提供智能合约安全检测组件，分析合约代码，扫描语言漏洞，从而保障智能合约的安全性，避免数据信息的泄露，具体包括以下几项。

① 静态分析。将合约代码与已知漏洞进行对比，扫描出与漏洞相似的代码片段，这些代码片段很可能存在安全漏洞。另外，静态分析也会检查出一些代码风格的问题，这类问题并不会直接导致安全漏洞，但是不好的代码风格会引发意想不到的安全问题。当然，静态分析的审计结果只是辅助开发者排查安全问题，如果开发者确定报错的代码片段其实不会造成安全问题，可以忽略这些警告，如图 7-3 所示。

② SML 形式验证。Solidity Model Language（以下简称 SML 规范）是在线 IDE 为合约设计的形式规范语。通过 SML 规范，形式验证系统可以将合约代码和规范描述的功能转化为数学命题，对合约代码进行形式验证，以确定合约代码功能是否与需求完全一致，从而提高合约代码的安全性，如图 7-4 所示。

图 7-3 在线 IDE 编辑器静态分析功能

图 7-4 在线 IDE 编辑器 SML 形式验证功能

（3）合约文件管理

合约文件管理包括对合约文件的创建、删除、下载、上传、重命名等常规操作功能，也包括对智能合约进行冻结和解冻、根据区块链提供的接口对智能合约状态数据进行查询和可视化、对智能合约进行升级等复杂操作。

（4）一键生成合约模板

合约模板提供了各个领域方向、特色功能的合约，用户可基于业务权限、数据表配置、字段配置和函数配置等可视化界面搭建合约业务代码，实现合约代码快速编写，其结构也一目了然，便于修改。

（5）合约商店

合约商店是合约模板存储库，方便不同组织之间复用合约模板。除平台默认为用户提供的平台商店外，还支持用户创建第三方商店，并以 Git 仓库的形式接入平台，方

便进行管理和使用。

5. 区块链通用型技术组件

区块链通用型技术组件主要指运行于区块链底层之上的区块链业务，包括政务、金融、司法存证、商品溯源等领域的应用。用户通过系统服务可视化完成应用的上链准备，通过在应用工程中集成区块链底层 SDK 完成上链。

针对区块链通用场景单一、区块链业务同质化、区块链产业资源分散等痛点，区块链 BaaS 平台提供了完善的智能研发配套设施，帮助企业降低自研链上智能应用的门槛。

6. 区块链行业平台

行业平台：结合区块链技术抽象业务场景，将通用性功能和业务逻辑整合，为企业及个人提供低门槛、简单易用的标准化区块链产品，典型的案例有服务供应链金融行业的蚂蚁双链通、腾讯动产质押区块链登记系统、商品溯源方向上的建行区块链存证溯源平台，数据共享方向上的趣链数据协作平台 BitXMesh 等。

应用市场：采用即装即用原则，把一些常用的工具（如分布式身份、分布式存储、跨链应用等）以组件化的模式添加到应用市场，平台用户根据需要选择性安装。

三、云化的应用模式

利用区块链技术解决业务场景中存在的痛点和难点，实现数据可信共享、优化资源配置、提升运营效率和建立社会协同，已逐渐成为全社会共识。目前全球范围内已落地或正在落地的区块链项目涉及金融、政务、司法、能源、教育、医疗等多个方向。区块链 BaaS 平台将多种业务场景抽象化，形成 4 类通用型技术组件，通过 SDK 或 API 的方式，向上对接现有业务系统，向下对接区块链底层网络，实现对业务需求的快速响应和敏捷研发，推动区块链场景快速落地。

1. 区块链 + 数据存证

电子数据可以作为民事案件中的法定证据，但电子证据具有复制成本低、复制精度高的特点，一般手段无法准确比较两份电子证据的时间先后，也无法得知电子证据的真实与否。传统取证依靠到公证部门公证和通过司法鉴定的方式，但由于出证慢、流程长，致使维权成本高昂，尤其当数据关系到荣誉、财产与身份时，数据真实性缺失将会造成巨大损失。

区块链基于分布式账本、时间戳、数字签名等技术，将身份、信息、资产、行为上链，使得存证无法被篡改，能有效维护证据的客观性、关联性、合法性；数字证据便于被各方共享，解决业务流程长的问题；通过智能合约和非加密算法对数据进行细粒度的权限控制，链下交换、链上授权，实现对数据的隐私性保护。

可信数据存证技术适用于金融、保险、医疗、数字扶贫、慈善、电子票据、供应链、数字内容版权等业务场景中。

2. 区块链 + 商品溯源

据海关数据显示，2020 年我国货物贸易进出口总值 32.16 万亿元人民币，比 2019 年增长 1.9%。在全球供应链网络中，一个国家至多与十几个国家相连。在人类历史上，我们从未像现在这样拥有如此大规模的贸易活动。为了保障产品安全和完整性，我们必须拥有一个从供应链端到客户端的合法的、可追溯的系统，去解决基础信任问题，从而提高供应链整体效率。

区块链基于账本的块链式结构与交易中的公开时间戳信息等技术，实现供应链上所有数据的可信传输和共享，保证数据真实可靠、不可篡改，各方权责清晰、可追溯；打破信息孤岛，全链数据第一时间上链存储，各参与方实时同步共享；也可实现链上数据统一管理、市场渠道统一划分，及时了解供产销信息，调整企业经营策略；同时，基于可信的数据源，便于监管机构数据查验、监管取证，规范市场行为。

商品溯源技术适用于食药、畜牧、数字凭证、供应链等行业中。

3. 区块链 + 数据共享

随着信息化的不断深入，企业已经习惯了用数据来做决策和参考。数据的基础在于共享，但是对于大多数人来说，数据共享的观念尚未形成。除去权责不明、体系不健全导致的开放共享生态环境差等客观因素外，由于数据市场潜力巨大，各家都想获得垄断性的数据，导致资源整合效率降低，限制了数据共享市场发展。

区块链凭借其不可篡改和可追溯性，实现链上数据上传、修改、查阅、下载等行为全流程追踪，保证各参与方权责清晰；其去中心化的存储方式，保证了数据不易被攻击；而通过加密算法建立不同层级的权限控制体系，对数据的访问权限进行精确控制，可以有效保护数据安全和用户隐私；在激励方面，可以通过发放链上积分的方式，对数据共享方给予奖励，增强数据分享意愿，养成数据分享习惯。

数据共享适用于医疗、政务、金融保险、影视行业、唱片公司、科研院校等行业。

4. 区块链 + 数字资产

在金融普惠性上，目前的支付体系用的是多层次账户系统，以及对应的信息传输专用通道，成本耗费巨大，尤其是跨国支付，导致金融服务费用和门槛高，金融发展严重不平衡，损害金融普惠。同时，支付机构实际掌控了用户的支付过程，其封闭体系和商业竞争有可能限制和影响用户自主选择权。而通过加密货币的支付，省去了"铺路架桥"的费用，不受传统账户体系和封闭专网限制，直接复用现有的互联网基础设施，任何能连接互联网的人皆可参与，任何参与方都具有技术上的对等性。

区块链在数字资产发行与流通中扮演资产确权、交易确认、记账、对账和清算的角色，提供价值流通能力。而区块链技术的防篡改能力，将有效防止数据篡改，规避内部作弊风险。

数字资产适用于股权、债权、大数据交易、共享经济、积分流通等行业。

第八章
物联网

导 读

物联网（Internet of Things，IoT），也被称为"万物相连的互联网"，是对互联网的一种拓展和延伸，它将多样的传感设备与互联网结合成规模庞大的网络。网络时代，数字化技术不断更迭，物联网更是被誉为未来最为重要且蕴含巨大吸引力的网络技术之一。随着数字通信、计算机科学、电子技术的不断发展，移动网络通信已经逐渐从人与人之间的数据传输走向人与物、物与物之间的数据传输。在未来，万物互联必定成为移动通信发展的必然趋势。物联网将会使人类生活与配套服务进行全方位、多层次的升级，为新时代的网络注入活力。

物联网技术应用前景广阔，具有极高的产业价值，欧美各国将物联网纳入了各自的数字化技术战略，我国也将其明确纳入了国家的中长期发展战略，"十四五"规划更是进一步提出了物联网规划的愿景和目标，可见物联网在国家信息科技战略中的占比是十分庞大的。

本章将回答以下问题：

（1）如何理解物联网技术？

（2）云时代物联网技术有哪些变化？

（3）物联网技术有哪些典型产品和应用？

（4）如何利用物联网技术？

第一节　概述

一、基本概念

1. 物联网基本概念

网络正在改变着人们的生活，从信息匮乏到信息爆炸，互联网的发展证明了人类对科技的不懈追求。

与此同时，互联网的末梢触手（网络终端和接入技术）不断延伸，不断渗透进人们的物质生活以及生产服务中。除了传统的个人 PC，智能手机、多媒体播放器等各种多媒体联网终端如雨后春笋般涌现，为现在网络科技注入新的活力。

物联网这一概念是在物理世界的联网需求以及数字信息世界的拓展这一背景下催生的产物。物联网最初的设想是将现实世界中的物理设备通过射频技术实现互联功能，最终实现智能化的管理。

随着对物联网研究的不断深入，人们对物联网有了更深的理解。国内对物联网进行了通用定义：物联网是通过二维码识读设备、射频识别（RFID）装置、红外感应器、全球定位系统和激光扫描器等信息传感设备，按照约定的协议，把任何物品与互联网相连接，进行信息交换和通信，以实现智能化识别、定位、跟踪、监控和管理的一种网络。

2. 物联网基本特征

物联网的基本特征可以从不同层面进行讨论：通信层面，呈现不同类型设备的互联特点；网络层面，呈现入网终端具有规模性以及感知识别的普适性；数据传输层面，呈现数据智能化管理的特点；应用层面，呈现一种链式服务的特征。

① 不同类型设备互联互通。不同类型的设备（包含手机、传感器、PC 等）可以利用无线通信模块以及相关通信协议，组建由设备构成的自组网络，通过"网关盒子"将运行不同协议的设备进行互连互通，最终实现网络信息的交互。

② 入网终端的规模庞大。由于物联网强调"万物互联"，其中"万物"更有一种广泛包容之意，每件物品、每台设备都具备通信的功能，都可能成为物联网中的网络终端。根据预测，到 2030 年之前，物联网的终端规模将会突破百亿。

③ 感知识别具有普适性。通过感知识别，物理现实时间被映射成数字世界，物理世界信息化，将原本割裂的物理和数字信息世界进行高度融合。

④ 数据智能化管理。数据在任何领域都具有意和价值，物联网可以将大规模数据进行高效、可靠的组织，为上层业务提供强有力的支撑。数据赋能应用，成为应用领域的强力舵手，为应用创造价值。

⑤ 链式服务。所谓链式服务，即形成一条产业链。以工厂的生产线为例，物联网相关技术渗透生产线的每个步骤，在材料的引进、生产作业调度、物流、销售、售后等方面成了企业信息化的有效手段。从宏观角度出发，物联网甚至可以带动与主导市场相关联的子市场，最终形成强大的产业链服务。

在经济全球化背景下，生产国际化加快了商品全球布局，使得传统产业必须与信息进行快速融合。如今，互联网红利退热，物联网作为互联网的扩展，将网络节点延伸至任何物体与物体之间，给整个网络世界带来积极的效应。同时，计算机技术及通信技术的成熟为物联网带来了更多的发展机遇，世界多国分别提出针对自身的物联网发展战略，将其视为经济发展的主要推动力。

二、发展背景

物联网起源可以从一个经典的小故事开始。

"特洛伊咖啡壶"事件

1991 年，剑桥大学特洛伊计算机实验室的科学家们经常需要到实验楼底楼去看咖啡煮好了没有，来往次数频繁，科学家们担心会影响自己的科学研究。为了解决这个工作中的"Trouble Maker"（麻烦制造者），科学家们集思广益，编写了一套应用程序，在咖啡壶的旁边安装了一个便捷式计算机，利用终端计算机的图像捕捉技术，以 3 帧 / 秒的速率上传到实验室内的一台计算机上，这样科研人员就可以很方便地从实验室的计算机上随时查看咖啡是否煮好，省去了频繁上下楼的步骤，可以更加专注地进行科学研究。这就是物联网的雏形。

1993 年，作为首个 X-Windows 系统案例，"特洛伊咖啡壶"事件还被上传至互联网，近百万人点击过这个名噪一时的"咖啡壶"网站。这为物联网的发展提供了些许思路，如图 8-1 所示。

物联网最初仅限于给对象一个标识，初步实现对信息的跟踪和采集。在网络大环境的不断更新迭代下，物联网才真正被人们关注。物联网是一场技术革命，它依赖互联网的发展，也不断打造属于自己的天地。

图 8-1 "特洛伊咖啡壶"事件

三、发展历程

物联网经历了多个发展阶段，每个阶段层层递进，使得物联网的相关内容不断扩充、不断完善。

1991年，"特洛伊咖啡壶"事件发生，物联网模糊概念产生。

1995年，比尔·盖茨在《未来之路》一书中提到了物物互联的思想，但是由于当时无线网络、软硬件发展的局限，这一思想没有得到重视。

1999年，物联网在美国麻省理工学院（MIT）的自动识别中心（Auto-ID Labs）诞生，其概念也由MIT提出，早期的物联网是指依托RFID技术和设备，按照约定的通信协议与互联网相连接，使物品信息实现智能化识别和管理，实现物品信息互联而形成的网络。

2005年11月，国际电信联盟（International Telecommunication Union，ITU）正式发布了《ITU互联网报告2005：物联网》。该报告指出，信息通信技术（ICT）的发展已经从人与人走向了人与物以及物与物之间的交互，还指出物联网的基本特征、相关技术、面临的挑战以及机遇。同时该报告强调，物联网通信的时代即将来临。小到牙刷，大到房屋，世间万物都可以通过互联网进行数据间的交换。射频、传感器、纳米等新兴技术将会得到更加广泛的应用。

2009年，欧盟发布了《欧盟物联网战略研究路线图》，该报告指出，物联网是未来互联网的组成部分之一，可以将其定义为基于相关标准的可互操作的一种通信协议，并且是具有自主配置能力的动态网络基础架构。

2010年3月，政府工作报告中指出，物联网是通过传感设备，按照规定的协议，把任何事物同互联网相连并进行信息交互，最终实现智能化、自动化识别、定位、跟踪等需求的一种网络，是对现今互联网的一种补充和扩展。

2012年，ITU继续对物联网以及所涉及的"设备"和"物"做出进一步的标准化定义，具体如下。

① 物联网。信息社会背景下全球基础设施通过物理或者虚拟方式与现有的或者正在出现的具有信息互操作和通信技术的物质互联，便于提供先进的服务。

② 设备。物联网设备被定义为在整个物联网环境中，具有强制性通信能力和选择性传感、激励、数据捕获、存储和处理能力的设备。

③ 物。在物联网中，物具有两层含义，一是指物理世界中的物理装置；二是指信息世界中的虚拟对象，这些对象可以被整合进整个通信网络。

2015年，窄带蜂窝物联网（NB-IoT）技术标准诞生，并于2016年获得了国际组织3GPP的认证，标志着NB-IoT正式进入商用化阶段。

2017年，工业和信息化部正式发布《关于全面推进移动物联网（NB-IoT）建设发展的通知》，明确提出2017年年末基站规模达到40万个，连接总数超过2 000万个。

2020 年，NB-IoT 基站规模达到 150 万个，连接总数超过 6 亿个。

物联网规模日趋庞大，全球物联网设备已经多于人口总量。IDC 预测，到 2025 年，总共将有 416 亿个连接的物联网设备，工业和汽车设备迎来了连接物联网的最好机会，但短期内智慧家居和可穿戴设备的采用率会很高。

我国对于物联网的建设也在不断推进、不断完善。近年来，国家陆续出台了与"新基建"有关的政策，社会关注度也在不断提高，引发广泛讨论。"新基建"主要涉及 5G 基础设施、特高压、城际高铁和轨道交通、新能源汽车充电桩、大数据中心、人工智能和工业互联网 7 个领域。

物联网是"新基建"的重要组成部分，在"新基建"的 7 个领域中与 5G、大数据中心、工业互联网、人工智能都具有较强的关联性，同时，能源基础设施、交通基础设施也需要物联网技术赋能。"新基建"的布局建设必将为物联网及其相关产业带来新的发展和机遇。

"5G+物联网"在防疫抗疫期间大显身手，受到了广泛关注与好评。中国电信、中国联通、中国移动等通信企业齐发力，运用"5G+物联网"技术，开发上线 5G 医疗系统，用于全力支持全国医院开通远程会诊、远程影像、远程门诊、发热咨询等服务，能够让北京的专家跨越 1 200 千米与武汉前线的医生实现"面对面"救治指导，实时为"战疫"一线保驾护航。中国移动"5G+无人防疫车"智慧机器人综合运用物联网、机器学习、生物识别、云计算等信息技术，可广泛用于车站、医院、学校、社区及重点单位等场所，开展智慧消毒、医卫服务。物联网在未来的发展潜力是无限的，"万物互联"的时代终将成为现实。

四、核心价值

1. 物联网价值分类

物联网技术的价值创造可分为生产价值和信息科技价值。

（1）生产价值

生产价值是指物联网在物质生活中所产生的价值。例如，基于简单的人类劳动、进行初步自动化检测以及物联网络扩展等。

① 基于简单的人类劳动。简单的人类劳动是指具有重复性且操作相对容易的工作，利用物联网技术代替传统的人工劳动，可以降低人类工作强度，并且可以降低一定的人力成本。与此同时，通过物联网技术，也可以提升社会生产速度、精确度，有效减少人工误差。该价值的正向反馈是提升效率以及降低成本，因此，我们可以在以下场景得到价值反馈：需要进行门禁验证和身份识别的机场、酒店、公司等。

② 初步自动化检测。物联网技术赋能初级自动化检测，用于感知物联设备或人的初始数据，通过对特定数据进行采集得到价值反馈，有效避免信息差问题。此项价值主要体现在车辆识别检测、异物检测以及安保防盗场景中。

③ 物联网络扩展。物联网技术不断发展，核心体现之一就是物联网规模的不断扩大，大面积地使用物联识别、传感器技术、设备定位技术，对不同物体的不同属性进行定位和传输，将所有设备进行互联，进一步提升经济价值，该价值一般体现在石油勘探及气候环境检测等领域。

（2）信息科技价值

近年来，计算机信息科技呈现爆炸式增长趋势。人工智能、5G、区块链等热门技术对我们日常生活产生潜移默化的影响。物联网的第二类价值正是体现在与其他数字化技术的结合并增效增收的这一过程中。下面浅谈物联网技术在技术融合领域的价值。

① 物联网与人工智能。人工智能技术涉及的理论十分广泛，如信息科学、博弈论和自然语言处理等。其中，自然语言处理技术在一众技术中显得十分重要，其包含机器翻译、语音的识别和合成以及对于语义的理解。语音识别和语义理解技术随着诸多智能语音助手（如 Siri、小爱同学等）的兴起得到了快速发展，并且成为移动互联时代的核心技术。万物互联时代，不同设备产生的数据信息关系着各个行业的发展，数据信息的理解、操控、表达越来越受到重视，业界领头行业已经洞察到这一点，并且展开了面向物联网领域的人工智能技术研究，成果明显。IBM 成立沃森 IoT 全球总部，正是向物联网发起"进攻"，利用人工智能自然语言处理，实现对物理世界信息的转移，进而满足人们的各种需求。人们希望通过认知计算加速物联网技术的发展，其中最具代表性的是通过高效流式数据处理方式将道路、天气、交通等信息及时反馈给客户的"车联网"智能方案。通过在车辆上安装电子监测设备或者通过智能手机方式采集车辆出行的信息，并对驾驶者做出相应的道路指引。另一个例子是谷歌开发的物联网操作系统 Brillo，未来有助于实现物联信息的采集和终端设备的控制。

② 物联网与5G。5G 是具有高速率、低时延和大连接特点的新一代宽带移动通信技术，作为 4G 技术的升级版，逐步进入大众视野。5G 关键技术主要包括无线技术以及网络技术两部分内容。

物联网终端接入量庞大，数据交换量大。5G 的普及有助于物联网信息覆盖范围进一步扩大，终端设备接入量也可以大幅度提高，可以说，5G 对物联网的发展和支撑是潜移默化的。当前 5G 在物联网中的应用主要涉及智慧家居、工业产业链调度等领域，今后也会在其他领域进一步融合。

③ 物联网与区块链。信息技术的安全性一直是人们关注的话题，物联网同样面临信息安全的挑战。2016 年 10 月，物联网破坏病毒 Mirai 的攻击使美国大面积断网，其原因主要是厂商和用户安全意识的匮乏，物联终端设备的安全认证体系薄弱，数据信任不对等。

解决物联网安全问题，首先需要明确物联网的顶层架构，我国提出六域模型参考架构，此架构已被 ISO/IEC 国际标准和我国国标采用。所谓六域，指的是用户域、目标对象域、资源共享域、服务提供域、感知控制域、运维管控域。六域模型有助于全面梳理物联网安全隐患，精准防控。物联网结合区块链技术可以完成以下安全建设目标。首先，对物联终端进行身份验证和可信度验证，防止数据被私自篡改；其次，可以在数据交互过程中实施"授权"操作，保障数据交互安全性；最后，利用区块链合约机制，自动化完成物物合约，实现不同厂商的设备无人交互操作。由于物联网涉及范围广，把控较难，因此建立设备之间的信任体系也应被提上日程。

2. 物联网在金融场景下的价值

国内金融行业呈现客户、产品、经济结构多样化的特点，金融科技发展迅速。以商业银行为例，商业银行在传统借贷业务中主要关注大型客户，中小型企业的贷款需求可能会被忽略。物联网的引入，可以有效解决这一问题。部署物联网金融产品的前提是在企业生态群中寻找其头部企业，为与头部企业在同一条产业链上的中小企业提供相应的借贷等金融业务支撑，最后对资金的成本以及回报率进行系统优化，这样有助于银行了解这些企业的信息流、工作流以及资金状况。

商业银行可以提供基于物联网的各项金融服务，如在线预算分析、融资分析、库存线上融资、资产抵押线上融资等，解决传统银行和中小型企业之间借贷信息不对称而引起的资金问题。商业银行还可以引入第三方物流仓储作为托管中心一同参与对于抵押物的监管。所有抵押物可以通过电子标签和部署的标签读取设备将数据通过传感技术发送至银行云平台，银行可以通过云平台对资产进行实时监控，并核对企业融资情况。

此外，物联网技术可以助力商业银行提升运营管理能力。由于商业银行网点众多，网点内涉及款包、尾箱、出纳机具等多样设备，如通过线下、人为管理存在一定的风险敞口。利用物联网技术能够实现全线上管理、设备状态实时采集、版本远程升级等功能，助力商业网点实现数字化转型，提升风险管控水平。

第二节 技术理论介绍

一、参考架构

随着物联网技术在各行各业的推广应用，各类终端接入困难、维护管理智能化自动规划程度不高、故障定位难、业务上线慢等问题开始凸显，超大规模终端接入也给业务部门带来巨大的运维管理压力。越来越多的智能化设备应用于不同业务环节，在边缘侧产生了大量的结构化及非结构化数据，导致业务部门面临数据回传难、数据分析难、数据协同难、设备管理难的困境。因此，利用物联网、人工智能、云边端协同技术，通过边缘计算实现数据的本地处理、结果快速响应、云侧统一管理成为未来几年的发展趋势。

业内公认的物联网架构示意如图 8-2 所示，物联网平台总体架构由感知层、网络层、平台层构成，对上赋能应用层，各层互相协同，形成有机整体。

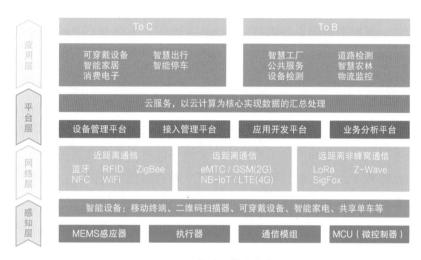

图 8-2　物联网技术架构

1. 感知层

感知层主要承担设备识别、数据采集以及信息交互等任务。通过传感器、执行器等器件获取对应的环境、资产和相关设备状态信息，经过适当的数据处理之后通过适当的传输网关将数据传递出去，与此同时，通过传感器网关接收设备控制的指令信息，在本地将指令传递给控件，从而达到控制设备资产的目的。感知层涉及的物联设备主要有移动终端、可穿戴设备、智能家电等。

2. 网络层

网络层承担数据通信任务，提供高效的数据通道。主要是通过公网或者专网并通过有线和无线通信方式将数据和信息以及控制指令在感知层、平台层和应用层之间进行传递，实现信息的交互共享和有效处理，为物联网应用特征进行优化和改进，形成协同感知的网络。网络层的设计目的是实现端系统之间的数据透明传送。其具体功能包括寻址、路由选路，以及连接的建立、保持和终止等。网络线路主要由运营商提供不同的广域 IP 通信网络，包括 ATM、光纤等有线网以及 4G、5G，NB-IoT 等移动通信网络。

3. 平台层

平台层是物联网的大脑和神经中枢，负责所辖全域物联终端设备统一标准化接入、数据统一采集，对接人工智能组件，融合边缘计算等技术，提供云边端协同支撑能力，支撑业务实时分析与决策，同时实现了对物联设备以及相关资产的管理与控制一体化建设。平台层通过开发统一的 API，为不同业务提供服务，并将采集的终端数据汇集至数据中心，为应用之间的数据共享奠定坚实的基础。

4. 应用层

承接丰富的应用是物联网技术的最终目标，种类繁多的物联网应用能带来更为广泛的价值效应。根据不同的业务需要，可以在平台层之上建立与之相关的应用，赋能业务，创造经济收益。

二、技术理论

物联网体系架构设计从物联网建设和发展的实际情况出发，既考虑了物联网所涉及的各个技术层次，又全面考量了物联网产业链中的各个生产和服务环节。若将物联网 4 层架构比作树干，那么物联网相关核心技术就可以比作枝叶，它们共同构成庞大的物联网技术生态。

1. 感知层

（1）WSN

无线传感器网络（Wireless Sensor Networks，WSN）是一种新兴网络，由庞大的微传感器构成，传感器之间通过无线网络进行通信。在无线传感器网络中，不同节点相互感知、采集传感网络覆盖区域内的对象。无线传感器网络主要由传感器、Sink 节点、基站、互联网和卫星通信以及管理模块构成，进行实时采集工作。在无线传感器网络中，每个节点都是一个微型的嵌入式系统，同时具有网络节点的终端和路由的双重功能，负责本地信息采集、处理及管理，存储其他节点转发的数据。

（2）MEMS

微机电系统（Micro-Electro-Mechanical System，MEMS）是由多个微机构、微传感器、信号处理、控制电路、通信接口以及电源组成的微型电子机械系统。MEMS 的基本组成如图 8-3 所示。

MEMS 传感器的品种很多，也有不同的分类方法，以工作原理为基础可以分

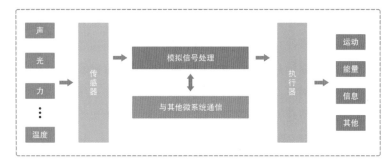

图 8-3 MEMS 组成结构

为物理、化学、生物 3 类，按照被测量介质的不同又可以分为加速度、温度、位移、酸碱度等。分类可参考图 8-4。

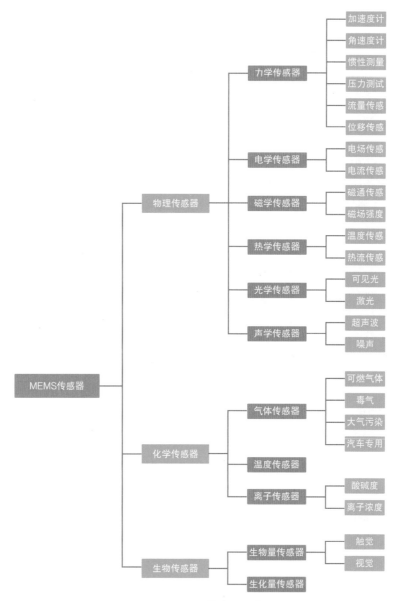

图 8-4 MEMS 传感器分类

　　MEMS 传感器的分类繁多，用途也十分广泛，是信息获取的关键部分。目前，MEMS 传感器已经在卫星、火箭、车辆以及电子消费领域得到了广泛的应用。

　　（3）嵌入式系统

　　嵌入式系统是以便捷使用为核心，以信息技术为基础，软件可以进行剪裁，适应对用途、稳定性、功耗和费用都有相关标准的、专用性的系统。嵌入式系统主要由嵌入式处理器、相关硬件设备、嵌入式 OS 和应用程序组成，是一个可以单独工作的软件和硬件相结合的系统，并且可以根据用户的需求进行个性化定制，增加或者去除相应

功能。嵌入式计算网络智能化的发展推动着互联网技术的不断发展，利用网络，各种智能化的嵌入式设备不断涌现，改变着人们的生活方式，同时为物联网技术的发展起到一定的作用。

2. 网络层

（1）RFID

RFID 也称为电子标签（E-tag），是通过射频通信实现的非接触式自动识别技术。该技术利用射频信号自动识别目标对象之后对其信息进行标记、存储和管理，识别工作是无须人工干预的。目前，RFID 技术已经被广泛应用于物流、生产、交通等领域。RFID 系统由 3 部分构成，即应答器（标签）、阅读器和应用系统，如图 8-5 所示。

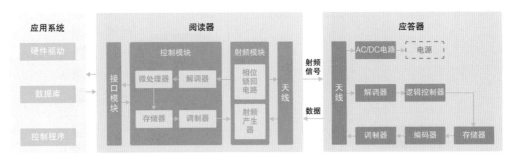

图 8-5 RFID 系统模型结构

RFID 技术利用射频信号通过空间耦合实现无接触式信息传递，并利用传递的信息进行自动识别。射频标签和阅读器（读写器）之间通过耦合元件实现射频信号的空间耦合。在耦合通道内，可以依据时序关系，实现数据交换和能量传递。能量交换方式分为电感耦合及电磁反向散射耦合两种。低频的 RFID 大都采用电感耦合，通过空间高频交变磁场实现，其理论依据是电磁感应定律。高频大多采用电磁反向散射（类比雷达原理），发射出去的电磁波碰到目标后反射，同时携带回目标信息，依据的是电磁波的空间传播规律。

当携带 RFID 标签的物品在阅读器的可读范围内时，阅读器发出磁场，查询信号将会激活标签，标签根据接收到的信息要求反射信号，阅读器收到反射信息后会通过内部的电路无接触读取识别标签中保存的数据，之后再通过计算机进行分析和采集。

（2）ZigBee

ZigBee 是基于 IEEE 802.15.4 标准、应用于无线控制和检测的全球性无线通信标准，其强调简单易用、近距离、低功耗，可以嵌入各种设备中，同时支持地理定位功能，广泛应用于工控、智慧家居、智慧农业等需要进行远程控制的领域。ZigBee 由三大部分组成，分别是硬件模块、协议层和应用层，应用层和协议层由软件定义，硬件模块则由硬件实现，其结构见表 8-1。

表 8-1　ZigBee 协议结构

	用户应用程序	
应用层	应用层	
	设备配置子层	设备配置对象
	应用支持子层	
协议层	网络层	
	IEEE 802.15.4 LLC	IEEE 802.2 LLC
	IEEE 802.15.4 MAC	
硬件模块	底层控制模块	RF 收发器

硬件模块是 ZigBee 的核心，所有使用 ZigBee 技术的设备都必须含有该模块，主要由底层控制模块和 RF 收发器组成。协议层为网络传输提供保障，为应用层提供链路服务；应用层作为 ZigBee 协议的最高层，其主要功能是处理应用请求，处理不同的端点，同时为不同厂商提供丰富的 API，厂商可以利用这些接口确保客户和设备之间具有良好的交互性。

（3）LoRa

LoRa（Long Range，广距离）是由 Semtech 公司提供的具有超长距离、低功耗的物联网解决方案。同时，该公司也联合思科、IBM 等业界领先企业成立了 LoRa 联盟，共同推进 LoRa 技术。目前，LoRa 技术针对部分 M2M 应用特性已经满足商用的条件，并且 LoRa 在售价和功耗上都具有相当大的优势。

LoRa 物理层和 MAC 层充分考虑物联网业务需求，利用扩频技术提高数据接收灵敏度，LoRa 终端也可以启动不同的工作模式，以达到省电的需求。LoRa 协议栈架构如图 8-6 所示，其主要包含应用终端（End Nodes）、网关（Gateway）、网络服务

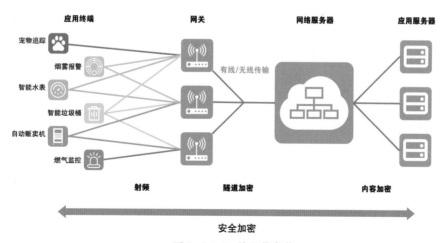

图 8-6 LoRa 协议栈架构

器（Network Server）和应用服务器（Application Server）。其中，终端节点完成物理层、MAC 层和应用层的实现工作；网关进行速率选择、网关管理及 MAC 层模式加载等工作；应用服务器从网络服务器获取相关数据并进行一系列数据状态的展示。

（4）NB-IoT

NB-IoT 是万物互联网络的一个重要分支。NB-IoT 构建于蜂窝网络，只消耗大约 180 kHz 的带宽，可直接部署于 GSM 网络、UMTS 网络或 LTE 网络，以降低部署成本、实现平滑升级。NB-IoT 的特点是支持待机时间长、适合网络要求较多设备的高效连接，同时能提供全面的室内蜂窝数据连接覆盖。

NB-IoT 拥有快捷灵活的部署方式和更强的网络覆盖能力，接入容量大，建设成本低，终端低功耗。目前 NB-IoT 标准已经成熟，端到端产业链也快速发展。

（5）Cat.1

Cat.1 全称为 LTEUE-Category1，其中 UE 指的是用户设备，它是 LTE 网络下用户终端设备的无线性能分类。Cat.1 的最终目标是服务于物联网并且能够实现低功耗和低成本，以 LTE 连接为目的，该项技术对物联网的发展起着推动作用。

Cat.1 属于 4G 系列，因此可以重用现有 4G 基础设施。4G 模块使用 Cat.4，下载速率可达百兆，但对于当下多数物联网场景，并没有该传输速率需求。因此，作为 4G 的低版本，Cat.1 只需要在 4G 产品上进行少量的改动就可以迅速推向市场。

（6）IPv6

互联网协议第 6 版（IPv6），是互联网工程任务组（IETF）设计的用于替代 IPv4 的下一代 IP 协议。IPv4 最大的问题在于网络地址资源不足，严重制约了互联网的应用和发展。IPv6 的使用，不仅能解决网络地址资源数量的问题，而且扫除了多种接入设备连入互联网的障碍。

物联网的发展对海量 IP 地址提出新的需求，也对地址分配提出了需求，使用传统 DHCP 分配的方式，极大地考验了 DHCP 服务器的性能问题，可能会造成性能不足，限制物联网的发展。

IPv6 具有以下优势：

①巨大的地址空间，且提供全球唯一地址。

②多等级层次有助于路由进行聚合，提高了路由的选择效率和可扩展性。

③ARP 广播被本地链路的组播代替。

④具有可编程性。

IPv6 与物联网相结合的研究逐步被提上日程，而 IPv6 新特性的运用一定会对物联网的发展起到推动作用。

3. 平台应用层

平台应用层处于物联网架构的中上层，平台层提供数据处理以及云化技术；应用层面向用户，主要以部署的应用产品为主，是技术的融合。

（1）云计算

云计算是分布式计算的一种，指的是通过网络"云"将巨大的数据计算处理程序分解成无数个小程序，然后，通过多台服务器组成的系统处理和分析这些小程序并将得到的结果返回给用户。

物联网与云计算有多种结合方式：IaaS 模式、PaaS 模式以及 SaaS 模式都可以和物联网进行结合，而物联网使用较多的是 PaaS 模式。在物联网范畴内，不同物联网构建者有自己的价值取向和实现目标。因此，PaaS 模式也会呈现多种形式。IT 厂商相继构建针对 IoT 应用的开发部署和应用平台，加速业务流程，利用云原生技术，一键上云，为物联网应用建设助力。与此同时，云计算同人工智能新技术结合，同样有助于推动物联网发展。

（2）边缘计算

边缘计算是指在靠近物或数据源头的一侧，采用网络、计算、存储、应用核心能力为一体的开放平台，就近提供最近端服务。其应用程序在边缘侧发起，产生更快的网络服务响应，满足行业在实时业务、应用智能、安全与隐私保护等方面的基本需求。云计算与物联网相结合，可以对后端平台进行强化，但如果平台和终端之间通过广域网互联，海量终端以及网络传输时延造成的数据分析延迟也是不能忽视的问题。因此，我们需要在物联网感知层引入边缘计算，实现边缘智能。首先通过边缘计算技术将感知到的数据进行粗分析，之后将结果上传，再进行分析。总体而言，边缘计算可以在终端设备至后端平台之间的任何节点部署，不过这也取决于不同的物联网类型。

（3）数据挖掘

数据挖掘通常与计算机科学有关，并通过统计、在线分析处理、情报检索、机器学习、专家系统（依靠过去的经验法则）和模式识别等诸多方法来实现上述目标。数据挖掘是进行决策支持和过程控制的手段，也是物联网发展的重要一环。在物联网中，数据挖掘技术已经从传统意义上的分析、统计转变成一种物联网构建工具和环节，对实现数据局部分析和处理以及分布式并行整体数据分析都有一定的帮助。

（4）视频技术

物联网与视频技术结合主要应用在视频监控、调阅、点播以及智能识别领域。通过实时检测来监控不同场景中的特定目标（包括静止和运动目标），并对其进行分析、定位、识别、跟踪以及行为解释。利用数字图像处理和计算机视觉等技术抽取视频中的关键信息，及时发现并处理监控场景下的异常情况。传统视频监控设备一般采用本地监管，无法实现远程监控管理。将视频技术与物联网相结合，可以实现视频设备远程监测、远程诊断等功能。物联网视频监测技术经过不断的技术更新迭代，可以完全满足不同业务场景下的视频需求，这也是物联网发展的关键领域之一。

第三节 物联网建设

一、建设目标

物联网的建设目标是打造具备"云(平台)—管(网络)—边(边缘计算)—端(终端)"4层架构的物联网服务体系,支持海量设备接入和管理物联网平台。平台具备高可用性以及冗余性,对物联网开发、应用等相关业务构造提供服务和帮助。图 8-7 是物联网平台建设架构,具体建设目标如下。

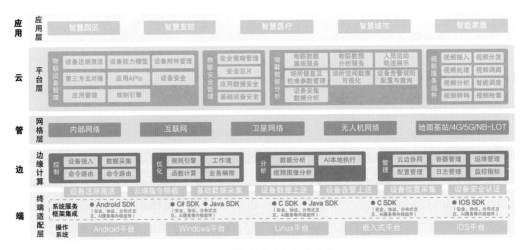

图 8-7 物联网平台建设架构

① 物联应用赋能,支持海量物联应用场景,可以提供诸如资源管理、应用管理、订阅发布等功能。

② 海量设备在线管理,实现多维度设备管理能力,对所有注册物联设备的固件升级、监控等工作进行全面管控。

③ 提供终端准入 SDK,统一终端接入标准,支撑多开发语言、多操作系统设备接入,进行多协议适配。

④ 物联网安全管理,使平台具备应用准入、设备认证和密钥管理等能力。

二、建设方案

按照"云—管—边—端"4 层架构搭建的物联网平台,建设层面也从平台建设、网络建设、边缘建设、端侧建设 4 个方面展开。

1. 平台建设

建设物联网平台，实现设备统一接入及管理，打破数据壁垒，进行数据互通沉淀公共 PaaS 能力，赋能物联应用。平台建设可以大致分为 4 类，即设备管理平台、数据服务平台、视频服务组件以及物联安全组件。设备管理平台提供设备管理、标识管理、连接管理等功能组件，全面支持不同物联设备接入；数据服务平台对物联网采集的数据进行加工、整合、分析，并将处理好的数据结果提供给上层应用；视频服务组件提供物联视频的编解码、转码、归档、存储、调阅、点播等基础处理能力；物联安全组件贯穿"云—管—边—端"全架构，提供端到端的物联安全服务。

2. 网络建设

正如前文所说，物联网作为互联网发展的重要组成部分，网络建设至关重要。物联网项目建设主要是丰富现有 IP 网络，全力支持物联网终端设备上云和互联。常规企业网络建设可大致分为内网建设和互联网建设，物联网时代，网络渠道进一步丰富，卫星网络、无人机网络、运营商 NB-IoT、Cat.1 网络作为触手进一步扩大了物联网服务的覆盖范围。网络建设要确保中心控制平台以及各局部分支的快速接入，利用运营商网络，加快网络部署效率。

3. 边缘建设

物联网边缘平台建设包括边缘接入、边缘计算、边缘安全、云边协同 4 个方面。具体做法：打造丰富的边缘近场接入能力，支持多通用协议接入；提供边缘 PaaS 服务，实现多场景边缘数据处理，集成边缘人工智能推理能力，节省传输带宽，进行边缘实时处理和决策，降低业务处理时延；将云端安全能力下沉到边缘侧，确保设备和数据安全；构建灵活的云边协同机制，实现边缘节点云端统一部署、运维、业务管理。

4. 端侧建设

物联网终端设备上运行的操作系统类型繁多，为了能够快速实现终端设备统一接入及管理，需要统一设备接入标准。业内一般提供两种方法进行设备接入：一是制定企业级的物联网操作系统，提供调度内核、常用中间件以及丰富的应用组件支持，并以开源的方式提供给希望获取物联网云服务的用户使用，将该操作系统移植到拟接入物联网平台的终端上；二是提供设备端 SDK，提供给设备厂商用于快速将设备接入物联网平台的代码功能集，由于设备的开发语言、运行环境不同，设备端 SDK 须提供多种开发语言、操作系统版本。针对海量物联设备，还要进行全方位、多层次的安全管理，进行设备准入、链路加密、流量清洗、应用准入的多级物联安全防护。

三、产品体系

物联网云平台是由物联网中间件这一概念逐步演进形成的。简单而言，物联网云平台是物联网平台与云计算的技术融合，是架设在 IaaS 层上的 PaaS 软件，通过联动感

知层和应用层，向下连接、管理物联网终端设备，归集、存储感知数据，向上提供应用开发的标准接口和共性工具模块，以 SaaS 软件的形态间接触达最终用户（也存在部分行业云平台软件，如工业物联网），通过对数据的处理、分析和可视化，驱动、高效决策。物联网云平台是物联网体系的中枢神经，协调整合海量设备、信息，构建、持续拓展的生态，是物联网产业的价值凝结。随着设备连接量的增长、数据资源的沉淀、分析能力的提升、场景应用的丰富且深入，物联网云平台的市场潜力将持续释放。

物联网云平台具备"云—管—边—端"多层架构的物联网服务体系，支持海量的多种形态的终端设备接入与管理，支持跨平台和跨网络协议的设备接入，为物联应用提供端到端的技术能力，具有可扩展性、容错性和高性能，是用于物联网开发与应用等相关业务构造的能力平台。市面上主流的物联网云平台有亚马逊网络服务物联核心（Amazon Web Service IoT Core）、Microsoft Azure IoT Hub、阿里巴巴物联网架构等。图 8-8 为物联网云平台的典型架构。

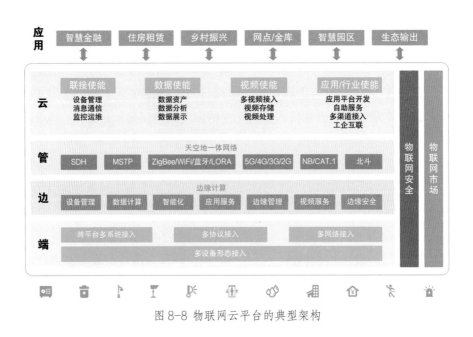

图 8-8 物联网云平台的典型架构

物联网提供的产品主要以服务能力的方式提供，包含云平台能力、边缘平台能力、物联安全能力、物联视频处理能力。

1. 云平台能力

（1）设备接入能力

设备接入能力包括多类型、多协议的跨平台设备连接能力，多协议多硬件万物设备适配能力，设备全流程连接能力（包括设备注册激活、数据采集、数据上报、云端指令接收、安全认证等），网络协议适配能力，高速通信能力，多语言版本、多通信协议接入能力，本地自治能力提升及设备服务运行态感知能力，设备可视化开发能力，终端管控能力等。

（2）设备管理能力

设备管理能力包括租户运行时及数据管理隔离能力，高可靠、实时性、高安全、高性能的云平台能力，可视化人机交互管理终端设备全生命周期能力（接入、控制、权限管理、升级、远程协助等），边缘控制管理能力（配置、模板、镜像、规则引擎、边缘应用等），物模型管理能力（事件、指令、属性定义及校验），设备场景联动能力（动态场景联动、静态批量操作），物联基础组件应用状态感知能力，物联网应用服务状态及交互状态监控能力，设备运行实时状态感知能力等。

（3）物联数据输出能力

物联数据输出能力包括互联网渠道数据输出能力、专网渠道数据输出能力、多方式数据输出能力（直连、桥接、SDK 等）、多通信协议数据输出能力等。

（4）物联状态感知能力

物联状态感知能力包括物联基础组件应用状态感知能力、物联网应用服务状态及交互状态监控能力、设备运行实时状态感知能力等。

（5）物联应用使用能力

物联应用使用能力包括多语言应用直连接入能力，应用接入能力，高效应用可视化开发、部署能力、接入渠道动态扩展能力等。

（6）数据资产能力

数据资产能力包括物联设备信息管理能力、物联设备模型管理能力、物联设备数据接入能力、物联设备数据接入管控能力、物联数据自动接入能力、物联数据自定义流转能力等。

（7）数据分析能力

数据分析能力包括物联时序数据分析能力，物联数据状态类、监测类模型定义及发布能力等。

2. 边缘平台能力

（1）云边协同能力

云边协同能力包括边缘计算及推理能力、边缘存储能力、高效的通信管理能力、边缘容器化部署能力等。

（2）边缘预处理能力

边缘预处理能力包括边缘函数计算能力，语音识别能力，数据实时格式清洗、过滤、转换能力，聚合计算能力，窗口计算能力（固定窗口、滑动窗口、跳跃窗口）等。

（3）边缘应用管理能力

边缘应用管理能力包括边缘应用快速编排能力、边缘离线自治及续传能力、边缘应用状态监控及治理能力、边缘应用权限控制能力等。

（4）边缘设备接入能力

边缘设备接入能力包括边缘多物联通信协议接入能力、边缘设备管理能力、工业通信协议能力等。

（5）边缘自助服务能力

边缘自助服务能力包括边缘设备及应用模拟能力、边缘状态数据收集上传能力、CLI 控制台能力等。

3. 物联安全能力

物联安全能力具备企业级端到端物联安全防护能力，以及应用准入、设备认证、设备黑白名单、密钥管理、应用管理、算法库管理、指令保护、数据保护、算法策略管理、密钥存储、多密钥源管理、文件数据保护、安全节点管理、设备取证、设备指纹、密码机管理等能力。

4. 物联视频处理能力

物联视频处理能力具备视频的接入、存储、点播、调阅和智能分析能力，基于高性能 GPU 计算技术和深度人工智能学习能力，结合如人脸识别、车牌识别、行为识别、环境识别等智能视觉算法能力，实现物联网在 VIP 客户识别、人证合一、周边风险研判等领域的场景应用。

第四节　典型案例

一、案例背景

5G+ 智能银行项目以物联网服务为平台实现网点内万物互联、智慧洞察，感知识别全覆盖，代替客户感知视觉、听觉、触觉、味觉体验；人、物和设备通过 Wi-Fi、蓝牙等网络互相连接，传输和汇聚海量信息；后台智能分析，预测变化趋势，实时控制设备动态响应。

二、应用需求

1. 物联总控

物联网平台是网点总控的基础，物联总控是 5G+ 智能银行利用物联网技术，搭建网点总控平台，将网点内所有终端设备接入网络，实现网点全智能化运营管理。网点总控和物联网两大模块所有功能点均推广应用。

2. 互动雷达（客户旅程）

物联网平台结合网点智能设备与客户进行互动，提升客户体验。例如根据客户最近一次办理业务距今的时长，展示专属欢迎界面，同时展示客户最近一次在建设银行办理的各种产品及时间，并推荐相关热销产品；为客户在银行的资产健康情况进行体检，并为客户提供资产配置优化、流动性优化和保障性优化3种优化方案，且所有配置方案都可以在手机银行内进行查看、购买；进行千人千面营销、金融知识问答等。

3. 导览屏

导览屏是网点入口的综合展示平台，其以物联网、人工智能、大数据为核心，利用人脸识别、智能语音、VR 和 AR 展示方式，向客户提供交通指引、积分兑换、扫码预约、个性化名片下载分享与扫码报名等服务。

4. 网点大屏

网点大屏显示基金、理财、保险等产品的推荐列表，展示银行理财产品的热销排行，以及股市行情、基金行情、外汇行情、贵金属行情、利率行情等，可组合播放，也可单一播放。

5. 共享空间

共享空间是银行为了更好地体现共享理念所设置的供客户和银行用于课程、沙龙、讲座、研讨和在线互动直播的公共区域，可通过预约登记等方式接受各院校、合作单位的使用申请。

三、建设内容

智能银行以发展金融科技为战略目标，秉持为客户提供场景化、定制化、专属化的服务的设计理念，以金融、社交、生活、政务等场景的深度融合为核心，以建立支撑未来网点发展的运营管理平台为导向，确定了"智能银行"项目的实施目标。

智能银行的主要目标有7个方面。

1. 建立支持多渠道、全球化的智能银行服务平台

① 建立支持柜台、自助设备、移动设备、远程营运支持中心等多渠道客户端统一接入处理的智能银行服务平台。

② 重塑渠道业务流程，实现手机银行、微信银行与网点的线上线下融合，配以更优的客户动线，使客户感受优质服务。

③ 通过多渠道协同服务模式，实现业务在各个渠道的自动扭转、协同处理，提高运营效率，降低运营成本。

④ 实现"多时区、多语言、多法人、多币种"，满足全球化经营管理的需要。

2. 应用 5G、物联网、人工智能、生物识别、远程交互等新技术再造网点服务流程，创新网点服务模式

① 借助 5G 超高速率、超低时延、海量连接的特点，构建"生产网＋互联网"的双 5G 服务网络。

② 引入智慧柜员机舱门雾化技术，保护客户隐私，为客户提供私密的交易空间。

③ 引入仿真机器人，依托人工智能，搭建网点高频知识库和专业知识库，让机器人交流互动更加亲切。

④ 为智慧柜员机提供云端远程专家一对一专属服务，同屏指导客户操作。

⑤ 建立多路交互式流媒体，引入电子卷宗，实现业务办理可追溯。

3. 基于物联网平台，实现全物连接、远程控制、服务调度、安保协同、风险控制、数据监控及安全防护七大能力

① 基于物联网实现全方位智能运营。

② 网点内外所有设备及环境设施统一接入物联平台，实现设备、环境、能源、安防全方位智能化管控。

③ 感知、采集和汇聚多样化数据，形成支撑数据共享和服务协作的物联网大数据中枢。

④ 统一纳管设备认证方式及准入条件，提高设备安全标准，数据加密更安全。

4. 建立先进的网点总控平台，实现网点设备自动化控制、内容播放自定义管控、网点运营流程集中化管理、安保实时协同，全面提升客户使用体验的同时降低人员的维护成本

① 适配多平台、多协议设备监控及控制，实现柜台客户端及手机客户端对交易类、体验类、环境类设备的控制。

② 实现对人员、物品、环境的动态变化感知，实时监控设备运行状态，自动阻断非法交易，并将异常情况预警推送至相关人员。

③ 实现网点各区域场景规则的定制化设计，将业务场景与设备联动相结合，实现网点设备与设备之间的协同调度。

④ 将安保设备直接服务于业务场景，实现安保预警信息与业务管理信息互通共享。

⑤ 建立企业级全景资源视图，实现对设备播放资源及素材的统一纳管。

5. 通过新思维、新模式和新平台重塑银行业务格局，实现银行智能化、生态化、数字化转型

① 打造家居银行体验区，在智能音箱中嵌入利率、汇率、理财等金融查询服务，为客户提供"场景化、个性化、唯你专属"的金融平台。

② 利用"视频＋直播"的技术，在网点举办讲座、展览、沙龙等多种活动，并进行实时高清直播，为客户提供社交服务的新场所。

③ 打造无人驾驶汽车体验区，为用户提供裸眼 VR 驾驶、预约取餐、无感支付等服务，让客户体验未来"万物互联"时代下的无感金融服务。

6. 建设灵活便捷的网络

在智能银行的建设中，利用 5G 设计和实现一个灵活便捷的网络，能够支持移动性、大带宽数据传输需求，为业务提供不同线路下差异化的数据传输服务。

7. 建设集中管控网络

在智能银行的建设中，利用 SD-WAN 技术设计和实现一个集中管控的银行接入网络，制定不同规格网点网络标准，统一建行网络控制器北向接口，总行集中管控网点，提升运维效率，提供网络端到端闭环服务。

四、重难点分析

1. 基于物联网建立网点设备总控平台，实现网点远程全智能化运营管理

（1）技术背景

银行业内部对于设备的管理控制仍然局限在人工现场操作，对设备运行状态的监控与查看也是依靠客户反馈或工作人员发现。这种做法不仅会造成人力的浪费，而且具有迟滞性和易忘性，给网点的智能化管理工作带来了极大阻碍，不能满足管理人员对网点自动化、远程化管理控制的需求。

（2）解决方案

为了解决上述问题，智能银行引入物联网作为设备接入的基础，并在物联网基础技术方案之上进行了银行业网点管理方面的针对性优化，提供了网点设备注册与维护，网点设备开门营业、关门歇业远程自动化设备控制与管理，设备一键开关及远程管理，设备告警信息收集及告警自动化分类通知，设备间各类业务自动化协作等功能，使得网点的运营管理可配置化、自动化、智能化，给网点及管理机构带来了极大的便利。

（3）实施效果

① 网点自动开门营业、网点自动关门歇业。通过远程配置网点开门时间与关门时间，可以达到纳管设备进行自动化的、按照需求的打开或者关闭，既包含了 PC 类设备管理，也包含了网点声光电设备信息，可以涵盖网点绝大多数智能设备。此外，还可以对需要提前或延迟的设备进行个性化设置，彻底解放网点工作人员对设备的习惯式操作，实现智能化与自动化。

② 远程自动化管理控制。总行、一级分行、二级分行、支行、网点都可以对设备进行远程操作，默认按照上级管理下级的管理理念，并且可以通过一键开关整个网点、一键开关整个分区、一键开关单个设备类型、一键开关单个设备来对设备、网点进行个性化处理。此外，不同的设备都会有独特的设备控制项来进行选择，如远程控制网点温度、远程控制网点控制质量、远程控制网点光照等。通过物联网采集传感器信息，

可以实时获取网点实时状态，并通过规则引擎引起相应设备变化操作。

③ 设备告警收集与分类通知。通过物联网可以收集设备上的运行状态信息与设备主动告警信息。远程的操作人员可以实时看到设备上任何感兴趣的设备信息模块，如设备在线状态、设备激活状态、设备操作日志与告警日志等。通过对这些数据的加工，可以对设备运行异常进行分类与实时感知，并通过设置网点将设备异常情况通知给联系人，以与短消息组件与智能外呼平台相结合的方式，相关联的应急处理人在第一时间接收到短信或电话通知。此过程无须人工干预，也无须人工发现，极大地减少了工作人员的工作量，而且彻底解决了人为遗忘所带来的迟滞性问题。

2. 基于物联网建立网点设备告警自动化收集平台，实现无人值守设备告警及安保协同

（1）技术背景

银行业内部对于设备的硬件告警和业务告警都是通过人工查看分类或者通过交易进行自动上报。采用人工分类查看，会产生大量的人力浪费或者无法自动联动；采用交易自动采集，不仅会浪费大量占用占比，占用骨干网带宽，还无法对非智能化设备进行采集，无法做到全设备收集，不能满足网点真正的自动化。

（2）解决方案

物联网具有全设备物联属性，各种设备都可以通过物联网接入系统，且通过物联网可以收集到任意设备的运行信息，从而达到设备全物联、告警全收集、通知全自动。

通过物联网采集设备主动告警信息加平台自动收集设备运行状态两种渠道，所有信息通过触发式收集至总控平台，由总控平台对告警进行分类与解析，然后，联动网点内设备或以远程呼叫的方式将告警信息归类处理。所属设备含宣传类电子设备、业务终端、自助设备等网点内设备；所属告警包括设备运行异常、业务异常、越界震动等监测异常、安防异常等告警；协同处理方法包括短信通知、智能外呼、安保协作等。

（3）技术方案图（如图8-9所示）

（4）实施效果

① 网点设备管理人员无须人为监控。通过对设备类型、设备告警分类针对性地设置联系人，当设备发生告警时，对应的管理人员可在第一时间接收到告警通知，如短信通知和电话通知。通

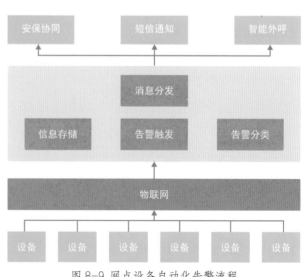

图 8-9 网点设备自动化告警流程

知话术简单明确，便于管理人员及时分析原因，并做出准确的应对。

② 安保协同，统一告警入口。安保组获取到的告警信息通过协同方式通知给总控平台，由总控平台分发至对应联系人；总控组自动获取设备告警信息，如果需要安保协同分析，信息将会被自动分发至安保组进行人工核验，有双重保障，自动化且安全化。

打通总控和安保之间的壁垒，能使网点管理统一化，功能更加全面，渠道更加统一，管理更加便利。

3. 智能机具结合物联网技术建立 5G 网络下的远程协助技术平台，支撑实现远程审核、远程咨询、远程指导、远程推荐等业务场景

（1）技术背景

网络带宽限制、音视频编解码技术一直是制约远程音视频交互的技术"瓶颈"，随着 5G 网络的兴起和普及，更方便快捷的网络传输奠定了网络 IO 资源消耗型场景的基础，基于 5G 网络的音视频远程业务咨询、操作指导、产品营销给客户和行业带来了良好的服务体验。基于硬件的音视频编解码成本也进一步降低，而基于 H.264 的单流、H.239 的多流编解码技术，其占用软硬件、网络资源更少，音视频质量更高，结合应用场景与业务流程，可能带来全新的业务处理模式。

（2）交互部署方案

基于软硬件音视频编解码的远程视频协助解决方案和现有业务系统的集成，通过在 STM、太空舱、智慧家居、业务展示屏等接入终端，安装基于硬件的音视频编解码盒子，完成音视频采集端的编码和显示设备的解码，不占用现有系统的软硬件资源，能很好地兼容现有网点不同配置的硬件设备，同时经过编码以后的音视频流在专线网络甚至互联网环境占用很小的网络带宽，对现有网点参差不齐的网络环境配置有良好的兼容性。

五、总体设计

如图 8-10 所示，智能银行分客户接触层、客户体验层、网点总控层、数据处理层、综合服务层进行设计。客户接触层充分结合金融新科技，采用人脸识别、语音识别、网络感知等结合物联网技术，使各业务之间无缝衔接，客户无须介质即可体验；客户体验层进行专项 UI 设计、流程设计，让客户使用方便、快捷、舒适；网点总控层是智能银行的中枢，将各个业务组件、基础组件串接起来，使各组件更高效智能地提供各项服务；数据处理层进行数据处理、数据分析，包含客户画像、产品分析、风险识别等，为前端业务服务提供良好的决策依据；综合服务层包含各具体的业务处理组件，既有银行传统的存贷款、基金理财等金融服务，也提供智慧政务及衣食住行生活方面的服务，凸显银行的社会服务属性。

智能银行网络基于软件定义广域网的设计理念，应用 5G 线路传输银行生产业务和

图 8-10 系统逻辑架构图

互联网业务，并通过网络控制器实现对网络的集中管控，实现网络的自动化、可视化，从上到下可分为 3 个层次。

① 控制层。部署 SD-WAN 控制器，提供图形化操作界面，向纳管的网络设备下发配置等，实现管控。

② 逻辑层。构建 Overlay 网络，屏蔽底层物理网络差异，打造应用感知网络。在 5G+ 智能银行网络中，采用 Hub-Spoke 拓扑模式，根据业务种类和对链路的质量要求灵活选择链路。

③ 物理层。采用路由器、交换机、防火墙搭建的物理网络，应用了 5G、MSTP 等线路组网。

第五节　技术发展趋势分析

根据 IDC 预测，到 2025 年全球物联网市场将达到 1.1 万亿美元，年均复合增长 11.4%，其中中国市场占比将提升到 25.9%，物联网市场规模全球第一。本节主要介绍物联网技术领域现阶段所面临的现状问题以及技术发展的趋势。

一、物联网领域现状问题

1. 缺乏全球物联网安全标准

物联网安全包括一系列威胁媒介，这些媒介可以是基于设备、应用程序、网络或数据的。随着所连接的物联网设备数量的快速增加，物联网系统在接入端受到网络攻击的风险增加，并造成了巨大的安全漏洞。目前，物联网生态系统没有明确的安全法规来解决这一问题。大量传统设备在进行数字化改造的同时，却几乎没有同步配置防护能力，这就影响了物联网整个生态系统的安全可靠性。同时，物联网终端和应用的多样化、融合化也给物联网业务带来了更多的安全不确定性。不断增长的各类物联网互联设备为攻击者提供了范围更广的网络攻击入口，这也导致物联网面临大量的问题和挑战。物联网行业需要统一的安全标准。我国已积极推进物联网基础安全标准体系的建设，到 2025 年，推进形成完善的物联网基础安全标准体系，研制行业标准 30 项以上，提升标准对细分行业及领域的覆盖程度，提高跨行业物联网应用安全水平。但是要做到对全世界的物联网设备的安全性进行统一监管，需要在世界范围内进行安全标准的统一，这将是一个漫长且复杂的过程。

2. 缺乏全球物联网通信标准

目前，世界各国物联网行业都使用了大量的物联网通信协议（用于将物联网设备连接到互联网的技术），如 IEEE 802.11/Wi-Fi、蓝牙、RFID、LoRa 等。除少部分通信协议有全球化的通信标准外，大部分的通信协议根据各硬件厂商或运营商内部的标准进行私有化定制，这可能会导致物联网生态系统之间和内部的互操作性问题。鉴于目前还没有全球物联网通信标准，大规模的物联网生态的部署变得更加复杂。物联网行业需要统一的物联网通信标准。

3. 缺乏与其他技术融合的现象级应用

物联网技术已经发展了许多个年头，其技术发展空间已经相对较小，那么如何与其他先进技术相融合已经成为物联网发展的大趋势。以目前的状况来看，与物联网技术结合最紧密的是云计算及大数据技术，在物联网体系的云平台层，云计算及大数据技术将从设备端收集上传的海量数据进行汇总、存储及分析。5G、区块链，以及人工智能等技术也具有广阔的发展空间及市场。

二、物联网技术发展趋势

1. 物联网与 5G 技术相结合

相对于 4G 而言，5G 的速度有了质的飞跃，其峰值速率将增长数十倍，从 4G 的每秒 100 Mb 提高到每秒几十 Gb。此外，端到端延时也将由 4G 的几十毫秒减少到 5G 的几毫秒。5G 网络相比 4G 网络而言具备更大的带宽以及更强大的通信能力，这使物

联网应用所需求的高速稳定、覆盖面广等特性得以满足。物联网技术以互联网技术为基础，物联网中通信以及信息交换的过程也基于互联网技术。通信技术与物联网的关系紧密，物联网中海量终端连接、实时控制等技术离不开高速率的通信技术。5G 可以让很多还处在理论阶段或者试点阶段的物联网应用落到实处，而且能得到迅速的推广和普及。5G 技术可以运用到物联网中大部分的场景，如 VR 技术、智慧城市、无人驾驶等。超密集组网、覆盖广、延时低等 5G 技术特点将能满足物联网的需求。

按 5G 技术在物联网行业应用场景的业务规模计算，我国 5G 物联网市场规模将由 2020 年的 2.1 亿美元增长至 2024 年的 19.5 亿美元，年复合增长率将达 74.6%。现阶段，5G 在物联网行业的应用仍处于初步阶段，而随着 5G 技术赋能逐步加深，物联网应用场景将不断增多，终端设备数量也将进一步增长，5G 物联网市场将迎来快速发展期。

2. 物联网与人工智能技术相结合

AIoT（人工智能物联网）融合人工智能技术和物联网技术，将不同维度的海量数据存储于云端、边缘端，再通过大数据分析以及更高形式的人工智能，实现万物数据化、万物智联化。物联网技术与人工智能相融合，最终追求的是形成一个智能化生态体系，在该体系内，实现不同智能终端设备之间、不同系统平台之间、不同应用场景之间的互融互通、万物互融。AIoT 作为一种新的物联网应用形态存在，与传统物联网的区别在于，传统的物联网是通过有线和无线网络，实现物—物、人—物之间的相互连接；而 AIoT 不仅实现设备和场景间的互联互通，还要实现物—物、人—物、物—人、人—物—服务之间的连接和数据的互通，以及人工智能技术对物联网的赋能，进而实现万物之间的相互融合。

AIoT 对实体经济的融合赋能，使 AIoT 整体业务享有 10 万亿级市场空间。相比物联网连接数量的快速增长，由于 AIoT 在落地过程中需要重构传统产业价值链，既要适应传统产业的特性，平衡传统利益链条，也要与生态合作伙伴共同搭建最适宜产业人工智能赋能的架构体系，因此，未来几年将处于较为稳定的发展阶段。

3. 智能边缘计算

随着物联网技术的发展，传感器数量急剧增加，这导致收集的数据量大幅增加。由于大多数物联网设备在端侧的处理能力有限，因此绝大部分数据处理都在云中进行，数据中心通常远离生成传感器数据的物联网设备。一些数据分析功能正在转移到网络边缘，更靠近数据生成源。边缘计算技术取得突破，意味着许多控制将通过本地设备实现，而无须交由云端，处理过程将在本地边缘计算层完成。这无疑将大大提升处理效率，减轻云端的负荷，还可为用户提供更快的响应，将需求在边缘端解决。

随着边缘计算能力的逐步发展演进，其在物联网中的应用也将更加广泛，如智慧交通、智慧城市、智慧家居等领域都将成为边缘计算应用的主要场景。以智慧交通为例，在城市道路交通中，每个路口都会设置监控摄像头，每周甚至每天都会有海量的视频数据产生，如果这些监控设备产生的数据聚在一起，会是个天文数字。 在云端实时分析与储存海量数据对计算能力和网络带宽是一个巨大的挑战。如果借助边缘计算，在本地对海量视频数据进行存储和分析，仅识别和截取存在道路交通事故或违法行为的视频并传递给云 / 数据中心做进一步分析和长久存储，可以大大减少到云端的数据传输，并且能够支持实时的智慧交通控制。边缘计算的实时数据处理和分析功能可以支持无人驾驶、交通流量疏导和拥堵预测这类业务。另外，边缘计算也提供了本地的监控数据存储，对数据进行处理和清洗后，再把有效数据传递给云 / 数据中心做进一步分析，形成边云协同。

第九章
新赛道量子科技

导　　读

　　随着人类对微观世界认识的深入和测控能力的提升，基于操控光子、电子和冷原子等量子体系，并以利用量子叠加、纠缠和隧穿等独特物理现象为主要特征的第二次量子科技革命浪潮将至。其颠覆性影响将会引起金融、军事、通信等领域的非对称优势，催生新一代产业变革和蓝海市场，给金融投资理财、密码安全体系、并行计算能力、群体智能等带来诸多机遇。

　　2020年10月16日，中共中央政治局就量子科技研究和应用前景举行第二十四次集体学习。习近平总书记给出重要指示，把人工智能和量子科技提升到国家战略高度，为当前和今后一个时期我国量子科技发展做出重要战略谋划和系统布局。

　　本章将回答以下问题：

　　（1）什么是量子？

　　（2）量子比特有哪些特点？

　　（3）量子计算机有哪些主要的技术体系？

　　（4）如何利用量子优势？

第一节　概述

量子科技是一类基于量子力学，通过对光子、电子等微观粒子系统及其量子态进行人工观测和调控，借助量子叠加和量子纠缠等独特物理现象，以经典理论无法实现的方式获取、传输和处理信息的技术。量子技术主要有 3 个方向，量子计算（量子计算机和量子软件）、量子通信（量子加密）和量子传感（量子精密测量），分别可以提升计算处理速度，提高信息安全保障能力，改善测量精度和灵敏度，未来将在金融科技、化学反应计算、材料设计、药物合成、密码破译、大数据和人工智能、军事科技、气象等领域产生颠覆性影响。

一、基本概念

量子计算以量子比特为基本单元，利用量子叠加和干涉等原理实现并行计算，能够在某些经典计算困难（如 NP 难）的问题上提供指数级加速，突破现有摩尔定律极限，是未来计算能力跨越式发展的重要方向，已在大数分解、无序数据搜索、线性方程组求解、高维组合优化等重要问题上被证明有优势，一旦取得实质性突破，将对提升国家综合竞争力具有战略意义，如图 9-1 所示。目前，人们已经认识到实现实用的通用量子计算机技术难度很大，是一项长期任务，需要全世界学术界、工业界的长期艰苦努力。

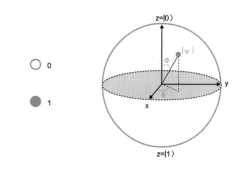

经典比特　　　　　　量子比特

图 9-1　量子比特

表 9-1 为经典计算与量子计算的对比。

表 9-1　经典计算与量子计算的对比

经典计算	1. 基于时序逻辑和组合逻辑电路，最小信息单元为比特（bit）； 2. CMOS 或 TTL 物理比特，以高电平代表 1，低电平代表 0
量子计算	1. 基于幺正变换的可逆线路，最小信息单元为量子比特（qubit）； 2. 光子、离子阱、超导约瑟夫森节或钻石色心等物理比特，是叠加态，同时处于 0 态和 1 态； 3. 多个量子比特间可发生纠缠，量子线路进入超并行运算

二、发展背景

经典计算机的算力提升逐渐跟不上人类社会日益增长的算力需求，经典摩尔定律

的终结极有可能由量子计算机接棒，这是难得的历史机遇。量子计算机随着每年的量子比特增长，配合专门的量子算法会逐步超越经典计算机，达到"量子霸权"。逐年增加的量子比特与量子体积，代表了量子计算的"量子摩尔定律"。图 9-2 表示在实际应用中发挥量子优势所需的量子比特数，具有实际应用价值的量子算力将崭露头角。

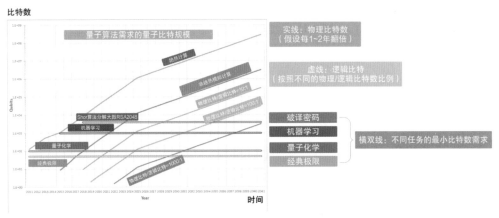

图 9-2 量子算力随着量子比特数提升

三、发展历程

　　国外，量子计算领先的国家主要为美国、日本、英国、德国、韩国。其中，美国 20 世纪 90 年代就在量子学科建设、人才培养方面进行大量布局，联邦政府对量子技术领域的支持每年在 2 亿美元以上，IBM、谷歌、微软、英特尔、霍尼韦尔等科技企业均布局了量子科技；日本自 2013 年起，每年投入 40 亿日元支持量子技术研发，东芝、NEC、NTT 等在量子通信、计算领域投入巨大；英国自 2014 年起，每年投入 2.7 亿英镑实施"国家量子技术计划"；德国自 2016 年起，投资 6.5 亿欧元推动量子技术产业化；韩国正分阶段建设量子通信网络。从整体发展态势上看，美国在量子科技领域的综合实力全球领跑，IBM 已推出全球首款商用量子计算机。

　　国内，量子计算科研单位主要有中科大、浙大、中科院、清华大学、南京大学、北京计算科学研究中心等高校和机构。从企业来看，合肥本源量子（专利排名全球第七）已开发出 24 比特量子的量子计算机并实现销售，量子计算云平台已对外开放；合肥国耀量子研发的量子测风激光雷达已面向航空、军事、风力发电等领域；北京启科量子已研发出城域量子保密通信系统（QSC-280）；中电科 14 所基于单光子检测的量子雷达系统可用于隐形战机侦查。此外，华为、阿里、百度、腾讯等头部科技企业均已布局量子计算相关领域，其中华为量子计算云平台已推出首个量子化学模拟云服务，主要用于新药研发。整体来看，在量子计算和量子通信方向，国内有多家潜在独角兽企业。

自"十三五"规划以来,我国量子计算机领域的硬件发展较为迅速,整体科研水平较强,基础研究能力仅次于美国,核心论文数量居世界前列。在量子纠缠,尤其在保真度、纠缠粒子数、纠缠度方面全球领先。

表 9-2 为量子计算机性能发展史。

表 9-2　量子计算机性能发展史

2017 年	IBM Tenerife 超导量子计算机,5-qubits,量子体积 4
2018 年	IBM-Q 超导量子计算机,20-qubits,量子体积 8
2019 年	IBM-Q System One 超导量子计算机,20-qubits,量子体积 16
2019 年 7 月	谷歌"悬铃木"超导量子计算机,53-qubits
2020 年 6 月	Honeywell 实现量子体积 64 的离子阱量子计算机
2020 年 9 月	Honeywell 实现量子体积 128 的离子阱量子计算机
2020 年 10 月	IonQ 宣布实现 400 万量子体积
2020 年 12 月	中科大"九章"1.0 光量子计算机
2021 年 3 月	Honeywell H1 型量子计算机达到 512 量子体积
2021 年 6 月	中科大"祖冲之号"2.0 超导量子计算机,56-qubits
2021 年 10 月	中科大"九章"2.0 光量子计算机
2021 年 10 月	中科大"祖冲之号"2.1 超导量子计算机,60-qubits
2021 年 12 月	IBM Eagle"鹰 127"超导量子计算机,127-qubits

量子计算机在算力上有着传统计算机无法比拟的优势。以中科大发布的光量子计算机"九章"为例,在高斯玻色取样问题上,"九章"花 200 秒能完成的工作,目前世界上最快的超级计算机"富岳"要工作 6 亿年。

图 9-3 为已实现量子优势的量子计算机。

"悬铃木"　　"九章"1.0　　"祖冲之号"2.0　　"九章"2.0　　"祖冲之号"2.1

图 9-3 已实现量子优势的量子计算机

第二节　技术理论介绍

数字信息时代的集成电路擅长逻辑代数（Boolean algebra）运算，几乎所有运算都能用数字逻辑电路来完成。量子计算机扩展了传统计算机原有的限制。最流行的量子计算模型是以量子逻辑门网络描述计算的。图 9-4 是经典逻辑门与量子逻辑门的对比。

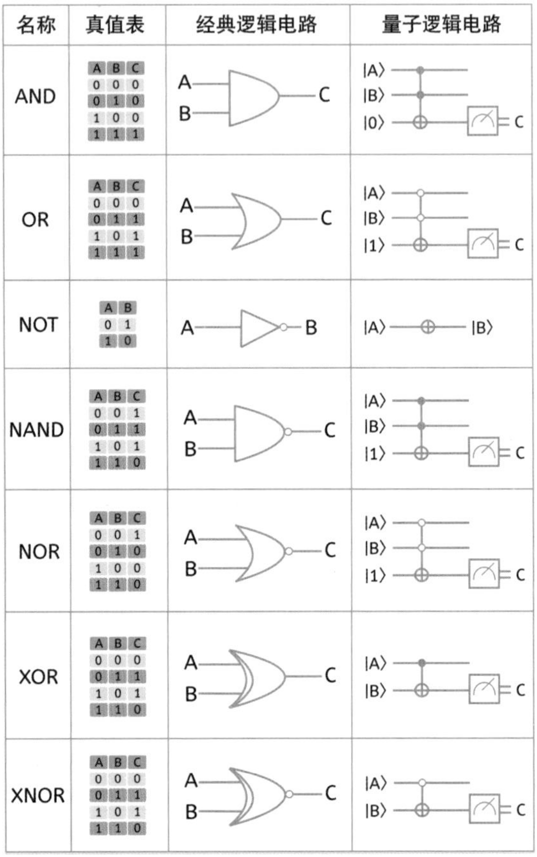

一、量子计算硬件系统

量子处理器的物理实现是基于一类可控人造量子系统，例如量子点、超导约瑟夫森节、里德堡态原子、金刚石色心和离子阱等。其中，超导量子计算是实现可扩展量子计算机最有前途的技术之一。在过去的 20 年中，超导量子计算取得了巨大的进步。全球范围内的大学实验室、政府机构和越来越多的私营公司均取得了重要的进展。

图 9-5 A 表示一个 5 量子比特的超导芯片，设计加工成成品以后，各比特间的连接性就固定了下来，难以跨过相邻比特直接建立纠缠；图 9-5B 表示一个 5 量子比特的离子阱芯片，虽然在空间上是直线排列的，但是离子可以在库仑力的作用下移动，任意两个量子比特都可以建立纠缠，所以是全连接图。

名称	真值表	经典逻辑电路	量子逻辑电路
AND	A B C 0 0 0 0 1 0 1 0 0 1 1 1	A、B → C	|A⟩ |B⟩ |0⟩ → C
OR	A B C 0 0 0 0 1 1 1 0 1 1 1 1	A、B → C	|A⟩ |B⟩ |1⟩ → C
NOT	A B 0 1 1 0	A → B	|A⟩ → |B⟩
NAND	A B C 0 0 1 0 1 1 1 0 1 1 1 0	A、B → C	|A⟩ |B⟩ |1⟩ → C
NOR	A B C 0 0 1 0 1 0 1 0 0 1 1 0	A、B → C	|A⟩ |B⟩ |1⟩ → C
XOR	A B C 0 0 0 0 1 1 1 0 1 1 1 0	A、B → C	|A⟩ |B⟩ → C
XNOR	A B C 0 0 0 0 1 1 1 0 1 1 1 0	A、B → C	|A⟩ |B⟩ → C

图 9-4 经典逻辑门与量子逻辑门的比较

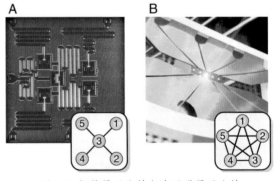

图 9-5 超导量子比特与离子阱量子比特

通用量子计算机是一种基于量子逻辑门的数字量子计算机（digital quantum computer），它超出目前科技水平太多的技术，以至于大多数科学家更愿意研究具有特定量子结构的量子计算机，用来执行特定的量子计算功能。中等规模含噪量子设备（NISQ）就是这样的设备，虽然做不成精确标定不失真的逻辑门，但仍可以对量子系统进行调控。被广泛研究的就是超导系统对玻色—哈伯德模型（Bose-Hubbard Model）的模拟，最著名的就是中科大潘建伟团队的 62 比特可编程超导量子计算原型机"祖冲之号"。在 NISQ 时期，量子计算机的应用将会主要集中在凝聚态系统的量子模拟和量子化学领域的量子模拟，比如新材料的预言和仿真。

　　量子线路，也称量子逻辑电路，是最常用的通用量子计算模型之一。它是对量子比特进行操作的线路，包括量子比特、线路（时间线），以及各种逻辑门。最后常需要量子测量将结果读取出来。量子线路既包含组合逻辑，又包含时序逻辑，在建立完量子线路之后，需要编译成量子逻辑门的时序操作，然后运行梯度上升优化方法（GRAPE 算法）获取用于量子计算硬件运行所需的最优化脉冲，最后把脉冲输入量子计算机测控。这就是对量子线路的"编译"→"执行"操作，如图 9-6 所示。

　　目前，原生量子门的运行速度还有待提高。图 9-7 是逻辑与门（AND gate）的量子实现，它由受控位为 0 态的 Toffoli 门构成。但 Toffoli 门不是原生门，需要分解为一位量子门 T 门、H 门与两位量子门 CNOT 门的组合。

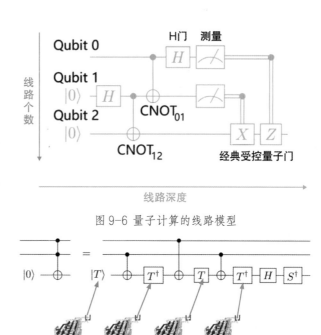

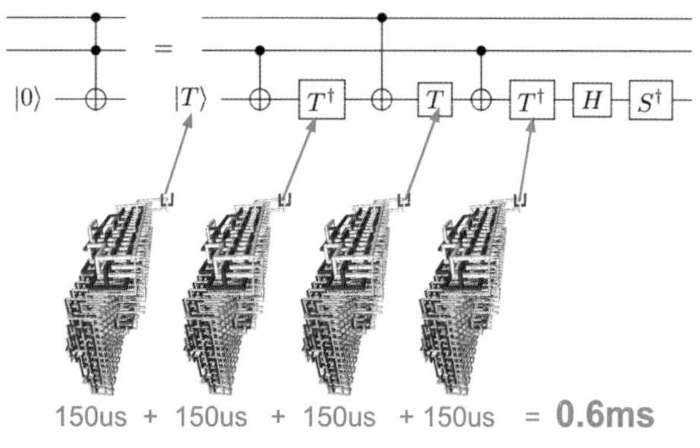

图 9-6　量子计算的线路模型

图 9-7　蒸馏法制备的 T 量子门运行速度

　　类比量子模拟（analog quantum simulation）是一种对量子系统进行演化控制，然后进行观测的量子计算机。这是绝热量子计算，也是量子计算模型之一。典型代表为 D-wave 量子退火机，只能计算伊辛模型的基态。D-wave 量子退火机把约瑟夫森节当作模拟器件，而不去标定逻辑比特，因此不是通用计算。

　　数字量子模拟（digital quantum simulation）是一种用经典计算机模拟量子线路的方法，通常需要具备优异的性能。通常采用高性能分布式内存计算框架，同时最优化量子门调度和融合算法，量子线路表示的编译和优化也是非常困难的问题。随着量子优势（quantum advantage，也叫量子霸权，quantum supremacy）的提出，开始出现很多

使用超级计算机、计算集群模拟大型量子线路的工作。为了在经典计算机上模拟更多量子比特，需要高性能计算（HPC）和高效的数值算法，阿里巴巴达摩院量子实验室负责人施尧耘是量子模拟方面的顶尖专家，其团队成功研制了当前世界上最强的量子电路模拟器"太章"。

二、量子计算软件系统

量子算法和量子硬件一直是相对独立发展的两个方向。为了让量子计算机走出实验室，构建一个中等规模的量子计算机系统，量子软硬件需要进行紧密协作。在传统控制方法中，量子软件的输出无法直接在量子硬件上执行，因此需要额外的中间控制层将二者联系起来。

经典计算机的全栈结构包括应用软件层、操作系统层、体系结构层、微体系结构层、逻辑层、数字电路层和物理器件。类似地，量子计算的架构可以包括图 9-8 的内容。面向软件开发任务的前三层，以应用场景为导向，在量子编程框架上设计算法，通常是量子—经典混合算法，包括经典部分和量子部分。量子编译器会生成由量子指令集来描述的程序，作为软件层给下层的输出；而这些指令随后会作为硬件的输入由量子控制处理器执行，并通过驱动控制与测量仪器，最终将对应的微波操作发送至量子硬件。

对于超导量子计算机而言，随着物理量子比特数量的增长，由于超导量子比特相

图9-8 经典计算机结构与量子计算机结构的对比

对较短的退相干时间（在多比特系统中目前常见为几十微秒），量子控制处理器中任何处理不及时都会导致额外累积的退相干错误，从而使得计算结果的正确性降低。针对当前量子控制处理器中存在的处理并行度较低、难以扩展的问题，需要新的量子—经典混合计算框架来对不同子线路进行动态调度，进而实现线路层级并行度，高效地并行执行量子指令，进而实现量子操作层级并行度。

量子算法的上限和潜力远高于经典算法，一方面是因为 0 和 1 可以被一个量子比特同时储存，一个量子比特需要用两个经典数位描述其叠加态，n 个量子比特可以储存 $2n$ 个经典比特信息。另一方面，量子计算机是可逆计算，经典计算机则是不可逆计算，对每个经典比特的操作都会伴随热损耗，传统芯片的集成度越高，散热就越困难，因为芯片制程是有极限的（3 nm），但量子芯片可以做成无限小，从而不用担心散热问题。

量子计算机搭配对应的量子算法才能发挥量子优势——相干性、叠加性、并行性、纠缠性和波函数塌缩特性，因此目前有效的量子算法还很少。最著名的量子算法有Shor 算法（质因数分解）、HHL 算法（线性方程组求解）、Grover 算法（量子搜索算法）、VQE 算法（化学分子哈密顿量的计算）和 QAOA 算法（组合优化求解）等。

三、量子云计算

目前，量子计算机属于稀有的新型算力资源，例如超导量子计算机需要运行在毫开（mK）的极低温下，直接购买成本和维护成本都比较高。同时，量子计算机的使用门槛较高，包括量子算法的编程环境以及使用方式，精通量子算法的专业人才稀缺。依托于经典信息网络，通过提供量子计算硬件与软件等普惠服务的量子云计算，成为量子计算呈现与发展最重要的形式。量子云计算将量子计算与经典互联网相结合，对于量子计算的实现、应用及发展具有重要意义。

表 9-3 为各家量子计算公司的软件架构比较。

表 9-3 各家量子计算公司的软件架构比较

	本源量子	华为	微软	IBM	谷歌	XanaduAI	Atos	Rigetti
量子编程语言	QRunes		Q#					
Package	QPanda	HiQ	QDK	Qiskit	Cirq	Strawberry	pyAQSM	pyQuil
量子指令集	OriginIR			QASM				

续表

	本源量子	华为	微软	IBM	谷歌	XanaduAI	Atos	Rigetti
模拟器	最高 200 位 qubits	最高 169 位 qubits	全振幅 40 位 qubits	全振幅 32 位 qubits	Simq	内置	全振幅 40 位 qubits	Forest SDK 本地模拟器,全振幅 32 位 qubits
应用包	量子化学 ChemiQ,量子机器学习 VQNet					机器学习 PennyLane	量子学习机 QML	

现在的金融公司在量子计算方面的研发都是接入第三方量子云计算平台,由研发量子算力的机构专门提供量子计算基础设施服务(Quantum Infrastructure as a Service Q-IaaS),例如量子算法执行的计算调度、量子模拟器的维护、真实量子计算机的标定校正等。随着物理平台和试验技术的发展,Q-IaaS 模式不断丰富,例如美国的 IonQ、IBM、Rigetti、D-Wave,欧洲的 Quantum Inspire 等公司均提供了不同方案的量子算力设备。除真实量子计算设备外,Q-IaaS 还提供了经典计算集群运行量子计算模拟器的超算服务,而超强计算能力的量子模拟器是展示经典云计算能力的有力方式,目前国内外云计算巨头如谷歌、华为、阿里等在 Q-IaaS 方面表现活跃,积极推进新型超算服务的发展。

经典算力模拟量子电路所需要的资源消耗,即时间、空间复杂度,会随着量子比特数 n 和线路深度 d 指数级增加。n 个量子比特复合系统的态矢量由 2^n 个复数构成。单精度浮点数 float = 4 bytes,双精度浮点数 double = 8 bytes,而一个复数需要两个浮点数组成实部和虚部,所以单精度量子态矢需要内存 $2^{(n+3)}$ 字节,双精度量子态矢需要内存 $2^{(n+4)}$ 字节。

表 9-4 量子模拟器所需运存估算

qubits	单精度浮点数态矢	双精度浮点数态矢	单精度浮点数酉变换矩阵	双精度浮点数酉变换矩阵
n	$2^{(n+3)}$ B	$2^{(n+4)}$ B	$2^{(2n+3)}$ B	$2^{(2n+4)}$ B
10	8.2 kB	16.4 kB	8.4 MB	16.8 MB
20	8.4 MB	16.8 MB	8.8 TB	17.6 TB
30	8.6 GB	17.2 GB	9.2 EB	18.4 EB
40	8.8 TB	17.6 TB	9.7 YB	19.4 YB
50	9.0 PB	18.0 PB		

在金融量子云方面，以建信金科量子金融应用实验室为例，通过在云平台上搭建量子金融专用量子云服务平台，提供量子算法运行的实验测试环境和量子算法示范性应用的展示模块，完成量子计算实验平台搭建，形成基于量子虚拟机的量子算力。量子计算模拟器依托于现有经典计算资源，模拟量子计算的特有逻辑门运算，成为量子云计算不可或缺的组成部分，用于模拟量子计算的辅助经典信息处理。一般而言，全振幅模拟器模拟 50 个量子比特的话，需要 16 PB 的内存（日本富岳超级计算机内存为 2.8 PB），这样的开销是普通云服务不能承受的，量子线路模拟器通常是分布式的。考虑到大规模通用量子计算机的真正问世还需要经历相当长的历史时期，未来量子计算模拟器未来将会长期存在，并与真实量子计算芯片相互促进，协同发展。量子＋经典混合计算形态将是量子云计算的显著特征之一。

四、量子安全

Shor 算法可以快速地对一个大数进行质因数分解，量子计算机用量子波函数来表示一个大数可能的分解方式。这些量子波可以同时在量子计算机所有的量子比特中波动，它们相互干涉，导致错误的分解形式相互抵销，最终正确的形式鹤立鸡群。现在保护互联网通信的密码系统建立在一个基本事实之上，即搜索大数分解形式是常规计算机几乎不可能完成的，因此运行Shor算法的量子计算机可以破解这一密码系统。当然，这只是量子计算机能做的很多事情之一。但是，Shor 假设每个量子比特都能够完好地保持其状态，这样量子波只要有必要，就可以左右荡漾。现有公钥密码的安全性基于大数分解的困难或椭圆曲线离散对数求解的困难。由于这两个困难将会很容易地由一个量子位足够大的量子计算机来解决，失去了单向函数的作用，因此诞生的后量子密码学(post-quantum cryptography)就是研究安全性不受量子计算机规模影响的密码系统，保障量子计算时代的密码安全。

在研究 PQC 的过程中，所提出的密码系统还需要仔细地进行密码分析，以确定是否有任何弱点可供对手利用。必须在全世界密码学家、组织、公众和政府的视野下，公开开展开发新的量子保密系统的工作，以确保新标准得到社会的充分审查，并确保得到国际支持。其中最有希望的是美国 NIST 牵头的抗量子计算密码项目，开发的相关信息协议包括抗量子加密 VPN、抗量子加密 TLS 协议、抗量子加密 SSH 协议。

表 9-5 为现有加密方案受到的量子威胁。

表 9-5 现有加密方案受到的量子威胁

密码算法	类型	功能用途	量子计算影响
AES	对称密码	加解密	需要增加密码位数
SHA-2，SHA-3	杂凑	哈希散列	需要增加密码位数

续表

密码算法	类型	功能用途	量子计算影响
RSA	公钥	数字签名，密钥分发	不再安全
ECDSA，ECDH	公钥	数字签名，密钥分发	不再安全
DSA	公钥	数字签名，密钥分发	不再安全

第三节 产品和应用

量子计算的算力远超现有的超级计算机，能提升金融服务的智能化水平和响应速度，也能提升金融服务的精密度与准确度，从而改造基于工业经济的金融模式、金融机制和金融业态，实现金融业的转型和升级，这可能是金融科技的未来。现今全世界的金融巨头纷纷在量子计算方面布局。

一、建设思路

量子计算硬件物理平台各技术路线的比特数和量子体积等指标频频刷新纪录，系统工作条件和测控能力等方面的研究不断深入和提升。量子计算算法和应用探索不断深入，在量子化学、组合优化、复杂网络排序等方面的探索可能率先诞生"杀手级"应用。同时，量子计算软件系统研究取得较大进展，量子云计算应用和产业生态建设加速发展，科技巨头相互竞争态势更加明显。

量子计算机成本高，部署环境苛刻，通过云平台提供金融领域的量子机器学习服务是最具可行性的服务模式。目前量子云生态不断成熟，已形成包括底层硬件、云端服务和应用软件在内的社区和生态体系。

早期量子金融主要引入量子场论定义金融投资问题的演化，以此来提高金融投资中数值方法及模拟的准确性和效率。2010年后，学者们开始利用量子计算技术分析和解决金融投资问题；围绕资产定价、风险评估和投资组合优化等，量子机器学习、量子神经网络、量子特征提取等深度学习算法得到快速发展。"大数据＋人工智能＋量子计算"交叉融合的兴起，使得研究基于量子机器学习的智能金融投资成为金融投资领域的主要发展趋势。

法国 QuanFi 为金融服务产业提供了相对应的量子算法；西班牙 BBVA 银行开发了量子算法进行股票追踪、投资优化、信用评分优化、货币套利优化、衍生工具估值；德意志交易银行开发了量子算法分析交易风险；2020年，中信银行开发了基于量子计算的风控贝叶斯网络模型，用于增强其信贷风控能力。

国外量子金融领域的典型代表有西班牙第二大银行——BBVA，于 2018 年开始探索量子技术，他们建立了一个由量子专家组成的内部多学科团队，与西班牙高级科学研究委员会达成战略联盟，同时与初创公司 Zapata Computing 和 Multiverse、科技公司 D-Wave 和富士通、咨询公司埃森哲合作，启动了 6 项概念验证，研究了 5 个金融用例，在量子算法发展、投资组合优化、信用评分流程优化、货币套利优化、衍生工具估值和调整等方面开展有效探索。BBVA 下一步还将与合作伙伴寻找更具突破性的应用，并深化与银行业务部门的合作。

国内量子金融领域，2020 年 12 月，华夏银行股份有限公司、龙盈智达（北京）科技有限公司、深圳量旋科技有限公司和香港科技大学联合，对量子科技在商业银行的应用研究进行了合作探索，尤其在量子神经网络技术应用于商业银行 ATM 机具管理的智能决策问题上，准确识别了效能较差的 ATM，对银行的智能决策提供了依据，助力华夏银行《量子计算机与量子人工智能算法在银行业务领域的应用研究与实践》项目荣获央行"2020 年度金融科技发展奖"一等奖。本次获奖不仅是华夏银行成立以来首次荣获省部级科技奖励一等奖，也是量子计算领域在该奖项历史上的首次获奖。

在量子安全方面，国内量子金融应用实验室基于已开展的后量子密码和量子密钥分发等量子信息安全成果，持续研发推进格基密码、量子信息网络等相关创新研究，积极跟进国际新一代公钥密码体系的进度，持续提升新型抗量子攻击的密码算法设计能力和技术储备，深化自主知识产权的抗量子攻击加密算法和签名算法，推动实现金融级后量子密码机等产品原型，面向金融、政务等行业应用提供专业的量子解决方案与服务。

自主研发后量子密码算法，部署到生产环境的 7 个项目场景，初步具备国际算法替换能力，牵头国内首个金融系统应用后量子密码标准立项与编制起草工作，持续引领金融后量子密码技术应用创新方向；量子通信方向上已落地 3 个量子秘钥分发 QKD 场景，包括建行与中国人民银行之间跨境现金交易系统业务的量子加密传输、北京与武汉数据中心间的异地灾备数据加密业务和金融界第一家移动运维量子 VPN 加密；积极推动量子产业化进程，深化与产学研创新合作，引入国际知名后量子专家，与领军企业合作完成行业内首个后量子密码金融数据加密机样机，并拥有完全知识产权，有效地提升建行在产业链的关键技术影响力。

量子通信领域商业化落地最为完善，尤其是我国在量子通信技术应用方面取得了丰硕成果，总体上处于国际领先地位。在"量子保密通信'京沪干线'技术验证及应用示范项目"和中国科学院空间科学战略先导专项部署的"墨子号"量子卫星项目的牵引和带动下，我国不仅掌握了城域、城际以及自由空间的量子通信关键技术，还培育和集聚了一批覆盖核心器件研发、产品设备制造、业务应用开发等各环节的企业，已初步形成集技术研究、设备制造、建设运维、安全应用为一体的产业链。

国盾量子公司的量子密钥传输网络（QKDN）如图 9-9 所示，目的是使发送者和接收者共享一串比特序列，该比特序列不可被第三方拦截。大多数量子密钥分配网络使用的是 BB84 协议。国际上对量子通信的应用也非常积极。早在 2009 年，美国国防部高级研究署和 Los Alamos 国家实验室就分别建成了多节点的城域量子通信网络。2014年，NASA 正式提出了在其总部与喷气推进实验室（JPL）之间建立一个 600 km 远距离光纤量子通信干线的计划，并计划拓展到星地量子通信。英国、欧盟、日本等国家核地区也开始了量子通信网络的实验和建设。

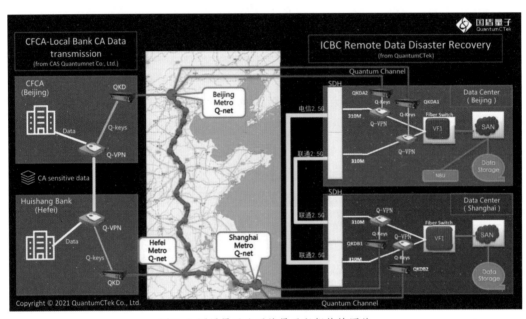

图 9-9 国盾量子公司的量子秘钥传输网络

二、产品体系

以建行为例，建行在 2020 年 6 月成立量子金融应用实验室，推进量子技术集团一体化建设战略，与省分行共同顺利落地"一实两地"建设工作，启用量子金融应用基地，实现行内量子技术资源的初步整合，同时联合建信基金、本源量子研发推出国内首批量子金融应用算法，包括量子期权定价算法与量子 VaR 值估计算法，形成了优于国际指标的中国方案，实现国内对量子金融算法的首次尝试，如图 9-10 所示。

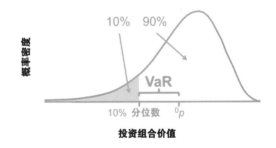

图 9-10 风险价值 VaR 的计算

针对投资组合问题，实验室自主开发了基于量子近似优化算法（QAOA）的资产组合算法，对最大化收益、最小化投资风险等要求进行资产配置，对相同的代价函数进一步优化，为特定 NISQ 硬件定制 QAOA 量子线路。

针对银行流动性风险评估问题，实验室根据风险评估算法、流动性风险度量、巴塞尔协议Ⅲ流动性风险框架、LCR 规则和 NSFR 规则，结合经典贝叶斯网络算法，开发出具有量子极速优势的量子贝叶斯网络（QBN）算法，将其用于银行流动性风险评估，如图 9-11 所示。

图 9-11　量子金融实验室门户网站发布的算法

针对金融投资领域的时序问题，实验室自主开发量子隐马尔可夫模型和循环量子神经网络，实现对金融数据的及时建模和预测，为用户提供可以实时更新的金融数据预测曲线。

三、量子云的应用模式

搭建量子云服务平台，提供量子算法实验平台和量子算法展示平台，能为业内外研发人员提供量子算力和开发环境的支持，降低行内业务人员理解和接受量子算法的门槛，对外宣传量子科技成果和实力，推动量子计算前沿科技的研究，促进量子科技在实际业务中落地，为部分业务提供量子算法支持以提升其处理效率，如图 9-12 所示。

量子计算属于前沿技术领域，银行缺乏相应的算法研发环境。量子金融应用实验室现已搭建量子虚拟机集群，并在此基础上建设量子金融应用云服务平台，提供量子算法实验与展示模块，其中量子算法实验模块支持量子算法的探索性实验，有助于促进银行金融业务发掘量子计算在金融领域中的应用。量子算法展示模块则能有效降低量子算法学习和理解难度，有效推动量子技术在行内外的推广和使用，如图 9-13 所示。

图 9-12 金融量子云

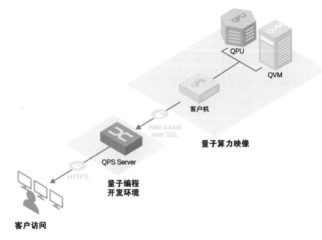

图 9-13 量子处理器 QPU 和量子虚拟机 QVM 的算力分发

第十章
实践案例

导　　读

云原生技术底座的愿景是以开放和赋能理念，打造复用、敏捷、协同、自主可控的技术平台，实现技术可用、技术易用、技术先进和成本集约的目的。

云原生技术底座的总体建设思路一般包括3点：一是对基础技术资源进行整合，运用技术平台化的方法，打造技术的平台服务，降低技术的应用门槛。二是对共性能力进行提炼与沉淀，运用组件化服务化方法，打造各类公共技术服务组件，让应用基于已有的技术能力进行开发，避免重复造轮子，实现能力共享。三是对各类技术服务进行云化供给，用户只需申请即可使用共享的技术能力，无须关心这些服务的部署和运行，快速赋能业务创新，提升生产力；实施的方式则是按照技术底座的整体能力布局，通过技术平台和公共组件的建设，提供整体的技术供给。

本章将以3个典型的技术平台实际建设过程为例，说明如何将前面论述的云原生技术底座理论及架构、建设理念及思路落地到大型金融企业的实际案例之中，具体包括以下四个方面：

（1）基于容器云服务的企业级研发效能平台如何建设？

（2）大型商业银行的分布式银行核心系统建设历程是怎样的？

（3）大型金融机构的人工智能平台是如何构建并发挥作用的？

（4）建行区块链服务平台建设是如何设计的？

案例一：基于容器云服务的企业级研发效能平台建设

一、背景和需求

随着以容器为核心的第二代云计算技术的兴起，IT 系统快速部署、弹性扩容的能力不断提升，业务支撑效率和资源利用率也不断优化。同时，容器技术推动了 DevOps 研发流程体系、微服务系统架构的真正落地。与此同时，业务的变革向传统的 IT 开发模式提出了新的要求，业务需求变化快要求 IT 能快速响应和上线，用户访问不确定性强要求 IT 能弹性伸缩，应用可用性要求高，维护复杂，要求 IT 能故障自愈、运维自动化等，这些都驱动着金融行业 IT 进行数字化转型。

某财产保险有限公司是中国知名大型金融机构，为积极应对互联网金融的机遇和实现数字现代化业务转型，不断引领保险行业的发展新趋势和新变革，强化在客户接触方式上转为全渠道数字化、互联网化，移动端业务显著上升；在服务方式上向互联网化、智能化的方式转型，客户体验全面提升。

该公司全面推动 DevOps+ 容器云技术落地，保障系统架构和技术支撑平台的先进性和全面性，提高优化 IT 系统的快速开发、资源高效利用等核心能力。鉴于此，该项目旨在建设具有快速支撑能力的资源管理平台，并以云平台为技术基础，构建 DevOps 工具链，推进敏捷开发文化落地，推动业务系统交付更加敏捷，提高应用系统的部署速度和系统容灾能力，提高系统资源使用率，为互联网营销、重大事件集中支撑等存在明显峰值波动的业务提供弹性资源支撑和高可用性支撑。

该公司积极融入住房租赁、金融科技、普惠金融"三大战略"，确定了"线上＋线下""自营＋代理"的产品销售和渠道建设思路，着力建立包括股东渠道、自营渠道、互联网渠道、交叉销售和中介渠道在内的立体化、多元化销售渠道体系。根据自身业务特点和资源禀赋，通过自主研发产品销售平台、渠道整合平台、外联平台、支付网关等组件，实现了"保险＋科技""保险＋银行"等产品销售和渠道综合解决方案。该公司迫切需要构建基础技术支撑平台，用以支撑前后端渠道快速、高效、低成本对接，产品可视化，多渠道自如布放，支付手段安全，资金实时到账，用户体验良好。本项目的应用需求主要集中在以下几个方面。

（1）需求拆分粒度不准确，市场反馈滞后

具体表现在现有前台业务需求提出频次高，然而对于业务需求和产品需求拆分粒度不够细致和完整，经常性造成项目不能快速上线投产，不能快速响应，不能友好地支撑前台业务部门。

（2）基础应用环境重复性建设，资源利用率低

改造之前几乎每个业务团队都需要构建和维护团队独特的开发测试环境，部分应用所占资源闲置后无法回收利用，资源利用率极低，故障排查范围难确定。

（3）运行环境异构化，应用交付难度大

各团队之前代码管理及构建方式烦琐，发版方式人为因素太高，出错概率极高，并且同样的应用在不同环境中有可能出现不一致的问题。

（4）开发人员自测力度不够，代码管理不规范

开发团队各式各样，且开发人员素质不等，在代码提测时 bug 繁多，导致团队整体工作量增多，也增加了沟通成本和返工。

（5）测试人员重复性工作量超负荷

QA 团队之前使用的非自动化测试工具，在测试任务中具有很多重复性工作，造成了极大的人工成本浪费和质量提升困难。

（6）各应用独立监控，缺乏统一管理，不易维护

没有统一平台查看所有应用构建、部署情况，无法有效监控应用的健康程度。

基于以上分析，项目提出要采用容器云服务平台集成 DevOps 的方案（见图 10-1），覆盖应用全生命周期的管理，实现端到端整体能力的打通，实现交付能力的全面提升，保证企业各类软件产品的交付质量和效率。

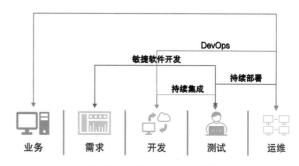

图 10-1 集成 DevOps 方案

二、建设目标和内容

开发运维一体化系统是以数据和质量为核心，以电子化为手段，解决传统瀑布研发模式中各个环节相对割裂，从需求、研发、测试到生产运营整个周期相对较长，跨部门间的沟通效率低下，难以满足当前业务需求的问题。为突破"瓶颈"并改善现状，现以敏捷开发为出发点，按照云原生理念，贯彻最佳实践践行。

本项目以业务、数据、性能和质量为核心，构建容器云服务平台 +DevOps 敏捷工具链，在建设开发、测试和发布自动化流水线过程中，通过容器云服务平台能力栈和流水线整合、改造一系列工具链，最终保证快速实现业务需求，通过自动化流水线快速实现发布上线，保证业务可靠、高效运行，如图 10-2 所示。

为突破"瓶颈"并改善现状，现以云原生服务体系和设计理念为出发点，按照容器云和敏捷开发最佳实践践行，本项目建设目标内容如下。

① 容器云服务平台建设和定制化开发以及培训及日常维护训练。

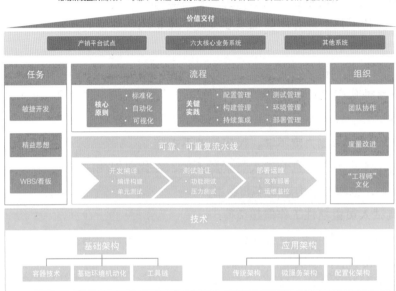

图 10-2 企业级研发效能平台建设内容

② 项目管理工具 Redmine 实施。

③ 自动化测试工具 Selenium 实施。

④ 代码审查 SonarQube 实施。

⑤ 数据库版本管理实施。

三、重难点分析

服务编排框架选型：目前绝大多数组织采用 Kubernetes，Kubernetes 已经成为市场最主流选择。

微服务框架选型：目前较为主流的微服务框架为 Dubbo、Spring Cloud、Istio，注册中心为 Zookeeper、Eureka、Nacos 等。

按照社区最佳实践总结，推荐使用 Docker+Kubernetes 的组合作为容器云的最佳选择，因为有广泛的用户，是目前最主流的容器云组合；社区支持力度和周边生态支持程度高，K8s 目前是社区最为活跃的项目之一。该技术栈的可维护性、系统稳定性、可拓展性都有保障。

四、总体设计

基于容器云服务平台 +DevOps 的需求，经过方案讨论选型验证后确定了基于 Docker+Kubernetes 云原生的技术解决方案——容器云服务平台集成 DevOps 工具链。

该方案提出，平台提供集成弹性计算、分布式存储、软件定义网络、镜像级漏洞扫描和图形化云运维 UI 等核心技术栈能力，同时满足适配该企业原有的业务、应用、网络及存储原型等资源，并提供定制化解决方案。

容器云服务平台需集成 DevOps 工具链，包含环境管理、代码管理、依赖管理、配置文件管理、持续集成、持续部署、自动化测试、敏捷研发管理、知识库管理、研发度量、运维监控及 IT 治理建议。

项目总体架构如图 10-3 所示。

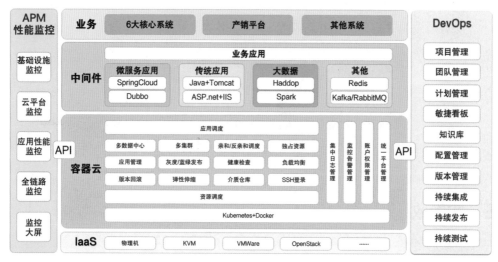

图 10-3 项目总体架构

通过端到端打通过程管理工具（如看板、燃尽图等）、代码版本库管理工具、自动化构建工具、代码扫描工具、自动化测试工具（功能测试、非功能测试）、自动化监控工具、自动化部署工具及开发者"沙箱"等，从而实现应用全生命周期的功能，达到敏捷开发团队可以快速交付应用，提升业务价值。

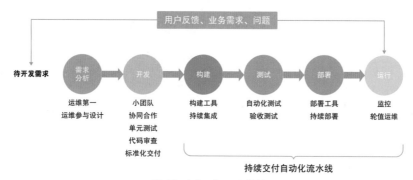

图 10-4 DevOps 工具链

本次项目实施的工具链全部可以在物理机、虚拟机和容器(如Docker)环境下运行。根据测试报告,所有工具链在Docker容器环境下运行效果更好,支持通过弹性伸缩机制更合理地利用服务器资源。

部署架构设计如图10-5所示。

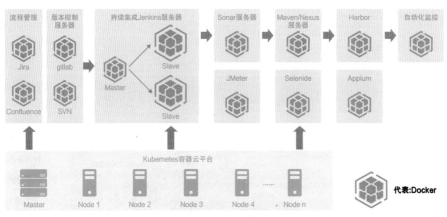

图10-5 部署架构设计

五、实施效果

1. 核心组件高可用

数据相关组件采用集群或者主备方案部署,创新实现核心控制组件全部高可用部署,任意单节点挂机不会影响平台管理工作,最大限度地保证数据的可控性。同时,管理和业务分离,控制平台宕机不会影响任何业务运行。核心组件架构设计如图10-6所示。

2. 系统资源回收机制

所有系统基础组件有资源预留机制,保证系统组件可在高资源占用的情况下正常工作。节点设置Docker磁盘资源自动回收和预警机制,系统会自动回收磁盘以及触发预警,防止机器宕机。

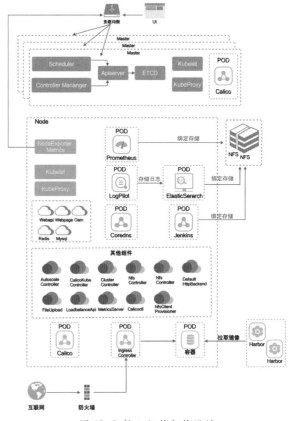

图10-6 核心组件架构设计

3. 统一的配置中心

适配多场景，实现相同的容器可以通过更改挂载配置文件的方式来进行不同的环境部署而无须修改代码。支持配置文件的拷贝和直接上传、多个配置文件同时挂载以及相同镜像不同集群的配置文件隔离，如图 10-7 所示。

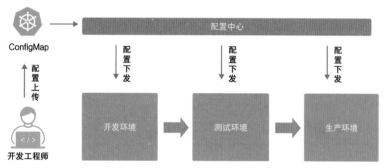

图 10-7 多环境下自义配置下发

4. HPA 多指标弹性伸缩

服务自动伸缩可以在制定的指标达到阈值之后进行触发，对当前服务的实例数量进行扩容或者缩容，从而达到资源利用最大化以及防范因为资源不够而导致的服务假死现象。支持基于 CPU/ 内存的常规指标，基于时间段和基于如 RT、QPS、连接数等自定义指标的弹性伸缩，如图 10-8 所示。

图 10-8 HPA 弹性伸缩配置

5. 应用效果

该项目的有效实践极大地助力了某财险公司数字化变革，支撑其海量应用标准化交付，提升了资源利用率，帮助研发团队建设高效、可靠、快速地交付高质量、有价值、安全的软件与服务能力，助其业务大规模应用场景落地。

容器云平台系统界面如图 10-9 所示。

图 10-9 容器云平台系统界面

应用效果具体如下。

① 上线成功率提高，操作更简单，时效更快，也更加安全。

② 业务验证在生产环境验证，如果有问题，可以一键回滚到旧版本；或者无关紧要的需求，随时修改，随时上线。

③ 业务自动扩缩容，不断升级业务。

④ 性能提升。为产销项目的 CPU 整体节约了 59.17%，内存整体节约了 62.5%。

⑤ 规模标准化。统一的容器化 PaaS 云平台，提升了整体的资源利用率，降低了运维成本，实现了应用规模化部署，为企业未来大数据、BOC、物联网、人工智能等应用建设做准备。

⑥ 整体效益分析。产销整体资源节约，CPU 整体节约 59.17%，内存整体节约 62.5%。

容器云服务平台的引入，使得企业级研发效能平台跟上了互联网水平的快速迭代需求，适应了市场差异化竞争的丛林法则。该项目的有效落地能很好地帮助公司推进数字化转型，提高整体的业务水平，降本增效。

案例二：某大型商业银行分布式银行核心系统建设

一、背景和需求

某大型商业银行核心业务增长迅速，核心业务量每年交易量以 20%~25% 的增速快速增长，对主机资源需求越来越大，成本越来越高，同时伴随着互联网产业的飞速发展，分布式技术日臻成熟，用分布式技术实现银行核心业务从主机下移到开放平台成为可能。项目所要做的工作是将集中的银行核心系统主机版本改造为分布式开放系统，主要涉及核心业务应用系统改造和迁移、平台框架能力提升改造、测试验证、上线切换等工作。

1. 必要性分析

银行核心系统支撑存款、借记卡等公私业务，是最重要的银行系统之一，更是一家银行的核心技术资产。出于稳定性考虑，长期以来，金融行业核心系统架构中多采用诸如 CICS、DB2 等较为成熟的国际化商业产品，逐渐形成了大多数国内大型银行或多或少均依赖于 IOE 产业生态链搭建各自的核心业务系统这一现状。但该产业链中的核心技术由以美国为主的国外厂商掌控，在信息安全和自主可控方面存在极大的风险隐患。

随着开放技术特别是分布式技术的持续快速发展，基于相关开放架构下构建的分布式系统，相较于大型主机系统而言，已可提供与之抗衡的大并发支撑能力和大数据量处理能力，并且其技术生态更丰富，运行成本更低，技术支撑能力更强。居安思危，转型势在必行。出于摆脱设备依赖、业务拓展等多重需求，根据国家自主可控战略目标要求，核心银行系统决定依托企业级分布式微服务平台和开放分布式技术建设分布式银行核心系统，以掌握未来发展主动权。

2. 分布式银行核心系统对于功能和性能的需求

① 充分继承原系统的应用模型资产，最大化实现原有模型资产的复用，实现一个模型两个平台运行，做到一体化开发运维，尽可能降低重构及维护的工作量和风险。

② 完成分布式银行核心系统对公、对私业务组件的版本开发以及公私互联互通改造，形成具备投产条件的版本。

③ 满足目前生产环境的联机处理能力，同时具备业务横向扩展能力。

④ 满足目前生产环境的日终批量处理能力，同时具备批量处理横向扩展能力。

⑤ 近期目标具备对私业务分行级切换下移能力，远期目标具备核心银行系统所有业务下移能力。

二、建设目标

1. 总体目标

总体目标是形成大规模银行核心业务系统的分布式解决方案、系统迁移路径和方法，实现分布式银行核心系统建设，具备从主机平台下移到开放分布式平台的处理能力，并在分支机构分阶段投产，同时进行国产化软硬件替代验证工作，实现核心银行业务系统的平稳切换。

2. 阶段里程碑目标

第一阶段：主要是完成核心系统的分布式架构转型，形成具备数据分散部署的分布式解决方案，支持分布式银行核心系统从 IBM 大型机迁移至开放平台，并在部分试点机构投产。这一阶段主要是基于较为成熟的 Intel x86 技术体系进行分布式改造，主要包括国产品牌 x86（Intel 芯片）服务器、Redhat Linux 操作系统、Oracle 数据库和自研分布式微服务平台。为加快国产化替代进程，本阶段应用版本同时支持 Oracle 数据库和 GoldenDB 等国产数据库，同步基于国产数据库进行验证测试，并在满足业务需求的前提下，优先采用国产数据库投产试运行。

第二阶段：在第一阶段投产试运行符合预期的前提下，对投产版本进行持续优化，直至分布式银行核心系统具备整体从大型机迁移至开放平台的能力。同步基于"国芯服务器 + 国产操作系统 + 国产数据库"全栈国产化平台，进行应用适配改造和验证测试，并具备投产试运行能力。

第三阶段：分布式银行核心系统逐步迁移至全栈国产化平台，并平稳运行。

三、重难点分析

分布式架构转型是一项庞大的体系性工作，金融行业可供参考的经验较少，需要结合企业自身特点，借鉴成熟的开放技术，不断提炼适合企业自身业务发展要求的分布式架构转型的方案，从云化部署、平台解耦、国产化替代与分布式转型等方面全面且体系化推进系统建设工作。

1. 自研分布式微服务平台

（1）建设分布式平台基础技术能力

具体做法是：研发覆盖微服务框架、配置中心、应用路由、服务集成代理、数据访问代理、批处理框架、服务目录、中间件的完备分布式架构基础组件支撑体系，完整支撑集中式架构应用向分布式架构转型；提供缓存、消息、分布式序列号等高SLA、高性能、低成本的分布式中间件；支持云端集中部署与管理、运维自动化、故障自愈等云原生特性，并初步建立相关开源技术的兜底能力。

（2）打造分布式应用服务治理能力

具体做法是：以分布式核心系统需求为基础，构建微服务运行态治理体系框架，初步具备服务韧性和容错性的管理能力，提升业务的稳定性和运维效率，为后续持续优化服务治理模型，优化业务运行态治理能力奠定良好基础。通过对系统进行线上交易链路的埋点和跟踪分析，探测性能"瓶颈"，识别线上性能风险和短板；建立基于数据和指标体系的诊断和分析平台，为系统可用性、容量规划提供数据基础。

（3）应用平滑迁移和国产化适配支撑工具

具体做法是：提供传统集中式应用分布式改造的可视化开发工具，应用容器化改造所需的基础镜像，面向国产软硬件产品的适配工具、应用软件共用的基础技术服务，以及针对金融行业特殊场景的技术解决方案，支撑应用系统快速平滑地迁移和改造。

2. 核心银行系统的分布式改造

（1）核心银行系统的微服务改造和单元化拆分

数据分布：拆分数据库表，实现数据承载能力的横向扩展；通过对业务数据在垂直和水平两个维度的合理切分，将主机集中式数据库存储方式改造为两个层级（数据库集群＋集群内分片）、高可用的国产分布式数据库存储方式。垂直切分是根据业务类型（对公、对私）进行数据垂直划分、水平拆分；如果对私业务数据量巨大，再根据机构进一步水平拆分。通过数据分库、分表两种拆分方式，减少业务操作中数据库跨区操作，实现数据库负载均衡，数据量和交易量均匀分布。

单元化部署：应用部署采用单元化架构，便于应用横向扩展，排除单一节点的设计。

（2）支持现有主机联机交易平滑下移

为保证生产系统的稳定运行，通过新建一套覆盖全场景的并行验证系统，模拟生产真实交易执行、实时及定时文件处理、日终批量处理等业务场景，比对生产与并行系统的执行结果，验证分布式银行核心系统在全量核心业务下移后的投产能力。重点采用联机流量并发和数据对比两种策略，通过企业服务总线对生产报文的截包转发到并行仿真系统，由并行仿真系统对分布式核心发起交易，实现生产报文到分布式核心系统的准实时联机交易双发；比对联机交易输出报文、批量文件交易结果、每日数据库增量返回、批处理生成的重要文件、交易产生的会计分录验证分布式核心与主机处理逻辑的一致性。

（3）核心银行系统的容器化改造

具体做法是建设符合云原生应用的微服务架构设计、开发和运行的支撑体系，集

成应用敏捷研发和持续交付所需的 DevOps 工具链，建立应用容器化改造所需的规范、标准、工具及容器运行环境和管理能力，实现技术能力服务化。

采用容器化部署方案，通过镜像、应用编排等容器技术实现应用和运行环境解耦，实现更简洁、更高效、更可控的应用部署，提升应用交付的敏捷性；同时，节约成本、提升资源利用率，实现更好的弹性伸缩和更智能的编排调度。

（4）国产化数据库应用

分布式银行核心系统集成主机日切、序号、动态授权等公共应用能力，进行分布式适配改造，最大化实现应用无感迁移；分布式平台对国产化芯片服务器、操作系统以及数据库产品进行了适配和集成，实现了平台开发框架、技术组件、通用中间件、运行环境和数据访问的全栈国产化支持，解耦业务应用与底层基础设施，实现应用兼容，基本具备生产运行的支撑能力。

平台针对国产数据库的测试验证进行了完整支撑，从框架 SDK、SQL 语法、数据库连接池等方面进行了统一封装适配，支持了应用对底层数据库的多样性需求及选择，在此过程中，平台沉淀出相应的测试标准、规范。

当前，分布式银行核心基于较为成熟的 Intel x86 技术体系进行分布式改造，同时支持 Oracle 数据库和 GoldenDB 等国产数据库，同步基于国产数据库进行验证测试，并在满足业务需求的前提下，优先采用国产数据库投产试运行。

四、总体设计

系统总体设计方案以技术驱动，采用开放分布式架构对核心业务系统进行改造，继承原有业务功能，平移和扩展原有平台功能，将银行核心系统业务功能从集中式大型主机迁移至开放分布式架构。主要包括以下几个方面。

1. 基础平台建设

① 通过对分布式调度、分布式路由、分布式事务等的自主研发，继承和发展现有核心系统基础应用功能，使平台具备应用路由器、配置中心、数据访问代理、数据复制器、运行与监控管理、服务集成代理等能力，打造可靠性高、扩展性强的分布式银行核心基础平台。

② 研发统一的批量业务分布式处理平台，包括搭建批处理调度框架，优化批处理作业的调度策略；引入大数据处理引擎（如 Spark、Flink 等），提高批处理吞吐量，实现对现有核心系统主机高效文件处理的替代；搭建批量转联机处理平台，实现对大批量转联机调度分发处理机制，如图 10-10 所示。

③ 建立统一部署运维视图，支撑超大规模的核心系统部署集群，提供高效的服务治理和持续集成能力，如图 10-11 所示。

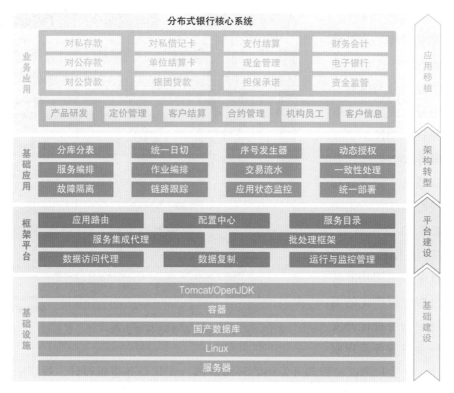

图 10-10 某大型商业银行分布式银行核心系统整体架构

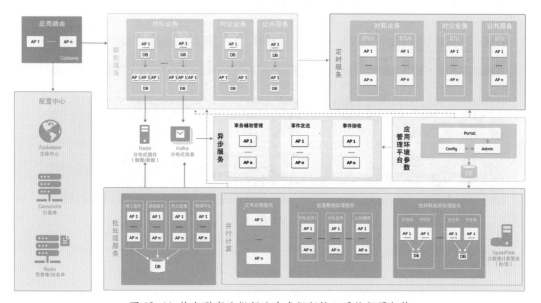

图 10-11 某大型商业银行分布式银行核心系统部署架构

2. 应用能力改造

① 架构转型。通过采用联机服务微型化与整合、批处理作业拆分与编排、公共应用分布式适配改造等方法和技术手段，实现对联机服务和批处理作业的分布式改造，完成分布式银行核心系统技术架构转型，如图 10-12 所示。

② 应用移植。实现主机平台基础应用功能移植；同时构建国产化的面向业务规则的可视化开发工具，将金融业务流程服

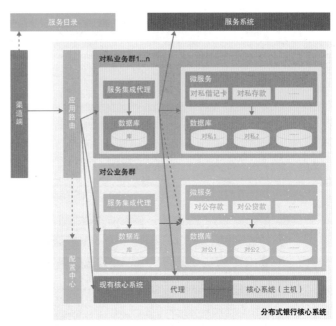

图 10-12 某大型商业银行分布式银行核心系统联机应用架构

务的设计、开发和测试流程与开发语言环境解耦，优化业务逻辑设计，提高应用开发效率，改造部署测试流程，实现业务应用基于自主模型开发，如图 10-13 所示。

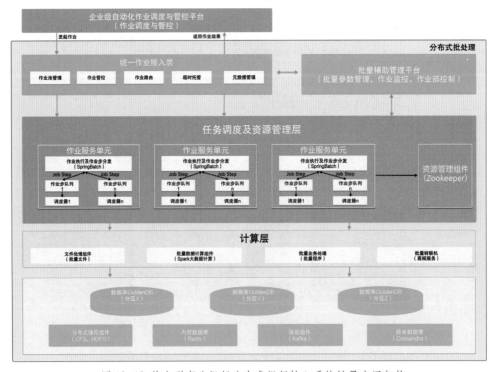

图 10-13 某大型商业银行分布式银行核心系统批量应用架构

五、实施效果

该项目研发建设了符合金融业务特点的分布式银行核心架构，做到与硬件、位置、数据规模以及数据库产品无关，是同等规模中进行全面性核心业务分布式改造的第一家企业，具有重要的技术创新价值、应用创新价值和户业引领价值。

1. 技术创新价值

（1）应用无感与位置无关的应用架构设计

采用业内先进的云原生技术，融合网格服务＋多级路由＋防腐层解耦技术，支撑应用无感知的底层支撑技术接入、升级和变更，保障应用系统并行测试和灵活发布，实现了应用系统对底层基础设施的位置无／低感知，为未来云原生演进奠定了基础。

（2）灵活的故障隔离及恢复机制

在平台发生故障且短期无法恢复的情况下，可一键式流控客户、迁移数据、恢复故障，实现客户维度的业务隔离及恢复，保证业务连续性。

（3）多维度高可用

采用多维度的高可用设计，保障业务系统连续性。一方面，通过服务器、物理网络、软件和数据存储等层面的设计，保证在局部出现故障的情况下，基础设施可通过故障探测和隔离等方式保证故障对应用无影响；另一方面，通过多地域、多可用区架构设计，支撑业务系统同城多活、异地容灾地落地，保证业务的整体连续性。

（4）多类型分布式事务管理

大型银行核心系统首次应用基于组合交易特性，引入 SAGA 模型的理念，研发服务集成代理一致性机制，使上层应用逻辑无须考虑异常场景的一致性，简化了开发的同时尽量做到了业务无侵入。

（5）与数据库规模和位置无关的应用设计

大型银行核心系统首次应用从架构设计角度对银行业务系统的核心数据进行分布式设计，建立分布式分区模型，对现有的数据库表进行分片键设计；使用技术字段进行分库分区设计，做到对现有程序少侵入，使应用与数据库规模和位置无关。

（6）基于生产报文的自动化并行比对仿真系统

大型银行核心系统首次应用自动化并行比对仿真系统，在"三真实"（生产数据真实、生产交易真实、分布式生产硬件设备真实）的环境下，验证目标架构下分布式系统的功能完整性、正确性、稳定性、高可用性、高性能。

（7）基于白名单机制的双平台并轨运行

依托分布式和微服务框架，基于白名单客户机制，交易从前端接入和内部调用按客户维度进行分流，自然隔离，既控制了风险，又实现了双平台的全量交易并轨运行。

2. 应用创新价值

（1）形成了一套可复制推广的核心系统分布式转型方法论

通过银行核心系统分布式改造，形成了一套涵盖架构设计、平台建设、微服务改造、数据迁移检核、跟账测试的工程实践方法论，提供了体系化的银行核心分布式架构转型解决方案；形成了一整套技术研发规范，保证核心应用分布式改造的方案设计、软件开发、软件测试、自动化部署和运维运营的规范性；同时，在实施过程中还参与制定了分布式数据库金融应用规范等行业规范，为同业在分布式数据库选型方面提供了重要参考。

（2）形成了可大规模复制和推广的创新解决方案

通过试点项目的建设，初步形成了端到端的信创产品生态体系，涵盖终端设备、安全产品、中间件、数据库、操作系统以及服务器、存储、网络等，在产业内具备较强的参考价值，对产业发展起到了一定的推动作用。

3. 产业引领价值

（1）形成标准的工程项目管理经验

项目采用标准化的实施工艺，规范了企业架构蓝图到实施的标准，覆盖项目全生命周期分析、设计、开发、测试、部署和切换等各个阶段。同时，项目构建了一个企业级、覆盖全生命周期、承接一体化协同流程的 IT 开发和管理平台，通过自动化工具对需求、架构、开发、测试、投产、运维等过程进行管控，实现 IT 开发、测试和运维集成，快速响应业务需求，支持 IT 管理由系统工程到企业工程的转型。

（2）通过真试真用，助推国产信息技术产品能力提升

以分布式银行核心系统建设过程中的国产分布式数据库应用实践为例，从产品基本面、分布式能力、业务连续性能力、运维支持能力、数据安全能力、应用兼容性、使用限制和约束、最佳实践等 9 大类、58 个方面对 12 家主流国产分布式数据库产品进行了全面调研。

结合系统建设目标和需求，初步形成银行业国产分布式数据库测试体系，涵盖典型应用场景、数据分布、架构部署和运维能力 4 个方面评测的内容，设计了 118 项评测指标和测试案例，包含 73 项通过性指标和 45 项评价性指标。

对中兴 GoldenDB、蚂蚁金服 Oceanbase、阿里 PolarDB、腾讯 TDSQL、PingCAP TiDB、华为高斯等 10 家国产分布式数据库进行了全面的验证测试，提出了 150 多项产品优化需求。

编制了《分布式数据库技术金融应用系列规范》，包含开发设计要求、接口要求、测试要求等标准规范，并提交金标委作为行业标准立项。

（3）培养了一批高水平的产业人才队伍

该项目培养了一支从需求分析管控、架构规划治理到系统研发实施、项目过程管

理等涵盖 IT 治理、开发和运维各方面的人才队伍，为后续金融行业核心业务系统分布式架构转型的持续推进起到重要的支撑作用。

案例三：某大型金融机构人工智能平台建设

一、背景和需求

　　某国有大型金融机构自主研发了人工智能一体化工程平台，吸收了业界所有相关产品的设计优点，为机构内的技术应用提供一站式人工智能服务，敏捷式输送人工智能模型及算法能力。

　　该机构的人工智能平台建设可以分为 4 个阶段：第一阶段是 2014—2018 年的早期人工智能技术探索与应用尝试阶段，抢先应用包括人脸识别与智能外呼等场景；第二阶段是 2018—2020 年的孵化平台与应用垂直深入阶段，当时机构内部组织各人工智能应用进行规划与平台建设论证，并完成了人工智能平台一期搭建；当前该平台处于第三阶段——人工智能工程化与端到端运营阶段，从 2020 年 7 月到 2022 年逐步建立起人工智能工程化能力体系，形成可敏捷迭代的人工智能端到端运营能力；第四阶段是 2023—2030 年的远期目标，将人工智能建设成全机构持续创新的核心生产力，打造由感知智能体、认知智能体、决策智能体和行动智能体构成的"人工智能超体"，实现从感知到认知再到决策与行动的全面智能化，让人工智能成为数字化时代下的新型生产力。

　　该人工智能平台基于当下主流的云原生技术，实现了平台对数万级 CPU 与数千级 GPU 算力的池化管理，支持多机多卡分布式并行训练与推理，支持在生产环境下的三态融合，支持模型一键极速发布与管理功能；实现了从原始数据采集到模型服务发布的端到端人工智能整体运营体系，支持从互联网直接拉取资源，最大化满足用户的应用需求。

　　人工智能目前处于弱人工智能向强人工智能发展的阶段，随着企业数字化转型的发展，国家已将人工智能列为"十四五"规划 8 项核心技术领域首位，未来将有 97% 的业务场景会用到人工智能，未来的数字化企业将是前端流量体 + 后端智能体的模式，因此该机构加大人才、硬件、研发资源投入，并且建立与技术发展相匹配的管理制度，充分利用机构内海量业务数据不断迭代训练各领域各场景的人工智能模型，形成行业领先的敏捷型人工智能工程化能力体系，沉淀并形成在数据、算力、算法模型及场景解决方案上的领先优势，逐步解决未来机构面临的人力成本压力问题、长尾客户的定

制化服务问题、反欺诈与风控能力问题、精准营销问题以及市场与管理的快速辅助决策问题，让人工智能应用体系逐步成为该机构未来的新型生产力与竞争力。

二、建设目标和内容

为了打造企业级专业技术平台，为应用研发提供方便快捷的技术能力接入和云化的服务供给，人工智能平台建设致力于以下目标的实现。

① 建立金融企业级的人工智能平台，支持模型训练工作的开展，为金融企业级人工智能研发体系提供基础平台功能，为全公司人工智能模型训练提供支持。

② 为人工智能应用开发提供丰富的开发和部署工具，提升应用建模和部署效率。

③ 从金融企业级视角实现人工智能研发流程的标准化和全流程管控，为人工智能应用模型训练全流程提供统一的界面，能够与开发测试环境集成，实现模型在开发测试环境的标准化部署。

④ 实现模型训练环境和训练任务的统一管理，提升资源复用率，能够实现训练任务的统一管理，纳入公有云统一部署。

建设内容方面，围绕数据获取、框架兼容、模型训练、应用开发、测试部署等人工智能应用全生命周期研发流程，进行能力建设和任务分解。

① 及时、准确、便捷地获取模型训练所需的特征数据，完成模型训练的特征工程工作。

② 支持目前业界主流的框架，如 TensorFlow、Caffe、Pytorch、Horovod 等。

③ 建设完整的模型训练环境，参考业界优秀产品，如 Jupyter Notebook。

④ 简化人工智能应用开发复杂度，提升建模效率，支持应用模型快速迭代创新。

⑤ 建设金融企业级模型标准仓库，提供可复用的标准化模型。

⑥ 建设金融企业级算法标准仓库，提供可复用的标准化算法。

⑦ 建设从数据到模型再到模型服务的全流程统一编程界面，形成 Pipeline。

⑧ 与开发测试环境无缝集成，实现模型在开发测试环境的标准化部署。

⑨ 实现训练任务的统一管理，支持并行调度。

三、重难点分析

1. 人工智能平台的数据管理能力

数据作为人工智能的基石，完善的数据管理能力能为人工智能应用建设中有数据使用需求的场景提供数据接入、数据处理、数据标注等功能。多源数据的统一接入帮助用户便捷地从各数据源获取数据，实现了对数据的清洗、加工和再利用，最终得到用于训练的"精标数据"。这其中的难点在于需要形成多源接入能力，数据接入可插拔化，如何设计语音、文本、图像等结构化与非结构化数据标注方式。

2. 人工智能平台的模型训练能力

人工智能平台旨在为算法工程师提供端到端的一站式人工智能模型研发环境，模型训练是其中的核心功能之一，当数位算法工程师在训练模型时，如何实现统一资源隔离是首要任务。模型训练实施阶段还需要提供 GPU 算力，但是不同的模型需要的 GPU 资源并不一样，而 GPU 通常只会采购一种型号，因此如何对 GPU 进行池化管理也是一个建设难点。对于大型分布式模型训练以及 AutoML 等在内的特异性建模方式，需要使用特殊框架以及资源调度能力，这对兼容性来说是一个挑战。此外，模型训练还需要具备项目管理、资源管理、资源监控、模型管理、训练任务追踪等多项辅助功能，帮助用户提升建模效率。

3. 人工智能平台的模型服务部署运营能力

模型训练的终态是将模型封装成应用服务，即人工智能"微服务"，所以在此阶段之后便进入了云原生领域。实现人工智能服务的 DevOps 化，要面对传统 DevOps 中的难点，以及人工智能领域专用软硬件的制约，人工智能服务达到 99.99% 的服务可用性（全年停服不超过 53 分钟）是一个不小的挑战。

四、总体设计

该金融机构人工智能平台基于当下主流的云原生技术，实现了平台对数万级 CPU 与数千级 GPU 算力的池化管理；支持多机多卡分布式并行训练与推理，支持在生产环境下的三态融合，支持模型一键极速发布与管理功能；实现了从原始数据采集到模型服务发布的端到端人工智能能力整体运营体系，支持从互联网直接拉取资源，最大化满足生态内所有参与角色的需求，其架构如图 10-14 所示。

图 10-14 某金融机构人工智能平台架构

该人工智能平台具备友好的用户侧功能和能力开放视图，支持以"拖、拉、拽"的可视化模式快速构建模型，集成 Jupyter Notebook，支持交互式代码建模，提供 PyCharm 插件，在 IDE 中即可完成模型训练任务，支持原有建模方式并发起训练，支持自定义镜像模式建模；具备端到端人工智能全生命周期，为数据科学家、算法工程师、应用研发工程师、业务运营者提供从数据管理、模型开发、模型训练到模型部署的一站式功能，促进团队分工合作；具有快速的数据供给能力，通过统一多源数据接入方式，建立快速的数据闭环流转机制，同时具备资源的托管与弹性供给能力，对算力和存储资源进行集中托管；允许用户在独立进程之间隔离 CPU、GPU 等资源，基于 Kubernetes 的容器编排管理平台提供用户资源的弹性供给能力，提供统一的模型运行环境和监控能力，以及模型更新机制；具备大规模算力和数据的治理能力，支持大规模异构集群管理、调度。支持本地、云端（如微软、亚马逊、阿里等）、混合云等各类集群管理、分布式调度并行计算能力、高速数据接入能力及数据质量治理能力。此外，平台具备开放特性，提供 OpenAPI/SDK 接入方式，开放标准化人工智能能力，支持和第三方系统对接和高效进行二次开发；提供插件、WebConsole 等建模方式，兼容开发者原生研发习惯。平台数据、算法、模型、场景可拓展，支持金融领域推荐、风控、客服、理财类场景。平台提供人工智能能力开放与运行态功能支撑，建立丰富的人工智能基础支撑领域；提供人工智能能力开放化支持，推进可复用人工智能能力对应用的赋能，支撑技术中台功能对接，形成计算机视觉、自然语言处理、语音、知识图谱、推荐与决策 5 个基础的人工智能技术支撑领域，并针对具体领域完善和构建标注、基础算法等。

五、实施效果

目前，平台已经具备整合多种人工智能开源开发框架、提供企业级人工智能训练环境、封装常用机器学习算法、快速添加人工智能新算法等能力，以人工智能云平台为基础，构建人工智能统一云平台，为数据、模型、算力的共享提供载体，着力提升用户侧体验，支持 4 类典型用户人工智能使用习惯。依托"训练＋推理"双中心模式，实现人工智能能力快速迭代和优化，构建异构训练能力、设计集群式 GPU 服务器组训练调度方案，进行应用集成研发，打造集图像、视频、语音、文本于一体的多源标注平台，支撑智能外呼、智能安防、智能审单、智能推荐等多种应用的集成落地。随着人工智能技术应用的逐步深化，该金融机构现已形成了看、听、想、说、做一体化的核心能力，不断进行产品创新和场景的拓展，将金融服务的触角向更广泛的群体延伸，加速普惠金融的进程，在金融数字化转型风口下，人工智能的强力赋能将带来更多机遇。

案例四：建行区块链服务平台建设

一、背景和需求

习近平总书记在主持中共中央政治局第十八次集体学习时的重要讲话中指出，要抓住区块链技术融合、功能拓展、产业细分的契机，发挥区块链在促进数据共享、优化业务流程、降低运营成本、提升协同效率、建设可信体系等方面的作用。我国关于发展区块链技术的政策愈加明朗。国家层面的高度重视为区块链技术发展创造了良好的宏观政策环境，世界政策和经济环境倒逼新型数字技术迅猛发展。根据 IDC 发布的《2021 年 V1 全球区块链支出指南》数据，2020 年，中国整体区块链市场规模已达到 4.79 亿美元，未来将保持 50% 以上的复合增长率。

鉴于区块链技术日趋成熟，应用场景落地范围扩大、建设速度加快，建行紧跟技术发展趋势，各业务领域开始布局区块链技术。但由于区块链技术资源相对分散，各系统技术路线不同，重复建设情况时有发生。面对迫切的区块链应用创新需求，建行急需整合现有资源，统一底层框架与技术路线，形成标准的平台架构，实现资源的集约化管理。在面向应用建设方面，需提供灵活、敏捷、持续的服务供给能力，降低技术复杂度和开发成本，形成统一的运维运营平台，为后续建行区块链联盟生态和对外拓展提供技术和产品支持。

二、建设目标和内容

为满足国家区块链技术建设推广需求和金融应用创新需求，建行依托公有云搭建了区块链服务平台。该平台致力于将底层基础设施与上层应用解耦，屏蔽底层链的差异性，通过云化资源分配与调度，实现资源的统一管理；提供一站式的区块链环境交付能力、简单易用的区块链生命周期管理、智能化的网络运维运营能力，形成快速的技术资源整合和服务供给能力；封装数字资产、数据共享、存证溯源等业务功能组件和区块链应用敏捷研发工具链，支持区块链应用的一站式实现与接入，集约化管理全行的区块链资源，实现能力服务化、技术平台化、应用开放化的效果。

建行区块链服务平台具有以下特点。

① 开箱即用。面向场景的服务封装，灵活地应用接入方式。

② 简化开发。全行统一的应用实施指引，完备的应用开发和支持工具。

③ 分层解耦。平台分层建设，底层支持扩展不同技术框架。

④ 灵活高效。支持节点和成员的动态加入 / 退出，提供自动化运维服务。

⑤ 安全加密。完备的证书密钥体系，支持国密在内的多种加密算法。

⑥ 隐私保护。支持多通道、私有交易等多维度的隐私保护机制。

建行区块链服务平台依托建行云基础设施，为企业及开发者提供一站式、高安全性、简单易用的区块链服务，具体建设内容如下。

① 支持多源底层框架。建立新型平台架构，实现对不同区块链底层技术的快速支持，目前，支持国产自主研发框架 Hyperchain、主流开源框架 Fabric 和建行自研底层框架。

② 支持多云环境部署。针对不同区块链节点部署环境开发定制化插件，实现多种环境的区块链网络快速部署。

③ 支持跨域组网。支持多场景、多联盟节点间网络的互联互通，实现企业间联盟网络可视化、自动化组建。

④ 支持一键纳管外链。支持对纳管链底层的可插拔兼容，提供管控外部联盟链的能力。

⑤ 建立一体化研发工具。提供 Solidity、Java、Go 等多语言类型的合约 IDE 在线编辑器，支持智能分析合约代码、扫描语言漏洞等，充分保障智能合约的安全性。

⑥ 建立智能监控体系。支持区块链网络、底层计算资源监控，自定义报警服务及脱机日志管理。

⑦ 符合金融级安全标准。遵循一个联盟一个系统的原则，实行严格的物理隔离；具备完善的加密算法及证书体系，保证链上的数据安全性。

三、重难点分析

区块链服务平台建设过程中涉及很多技术难点，比较突出的有以下 4 点：如何实现不同区块链底层技术和不同部署环境的快速支持；如何降低智能合约的开发、部署难度；如何保证智能合约安全性；如何建立全行统一的资源管理，实现对现有区块链节点的纳管。经过充分研究，提出以下解决方案。

1. 基于驱动的多源底层框架、多部署环境支撑

基于 "驱动＋底座" 的区块链服务平台架构，有利于实现对不同区块链底层技术和不同部署环境的快速支持。该架构主要包括 3 个部分的内容：①服务底座。区块链服务平台的核心应用，功能不随区块链底层技术和部署环境而改变，是区块链服务平台的骨架。②主机驱动。针对不同区块链节点部署环境而定制化开发的插件，被服务底座加载，实现对新的部署环境的快速支持。③链驱动。针对不同区块链底层技术而定制化开发的插件，被服务底座加载，实现对新的区块链底层技术的快速支持。

2. 一站式的智能合约开发解决方案

该平台通过智能合约在线 IDE、合约商店、合约仓库等模块实现智能合约开发全生命周期的管理；在线 IDE 工具支持 Solidity、Java、Go 等合约编码语言，能够实现合约的在线编写、调试；支持智能合约的安全检查和形式化验证；提供合约商店和合约

仓库等功能，实现对已有合约的版本管理和复用。

3. 支持对既有区块链节点的纳管

区块链服务平台不仅可以实现对区块链节点网络的"托管"，即区块链节点部署在区块链服务平台所在环境，还可以实现对区块链节点网络的"纳管"，即管理部署于区块链服务平台所在环境之外的节点。这种方式对于管理区块链应用极为有效，可以在保持对既有区块链应用最小侵入的情况下实现对区块链网络的监管，为实现区块链节点网络向区块链服务平台迁移提供技术支撑。

四、总体设计

建行区块链服务平台从底层到应用共包含 4 个主要的功能模块。

① 云基础设施。通过与建行云的集成，实现对云资源的集约化管理和调度，为客户提供一键建链服务。同时，对接开阳容器平台，对区块链节点进行容器化改造，实现网络资源的弹性伸缩，保证客户业务应用在平稳运行的前提下，最大限度地降低成本。

② 区块链底层框架。提供国产化底层 Hyperchain、通用开源底层 Fabric 及建行自研底层框架。

③ BaaS 平台。包括两方面内容。一是提供区块链网络的全生命周期管理，包括创建网络、联盟治理、网络运行管理及监控告警功能；二是为用户提供基于 Fabric 底层技术框架的合约开发工具、合约部署工具、合约验证工具、合约编译环境等研发支持服务，形成区块链智能合约开发工具链，降低区块链应用落地的门槛和复杂度。

④ 行业应用。为数字资产、交易溯源、信息存证、数据共享 4 类区块链应用提供可以复用的基础组件和服务，形成相对标准的区块链应用模式，通过应用市场统一管理全行的区块链应用，以基础组件复用、公共服务接入等方式支持行内各业务领域区块链应用创新的快速实现。

建行区块链服务平台产品架构如图 10-15 所示。

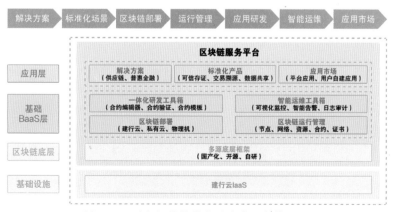

图 10-15 建行区块链服务平台产品架构

五、实施效果

依托完善的技术和服务供给能力，截至 2021 年，该平台已经支持了区块链技术在支付结算、住房租赁、智慧政务、药品监管等 16 个业务领域 40 个业务场景的应用实施，覆盖了信息存证、交易溯源、数据共享、数字资产 4 大类应用模式。其中，贸易金融平台自上线以来累计交易量已突破万亿元，先后部署国内信用证、福费廷、国际保理、再保理等功能，为银行同业、非银机构、贸易企业 3 类客户提供基于区块链平台的贸易金融服务，参与方包括建行 54 家境内外分支机构和 40 余家同业，覆盖国有大型银行、全国性股份制银行、城商行、农商行、外资银行、非银行金融机构等各类机构，形成国内最大的区块链贸易融资生态圈。基于区块链技术的西城区政务服务平台是建行区块链技术在政务领域应用的进一步探索，该平台于 2020 年 3 月上线，支撑包括企业社保账户注销在内的多个政务应用场景；为支持国家税改，建设全国统一的公积金数据视图，建行联合住建部共同建设的公积金区块链数据共享平台已接入全国 400 余家公积金中心，共享数据超过 6 000 亿条；住房租赁领域落地的"住房链"，已接入全国 7 个省市 10 余家市场化租赁平台，累积共享房源逾 10 万套。建行在区块链应用领域的实践大大拓展了区块链技术的应用边界，促进了区块链技术的推广和普及。

截至 2021 年，建行基于在区块链技术应用方面的建设成果已提交区块链相关专利申请 34 项，参与制定国际标准 1 项，参与制定行业团体标准 7 项，参与编写行业发展报告 2 项。凭借在技术应用上的突出建设成果，建行连续两年入选"福布斯"区块链全球 50 强企业。

第十一章
技术趋势展望

1

导　　读

　　云原生的概念自 2013 年首次被提出，在云原生计算基金会（CNCF）等中立基金会和开源社区的推动下，其技术体系不断丰富，涵盖 DevOps、持续交付、微服务、敏捷基础设施和 12 要素等主题。随着云原生的概念逐渐被大量科技公司以及主流的云计算供应商接受，云原生的生态和边界也不断扩大，可预见的是未来会有更多的新兴技术在云原生的大家庭中生根发芽、发展壮大。因此，我们尝试用前瞻性的视角来展望一下云原生技术在下一个五年的发展趋势。

　　本章将回答以下问题：

　　（1）云原生技术总体架构的发展方向有哪些显著的趋势和特点？

　　（2）容器、微服务、DevOps 等云原生支撑技术和人工智能等新兴技术将呈现怎样的演进和融合趋势？

第一节　云原生技术总体发展趋势

随着企业数字化经营浪潮推进，大中型企业纷纷通过技术中台、云应用技术底座的建设，持续缩短新业务产品的研发与交付时间，快速响应市场和客户需求，进而建立业务的竞争优势。另外，随着国家信创战略的推进和落实，金融业不断提升 IT 系统自主研发能力，降低对商业产品的依赖成为当前刻不容缓的工作。云原生技术通过对平台能力的抽象和标准化，辅以微服务治理、敏捷的资源编排和管控技术，使开发者的关注重心上移，更关注业务逻辑本身，很好地契合了数字化转型、自主可控对企业 IT 架构升级的需求，逐渐成为行业主流企业的共同选择。总体来看，云原生技术呈现以下几个典型的发展趋势。

一、软硬件一体化

传统基础设施的网络、存储、计算能力与云原生技术生态开始深度对接。通过对新的已经规模化量产的硬件（如 GPU/FPGA/NVM 等）创新特性进行深度支持和优化，将大幅提升性能和性价比。

一方面，云厂商将积极参与从系统到芯片层面的深度定制；另一方面，硬件厂商则投入更大的热情去理解云计算，满足用户对软件的需求。

随着云计算承载的业务规模越来越大，软件和硬件的结合成为刚需。规模效应是一个巨大的放大器，软件硬件的充分融合和相互促进会带来巨大的效率提升。否则，规模越大，损耗越大。软硬件一体化将极大提升云计算的性能，提高资源利用率，最终为开发者提供更具性价比的服务。

云的特点就是弹性、敏捷、分布式、可扩展、自管理、自恢复等，符合云的特点的基础架构就可以称为云原生基础架构。云原生是一种构建和运行应用程序的方法，它充分利用云计算交付模型的优势，更天然地贴合了云的特点。所以，云原生的软硬件一体化也是云原生架构的基础，为互联网企业、传统的软硬件企业及新兴企业提供了一个机会。

二、基于网格的服务治理能力

服务治理与业务逻辑逐步解耦，服务治理能力下沉到基础设施，服务网格以基础设施的方式提供无侵入的连接控制、安全、可监测性、灰度发布等治理能力。

随着微服务的逐渐增多，应用程序最终可能会变为由成百上千个互相调用的服务组成的大型应用程序，服务与服务之间通过内部或者外部网络进行通信。如何管理这些服务的连接关系以及保持通信通道无故障、安全、高可用和健壮，就成了一个非常大的挑战。服务网格（Service Mesh）可以作为服务间通信的基础设施层，解决上述问题。

三、有状态应用全面向云原生迁移

无状态＋任务类应用趋于成熟，有状态应用逐步成为云原生市场中新的增长点。Operator 的出现，为有状态应用在云原生基础设施上运行提供了一套行之有效的标准规范，降低了使用门槛，使有状态应用得以真正发展。

四、多云统一管理和多云业务流量统一调度

在企业上云如火如荼的背后，单云部署方式已经不能完全满足需求。一方面，单云部署需要用户选择特定的云厂商，因而不免被其产品与技术所束缚；另一方面，当单云出现宕机等故障时，将大大影响企业业务的连续性与稳定性。

虽然多云部署可以帮助企业摆脱单一云技术或产品的束缚，但混合多云动态弹性、大规模、服务多样及复杂性等特点，使得多云管理面临挑战。由于每个云计算环境有独特的服务和功能，为了有效地评估计算资源和服务配置状态，保障系统安全和应用安全，构建一致性的管理平台对于混合多云至关重要。

云原生北向 API 区域稳定，用户更多地关注跨区域、跨平台、跨云大规模可复制能力。因此，可以有效分散单点风险的混合多云部署方式成了企业上云的必然趋势。

第二节　细分技术领域发展趋势展望

容器、微服务、DevOps 是构成云原生技术体系的主要技术和企业未来 IT 基础设施建设的主要方向。基于容器、微服务、DevOps 的云原生架构将不断加快客户需求交付，降低运营成本，支持容量伸缩，保证业务连续，推动组织技术创新。

一、展望未来

① 以 Kubernetes 为代表的容器技术将持续扩大在企业生产中的应用范围，在自动化水平提升、安全能力提升、人工智能和大数据作业支持能力提升、与 Serverless 技术的融合、对边缘计算的支撑和融合等方面持续快速迭代，以应用为中心构建高可扩展的上层平台，成为用户构建弹性、高可用、智能化、安全可靠的应用的底座和基石。

② 分布式微服务技术的发展将进一步融合云原生技术特点。在融合过程中，Service Mesh、Serverless 等新型架构将为微服务带来新的变革。网格化将深度加速业务

逻辑与非业务逻辑的解耦，基于 SDK 的非业务功能逻辑将向基于边车的模式演进，利用容器共享资源的特性，实现用户无/低感知的服务治理接管；基于无服务器技术，业务能力开发工作将进一步精细化，应用软件的部署更加敏捷。

③ DevOps 方面，随着 DevOps 平台在企业的大规模建设和应用，未来将会有更多应用选择托管服务，将涌现更多的无服务器应用、更多的无服务器服务，不断降低企业的研发和运营成本。同时，DevOps 技术本身也将持续快速迭代升级，不断将人工智能能力、安全能力、数据能力、业务用户服务能力、基础设施即代码的能力融入DevOps 技术体系中。

二、应用场景

人工智能、区块链、量子科技等新技术也将逐渐实现基于云应用技术底座的云化供给，助力提升技术平台的计算效率、智能化水平和安全能力，解决应用场景中的关键问题。

① 人工智能领域，将人工智能转化为企业级生产力是当下和未来的重要技术攻关方向。随着技术的持续演进以及与云应用技术底座的深度融合，在数据自动化标注、从初步"感知"到成熟"认知"升级、从"单模态"向"多模态"演进、隐私计算和联邦学习和大模型等方面将取得新的突破，实现云化和平台化供给，赋能应用创新。

② 区块链技术生态体系逐步构建完善，未来将持续在新的垂直场景落地。利用新型共识技术、区块链网络协同技术、链上链下数据协同技术、数据安全与隐私保护技术来解决区块链技术在性能、可扩展性、安全性、可监管隐私保护方面的技术"瓶颈"成为主要演进方向。同时，区块链技术将进一步通过云应用技术底座和人工智能、大数据、物联网等新技术进行集成创新和融合应用，提升应用的产品力和创新力。

③ 量子科技方面,量子计算物理平台建设仍处于攻坚期,超导、离子阱、硅基半导体、光量子等多条技术路线将继续并行发展，研发进度将不断加速，物理比特数量规模的扩展、逻辑门保真度和相干时间等质量提升、量子体积等综合性能指标的持续优化是未来的发展方向。

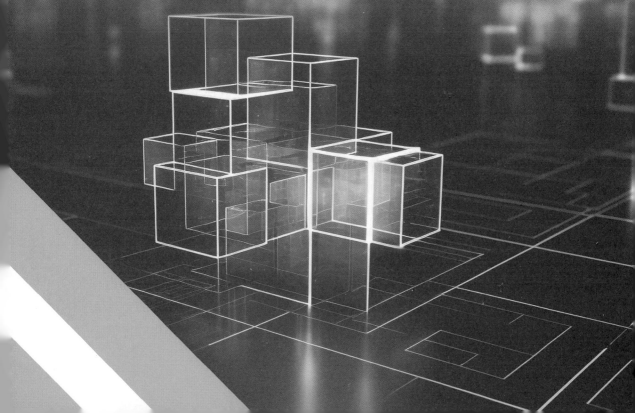

百花齐放篇

第十二章
云应用案例概述

战国时期的荀子曾言："吾尝终日而思矣，不如须臾之所学也；吾尝跂而望矣，不如登高之博见也。"宋代大文豪陆游也曾留下"纸上得来终觉浅，绝知此事要躬行"的诗句。到了近代，马克思也说过："凡是把理论引向神秘主义的神秘东西，都能在人的实践中以及对这个实践的理解中得到合理的解决。"这些都在说明理论应用于实践对人类社会的持续发展、人类文明的不断前进有着重要作用。

接下来，我们就从云计算在经济社会中的实际运用出发，介绍云计算的最新应用成果，以及它和其他数字化技术结合所迸发的新活力。本篇一方面结合《中华人民共和国国民经济和社会发展第十四五年规划和2035年远景目标纲要》中提出的适宜数字化技术发展的十大智能场景；另一方面结合当前建行及其他金融机构利用云计算取得的应用成果，从实践出发，阐述云计算在数字经济场景中的实践发展。

本篇共有13个应用场景的案例展示，每个场景的主要内容为如下。

普惠金融：通过建行在普惠金融领域的丰富实践，特别是云计算的应用实践，介绍普惠金融的内核——以合理并可负担得起的成本为所有有金融服务需求的社会群体提供充分有效的金融服务。以现有市场机制为基础，以商业可持续化为原则，不断创新金融业务模式，最大限度地让更多消费者以合理的价格获得更便捷的金融服务，不断探索金融创新发展的新道路。

智慧交通：通过云计算在智慧公路、车联网、交通"数据大脑"和出行服务4个方面的典型应用，展示智慧交通是将数字化技术集成运用于传统的交通运输管理中，整合交通数据资源的同时协同各个交通管理部门，提供一体化的智慧型综合交通运输系统。

智慧能源：能源一直是人类社会赖以生存的重要环境因素，我们通过大数据、云计算、人工智能等数字化技术在电网智能化、绿色网络站点和矿山开采的应用，充分阐明云计算等的应用在可以为人类探索出更加安全、充足、清洁的能源同时，更可以使人类生活更加幸福快乐、商品服务更加物美价廉、活动范围更加宽广深远、生态环境更加宜居美好。

智能制造：通过云计算与制造技术的深入融合，从产品智能化、制造过程数字化、产业链整合和生态赋能等方面结合来推进制造业的转型升级。同时促进制造业的生产方式在设计、生产、管理、服务等环节都具有自感知、自学习、自决策、自执行、自适应等功能。

智慧农业：以建行"数字农业"产业互联网和农业版图、农产品溯源以及乡村建设为着力点，突出这 4 个方面的实践成果，从而让大家理解数字化技术与农业决策、生产、流通、交易等各个环节进行深度融合所形成的新型农业生产模式与综合解决方案，涵盖了农业从产前到产中再到产后最后至增值服务的全生命周期产业链。

智慧教育：教育乃百年大计，我们试图从国家层面、省级区域、区县地区 3 个维度入手，着力介绍云计算与其他数字化技术在教育领域的实践。突出以数字化技术全面促进教育改革与发展，从而解决传统教育的痛点、转变教育思想观念、促进教育公平、提高教育质量和效益。

智慧医疗：看病难一直是我国民生问题中最值得关注的部分，我们通过介绍 5G、云计算、物联网、大数据、人工智能等数字化技术与医疗行业深度融合，凸显其在全方位覆盖看病就诊、卫生管理、药品供应保障、个人健康管理等服务中的作用。这些将大大改变传统医疗的业务流程，有效地优化了我国医疗资源的分配，为人们带来更便捷、更个性化的服务。

智慧文旅：智慧文旅是"科技赋能＋特色文化＋旅游服务"的综合体，其中特色文化是"灵魂"，旅游服务是"载体"，借助互联网平台和数字化技术的科技赋能是"手段"。实际上通过云计算、5G、大数据、物联网、虚拟现实、人工智能等数字化技术为当地文化旅游资源赋能，助力景区旅游业发展和特色文化传播。案例将围绕旅游管理、旅游服务、旅游营销、旅游信息传播、旅游体验等智慧化应用来介绍数字化文化旅游新业态。

智慧社区：以腾讯、万科、旷视等业界知名厂商为例，展现云计算、物联网、移动互联网等数字化技术以社区居民为服务核心，通过整合社区现有的各类服务资源，为居民提供现代化、智慧化生活环境。

智慧家居：一方面，随着人们生活水平的提高，人们对家居产品的智能化水平要求越来越高；另一方面，随着低碳环保绿色成为我国各个产业发展所追求的环境目标，

人们对智慧家居的需求越来越多。智慧家居兼具了家电、通信和设施的自动化与数字化，实现了家庭设备的互联互通、远程操控、自我学习等功能。

智慧政务：以建行在智慧政务领域的实践为主要内容，展现利用云计算、物联网、人工智能、数据挖掘、知识管理等形成的智慧型政府，主要体现在提高政府在办公、监管、服务、决策方面的智能水平，形成高效、敏捷、公开、便民的新型政府。

住房租赁：建行一直以来就是一个极有社会担当的国有大行，其在住房租赁领域的实践就是最好的印证。案例充分展现了住房租赁生态是一个充分利用物联网、云计算、5G 等数字化技术的集成应用，为人们提供了安全、智能、方便的现代化、智慧化居住环境。

智慧供应链：供应链是一个涉及信息流、资金流、物流和商流的庞大链条，是个多主体、多协作的业务模式，对数字化技术有着强烈的需求。以中信梧桐港为例，介绍区块链、云计算、大数据、物联网、人工智能等数字化技术在供应链金融平台中的作用。

第十三章
普惠金融场景

3

导　读

　　我国逐步进入落实普惠金融发展规划的重要阶段，继续完善普惠金融全局规划，释放金融服务的普惠效能，对于巩固我国经济体系的建设具有重要意义。坚持普惠金融发展建设，不仅为当前我国金融业的可持续健康发展提供了有力保障，还为当代经济体系的转型与升级创造了强劲的驱动力。普惠金融强调金融服务的共享性和公平性，服务对象范围广泛、数量规模大以及个体差异大等特点加大了普惠金融业务的开展难度。因此，我国紧抓金融科技发展带来的新机遇，积极应对普惠金融发展中所产生的问题。

　　本章将回答以下问题：

　　（1）普惠金融的目标和意义是什么？

　　（2）云计算技术是如何为普惠金融赋能的？

　　（3）普惠金融的效益和亮点是什么？

第一节　普惠金融背景及其应用介绍

一、普惠金融概述

　　我国普惠金融各项工作有序展开，取得了丰硕的成果，普惠金融发展的整体态势趋向良好。其一，金融服务的覆盖面持续扩大，基础设施建设全面发力。其二，对于重点领域的金融服务供给继续增加，金融机构通过降低金融成本以及扩大信贷投放增量等多种方式加大对普惠金融的支持力度，重点改善金融薄弱领域客户群体的融资困难问题，有效地扩大了金融服务的普惠效能。

　　要注意的是，"普惠"并不等于"施惠"，其是以现有市场机制为基础，以商业可持续化为原则，不断创新金融业务模式，最大限度地让更多消费者以合理的价格获得更加丰富、便捷的金融服务，不断探索金融创新发展的新道路。

二、面临的问题

　　小微企业融资难、融资贵是一个世界性的难题。回顾过往金融服务，其问题可总结为：第一，信息不对称。过去的金融服务信息公开透明度低，公众难以及时、准确、有效地掌握金融相关信息；金融机构很难精确地获取客户信息。第二，交易成本高。投资者进入金融市场门槛高，而且进入金融市场的方式单一，增加了金融中介成本。第三，风险管理能力差。金融海量数据具有实时性、复杂性特征，金融交易具有频繁性、隐蔽性特征，二者会导致系统性风险发生概率提高，使得传统监管能力乏力。

三、发展机遇

　　我国金融科技创新领域不断拓展，呈现新态势、新局面。从理论维度来看，金融科技有助于发挥资源配置效应和创新效应，推动经济高质量可持续发展；从实践维度来看，金融科技能助推资产管理业务脱虚向实，为推动经济高质量可持续发展创造了客观现实条件。随着科技创新在金融领域的应用逐步落地，新兴金融业态也在不断涌现。第一，金融科技催生出一批新兴金融机构，如兴起的金融租赁企业，商业保理公司，融资性担保公司，小贷公司，典当行，非典型、传统的银行和保险机构，互联网金融公司等。第二，新兴金融产品与融资方式涌现，如小额贷款、融资租赁、融资担保、风险投资、创业投资、众筹、资产证券化等。第三，科技创新展现出最新金融业态，例如，在云计算方面，云计算应用推动了金融云的应用向更加注重以安全稳定和风险防控为核心的"深水区"迈进，云计算应用的"云保险"业务逐渐获得金融行业需求者的青睐。在大数据方面，金融大数据与其他跨领域数据融合应用，以及建立与完善金融大数据的技术标准，成为拓展金融大数据应用的关键。在人工智能应用方面，生物智能技术也已经在金融领域广泛应用，如认知智能、智能风控、智能投顾和智能投研等。

四、数字化技术在普惠金融中的应用

金融行业通过人工智能、区块链、云计算、大数据、5G 等数字化技术不断发展出数字普惠金融、数字货币与数字资产等产品或服务，不断拓展了以数字经济为标杆的新经济发展的内涵和外延，提升了数字经济发展的质量、效益、安全和可持续性。其中，人工智能、区块链、云计算技术表现尤为亮眼。

1. 人工智能塑造金融行业变革

人工智能的本质是生产出一种以同人类智能相似的方式做出反应的新智能机器，涵盖了弱人工智能、通用人工智能和强人工智能 3 种类型。人工智能具有深度学习与自我博弈进化技术、网络群体智能、人机一体化技术导向的混合智能、新兴跨媒体推理及无人系统快速发展等新特征，为实现资产配置、征信、保险、大数据风控等金融行业全新的变革创造了客观条件和现实基础，可以大大提升普通消费者和企业主在金融服务方面的感受，降低金融服务的使用成本。不过，未来人工智能也存在如何创造智能新产品、新智能应用系统及如何使社会智力增加智能等一系列挑战。

2. 区块链夯实数字经济技术

区块链在金融领域的落地应用更是成为科技界和金融界共同关注的焦点。例如区块链在资产证券化中的应用，实现了改善 ABS 的现金流管理、穿透式监管、提高金融资产的出售结算效率、增强证券交易的效率和透明度以及降低增信环节的转移成本等重要作用。区块链在保险中的应用，通过定制化属性较强的保险品类，为企业信誉背书以保障消费者权益，简化销售流程以节省销售成本，提高理赔效率，同时有效防止骗保事件的发生。因此，区块链技术应用在金融市场的产品、渠道、授信、反欺诈、风险评估等多个环节，有利于降低普通消费者和企业主在金融活动中的风险。另外，区块链中的智能合约技术在资产托管中的应用，能够有效解决资产托管业务中的操作风险。

3. 云计算支撑金融平台革新

云计算是一种按使用量付费的模式。它把所有计算资源集结起来看成一个整体，包括网络、服务器、存储、应用软件、服务等，每个操作请求都可按照一定的规则分割成小片段，分发给不同的机器同时运算，最后将这些计算结果整合，输出给用户，具有快速提供计算资源、管理投入少等重要特点。云计算技术能够为金融机构提供统一平台，在信息安全、监管合规、数据隔离和中立性等要求下，有效整合金融市场的多个信息系统，消除信息孤岛，为金融机构推进业务改革创新提供有力支撑，为普惠金融机制迅速触达普通消费者和企业主提供了底层技术支持。

下文以建行为例介绍普惠金融发展过程、技术应用、技术应用价值等内容。

第二节　建行普惠金融云应用案例

一、建行普惠金融发展概况

1. 建行普惠金融发展背景

国家高度重视普惠金融事业，明确普惠金融发展导向，持续推出普惠金融支持政策，普惠金融面临着前所未有的政策机遇和发展环境。与此同时，中国人民银行于 2019 年发布了《金融科技（FinTech）发展规划（2019—2021 年）》，为进一步加强金融科技建设，助力普惠金融发展提供了更加积极的引导与坚实的保障。金融科技的广泛应用和发展可以有效解决当前普惠金融发展过程中面临的业务成本较高、效率低下、适用性产品的创新驱动不足以及安全技术保障缺乏等问题，助推金融机构运用金融科技赋能普惠金融高效发展。

建行响应国家普惠金融发展政策，2018 年实施普惠金融发展战略。建行普惠金融发展战略的实施，是创新探索普惠金融新机制、新模式、新空间、新生态的过程，形成了数字普惠"建行方案"，构建了平台生态体系化竞争优势，促进并造就建行成长为普惠金融领域的践行者、推动者和引领者。

2. 建行普惠金融构建主要思想

普惠金融战略是新时代下建行面向广大客户群体进行的战略重心调整，聚焦"双小"，以"双小"承接"双大"，引导"双大"带动"双小"。"双小"战略是建行普惠金融的主要战略方向，强调了要注重小企业、小行业的金融市场发展，"双小"代表着大众市场与广泛的客户，是构成普惠金融领域的重要因素，而"双大"是其成长基础，要注重两者的相互融合与协同发展。为夯实"双小"战略，建行对经营结构、管理机制以及业务方式等多方面进行战略升级并进一步强化金融科技支撑。建行提出面对小行业、小企业客户要进一步夯实普惠经营，扩大普惠金融业务板块，从工、农、商、贸等多方面完善业务覆盖领域，深入覆盖客户的各个日常生活领域，从多方面协同推进普惠金融工作的实施与服务。

建行普惠金融战略的实施核心是把握科技属性，这体现了建行运用金融科技赋能普惠金融创新发展的强大决心与战略高度。战略实施强调要运用互联网思维创新业务经营模式，进一步加强数据管理能力并创新平台经营模式，为普惠金融发展建立坚实的基础，进而打造普惠金融新生态。建行始终坚持以客户为中心，通过互联网营销平台进一步加强客户沉淀并拓宽客户基础，进而建立广泛的客户联系，加强普惠金融服务力度。建行积极应用大数据技术强化客户信息整合与分析，通过引入工商、税务、司法涉诉等131项外部数据，结合不同业务场景的创新方式进一步深化数据应用，夯实大数据基础，打造数字化经营的竞争优势。建行充分结合小微企业的经营特点与金融服务需求，并以自身专业化的数据整合与挖掘能力为基础，全方位、多渠道地加强内外部数据的互联互通，进一步优化了业务模式，有效地满足了不同的金融需求。在此基础上，建行将线下优势与线上渠道进行创新融合，进而打造数字化普惠金融服务平台，并逐渐探索出"五化""三一"的独特普惠贷款模式，向客户展现了自动审批、智能营销以及一站式服务等智慧服务功能，极大地提升了普惠金融服务效力。

3. 建行普惠金融发展历程

（1）全面启动普惠金融战略

2018年5月，建行全面启动普惠金融战略，用"双小"承接"双大"，致力于依靠科技手段，用更加智能、高效、开放的方式服务客户。2018年9月，正式上线全国首个面向小微企业的移动融资平台——"建行惠懂你"App，为小微企业和个体工商户等普惠客群提供全生命周期金融与非金融服务。

（2）坚持创新驱动，科技赋能

战略实施两年，建行坚持创新驱动，科技赋能，运用"移动互联网＋科技＋金融"模式，立足新金融实践，构建以批量化获客、精准化画像、自动化审批、智能化风控、综合化服务为内容的"五化"新模式，提供贷款额度测算、贷款申请办理、预约开户等一站式综合融资服务。

批量化获客：利用云计算技术，通过快应用、小程序打造轻量级获客渠道，通过开放银行广泛接入内外部数据，应用开放式获客渠道、大数据分析技术进行客户的批量挖掘、主动营销、广泛获客、合理授信。

精准化画像：在大数据技术支持的基础上实现对客户的洞察，构建身份特质、金融特征、信用情况、行为偏好、经营情况、关系信息、风险合规、履约能力等多维度的客户360°画像，形成客户关系图谱。

自动化审批：利用区块链、人工智能等技术实现自动审批、自动估值、线上抵押登记、公证赋强等全流程线上审批。通过零售计量风险评分卡、多维授信额度计算模型等方式，实现客户自动风险分析和授信计算。

智能化风控：建立普惠金融实验室，利用人工智能等技术完善普惠金融全流程的业务风险管控能力；对接企业级反欺诈平台提升产品及渠道的反欺诈能力；新建普惠产品准入模型，实现业务应用与基础技术分离。

综合化服务：通过内引、外联等方式构建普惠金融生态服务能力，为企业全生命周期提供综合化服务。

（3）制定下一阶段普惠金融战略发展规划

为贯彻党中央国务院支持实体经济、大力发展普惠金融的重要部署，建行立足新金融实践，深化"数字、平台、生态、赋能"发展理念，做好"十四五"期间普惠金融战略发展规划布局，推进普惠金融事业高质量发展，培育建行核心业务板块，打造国际领先的数字普惠金融模式。2021年年初，建行制定了《建行普惠金融战略发展规划（2021—2023年）》，主要任务是加强数据资产应用和数智化融合，以"三惠合一"全面构建多维数字普惠金融生态，加大数字化技术转化力度，算法、人工智能应用核心能力优势突出，实现了场景化产品定制和模块化产品设计的创新突破，新兴市场机遇洞察与捕获能力大幅提升。

二、建行普惠金融云应用过程

建行作为国有大行中的一员，在紧跟国家政策与领导的同时，始终恪守着国有大行应尽的社会责任与义务，坚持探索普惠金融发展新路径。建行相继推出普惠金融与金融科技战略，全力打造智慧开放的普惠金融服务平台、创新的金融产品与服务以及普惠的金融发展模式，进一步推进全行的业务转型与升级，实现新金融的纵深发展。为有效解决实体经济在银行业"融资难、融资贵、融资慢"的困难，建行全力推进普惠金融业务发展，运用互联网和大数据等科技手段，以生物识别、人工智能等新兴技术为支撑，创新推出国内首个面向小微企业的移动融资平台——"建行惠懂你"App（以下简称"惠懂你"）。

1. 普惠金融渠道服务业务构建

基于云计算等技术，普惠金融渠道服务着力整合银行内部、政府部门及第三方涉企数据，对客户进行立体画像，重构信用体系，破解缺信息、缺信用难题。实施开放式、场景式获客，应用数字化、智能化技术手段，重建信贷业务流程，掌上指尖便捷操作，实现普惠金融"一分钟"融资，打造客户极致体验。

（1）大数据多维画像重构信用体系

"惠懂你"坚持内部挖掘和外部共享并重，推动内外部数据规范化、关联化，着力将数据资产转化为信用信息。对内整合小微企业和企业主资金结算、交易流水、工资发放、信用卡消费、投资理财等多维度数据，对外引入政府数据（工商、税务、海关、法院、国土等）、专业市场或第三方（农垦、花卉市场、小商品城、ETC、燃气等）外部数据，从企业生产经营的可靠数据中充分挖掘信用信息，突破传统以财务报表评估信用的方式，通过多维数据建模评价其偿债能力，测算能够给予的贷款额度、期限、价格等，形成授信方案，为小微企业融资有效增信，变"依赖抵押"为"数据增信"，有效破解信息不对称难题。

（2）开放式服务变"坐商"为"行商"

"惠懂你"按照"移动互联"理念，让金融服务走出物理网点，送产品到小微企业手上。"惠懂你"采用开放的互联网服务方式，小微企业无论是否在建行开户，只需下载"惠懂你"App 或使用微信小程序，即可享受贷前测额、预约开户等服务，改变了要享受银行服务需要先开户的传统做法，极大地提升了小微企业对金融服务的获得感。

（3）业务全程上网提速贷款进度

"惠懂你"积极推动身份信息验证、贷款合同签约等业务线上办理，实现各环节办理流程应上尽上。银行后台采用流水线作业，通过系统自动获取行内信息，减少跨层级、跨部门处理环节，保证贷款办理效率；小微企业用一部手机就可以办理贷款申请、签约、支用、还款等手续，大幅减少了跑银行、填材料的次数。抵押类贷款，企业只需在手机上填写抵押房产等信息，系统就能实时反馈评估价格和可贷金额，快速响应需求。信用类贷款，系统根据授信方案自动审批，企业只要信息完整，一分钟以内即可完成贷款从申请到支用的全流程。

（4）平台智能操作提升使用体验

"惠懂你"运用生物认证、人脸识别技术和数据分析模型批量化智能识别客户，自动导入企业各项基础数据，简化功能操作界面，实现了"可见即可贷"。小微企业点开"惠懂你"，"测测贷款额度""预约开户""我要贷款""进度查询"等功能一目了然。点击测额选项，只需输入企业相关信息，后台将在 30 秒内自动生成可贷产品和额度。已经在建行开户的小微企业，可以直接点击贷款产品在线申贷；没有开户的小微企业，平台提供"预约开户"服务，企业可在线预约开立对公结算账户，自主选择办理时间和网点。通过"惠懂你"申请贷款，平均只需在手机上点击 10 余次，即可完成"用户注册—企业认证—精准测额—贷款申请—发放贷款"的办理步骤，切实优化了客户体验，提升了融资便利性。

（5）无界布局场景式生态体系

"惠懂你"依托开放银行管理平台，一方面，推进"VISTA"（远景模式）出海服务模式，抓住重点出海场景和头部平台，嵌入企业经营场景，构筑普惠金融开放共享生态圈。另一方面，推动"智慧工商""智慧税服"功能等高频使用服务入海，链接悦生活、投资理财、生活缴费、信用卡、线上菜篮子等生活服务，进一步拓展"惠懂你"的服务深度及服务范围，提升用户黏性，让银行"随身而行""随心而在"。

普惠金融渠道服务架构如图 13-1 所示。

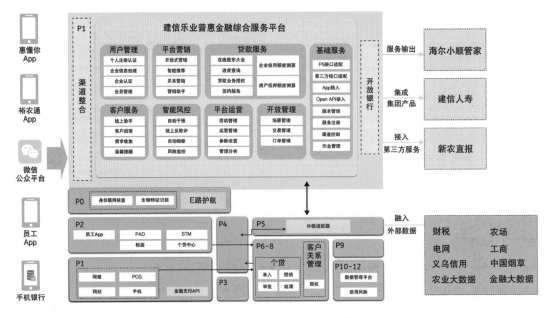

图 13-1 普惠金融渠道服务架构

2. "惠懂你"五层次打造普惠金融渠道服务

普惠金融渠道服务支持"惠懂你"App、微信小程序、复工复产助小微快应用渠道接入，实现用户管理、平台营销、基础金融服务、贷款服务、客户服务、智能风控、平台运营等功能。本着开放共享、合作共赢的目标，通过建行开放银行将平台核心产品能力输出到第三方场景，打造开放式获客、全线上一站式服务、全面互联网风控等平台核心支持能力。普惠金融渠道服务采用互联网分布式架构进行开发和部署，包括渠道层、渠道接入层、应用服务层、共享服务层和支撑服务层。

渠道层主要指目标平台对外开放的渠道，目前主要包括建行内部渠道和第三方开发应用，建行内部渠道包括"惠懂你"App、微信小程序等。第三方开发应用通过开放银行平台以 OpenAPI、SDK 的方式进行服务能力输出。

渠道接入层主要负责将渠道接入渠道层的请求转发至应用服务层和共享服务层的服务，实现流量控制、服务路由和服务编排等功能。

应用服务层主要负责与平台业务应用直接相关的业务服务，包括金融服务、非金融服务和客户服务等，随着平台的不断迭代和业务创新，逐渐丰富。

共享服务层主要负责普惠平台基础服务中心能力构建，包括金融产品中心、非金融产品中心、风险中心、营销中心、消息推送中心、运营中心等。

支撑服务层主要包括决策服务支持和数据分析服务支持，为共享服务层提供决策和数据分析支撑。

普惠金融渠道服务技术架构如图 13-2 所示。

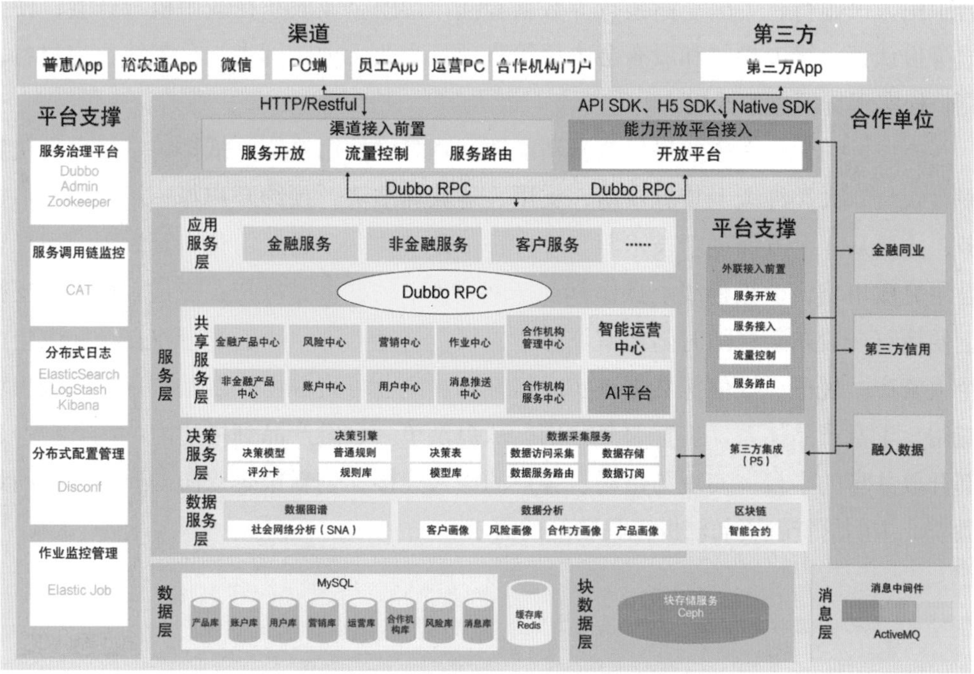

图 13-2 普惠金融渠道服务技术架构

3. 业内率先推出普惠金融战略

为落实国家战略，服务社会民生，建行率先将普惠金融正式上升到全行战略高度，将金融和科技有机融合，设计并实施了包含"增加金融供给""搭建平台生态""赋能多方主体"在内的一整套普惠金融服务，积极为大众"安居乐业"探索金融服务解决方案。"惠懂你"充分利用互联网、大数据、人工智能和生物识别等技术，秉承"数字、平台、生态、赋能"的发展理念，搭建了以数据化经营为基础，以智能化科技为支撑，以平台化经营为核心的普惠金融服务体系。

三、技术应用价值分析

"惠懂你"借助大数据、云计算和人工智能等技术，面向可触达的全量普惠金融客群开展 360° 精准画像，建立主动授信和风控模型，让众多缺抵押、缺担保、缺银行信用记录的小微企业和企业主通过手机即可获得信贷机会，让贷款服务触手可及。

业内首创精准测额功能，解决企业在大银行"能不能贷，能贷多少"的问题。建行整合内外部海量数据，利用大数据分析对小微企业进行全息画像，企业主只需轻松点击，系统就能自动完成额度计算和审批，为企业提供"可见即可贷"的测额体验。

业内首创在线股东会功能,提升小微企业股东授权效率。建行借助数字化技术打破企业现场开会的时间和空间限制,运用人脸识别、语义校验等多重生物识别方式,结合中国人民银行、中国工商银行等数据验证,帮助企业股东在线手机云开会,便捷完成身份认证、线上投票和股东会决议等事项,企业无须跑网点,只需线上交材料,就能轻松实现贷款业务授权。

"惠懂你"为小微企业提供贷款精准额度测算,信用快贷、抵押快贷、交易快贷和平台快贷4大类纯线上贷款申请、支用、还款和结清,预约开户等一站式综合融资服务,主要从4个方面创新技术服务手段:一是"快",通过简化申贷流程,引导客户自主完成申贷,全流程线上操作,真正做到秒申、秒批、秒贷;二是"易",支持线上便捷召开股东会,随时随地审议融资提案;三是"准",通过授权自动获取企业及个人资产、税务、征信等数据,实时精准测算企业可贷额度;四是"广",聚焦场景应用,丰富产品体系,扩宽服务范围。从提供单一金融产品到搭建内部充分整合、外部开放共享的平台,实现与市场、客户的深入连接,创新银企双向沟通方式,满足小微企业主的信贷融资与辅助工具功能的需求。

第三节　亮点总结

"惠懂你"支持小微企业在申请的贷款额度下自主支用、7×24小时随借随还,而且按实际使用金额和天数计息,当天借当天还可免收利息,方便企业自主运用信贷资金。此举不但为企业减轻了还款压力,而且提升了企业主金融服务获得感,还能聚合政务服务职能,提升社会治理能力。

一、为企业主节约利息支出,减轻还款压力

"惠懂你"信贷产品额度最长有效期可达3年,企业申请到额度就相当于拥有了"备用金",有需要随时使用,不用不付利息。对小微企业,推出线上贷款延期和无还本续贷服务,最长可延期半年,续贷一年。企业普遍反映,以往贷款需要按月支付利息,到期一次性归还本金,但在"惠懂你"贷款,用贷金额、还款时限和延期续贷等事项均由企业自主掌握,可节约利息支出,减轻还款压力。目前,"惠懂你"为百万个小微企业提供了精准测额服务,支持企业在经营过程中随时测算、想用即用。

二、提升企业主金融服务获得感

"惠懂你"访问量破亿次,下载量超1 500万次,注册用户突破1 200万人,认证

企业 430 余万户，提供授信金额超 4 000 亿元。特别是，"惠懂你"提供"云义贷"专属信贷额度和专项利率优惠支持，为贷款到期的小微企业提供贷款延期、续贷等专属金融服务，同时，在线发起股东会服务，大幅提高了认证企业的授权效率。

三、融合赋能，释放聚能效应

"惠懂你"以金融化方式整合社会资源，对小微企业及企业主赋能，共享科技红利，释放"聚能效应"，从科技成果的应用者转变为协同创新者，从封闭金融体系的参与者转变为开放金融生态的超级合作者。例如：与工商部门合作，提供"智慧工商"营业执照预约打印服务，提供"惠企查"企业信息一键查询服务；与税务部门合作，提供"智慧税服"查税、办税类服务；与媒体合作，提供普惠金融专属政策信息服务；与研究机构合作，提供"小微指数"普惠金融行业发展趋势分析服务；与医疗机构合作，提供在线问诊等服务；利用"建行大学"资源，推出"小微企业云课堂"企业经营管理及个人能力提升等系列直播培训服务，赋能企业成长。

14

第十四章
智慧交通场景

导　　读

　　作为连接人、货物和服务的重要手段，交通一直是城市或社区在日常运营中不可或缺的重要元素。随着云计算、大数据、互联网、5G、人工智能、区块链、超级计算等数字化技术与交通业务的深度融合，交通行业原有的运输模式、管控模式和服务模式均产生了重大变革。在数字化技术应用和交通数据资源整合的赋能下，智慧交通运输系统在提高交通管理效率、提升公共服务水平、改善出行体验、助力节能减排等方面都发挥着重要作用。

　　本章将回答以下问题：

　　（1）智慧交通发展面临的机遇和挑战是什么？

　　（2）云计算技术赋能智慧交通的主要场景有哪些？

　　（3）云计算技术赋能智慧交通的典型应用案例有哪些？

第一节　智慧交通概述

一、智慧交通发展背景

1. 智慧交通概念

智慧交通指的是在城市已有的道路基础设施的基础上，将信息技术集成运用于传统的交通运输管理中，整合交通数据资源的同时协同各个交通管理部门，由此形成的结合虚拟与现实的、提供一体化的综合运输服务的智慧型交通运输系统。

智慧交通的前身是智能交通，美国智能交通协会于 1960 年首次提出智能交通系统（Intelligent Transportation System，ITS）的概念，是指将先进的信息技术、数据通信传输技术、电子传感技术、控制技术及计算机技术等有效地集成并运用于交通系统，从而提高交通系统效率的综合性应用系统。

2009 年，IBM 首次正式提出智慧交通的概念，在智能交通的基础上，融入物联网、云计算、大数据、移动互联等高新 IT 技术，通过高新技术汇集交通信息，提供基于实时交通数据的交通信息服务。

2. 智慧交通发展面临的挑战和机遇

（1）挑战

便捷出行。随着经济的高速发展和城市化进程的推进，我国机动车保有量迅速增加，但城市路网和交通系统建设相对滞后，在许多城市尤其是大城市均面临着交管模式落后、交通拥堵、停车困难、存在公共交通衔接盲点、道路基础设施利用率失衡、环境污染等一系列"城市病"，拥堵指数和出勤时耗直接影响了城市生活体验。根据百度地图联合北京交通发展研究院发布的《2022 年度中国城市交通报告》，重庆、北京、上海、杭州等城市的通勤高峰拥堵指数均不低于 1.73。北京 2022 年平均通勤时耗较 2021 年有所降低，但仍高达 42.8 分钟。此外，公众出行服务内容、形式和渠道尚比较单一，不能充分满足公众出行需求。

交通数据协同和活用。交通产业领域宽泛，产业体系复杂，涉及管理部门繁多且管理职责分散，交通系统项目建设相互独立，导致交通业务系统相互独立，重复建设、部门数据孤岛和数据壁垒严重。交通大数据不能综合应用，直接制约着智慧交通行业的整体发展。因此，需要建立一体化的交通数据协同平台，推进交通数据跨行业、跨地域、跨业务的数据共享和赋能。

低碳减排。交通运输行业是典型的能源消耗型行业，面临着较大的减排压力。交通运输行业的碳排放占据了我国碳排放总量的 1/10。在交通能源消耗方面，公共汽车每百千米的人均能耗是燃油车的 8.4%，新能源车大约是燃油车的 3.4%。作为我国"碳

达峰"和"碳中和"的重点领域，交通运输行业需要持续完善绿色交通基础设施，不断优化调整交通运输结构，大力推进新能源汽车、公共交通出行等低碳减排活动。

网络和数据安全。在汽车自动化、数字化、网联化发展的同时，暴露在互联网中的汽车所面临的网络安全威胁和数据安全风险也在不断滋生，如云端的信息被篡改、通信链路的监听、车端密钥的泄露、本地网络的通信安全等。建立车联网网络和数据安全保障体系，提升安全水平，是实现车联网产业经济健康发展的重要前提。人脸识别、生物身份验证等技术的应用，交通轨迹大数据的分析活动，都可能涉及个人隐私信息保护，对智慧交通应用场景创新也提出了挑战。

（2）机遇

数字化技术的蓬勃发展、国家战略政策的大力支持、道路智能基础设施的日趋完善、行业规范的进一步完善，都为交通行业的数字化转型和智慧交通的应用场景落地夯实了基础，给智慧交通提供了重要的发展机遇。

数字化技术应用的成熟度提高。随着新一轮产业革命的深入，云计算、物联网、传感技术、5G、卫星遥感定位等数字化技术在交通运输领域得到广泛应用，并融合发展，为构建交通基础设施网络及综合运输的状态感知、数据服务和应用服务管理体系，实现更加智能的交通管理提供了技术底座。基于数字化技术的应用场景创新也加快了出行方式和交管模式革新。

新基建促进智慧交通设施建设。截至 2022 年底，我国综合交通网络的总里程超过 600 万千米，已建成全球最大的高速铁路网、全球最大的高速公路网和世界级的港口群。全国机动车保有量高达 4.17 亿辆，其中新能源汽车保有量达 1 310 万辆，且80% 为电动汽车。随着数字化技术的广泛应用，交通基础设施逐步实现数字化，公交出行信息可视化提升，让人们出行更加便捷。我国已建成多个智能驾驶测试示范区，5G 无人车已实现了在特定场景的应用。随着新基建的推进，包括 5G 网络、数据中心、新能源汽车充电桩等在内的新型基础设施进一步完善，将为智慧交通的飞速发展提供坚实的基石。

交通行业法规政策和规范进一步健全。政府部门密集出台一系列政策法规推进和指导智慧交通行业快速发展。2020 年，国家发展改革委联合多个部门发布《智能汽车创新发展战略》，提出"人—车—路—云"系统协同发展的概念，并将其作为"构建协同开放的智能汽车技术创新体系"的重要任务。2021 年 7 月，工业和信息化部发布《网络安全产业高质量发展三年行动计划（2021—2023 年）（征求意见稿）》，提出加强车联网平台及相关应用安全能力建设要求。2021 年 8 月，交通运输部发布《交通运输领域新型基础设施建设行动方案（2021—2025 年）》，明确提出我国交通运输领域新型基础设施建设目标。2021 年 9 月，工业和信息化部、公安部和交通运输部联合发布《智能网联汽车道路测试与示范应用管理规范（试行）》，对自动驾驶道路测试实施规范要求。2021 年 10 月，交通运输部印发《数字交通"十四五"发展规划》，鼓励各省市交通主管部门统筹开展综合交通运输信息平台建设，并与国家综合交通运输信息平台实现互联互通，构建全国一体化协同综合交通运输信息平台，加强数据资源的整合共享、综合开发和智能应用。2022 年 2 月，工业和信息化部印发了《车联网网络安全和数据安全标准体系建设指南》，指导车联网网络安全和数据安全标准体系建设。交通法规政策和行业规范等标准化制度体系的完善，为智慧交通的发展起到了保驾护航的作用。

二、云计算赋能智慧交通

智慧交通产业链覆盖范围非常广，上游主要是提供信息采集与处理的设备制造商，中游包括软件和硬件产品提供商、解决方案提供商，下游以运营 / 集成 / 内容等第三方服务商为主。智慧交通的终端应用场景主要有智慧公路、智慧港口、智慧机场、智慧城轨、智慧交管、智慧停车、自动驾驶等。

这些应用场景里都活跃着各种技术的身影。例如，智慧停车将无线通信技术、移动终端技术、GPS 定位技术、GIS 技术等综合应用于城市停车位的采集、管理、查询、预订与导航服务，用户可以实时查询和预订停车位资源，使用导航服务。智慧交管综合利用前端智能感知设备、智能视频云、大数据、多算法仓、全栈智能等技术，应用于交管作业智能化、交通态势监控等场景。其中，云计算与交通业务场景和需求的深度契合，是交通行业数字化转型的关键成功要素。云计算特有的超强计算能力、动态资源调度、弹性伸缩等优势完美契合了众多智慧交通应用场景的资源需求，当之无愧地成为智慧交通的核心"技术底座"。

1. 海量数据信息存储和分析

智慧交通的分析对象往往是整个城市的交通信息，涉及海量数据的存储和分析，如一线城市电子警察、智能卡口等应用采集的车牌识别等需要采集和识别的交通监控视频和相关交通数据量级已达到 PB 级别。传统的交通数据存储及分析方法难以有效支撑如此庞大的数据体的开发与利用。云计算分布式存储技术的高吞吐率和高传输率，以及超计算能力资源，可以满足智慧交通海量数据的存储和分析需求。

2. 数据共享和计算需求统筹

在智慧交通系统建设过程中，不同单位建设的平台以及出自不同厂商的终端，形成大大小小的信息孤岛，很难实现交通数据协同采集、共享和充分活用。基于云计算技术的大数据中心可以打通不同区域、行业、平台间的数据孤岛，更好地实现数据共享和业务赋能。

3. 高可用性及高稳定性要求

智慧交通面向政府、社会和公众提供交通服务，为出行者提供安全、畅通、高品质的行程服务，需保障交通运输的高安全、高时效和高准确性，对系统的可用性和稳

定性有很高的要求。云计算的高容错、计算节点同构互换等技术特征能提升服务的高可靠性和容灾能力、云资源的弹性伸缩能力，保障智慧交通系统的稳定性。

图 14-1 为智慧交通行业产业链。

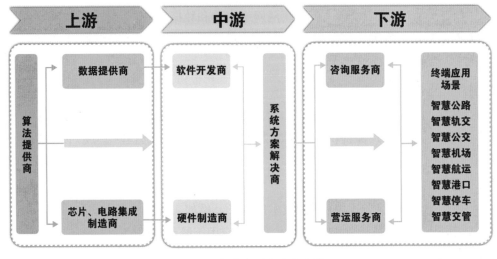

图14-1 智慧交通行业产业链

第二节　智慧交通应用案例：车路协同生态建设

车路协同采用先进的无线通信和新一代互联网等技术，全方位实施车车、车路动态实时信息交互，并在全时空动态交通信息采集与融合的基础上开展车辆主动安全控制和道路协同管理，充分实现人车路的有效协同，保证交通安全，提高通行效率。

未来的智慧交通将基于数字化技术实现"人—车—路—云"广泛连接，形成新型连接生态。云计算整合物联感知、5G、云边、大数据、人工智能等数字化技术，深度结合交通基础设施数字化升级、智能网联汽车应用、便捷出行服务等应用场景，打造智慧交通车路云协同生态，提升交通运输系统运行效率和出行体验。

一、提升公路感知能力——智慧公路

智慧公路的关键在于构建人、车、路协同综合感知体系，并构建综合的路网运营监测与预警系统，打造互联网交互式高速公路系统，提升高速公路感知识别能力、预测能力、决策能力和应变能力，实现安全、高效、绿色的交通运行。

1. 中国首条"智慧高速"

2017 年开建的杭绍甬高速公路是我国首条智慧高速和超级高速公路，杭甬段规划全长 161 千米，设计速度为 140 千米 / 小时，兼具智能、快速、绿色、安全四大要素。

智能。杭绍甬高速公路在建设的过程中就植入了包括传感器、5G 光纤等在内的一些新基建模块，相当于在实体高速公路的基础上架设起了一条信息高速公路。通过集成动态交通流感知、高精定位和高精地图服务、多模式无线通信（5G）、数字化标志标线等先进路侧系统，利用大数据构建智慧云控平台，引入人工智能技术实现信号灯、情报板、匝道、收费站等交通设施的智能管控，并构建路网综合运行监测与预警系统，将来杭绍甬高速公路在技术层面上可具备"无人驾驶"的条件。

快速。高速公路隧道智能巡检机器人，能够实时采集和监测隧道内环境及交通运行情况，并对信息进行分析、预测。路网综合监控系统对车流情况和经过车辆的速度、胎压、胎温、车厢温度情况进行实时监测，并运用北斗卫星技术，整合报警手机定位、路况预判、应急救援指挥调度、分流预案、应急信息提示等功能，可快速处理交通事故。通过人—车—路的协同和信息交互，驾驶员可以实时掌握路况，并提前收到拥堵或事故信息，结合拥堵诱导服务，选择最适宜的路线，有效提升道路通行速度。140 千米 / 小时的规划行驶速度，相对于目前浙江类似高速公路 90 千米 / 小时的实际平均运行速度有了大幅提升。

绿色。在节能减排以及汽车电动化的国家政策下，杭绍甬高速公路可通过太阳能发电以及路面光伏发电，作为插电式充电桩电量的补充，为电动车提供充电服务，有效延长电动车续航里程。将来实现移动式的无线充电后，司机可以"一边开车一边充电"，再也不用为电动车的续航问题而烦恼。

安全。杭绍甬高速公路通过多项智能控制系统，未来可通过"车路协同"综合信息服务系统为在自动驾驶专用道上已开启自动驾驶模式的车辆提供路面状态的分析，实现智慧引导，并且通过预先安装的路侧设备及物联感知的预警系统，可为人工驾驶、辅助驾驶、自动驾驶车辆提供不同类型的信息安全预警。未来车辆行驶在高速公路上，无论对方行驶的汽车转弯还是骤停，车辆都能迅速接收到准确信号，并立即做出对应决策，有效避免危险。这些措施能够有效减少事故发生率，提高道路通畅率。

图 14-2 为新华三道路救援应用示意。

2. 数字孪生公路

为了改变长期以来存在的"重建设轻管理"现象，切实提升国省道公路项目全过程管理的数字化、智慧化水平，2021 年 8 月，"数字孪生公路建养"应用场景在 320 国道嘉善段整治项目开展试点，试点经验后续将在其他项目中进行推广。

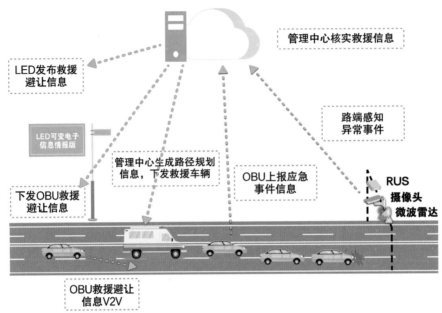

图 14-2 新华三道路救援应用

（1）搭建统一的数字孪生平台

应用 GIS+BIM 技术，对项目进行孪生重构，搭建一个统一的数字孪生平台，通过高精地图、倾斜摄影模型、BIM 模型等高精度载体，将时间和空间的信息数据转化为数字公路资产，为自动驾驶、车路协同、VR 应急模拟等应用提供了基础。

（2）拓展全过程管理应用

人员精细化管理。由高精度定位设备和智能电子模块构成高精度人员跟踪管理系统，采用 RTK 基站进行厘米级高精度定位，实现现场人员精细化管理、安全异常智能检测，实现"可寻、可视、可防、可控"。

实时环境监控。应用传感技术，对公路环境中的温度、湿度、噪声、$PM_{2.5}$、PM_{10}、气压、TSP、风速、风向等数据进行实时采集和监控，并将监测结果实时显示在 LED 屏上，同时通过阈值的设定进行有效的预警。

三维建模设计。运用人工智能技术，确定道路工程的红线范围，通过设置基础参数，系统能够对施工工程进行自动设计和最优方案选择，建立"高效、直观、立体"的三维模型。后期，基于 WBS 与档案进行一对多的关联，不仅可以提供文档数字化、多维度的查询，还可以提升工程档案管理水平，实现项目建设全过程中数据的有效传递和应用。

AR 智能巡检。巡检人员使用 AR 终端，对公路病害、传感设备、掩埋管线等信息自动识别，能够实现全方位的监测，并通过建立公路和桥梁健康台账，进行安全预警和提前干涉，有效地预防了公路和桥梁病害带来的交通安全隐患。

告警信息精准联动。在实景孪生技术和北斗网格的支持下，接入气象传感器数据以及视频人工智能识别出的路况数据，如交通拥堵、异常停车、违规逆行和倒车、道路施工等。通过将异常气象预警信息和紧急交通事件告警信息与三维场景进行联动，能快速地定位异常情况，实现精准科学管控。

二、建设新型连接生态——车联网

车联网即智能网联汽车，是指搭载先进的车载传感器、控制系统、执行器等装置，融合现代通信与网络技术，实现车与X（车、路、人、云端等）之间的智能信息交换、共享，且具备复杂环境感知、智能决策、协同控制等功能，可实现安全、高效、舒适、节能行驶，并最终可实现替代人为操作的新一代汽车。基于车联网的连接生态，可以开发和实现一系列的汽车服务，如汽车信息安全服务、高精度时空服务、自动驾驶服务等。

1. 汽车信息安全服务

2009年上汽通用汽车将安吉星（On Star）正式引入我国，率先开启了国内车联网的应用探索。安吉星利用无线技术和全球定位系统卫星向用户提供碰撞自动求助、医疗救援协助、车辆安防和远程控制、车况远程检测等汽车信息安全服务。

碰撞自动求助。安装了安吉星的车辆内置的碰撞传感器检测到车辆发生碰撞或气囊弹出时，便自动向指挥中心发出警报，专业顾问会先以语音方式联系车辆，如果车辆无应答，会立即通过GPS锁定车辆位置并及时通知救援部门，协助救援人员快速找到车辆。同时，安吉星系统还能够根据撞击时收集到的数据提供撞击报告，包括撞击时的车速、安全气囊是否打开、撞击位置、是否翻滚等，能够帮助救援人员判断车内人员的损伤情况，尽快展开救援。相关信息也有助于相关部门后续进行事故原因的分析。

车况远程检测。搭载于车辆的传感器定期或按需将车辆各主要部件的保养及工况信息传输给安吉星服务中心，安吉星服务中心向用户提供发动机、变速箱、ABS防抱死制动系统、电子稳定控制系统、气囊模块、轮胎等部件共数百项检查的总结报告，帮助车主了解自己车辆的状况，并基于数据分析提供维修保养建议。

2. 高精度时空服务

高精度时空服务是智能汽车做出有效驾驶决策的先决条件。国家鼓励充分利用北斗卫星导航定位基准站网，推动建设全国统一的高精度时空基准服务能力，为智能汽车通信、感知、控制等提供统一的时空基准。

2015年成立于上海的千寻位置公司（以下简称千寻位置）是一家面向企业和开发者提供精准位置服务运营的平台型公司。千寻位置基于北斗卫星导航系统建立了强大的时空服务能力。通过在地面建设遍布全国的北斗地基增强站，将之组成网络，引入分布式云计算架构，针对普通卫星定位的误差进行实时纠偏，实现对卫星导航系统服务的增强。

目前，千寻位置已发展成全球规模最大的北斗地基增强站网，其服务的用户数已超过 10 亿，覆盖 230 多个国家和地区。基于北斗卫星系统基础定位数据，利用遍布全球的地基增强站网、自主研发的定位算法及大规模互联网服务平台，千寻位置能提供厘米级定位、毫米级感知、纳秒级授时的时空智能服务。例如，使用千寻位置时空服务的上汽的 L4 级智能驾驶重卡，配合车身自有的视觉激光感知系统以及高精度地图，能在 15 秒内自动停在最方便吊装集装箱的位置。

3. 自动驾驶服务

自动驾驶汽车又称无人驾驶汽车，依靠人工智能、视觉计算、雷达、监控装置和全球定位系统协同合作，让计算机可以在没有任何人类操作的情况下，自动安全地操作机动车辆。自动驾驶汽车在降低出行成本、提高出行效率、提升出行安全和出行体验方面都具有积极意义，目前，国内众多传统车企、造车新势力及高科技公司纷纷加入自动驾驶技术研发和应用赛道。

（1）自动驾驶分级（见表 14-1）

视觉传感、边缘计算、大数据、人工智能、高精度时空定位、高精度电子地图等技术快速应用到自动驾驶中，促进自动驾驶技术的快速发展。业界将自动驾驶分为 L0~L5 这 6 个级别，目前，国内车企的自动驾驶商业化应用主要集中在 L2 级和 L2+ 级，L3 级尚未实现全面的商业化应用，少数科技企业如百度公司和华为公司则直接从 L4 级切入，进行无人驾驶技术的应用研发。

表 14-1 自动驾驶分级表

分级	NHTSA	L0	L1	L2	L3	L4	
	SAE	L0	L1	L2	L3	L4	L5
称呼 (SAE)		无自动化	驾驶支持	部分自动化	有条件自动化	高度自动化	完全自动化
定义		人类驾驶员全权驾驶汽车，在行驶过程中可以得到警告	通过驾驶环境对方向盘和加速减速中的一项操作提供支持，其余由人类来做	通过驾驶环境对方向盘和加速减速中的多项操作提供支持，其余由人类来做	由无人驾驶系统完成所有的操作，根据系统要求，人类提供适当的应答	由无人驾驶系统完成所有的操作，根据系统要求，人类不一定提供适当的应答；限定道路和环境条件	由无人驾驶系统完成所有的操作，可由人类接管，不限定道路和环境条件

续表

主体	驾驶操作	人类驾驶者	人类驾驶者／系统	系统		
	周边监控	人类驾驶者			系统	
	支援	人类驾驶者				系统
	系统作用域	无	部分			全部

（2）自动驾驶测试

上海嘉定区是国内建设的首个国家级的"智能网联汽车试点示范区"，2015 年获批开建，目前已设有 315 千米的自动驾驶测试道路。截至 2020 年上半年，区内开放测试道路已达到 53.6 千米，覆盖面积达 65 平方千米，涵盖不同类型与等级的道路，测试场景达 1 580 个，智能网联汽车的活动范围已延伸至工业区、商业区、交通枢纽、住宅区等各个生活场景。这些开放测试道路，不仅实现了 5G 信号全覆盖，还建有 V2X 车路协同应用系统、全息道路感知系统、安全监管监控平台、路侧智能终端等基础设施。此外，测试区内还建立了国内首个智能驾驶全息场景库，并已积累大量交通事故深度调查数据。

（3）5G 无人驾驶

5G 技术拥有的高带宽、低时延、海量设备传输、高密度微基站技术，完美契合了无人驾驶技术的需求，为无人驾驶汽车的应用落地创造了条件。

百度公司 2013 年开始启动"百度无人驾驶汽车"研发计划，将大数据、高精度地图、人工智能和百度大脑等一系列技术应用到无人驾驶车中。2015 年，百度无人驾驶车在国内首次实现城市、环路及高速道路混合路况下的全自动驾驶。百度无人驾驶车依托国际领先的交通场景物体识别技术和环境感知技术，实现高精度车辆探测识别、跟踪、距离和速度估计、路面分割、车道线检测，为自动驾驶的智能决策提供依据。历经多年的测试数据积累，截至目前，百度公司旗下的"萝卜快跑"出行服务平台已获批在北京、上海、广州、深圳等城市特定区域开展自动驾驶出行服务。

无人驾驶新能源汽车具有效率高、耗能低、安全性高等特点，蕴含环保理念和可持续发展观，受到旅游景区的热烈欢迎。目前，5G 无人驾驶新能源车已经在龙门石窟等多个景区得到应用。

（4）车联网安全

安全和安心是汽车产业的核心价值，筑牢通信安全、数据安全和网络安全基础底座，对加快车联网部署应用、促进车路协同发展具有重要意义。

从 2019 年开始，我国不断增强车联网安全顶层设计，先后颁发多项法规规范和指

导车联网和智能网联汽车网络安全、数据安全有序发展。但是由于传统汽车安全标准均建立在"车辆驾驶安全由人类负责"的前提下，自动驾驶领域的安全标准和规范仍存在大量空白地带，要随着自动驾驶应用场景的落地逐一填补。

三、打造交通"数据大脑"

1. 综合交通运输"数据大脑"

在国家交通发展战略的指导下，各省市纷纷依托全国综合交通运输信息平台，开展省级综合交通运输"数据大脑"建设工作。云南省明确将"建设省级综合交通系统，打造综合交通大数据中心和省级综合交通运输信息平台"纳入云南省"十四五"新型基础设施建设规划。

交通基础设施数字化。以基础设施网络互联和全息感知为基础，推动水、陆、空交通基础设施资源数字化建设，加快云南省交通基础设施的建筑信息模型化（BIM）及综合交通视频资源的上云进程，促进基础设施建设与运行的数字化管理，形成信息高速网、三维虚拟化路网和实体运输网的"三网合一"。

交通运输数据资源共享。完成云南省公路、水路、铁路、民航、邮政等行业交通数据资源的全面汇集；实现交通运输数据资源开放共享，强化不同层级、行业、部门的数据共享和业务协同；在保障数据安全性和可控性的前提下，面向社会开放交通运输出行有关的数据资源，提高公众出行服务的能力；结合人工智能智能分析技术，加强行业数据资源与业务深度融合应用，支撑全省综合交通运输信息平台深度决策应用。

交通"数据大脑"建设。在国家综合交通运输信息平台框架下，以"一个平台"视角建设云南省综合交通运输信息平台；统筹集约平台基础架构、数据资源和网络安全体系，加强与综合交通大数据中心一体化建设，实现平台共建共享、智能协同、迭代完善；基于一体化协同的平台底座，推动综合交通各领域业务联动和服务协同。云南省综合交通运输信息平台上联国家综合交通运输信息平台，下接多终端服务门户，支撑综合交通运输数字化治理、智能化应急、智慧化服务三大应用，目前已在昆明、保山、玉溪等地开展综合交通运输信息分平台建设试点。

2. 智慧交管大脑

智慧交管大脑，通过数据资源平台，汇聚、处理、组织数据，并实现共享、支撑应用；通过资源管理调度平台，为系统智能化应用分配存储、算力资源；通过决策分析引擎，整合交通管理专业化算法，为问题诊断、配时优化提供决策依据，从而实现智慧交管各类应用的支撑赋能。

（1）云边协同智慧交通系统

根据公安部统计数据，截至 2022 年年底，全国汽车保有量已突破 4 亿辆，蝉联世界第一。机动车出行相关的人、车、路，视频、图片、交通流等各类交通数据规模庞大，海量数据的采集、传输、存储和分析给交通执法作业带来了挑战。传统非现场执法依赖前端抓拍疑似违法图片、后端人工审核处理的作业方式，人工审核工作量大，效率低。

云边协同智慧交通系统，通过合适的网络架构和控制机制将云计算和边缘计算融合到一个统一的计算平台上，充分发挥计算协同效应。利用道路上的各种摄像头传感器等设备进行数据的收集，并将数据上传到边缘端进行简单的数据分析以及决策，同时在云端进行总体统筹以及数据分析，以实现云边协同下的智慧交通系统。例如，视频云平台可有效统计全息道路的实时车流数据和非机动车入侵机动车道、行人等交通信息，数据可以精准到每辆车的移动轨迹及行进方向。

（2）华为智慧交管解决方案

华为推出智能交警非现场执法和全息路口解决方案，助力交管作业效率提升。

智能交警非现场执法。通过业界首创的软件定义摄像机和视频云，支持多算法仓，匹配业界最优的车辆识别、事件检测、动向分析、违法预审等20多种人工智能算法，对违法行为图片开展二次识别、智能预审与废片回滚，能大幅减少违法数据人工审核量，提高违法行为判定的效率和准确率。

全息路口解决方案。采用多方向雷视拟合技术，结合高精度地图呈现路口数字化上帝视角，精准刻画路口每条车道、每辆车的行为动向。通过对交通事故和事件的自动感知、精准动向辅助定责，可节约出警时间，降低次生事故风险和减少拥堵；提供精准车道级流量数据，支持路口信控自适应配时，可提高通行效率；通过实时交通热力图和路网出行规律，快速定位交通隐患，依据路况规律对交通组织合理优化。

四、提升出行体验

智慧交通服务在感知基础设施建设的基础上，将信息采集技术、云计算技术与先进的信息融合完美结合，整合挖掘交通信息资源，为社会公众提供"出行前、出行中、出行后"全过程的人性化服务，提升出行体验。

1. 出行即服务

2019年7月，交通运输部将出行即服务的发展理念首次纳入《数字交通发展规划纲要》。倡导"出行即服务"理念，以数据衔接出行需求与现有服务资源，有效发挥多种交通出行方式的协同效益，使出行成为一种按需获取的即时服务，让出行变得更简单便捷。

2019年11月，北京交通绿色出行一体化服务平台（以下简称北京MaaS平台）正式启动。该服务平台整合了公交、地铁、市郊铁路、步行、骑行、网约车、航空、铁路、长途大巴、自驾等全品类的交通出行服务，能够为市民提供行前智慧决策、行中全程引导、行后绿色激励等全流程、一站式"门到门"的出行智能诱导以及城际出行全过程规划服务。

出行信息服务。市民通过北京 MaaS 平台可以获取非常全面的出行信息，比如路上拥堵程度、拥堵位置和路段长度、预计拥堵持续时间、公交路线、地铁拥挤情况、步行距离和打车费用等，从而做出最佳的出行计划。该平台还为公交用户提供了"地铁优先、步行少、换乘少、时间短"等多种出行规划建议和不同的偏好选择。

路径诱导服务。路径诱导服务是由动态车载诱导系统根据交通信息中心提供的实时道路交通信息及 GPS 设备得到的车辆定位信息，在电子地图的帮助下为出行者提供一条最优的行驶路径。北京 MaaS 平台会根据公交用户的位置实时展示乘坐线路、还剩几站换乘、剩余时间等，还提供"下车提醒"功能，为市民提供"门到门"的无缝出行引导服务。

绿色出行激励机制。为鼓励绿色出行，北京 MaaS 平台设计了"碳能量"账户奖励机制。每次绿色出行结束后，市民可根据碳减排量领取相应的"碳能量"。个人账户中积攒的"碳能量"既可用于植树、修桥等公益性活动，也可在高德地图、百度地图 App 内兑换公共交通优惠券、购物代金券、网盘会员、视频会员等奖励。

2. 智慧交通服务

5G、视觉传感、物联网、区块链等技术在交通出行场景的落地应用，通过机场基础设施数字化建设和出行服务交互方式的改变，有效地提升了出行服务质量和出行体验。这里以智慧机场应用场景为例进行说明。

（1）机场物联网建设

通过物联终端信息的全面感知，将机场场景中的各类传感器、控制器、机器、工作人员等联系在一起，构成人与物、物与物相连的网络，实现物联数据统一互通、统一控制，为开展航站楼环境监测、运行线路监控、空管运行模拟仿真等活动创造有利条件。

（2）机场基础设施数字化

无纸化通关。乘客可以在"航旅纵横"App 或航空公司 App 在线自助值机上获取个人二维码电子登机牌。无行李托运旅客可直接持电子登机牌和有效证件通过安检，二维码会自动加盖安检验讫章。登机时，旅客出示带有安检验讫章的二维码电子登机牌。无纸化通关服务大大缩短了旅客排队的时间，简化了值机手续流程，也践行了环保节约的理念。

智慧行李跟踪。将行李运转过程中每个节点位置信息上传至区块链平台，可实现乘客行李的全流程可信跟踪，解决行李丢失及不可查询难题。旅客借助电子行李牌内置的 RFID 芯片，通过智能手机扫描或输入自己的行李牌号码，可以随时查询行李的托运状态和位置。

手推车定位管理。将机场划分成若干个区域，每个区域均部署 RFID 物联网基站，并在手推车上固定 RFID 有源标签，实现对手推车的区域定位管理，机场管理者可以很快速地找到手推车，及时调配手推车资源，提高手推车周转率。

第三节　云计算赋能亮点总结

一、出行方式升级

云计算推动"互联网＋"交通出行新业态的发展。大交通互联网使新能源汽车能够与公共交通、共享汽车、共享单车服务以及定制化公共交通相结合，轻松通过各种交通方式转接运送乘客和货物到达最终目的地，提升出行效率；一体化出行服务平台提供一站式出行信息服务和交通诱导服务，让绿色出行更便捷；云计算联合多种数字化技术在智慧服务场景的应用，既提高了服务质量和效率，又提升了服务体验。

二、交通运输模式升级

云计算联合信息感知、5G、大数据、人工智能、卫星精准定位等技术，建设更"智慧"的路、更"智能"的云、更"聪明"的车，打造泛在连接的车路协同生态，实现基础设施数字化水平的提升、交通大数据的一体化协同，助力交通工具实现自动化、网联化和智能化。自动驾驶道路设施、精准定位服务及相关法规的不断完善利于无人驾驶应用场景的全面商业化落地。

三、交通管理模式升级

云计算有效地提升了交通大数据的采集、上传、分析和分享效率，让交管作业更智能化和效率化。一体化协同综合数据平台，能打通不同区域、行业、平台间的数据孤岛，推进数据资源的整合共享、综合开发和智能应用，实现交通大数据更好赋能。

四、低碳环保赋能

新能源驱动技术的成熟、无人驾驶技术的发展、联网和共享服务的融合，为我们重新定义了汽车行业和出行方式。定制化公共交通和共享出行服务在提高出行效率的同时，有效地减少了拥堵和碳排放。5G无人驾驶新能源车可以帮助预防交通事故，减少污染。将来，随着车联网、充电桩等新型基础设施的进一步完善，电动汽车可以作为储能单元，带动车、桩、网、储智能协同，实现更全面的绿色出行。

15

第十五章
智慧能源场景

导　读

　　2020年9月22日，我国郑重宣布将提高国家自主贡献力度，争取在2030年前二氧化碳排放达到峰值，同时争取在2060年前实现碳中和，这给我国能源行业的清洁低碳转型带来了全新的机遇与挑战，唯有采取大幅提升能源利用效率和大力发展非化石能源并举的措施，方有可能实现该目标。基于此，智慧能源应运而生。智慧能源通过数字化技术调整能源行业的传统模式与业态，助力实现能源绿色变革。

　　本章将回答以下问题：

　　（1）什么是智慧能源？

　　（2）智慧能源的目标和意义是什么？

　　（3）数字化如何为智慧能源赋能？

第一节　智慧能源及中国智慧能源发展

一、智慧能源概述

　　虽然目前学术界对智慧能源的概念仍处于见仁见智的阶段，还未形成一个广受认可的最终权威定义，就国内目前相对较为系统、全面的解释而言，智慧能源是指通过持续技术创新和绿色变革，在能源开发利用及生产消费的各环节，形成符合生态文明和可持续发展要求的绿色能源体系，从而呈现出的一种全新的能源形态。

　　智慧能源的载体是能源，动力是科技，精髓是智慧。运用互联网、大数据、云计算、人工智能等数字化技术，使核能、太阳能、风能、生物质能以及泛能网等能源更加安全、充足、清洁的同时也使得人们的生活更加美好，这就是智慧能源的价值及意义所在。

二、中国智慧能源概况

1. 中国智慧能源发展的环境因素

（1）社会和政策环境

　　纵观全球现代化进程，人类已完成由"蒸汽时代""电气时代"到"信息化时代"的三次工业革命。前三次工业革命主要依赖化石能源，在实现经济快速发展的同时，也使得温室气体排放量成倍增长，导致极端天气灾害频发、海洋变暖等一系列全球气候问题，给人类社会的生存与发展带来巨大挑战。

　　全球各个经济体发布的计划路线图都把绿色发展作为重点发力领域，并形成共识。绿色发展作为一种新型可持续发展模式，以绿色低碳循环为核心，在保持经济持续增长的同时，减少对自然环境的破坏，改善自然资源的状况。因此，可持续的绿色发展已成为低碳化转型的迫切需求，这也正是智慧能源的由来。

　　为了更好地促进能源行业的转型升级和技术革命，自 2016 年起，国家发改委、国家能源局以及工信部发布的《关于推进"互联网+"智慧能源发展的指导意见》《关于公布首批"互联网+"智慧能源（能源互联网）示范项目的通知》等一系列推进智慧能源发展的政策和指导意见，为中国智慧能源的发展带来了重要契机及有力支撑。2020年 8 月，国务院国资委发布的《关于加快推进国有企业数字化转型工作的通知》中，提出打造能源类企业数字化转型示范，帮助国有能源企业明确其数字化转型的基础、方向、重点和举措，同时全面部署了国有能源企业数字化转型相关的各项重点指导工作。智慧能源作为能源企业降本增效和开拓新业务的重要途径，已经在能源行业中取得了广泛的共识。

（2）技术环境

物质、能量、信息是构成世界的三大要素，三者的动态流转以及彼此的协同约束关系是当前我国把握绿色发展机遇和挑战的出发点。当今世界已经发生数字化技术变革，以信息流促进物质流和能量流，从而达到减少碳排放的效果，已成为智慧能源落地实施的主要方案。展望未来，数字化技术必将在各行各业能源结构转型、绿色低碳化发展中做出巨大贡献。根据全球电子可持续发展倡议组织（GeSI）发布的《SMARTer 2030》报告显示，未来 10 年内数字化技术有望通过赋能各行各业贡献全球碳排放减少量的 20%，是自身排放量的 10 倍，如图 15-1 所示。

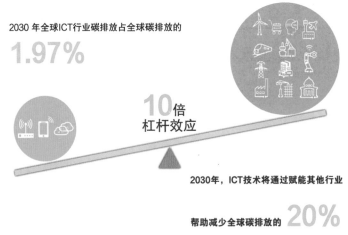

2030 年全球ICT行业碳排放占全球碳排放的 **1.97%**

10倍 杠杆效应

2030年，ICT技术将通过赋能其他行业

帮助减少全球碳排放的 **20%**

图 15-1 ICT 技术主库节能减排

数字化技术主要通过网络化、数字化、智能化的技术来推动能源行业的低碳化转型，同时提升政府监管和社会服务的现代化水平，促进形成绿色的生产生活方式，最终推动经济社会的绿色发展。

数字化技术在降低碳排放、碳移除和碳管理方面都将发挥重要作用。在降低碳排放方面，数字化在能源供给侧和能源消费侧都发挥着重要作用。能源供给侧包括传统能源和清洁能源，对传统能源来讲，数字化技术的应用有助于提升供能效率、降低环境破坏程度；对于清洁能源，数字化技术可助力解决清洁能源消费与稳定两大问题。能源消费侧包括工业、建筑、交通和生活，数字化技术使得智能化的绿色工业制造和能源管理成为可能，针对能源消费过程的全生命周期开展全方位的降碳。在碳移除方面，数字化技术可以提升生态固碳效率，并在碳核算监测、碳交易、碳金融等碳管理方面提供全面支持。

2. 中国智慧能源面临的机遇和挑战

（1）机遇与发展

全球已经充分意识到气候变化问题的严重性和迫切性，绿色低碳成为主要发展趋势。不过，智慧能源的发展仍面临着众多数字化技术"瓶颈"，因此，智慧能源还需要向数字化和低碳化协同创新方面发展。

在数字化创新方面，要加强技术研发和创新工作，强化数字使能技术供给，并在数字基础设施绿色低碳创新、可再生能源创新、使能行业创新3个方向持续努力，这样才可以改变能源结构，提高能源利用效率，促进经济绿色低碳发展。

在低碳化发展方面，由于当前还没有形成统一的智慧能源标准，急需健全数字减碳标准体系，加强碳排放大数据开发，建立对数字基础设施的碳排放衡量标准。此外，还要加大标准的推动力度，建立实时的碳排放数字化监控，共同推进数字基础设施碳排放标准体系创新，助力智慧能源的发展。

（2）面临的挑战

① 提升数字基础设施能效。智慧能源发展的一个维度是持续提升数字基础设施的能效，这就需要在站点、网络、数据中心、运营等多个方面进行创新。就站点而言，其能耗主要有两部分：一部分是设备配套系统，如空调、电源等的能耗；另一部分是设备本身的能耗。站点配套系统能效提升的主要创新方向有站点可再生能源、重构站点形态等；设备能效提升的创新方向则聚焦在提升设备使用阶段的能效上。在不远的将来，无线站点将主要通过原生高能效设备以及站点的极简架构系统多维度地提升能效，有线站点则主要通过以光补电、智能休眠等技术创新来提升能效。就网络而言，主要从网络架构及网络软件两个方面降低能耗。在网络架构层面，需要按照业务本质进行网络架构重构，减少站点和设备的数量，优化设备间连接的方式以及连接的介质，并在此基础上打造100%光纤到站和支持全光交叉（OXC或者ROADM）的光底座基础的极简网络。在网络软件层面，则应基于流量潮汐效应开展动态调度，通过节能路由技术，最小化传输特定网络流所需的设备能耗，实现"0 bit，0 watt"的理想目标。就数据中心而言，需要从物理基础设施、IT软件和硬件3个方面实现能效的提升。在物理基础设施层面，通过重构温控、重构供电的方法，采用间接蒸发冷却技术、人工智能温控、供配电大数据分析等多种技术，对数据中心进行绿色升级。在IT软件和硬件层面，则是通过持续优化芯片封装和架构、优化计算架构或采用无损以太交互技术等手段，不断提升算力密度、算力能效、存力密度、数据交换效率等相关指标，并最终实现能效的提升。

② 加大可再生能源占比，使其成为主流能源。从全球主要经济体的能源发展战略和实践来看，"解绑"化石能源依赖是实现能源领域绿色发展的关键。因此，智慧能源长期发展的两个核心目标是"能源供给清洁化"与"能源消费电气化"。在能源供

给侧，大力发展可再生能源，大幅提升光伏、风力发电比例，逐步取代化石能源发电主导地位；在能源消费侧，通过引入绿色电力，加速各行各业电气化进程，大幅减少化石能源消费。在能源供给侧，光伏发电将成为主力发电来源，而电力电子技术和数字化技术的融合将是构建以可再生能源为主体的新型电力系统的关键。具体措施有发展高压光伏电站系统，提升逆变器功率密度和效率，通过模块化设计降低运维成本，提升系统可用度、光储融合以及全面数字化、深度人工智能应用技术。在能源消费侧，将全球终端能源消费的电气化比例提升至 50% 以上，且该比例越高越好。目前，无论是以数字化技术重新定义的电动汽车，还是以智慧能源推动建筑走向"光储直柔"（太阳能光伏、储能、直流、柔性），打造低碳园区实现"源网荷储"电源、电网、负荷、储能一体化运行的方案，无一不是以该目标的实现为目的所开展的实操性工作。

三、数字化技术赋能智慧能源发展

当前，世界碳排放的四大主要行业分别是电力、工业、交通与建筑，其总和占据了全球碳排放总量的 94.2%，因此要实现全球碳中和，必须推动四大主要行业的深度脱碳，而智慧能源在清洁能源、提升能效、循环利用和管理调控这四大主要减排途径中起着极为关键的作用。

1. 电力板块

电力绿色低碳发展的关键在于"源网荷储"的低碳化。以数字化技术为根基打造的智慧能源，通过广泛互联、智能互动的运作，能令整个电力系统更加灵活柔性、安全可控。

具体来说，智慧能源将助力未来的新型电力系统。首先，完成由传统集中式向分布式的转变；其次，通过构建用电侧智能化管控系统，实现输配电网智能化运行，以达到供需之间的自动平衡；最后，建立数字化储能系统，加强"源网荷储"间的多元互动协调，实现规模化的削峰填谷。

2. 工业板块

在工业领域，数字化技术可以在工业研发设计、生产制造、质量监控、产业链协同、碳封存等领域发挥巨大作用。在研发设计领域，充分结合原料物理、化学等特性和工业生产特点，搭建数字化模型进行模拟仿真，能够大幅减少实验消耗，缩短研发周期，实现降本增效。在生产制造、质量管控等领域，利用工业互联网等数字化技术，可实现对生产技术参数、原料等的动态优化，提升生产操作的精细化水平，减少物料、能源、产成品的损耗。在产业链协同领域，开展线上交易，简化产业链上、中、下游企业间的采购流程，同时，应用区块链等数字化技术，可以保障交易安全、降低交易成本。在碳封存方面，对二氧化碳的产生、捕集、封存等环节进行数据采集、分析和监控，建立起数据分析、预测和预警系统，能够帮助各环节的参与方精准、透明地掌控全过程，并为后续交易提供准确的数据参考。

3. 交通板块

在交通领域，智慧能源致力通过数字化方式减少交通过程中的各种能源消耗，提升出行效率。在陆路交通领域，智慧能源在降低交通工具能耗，构建智慧绿色交通体系，实现交通车辆电气化、交通网与能源网有机融合等方面发挥着重要作用。在航空业，智慧能源依托数字平台和人工智能技术，实现机场资源自动化和智能调度，助力机场资源分配的整体优化，打破资源保障"瓶颈"，最终以"机器为主、人工为辅"，实现资源利用的最大化。在水路交通领域，智慧能源基于自动驾驶技术、动态业务地图、实时泊位、岸桥、场桥等运营数据，不仅可以帮助港口码头提升效率，还可以实现绿电完全自给供能，从而实现真正的智慧、绿色、安全港口运行。

4. 建筑板块

在建筑领域，智慧能源主要用于建筑设计、建筑运营等方面，依托云计算和人工智能技术，通过数据采集、统计测量、智能控制等操作，在结构、系统、服务到满足用户需求之间实现建筑物的最佳组合。在建筑设计阶段，智慧能源可在 BIM 建筑信息模型的建立、数据采集、集成、精细化设计等方面，帮助设计降低能耗和选择低能耗建筑材料。在建筑运营阶段，通过清洁能源就地生产、就地平衡、就地消纳，做到电、热、冷、气等多能横向协同，源、网、荷、储等微电网纵向协同，实现建筑园区能源的低碳管理；此外，通过汇总分析各类设备运行和告警数据，帮助设施管理人员快速且全面掌控建筑内设施设备的运行情况，节省运营人力，提高运行效率，实现设备能耗的智能管理。

第二节 应用案例

下文我们将通过智慧能源在电力、通信、矿产等多种场景下的真实应用案例，对智慧能源的应用模式与相关特点作简要介绍。

一、南方电网——人工智能揽入局，腾挪方寸间

提升电网智能化水平的发展目标，并非电力行业转型的新题。我国于 2015 年已全面完成了无电地区的电力建设工程，率先在发展中国家中实现全民通电。不仅如此，截至 2018 年年底，全国共有 220 千伏以上输电线路 733 393 千米，足能绕赤道 18 圈。

全民通电意味着输电线路跨越高山峡谷、江河湖海，即使在高寒的世界屋脊，也能与全国各地相连。这也意味着，在为更多人口提供优质电力服务的同时，繁杂、危

险的线路巡检成为必需。

传统的人工巡线在当代依然普遍存在。徒手攀登电塔，随身携带压机、架空线等"重型武器"是巡线人员工作的日常。在冬夏季节，巡检人员不仅要面临酷寒炎热等极端天气，还可能遇到"爬电"、铁杆晃动等危险，用智能巡检代替人工巡检是从业者内心的企盼。

随着数字化技术的不断发展，机器人、无人机、可视化摄像头、测温测风传感器的使用为"智能巡检"增添了新的维度。然而，初期的"智能化"依然高度依赖人工。比如，无人机巡检拍摄的照片仍需要手动筛查进行缺陷判断，一个市县级供电公司每天的照片筛查量就高达五六千张，而这还是设置 15~20 分钟拍摄间隔的结果。隐患排查同样严重依赖事后人工分析，解决线路故障也难以"摆脱"人力因素。

而这一切，在数字化技术蓬勃发展的当下，随着以技术创新为核心驱动力的新经济发展模式的确立，发生在电网领域的这场旷日持久的技术突围已取得成效，线路巡检人"坐朝问道、垂拱平章"的梦想终将成为现实。

2019 年 9 月 3 日，南方电网深圳供电局与华为技术有限公司联合举办了 ICT 联合创新实验室成果发布会，会上展示了一批在国内电力行业乃至全球首次应用的技术成果，包括深圳供电局在电力行业首次应用华为鲲鹏处理器生态体系和自主研发的应用迁移平台、在电力行业第一次运用华为物联网端侧技术、基于华为昇腾人工智能处理器的 Atlas 人工智能计算平台搭载深圳供电局自研算法、电力行业首个人工智能物联网架构等相关技术与产品。与此同时，更多高价值场景化的解决方案也加快了全国多地的应用实施，并形成了标杆效应。

华为和南方电网合作，首先引入了物联网的架构，打造新一代智能配电房。通过智能配电房融合平台和新型配网智能网关的研发，实现多源异构数据融合，能够对配电房各设备的状态进行智能检测、智能监控及趋势分析。

其次，在贵州扎佐变电站，创新使用智能变电站运检方案，实现了对监控区域的全天候实时监控及录像，并具有远程控制、报警联动、历史录像回放、系统管理、智能检测、分析和识别等功能，使电网用户能够第一时间掌握重要监控区域的异常情况，并通过端侧高清、边侧智能实现变电站智能巡检方案的演进，进一步提高巡检效率。

最后，在中山供电局，在 4G 信号无法覆盖的地区引入"四无"摄像机，其优越的低功耗、高集成度的一体式微波模组，满足了"自组网"的技术要求，能够以最低的电能消耗实现最佳的传输距离，并使输电杆塔有了智慧的"眼睛"，能对杆塔周边工地的高风险作业进行实时监控、及时预警和主动干预，有效减少了外破风险导致的意外停电，实现了在无电无网环境中输电线路智能巡检方案的部署。

在昌吉—古泉 ±1 100 千伏特高压直流输电线路工程陕西段，以基于 5G 微波专网的无信号区域智慧输电线路技术，实现了输电线路通道隐患和运行环境的全程自动采集、高效传输和智能识别，帮助国网陕西省电力有限公司解决了提升巡检效率、降低漏检率等困扰输电线路高质量运维的重大难题。

自此，南方电网的巡线人员，真正开启了"人在'家'中等，数据'送'眼前"的"白领模式"。华为在借助原物联网设备及技术在线缆杆塔上的各类监测装置中置入了全新的人工智能"大脑"，使得影像记录可以通过 5G 网络实时传送，并具备自动分析及告警功能，真正实现了坐在计算机前便可监测各类设备运行的理想模式。华为的这套人工智能"大脑"，使得传统人工巡视户外输电线路的工作量由 20 天缩短至两个小时，还将实时识别线路破坏风险的准确度提高到了 90%。

通过华为人工智能的守护，电力巡线人员再也不用忍耐人烟稀少的寂寞林海，不用忍受寒冬酷暑的极端天气挑战，不用顾虑工作时亲人朋友的不安，供电作业自此变得更加安全、可靠。

二、华为——打造数字化绿色网络站点

未来十年，随着更多数字化技术产品及相关功能的普及与应用，我国大众对于良好网络体验的诉求会变得越来越高，这就对我国网络站点的性能与能耗提出了更高的要求。如何建立一整套既能满足不断扩大的市场需求又可大幅降低能耗的站点设计方案是摆在我国通信行业面前的一个严肃问题。华为用独特的数字化技术，担负起了打造我国绿色网络站点的责任，无论是无线站点还是有线站点的挑战，华为总能交出一份令人满意的答案。

1. 无线站点——原生高能效设备、站点极简架构助力能效提升

未来的十年，是万物互联和数字化转型的十年，可以预见，未来的无线网络流量可能存在百倍的增长需求。为了避免移动网络的功耗随着流量线性增长，就需要全链路全周期的原生绿色站点来实现比特能效百倍提升。

过去，移动基站设备的设计以提升性能作为主要目标。华为面向未来，将设备能效作为基础因素进行考虑，直接从能量传播的全链路上创新发展绿色节能的关键技术，如能源供给侧的站点配套设备、能源使用侧的基站主设备，甚至帮助终端节能的无线绿色空口技术。

站点极简化，从整站视角进行系统化设计，从各节点转换效率、供电链路的线路损耗、空调等配套设备的功耗优化等难度提升站点供电链路能效。通过站点架构创新，如 BBU 集中化、全室外免空调站点等，减少空调等非功能性设备的使用。通过重构站点形态，站点从机房变机柜，再由机柜变挂杆，站点能效从 60% 提升至 97%。对于存量机房，采用精确制冷、升压供电方式，实现免增机房、免换线缆、免增空调改造，机房能效提升至 80%；对于新建场景，以机柜替代机房，能效可以从 60% 提升至 90%。此外，针对差市电 / 无市电通信站点，充分利用光伏发电替代油机发电，实现站

点绿色的普惠供能。据数据显示，中国移动设计院杭州分院参考华为的方案对室外站点进行了极简改造之后，电源效率从 89% 提升到 96%，同时利用节省的空间安装光伏发电，单站每年减少碳排放 8 吨。

原生高效设备，通过模块形态、架构、工艺、材料、算法等多维度多学科综合挖掘时频空码功率等多维度节能机会，不断提升设备能效。通过"无源补有源"，不断提高射频有源功率，逐步向射频有源联合无源口径综合提升演进是未来 AAU 功耗降低的演进方向之一。扩大天线口径后，可以通过使用更小的射频发射功率来实现小区覆盖，大幅降低基站能耗。另外，提升设备的动态能力也是一个重要方向，在不同的情况下设备均能达到最高比特能效。除了上述手段，华为还进一步研究其他高能效技术与理论，如无线光基站、语义通信、智能超表面等。

2. 有线站点——以光补电、智能休眠实现能效提升

未来十年，全球千兆以上及万兆家庭宽带网络渗透率将分别达到 55% 和 22%，家庭月均网络流量增长 8 倍，达到 1.3 TB。华为对于有线站点的能效提升，当前通过无源替有源的方式，在家庭场景使用 FTTH 技术全面替代铜线 /Cable 接入，预计可提升能效 60%，在园区场景使用 POL 技术，预计提升能效 100%~150%；通过低维化、小型化的全光交换技术，构建广覆盖的全光交换站点，相比电交换，能效可提升 80%~100%。在不久的将来，华为准备通过以光补电的方式持续提升设备能效，比如通过光电混合结构可以提升 30% 的设备能效。此外，设备动态休眠技术也是关键研究方向之一，通过休眠技术可提升 10%~20% 的设备能效。

① 以光补电：通过芯片出光、光交换实现设备能效的显著提升。

不同站点设备，芯片 /SerDes/ 光电转换模块等关键器件的功耗在整机功耗占比达 60%~80%。解决这个问题的关键技术是光电混合，包括共封装光学（CPO）和光交换等。

传统架构中，光模块通过 SerDes 与设备芯片连接，走线较长，功耗 17~30pJ/bit。共封装光学（CPO）把光收发器与设备芯片集成在一个 CMOS 衬底上，省去了 CDR、DFE/CTLE/FFE 等功能，有研究表明，基于 CPO 可以把数据传输能耗降低到 6 pJ/bit 左右，随着新光电材料的应用，甚至可降低到 1pJ/bit 以下，这意味着采用 CPO 可以提升 80% 的 SerDes 能效。

过去提升交换芯片能效主要是通过制程工艺进步来实现，每一代提升约 30%，但随着摩尔定律及登纳德缩放定律的失效，工艺进步带来的能效收益已跟不上带宽的增长。从 28nm 到 5nm，带宽增长了 50 倍，能效仅提升了 5 倍，单设备功耗成倍攀高。因此，业界开始研究分组光交换芯片来进一步提升芯片能效，有研究表明，这可带来 50% 的能效提升。

到 2025 年，共封装光学将实现商用。一些学术机构正在研究可以替代电交换网的光 Cell 交换技术，到 2030 年将出现采用光总线和光 Cell 交换技术的设备级光电混合产

品。在更远的未来，产业还将出现采用光计算和光 RAM 内核与通用计算内核混合的芯片级产品。

② 智能休眠：引入人工智能实现高效动态休眠，平衡体验与能耗矛盾。

当网络设备或部件处于空闲和轻载状态时，可通过将其关闭或进入低功耗模式的方式来节能。这就需要在设备开启和关闭状态之间引入一种新的"休眠"状态。当网络设备空闲时，将其快速切换至休眠状态，能减少设备无效的能耗浪费。网络设备的各个部件，包括光模块、转发模块、交换模块、缓存等都可以应用动态休眠机制，实现不同粒度的节能。此外，设备和模块需要相应的流量自适应控制技术，通过感知流量模式来制定合理有效的休眠策略，找出最佳的休眠进入与唤醒的条件和时机，避免因模式切换导致的报文丢失和额外的模式切换功耗开销。

三、中国移动——数字化在智慧矿山中的应用及价值

煤炭是基础能源和重要基础产业，煤矿开发是从机械化到自动化、数字化、智能化等逐步发展的过程。就中国而言，截至 2018 年，全国采煤机械化程度达到 78.5%。自动化技术（滚筒式采煤机等设备）也在煤矿企业得到了广泛的应用。目前，煤炭智能化开采还处于示范阶段，适用于条件较好的工作面，随着技术水平的不断提升，未来 10~20 年或将大范围应用。中国大概有 5 300 座煤矿，现阶段，采煤作业面需要工人现场操控采煤机，需要大量人员对采煤设备进行现场检查，且工作环境恶劣、工人劳动强度大，用工成本高，金属矿山等一旦出现安全事故，就是省市级以上重大事故。智慧矿山可以应用到非煤矿山（金属矿山等），同时由于井下环境极其恶劣，有防爆等要求，其适用油气、石化行业等环境恶劣的生产领域。全国还有 3 万多座非煤矿山，智能化发展具有较大需求。

煤矿开采分为井上开采和井下开采，在综采面进行采煤工作，并将采完的煤矿从巷道运输到井上。因此，矿山智慧化主要包括智能控制、全面感知以及实时互联三大类场景。智能控制场景主要实现远程精准控制，后续基于机器视觉的自行判断下发。全面感知基于状态、视频、定位感知，主要负责上传不同形式的数据，用于监控。实时互联主要用于随时随地的通信以及简单的远程诊断。因此，煤矿的生产作业环境以及智能化改造要求对网络通信在时延、稳定性、安全性、多并发性、定位等方面提出了更苛刻的要求。

典型的煤矿数字化改造如图 15-2 所示。

经过细致的分析发现，矿山少人化的实现依托远程精准控制及无人控制，因此智慧矿山至少要实现以下六大功能：①在综采面需满足 30 ~ 40 个 4K 摄像头回传的需求，因此对于网络有极高的上行要求。②一个智慧矿山预测需要 5 万个以上传感器，如果全部通过有线连接，地下网络将成为一张"蜘蛛网"，不符合实际安装要求，因

图 15-2 典型煤矿数字化改造

此需要采用卓越的无线网络技术。③高清实时视频回传属于典型的上行大带宽＋时延敏感业务，以典型的 25FPS 视频为例，帧周期为 40ms，高实时性视频要求传输时延低于帧周期。因此，需要保障网络具备较低的时延能力。④煤炭行业作为特种行业，对网络具有严苛的可靠性要求，需要电信级的设备可靠性支撑，以便建立网络的高可靠性。⑤矿下场景复杂，必须兼具 toB 应用及 toC 人员保障通信，因此网络方案必须做到一网两用，以规避双层网重复建设的叠加成本和浪费。⑥煤矿的安全生产隶属国家能源战略安全范畴，其网络需要有极高的网络安全等级。

基于此，中国移动在智慧矿山项目上打造了一个安全要求极高的 5G 全封闭场景，而一切远程精准控制的先决条件是要看得清、看得全。因此，高清视频回传是至关重要的应用。以一个 240m 的综采面为例，中国移动在其上以平均 6m 的间距安装了 40 个固定摄像头；考虑到直接应用在井下环境中也必须看得清楚，并未采用机器视觉，而是使用了 4K 摄像技术。与此同时，为了保障每路视频上行速率达到 8~16 Mbps 的要求，在 240m 范围内对网络上行容量的带宽设计达到了 640 Mbps 以上。

2020 年 6 月，中国移动与阳煤集团、华为公司联手打造了全国首座 5G 智慧煤矿，阳煤集团新元煤矿依托目前国内地下最低的 5G 网——井下 534m "超千兆上行" 煤矿 5G 专用网，实现了煤矿智慧化管理，解决了煤炭行业的诸多痛点问题。5G 通过超千兆上行解决方案满足了多个摄像头并发的视频上传要求，并在时延方面提供了可靠的保障。通过智慧矿山中的智能控制场景，既可以对采煤工作面的掘进机、采煤机进行人工远程集中控制，也可以利用高清回传的视频，由人工智能自行下发判断，完成远程控制工作。在全面感知场景中，可以开展对人体健康状态、环境（气体、压力等）状态以及设备状态的监测，又可对人、车、设备等进行精准定位，还能对各类运输转载点及运输场开展视频监控，及时进行远程控制及故障反查。在实时互联场景下，工人可以通过手持终端开展即时通信及远程诊断工作，满足了移动通信、不同物理空间下的快速交流及排障需求。除此之外，中国移动与华为共同开发了全链条井下专用通信设备，并获得全国首家 5G 网络设备隔爆认证。至此，在阳煤集团新元煤矿井下534m 建成的这套 5G 智慧矿山网络，通过引用掘进面无人操作、机电硐室无人巡检、综采面无人操作三项 5G 应用，帮助煤矿企业真正实现了矿井的无人化、自动化、可视化运行。

矿山现场的少人化、无人化作业，极大地减少了各类工作的安全隐患，而传统井下巡检需要大量的人员对采煤设备进行现场检查，如今通过智慧矿山，矿业公司通过高清摄像头及远程控制技术，在监控中心即可进行远程巡检、排障或日常作业活动，使单巷道的工作人员从传统的 140 人减少到了 60 人。从智慧矿山的总体成效来看，未来单一矿井的人员甚至有望减少到 100 人以下，初步预估，全国矿业每年至少可以节省 7 亿元的人力支出，如图 15-3 所示。

图 15-3 山西阳煤 5G 改造产生的价值及全国煤矿产业空间

第三节　亮点总结

一、智慧能源的载体是能源，精髓是智慧

　　智慧能源是人类通过数字化技术，不懈探索更加安全、充足、清洁、经济的能源，引领能源开发利用及技术创新。同时，智慧能源又是人类利用数字化技术，实现生产消费场景及制度的变革，使生活更加美好。

二、智慧能源的动力是科技

　　蒸汽机与内燃机的科技创新是工业文明的基础，而智慧能源的发展同样依赖科技的推动。智慧能源相对常规能源而言，其突出特点是技术先进，或是利用技术具备了能源清洁及高效利用的能力，又或是充分结合了能效技术与智能技术而形成的全新形态。在这个过程中，对于科学技术，尤其是云计算、物联网、大数据、人工智能等数字化技术的运用，起到了决定性的作用，它们是智能慧源蓬勃发展的核心动力。

第十六章
智能制造场景

6

导　　读

在新一轮科技革命和产业变革蓬勃发展的背景下，智能制造已成为当今世界各国技术创新和经济发展竞争的焦点。发展数字经济，推动技术创新和应用，实现传统产业的改造升级，打造领军企业，培育"专精特新"企业，进一步构筑国家竞争新优势，是我国建设制造强国的重要举措。

云计算时代的智能制造已不是信息技术的单项应用，它渗透到从需求到生产再到服务的各个环节。以工艺、装备为核心，以数据为基础，依托制造单元、车间、工厂、供应链等载体构建智能制造系统，推动制造业实现数字化转型、网络化协同、智能化变革，是中国"十四五"智能制造的重要行动方向。借助云计算技术应用的普及，开展产品创新、生产过程和产业链数字化建设，有助于实现制造企业转型升级和"弯道超车"。

本章将回答以下问题：

（1）中国智能制造的发展背景和现状如何？

（2）如何通过云计算加速传统制造企业的转型升级？

（3）云计算技术赋能智能制造的典型应用案例有哪些？

第一节　智能制造起源及中国智能制造概况

一、智能制造起源

　　智能制造（Intelligent Manufacturing，IM）是基于数字化技术与先进制造技术深度融合，贯穿于设计、生产、管理、服务等制造活动的各个环节，具有自感知、自学习、自决策、自执行、自适应等功能的新型生产方式。智能制造生产方式最早起源于1988年日本通商产业省提出的一种智能制造方案，随着数字化技术的发展，智能制造生产方式引起发达国家的广泛关注和研究，并于1990年被列入"智能制造系统IMS"国际合作研究计划，在全球范围内得到推广。

二、中国智能制造概况

1. 中国智能制造发展的外部环境

（1）社会和政策环境

　　21世纪以来，各国纷纷把智能制造作为未来制造业的主攻方向和抢占国际制造业科技竞争制高点的利器。尤其在经历了2008年金融危机以后，发达国家认识到以往去工业化发展的弊端，制定了"重返制造业"的发展战略，并针对智能制造建设给予一系列的政策支持。2011年，美国实施"先进制造伙伴计划"战略；2013年，德国提出"工业4.0"计划；2014年，英国开始实施"高价值制造"战略；2015年，日本颁布"机器人新战略"，2016年，欧盟颁布"数字化欧洲工业计划"。2015年5月，我国正式印发的《中国制造2025》明确提出，加快推动数字化技术与制造技术融合发展，把智能制造作为两化深度融合的主攻方向，通过信息化和工业化的两化融合发展来实现制造强国的目标。

　　2020年，随着全球的制造业产业链风险日益受到重视，以及大数据、人工智能、云计算、5G等一批数字化技术的快速发展和普及应用，智能制造再次升级，加快了制造业向数字化、智能化和网络化转型的步伐。2021年12月，我国工业和信息化部等8个部门联合发布的《"十四五"智能制造发展规划》，进一步明确了中国智能制造的发展路径。

（2）技术环境

　　当今世界，各国都在加大科技创新力度，云计算、3D打印、移动互联网、大数据、生物工程、新材料、新能源等领域不断取得突破，并与先进制造技术加快融合，为制造业高端化、智能化、绿色化发展提供了重要的技术环境，引发了一场影响深远的产业变革。

基于信息物理系统的智能装备、智能工厂等智能制造正在引领制造方式变革；可穿戴智能产品、智能家电、智能汽车等智能终端产品不断拓展新的制造业领域；大规模个性化定制、精准供应链管理、全生命周期管理、C2M电子商务等新型制造模式正在重塑产业价值链体系。

2. 中国智能制造面临的机遇和挑战

（1）发展机遇

5G、人工智能、数字孪生、大数据、区块链、虚拟现实（VR）/增强现实（AR）/混合现实（MR）等数字化技术在制造环节得到了深入发展，云计算技术的发展和普及应用为我国制造业转型升级、创新发展提供了良好契机。

对于制造企业来说，基于工业互联网开展技术创新、构建智能制造系统是降低生产成本、提升生产效率和重塑生产方式的有效途径。数据驱动的智能化有助于提高决策的精确性和科学性，缩短决策周期，降低试错成本。随着云计算逐渐渗透到制造企业的业务流程，业务流程数字化和平台化可以帮助克服个性化用户需求满足与大规模生产之间的矛盾，快速响应不断变化的个性化客户需求。

（2）面临的挑战

我国正处于转变发展方式、优化经济结构、转换增长动力的攻关期，制造业发展面临供给与市场需求适配度不高、产业链供应链稳定受到挑战、资源环境约束趋紧等突出问题。制造企业普遍面临同行业竞争逐年加剧、成本压力增加、客户对产品的个性化定制需求不断升级的挑战。传统制造企业主要依靠资源要素投入、规模扩张的粗放发展模式难以为继，调整结构、转型升级、提质增效刻不容缓。

三、云计算赋能中国智能制造

云计算与制造技术深入融合，可以从产品智能化、制造过程数字化、产业链整合和生态赋能等方面积极推进中国传统制造业的转型升级。

1. 助力智能制造装备和产品研发

云计算助力中国制造设备和产品向高端化、精细化、智能化和产业化方向发展，提升产品附加值和竞争力。物联网、5G、人工智能、大数据、边缘计算等数字化技术能够帮助制造业迅速将人工智能和物联网转化为业务创新能力，推进具有深度感知、智慧决策、自动执行功能的智能制造装备以及智能化生产线的研发和智能化改造，提高精准制造、敏捷制造能力；开展数字化技术与制造装备融合的集成创新和工程应用，推动智能交通工具、智能工程机械、服务机器人、智能家电、智能照明电器、可穿戴设备等智能产品研发和产业化。

2. 推进制造过程数字化和智能化

云计算助力生产制造智能场景落地和智能工厂/数字化车间建设。在重点领域试点

建设智能工厂 / 数字化车间，促进人机智能交互、工业机器人、智能物流管理、增材制造等技术和装备在生产过程中的应用，实现关键工序智能化、关键岗位机器人替代、生产数据贯通化、制造柔性化和管理智能化。"数字孪生 +" "人工智能 +" "虚拟 / 增强 / 混合现实（XR）+" 等智能场景在生产加工、检测、物流配送等环节逐步应用，促进了制造工艺的仿真优化、数字化控制、状态信息实时监测和自适应控制。云计算已深入渗透制造业务流程，能加快产品全生命周期管理、客户关系管理、供应链管理系统的推广应用，促进集团管控、设计与制造、产供销一体、业务和财务衔接等关键环节集成，实现了业务流程数字化和快速响应。

3. 打造产业价值生态

云计算助力打造产业价值链条和行业赋能生态建设。基于信息技术底座，云计算推动核心业务场景的数字化转型与智能化升级，最终实现数智化的商业模式与管理模式。基于工业互联网、行业云服务平台和工业大数据平台，建立优势互补、合作共赢的开放型产业生态体系，形成基于消费需求动态感知的研发、制造和产业组织方式，推动智能制造网络系统平台的搭建，发展基于互联网的大规模个性化定制、众包设计、云制造等新型制造模式，提升产业附加价值。

第二节　云应用案例

本节将围绕云计算及相关新兴数字化技术在"灯塔工厂"建设、"专精特新"企业发展以及工业互联网云平台赋能等领域的应用案例，介绍云计算技术赋能中国智能制造建设的情况。

一、云计算助力"灯塔工厂"建设

有智能制造"奥斯卡"之称的"灯塔工厂"一直被视作"工业 4.0"的示范者和数字化制造的领跑者。云计算等数字化技术的应用在"灯塔工厂"建设过程中发挥了重要的作用，在进一步夯实行业领先地位的同时，其自动化、智能化和柔性制造实践也在行业中形成了示范效应。

1. "灯塔工厂"——中信戴卡

中信戴卡是全球最大的铝车轮供应商和全球最大的铝制底盘零部件供应商。从 2013 年开始，中信戴卡就开始了自己的数智化蓝图建设之旅，在人工智能、大数据和 5G 应用等方面积极探索，利用云计算赋能，实现提质增效，持续提升综合实力。

（1）人工智能赋能"无人值守"

多品种、小批量、定制化的需求给传统生产线带来了前所未有的挑战，批量化生产、品种单一、质量追溯等问题已无法满足新时代快速变化的市场需求。因此，中信戴卡聚焦行业痛点，打造数字化精益管理平台。

例如，利用激光二维码刻蚀和读取技术为每个产品赋予唯一的二维码，可精准定位产品位置、分选、计划排产；在产线全线关键工序用智能调整系统代替人工调整维护，让生产线进行实时、精确的检测和自学习，实现生产线"无人值守"；中信戴卡首次在业内将 AI 视觉检测和智能调机闭环、AI 识别技术大规模应用到工业检测环节，通过在设备上安装传感器，数字化管控中心可以实时采集和分析质量检测数据；基于大数据和 AI 技术自主研发设计的压铸智能联动调整项目，能够根据铸机自身工艺状态或后续的质量检测结果，实时自动调整熔炉温度、冷却系统参数、机加工环节的刀补值等关键工艺参数，从而实现铸造设备的自我管控。相较传统检测模式，AI 检测模式的效率提高了 40%，检测作业人员减少了 50%，并通过减少人工干预有效屏蔽了人为因素导致的效率损失和漏检风险。

据统计，中信戴卡压铸智能联动调整项目使生产成本降低了 33%，设备综合效率提升了 21.4%，产品不良率下降了 20.9%，交付时间缩短了 37.9%，能源使用效率提升了 39%。此外，借助互联网 5G＋技术可实现跨地域远程集中检查，同时节省了大量人员移动成本。

（2）5G+ 物联网赋能全球化运营

中信戴卡通过中企通信及其母公司中信国际电讯覆盖全球的 MPLS 骨干网络，实现了全球各个生产基地及分支机构的互联互通，建立起一条安全、高效、快速的数据高速公路。基于全球化专线网络，中信戴卡通过全球一体化 ERP 系统、全球化 PLM 协同研发平台、跨时区多语言的 OA 协同办公平台、视频会议等业务应用，实现了全球化的数字化运营与管理。

中信戴卡利用物联网技术建立了设备和产品监测平台。工厂中每天生产了多少车轮、处于哪一道工序、产品合格情况、机台的异常信息等，通过物联网技术都能自动采集至 SAP BI 系统，为管理决策提供参考。

此外，中信戴卡已经逐步实现在全球几十个工厂通过物联网技术进行数据采集和实时分析，数据采集自动化率达到 95% 以上。

2021 年 9 月，中信戴卡凭借以效率为中心的卓越制造模式，作为全球汽车铝制零部件行业首家企业，成功入选世界经济论坛发布的全球制造业领域"灯塔工厂"名单。

2. "灯塔工厂"——三一重工桩机工厂

同期入选"灯塔工厂"名单的三一重工北京桩机工厂（以下简称"三一桩机"），在刚开始实施数字化转型时，就遇到了设备、生产等各类信息难以互通互联的"拦路虎"，

5G技术的应用则成为三一桩机打破数字化转型困境的突破口。

借助5G技术，三一桩机克服了离散制造和生产工艺繁杂的生产模式下设备、生产制造流程等各类信息难以互联互通的难题。通过部署5G虚拟专网，将柔性工作中心、多条智能化产线、几百台全联网生产设备、上千台水电油气仪表通过虚拟专网和感应器实现全链接，实现工业制造全流程的高效互联互通。

通过深度融合制造运营管理系统（MOM）、物联网管理平台（IoT）、物流仓储管理系统（WMS）、远程控制系统（RCS）、智能搬运机器人（AGV）等系统，三一桩机构建了生产制造的"工业大脑"。"工业大脑"还可以指导"节能减排"，通过智能制造管理平台实时监控设备的能源消耗数据和建立能源消耗拓扑图数字化看板，实现了更精确的能耗管理。

（1）装配自动化

三一桩机使用装配作业机器人替代人工实施装备操作，大幅提升了作业效率和精准度。借助5G高清传感器，针对不同型号不同尺寸的零件，柔性装配线机器人能实时获取场景深度信息和三维模型，在作业时自动修复偏差。以往只能依靠人工操作、劳动强度大、效率低的桩机动力头组装工作，现在几分钟内就能实现精准组对和低误差装配。

（2）柔性制造中心

三一桩机共建有8个柔性工作中心、16条智能化产线，拥有375台全联网生产设备。高度柔性生产激发了生产潜能，有效缩短了产品生产周期，在多品种、小批量、迅速变化的工程机械市场环境中能灵活快速响应日益复杂的客户需求。面对工程机械市场快速变化、日益复杂的多品种、小批量的需求，三一桩机利用先进的人机协同、自动化、人工智能和物联网技术，将劳动生产率提高了85%，将生产周期从30天缩短至7天。

（3）设备监测和远程运维大数据平台

三一桩机的每台工程设备上都装配了智能传感器，利用工业互联网平台采集和分析这些设备的运行工况、移动路径等信息，可以赋能研发、服务等产品生命周期的各环节，实现资源的优化配置，完善产品质量，提升服务体验。根据采集到的大数据可以提前预测故障的发生，精准匹配相对应的服务资源，将客户因停工造成的损失降到最低，还可以针对设备所需配件进行损耗预测和配件更换提醒，提供远程设备维保服务。

二、云计算助力"专精特新"企业发展

从2013年开始，国家工业和信息化部多次发文指导和促进"专精特新"（"专业化、精细化、特色化、新颖化"）中小企业的发展。"专精特新"企业不仅创新能力强，还掌握着一定的核心技术，在细分市场拥有较高的市场占有率。积极拥抱数字化技术、加强数字经济"新底座"建设，是云计算时代"专精特新"企业快速实现技术沉淀和产业价值打造的捷径。人工智能＋工业互联网平台助力越来越多区域和行业打造人工智能＋工业互联网特色产业园区，支撑中小企业走向"专精特新"发展道路，持续提升产业价值。

1. 离散型加工制造企业——德恩精工（云平台赋能传统制造企业转型）

德恩精工是一家从事工业机器人、数控机床、机械传动件研发、生产、销售的专业制造企业，成立于 2003 年，2019 年在创业板上市，是国家级的高新技术企业，曾多次参与国内同步带传动标准的制定工作。德恩精工属于机械零件加工业，产品种类繁多，单批次生产量小，工序复杂，制约了其规模效应的发挥和成本控制，使其背负上"高交期、高库存、高成本"的"三高"运营包袱。在经历了从机械化到自动化、信息化改造等建设阶段后，德恩精工把目光投向了数字化和智能化，希望借助大数据技术，将以人为主导的传统决策体系升级为智能化决策体系。

（1）数据中台赋能

德恩精工 2018 年开始与阿里云合作开展数据中台建设，实现了销售、生产、研发、库存、物流各个领域的 IT 系统和数据的一体化集成，并基于公有云的算力支持和算法模型，利用大数据和机器学习，实现了销售订单自动预测、智能排产和仓储自动优化等业务功能。数据驱动的决策智能化，将工人从流程性手工作业中解放了出来，大幅提高了作业效率和精度。在数据中台运行两年后，德恩精工的交期预测准确率超过了80%，排产效率提高了 70%，设备资源利用率提高了 8%，"三高"运营问题得到解决。

（2）云平台协同

完成了自身生产运营业务链条的数字化改造后，德恩精工又开启了产业互联网平台建设，将数字化连接延伸至上游供应商和下游客户，打造基于云平台的产业生态系统，实现设计协同、制造协同、服务协同、供应链协同。如此一来，客户可以直接在云平台上提交需求和订单。德恩精工不仅解决了之前的排产周期长、订单拥堵问题，还能更直接地感知消费者的需求，及时调整供应链和排产安排。

此外，德恩精工将设计、采购、制造和设备运维能力直接在线化展示，提供输出接口，接入平台的小微型制造商和服务商可以较低成本获取协同服务，弥补自身竞争力短板，有效解决了之前小微型制造商和服务商经营不稳定的问题。在打通上下游数字化链条的同时，德恩精工也实现了由传统的重资产的制造企业向轻资产的平台运营商的转型，作为一个产业价值的"放大器"，不断催生出新的产业增量价值。

2. 创新型高科技制造企业——吉利汽车（依托"人工智能＋工业互联网"的高科技制造）

吉利汽车集团是浙江吉利控股集团旗下的三大集团之一，也是中国领先的自主汽车品牌。在云计算时代，汽车已经变身为全新的客户数字终端，其搭载的业务应用、

数据、流程以及安全防护能力都需要快速迭代。近年来，吉利汽车集团积极构建集团统一的云智一体化平台，不断完善集团数字底座，转变企业 IT 基础设施管理模式，打造数字化的智能制造与全新服务体系，依托"人工智能 + 工业互联网"，与外部科技公司合作探索汽车智能制造新模式。

（1）夯实数字化转型底座

为了夯实数字化转型底座，从 2019 年开始，吉利和百度智能云合作打造"1+6+n"吉利混合云平台，采用公有云 + 私有云的百度混合云架构模式，满足对外快速响应服务用户的需求及对内数据安全保护的需要。

依托混合云平台，吉利汽车将数字化战略划分为"夯实基础—业务云化—业务智能化—赋能业务创新"4 个阶段，即先将原有业务上云，统一资源基础；再采用云原生架构，在云上打造新应用系统；然后将数据与人工智能能力整合在业务中发挥作用；最后形成基础平台与能力，支持上层业务创新。

随着一期数字化建设顺利完成，吉利汽车已拥有集团层面统一应用的专有云基础设施，构建了云基础设施能力、云基础架构能力、云安全能力等六大能力，可以支持 n 项吉利的产品线与业务服务。该混合云平台帮助吉利汽车降低了 30% 的管理运维成本，使资源利用效率提高了 20%。

（2）探索未来智能制造新模式

2022 年 3 月 3 日，吉利控股集团与百度集团举行了深化战略合作签约仪式，宣布将在信息安全、智能驾驶云、人工智能大模型、元宇宙、生态出行技术共建、数据生产管理体系等方面进一步加深合作。百度智能云还帮助吉利建设数据中台、人工智能中台等智能化中台，全力发力"全场景上云"，构建完整的吉利大数据生态环境。同时，双方通过共同设立人工智能创新中心、人工智能联合实验室等形式，开展新技术前瞻性研究和试点业务合作，合作探索汽车智能制造新模式，提前布局未来工厂 3.0 模式。

依托"人工智能 + 工业互联网"向智能制造核心环节全面推进，吉利汽车积极谋求实现汽车制造模式从未来工厂 1.0 到未来工厂 2.0 乃至未来工厂 3.0 的逐级跃升。

未来工厂 1.0 模式：实现无人车间，流水线上机器依据工艺参数与装配要求井然有序运行，人工智能检测代替了生产线上的传统人工检测，降低了人为因素造成的漏检误检风险。

未来工厂 2.0 模式：实现数字孪生和虚拟现实技术场景的落地，整车产品方案先通过各种数字化手段在线上虚拟空间仿真出虚拟产品，在不同模拟场景下展示形状、强度、性能等各种属性。工程师们可通过 VR 眼镜等工具进入虚拟空间，协同分析、开展优化和验证，时间成本与制造成本得到大幅降低。

未来工厂 3.0 模式：是目前吉利与百度智能云正在积极探索的未来智能制造新模式，计划以 5G 为催化剂，融合多种网络连接及云计算、人工智能、工业元宇宙等技术，助力吉利汽车 IT/OT 的系统互联和数据全链条打通，构建完整的吉利大数据生态环境，打造出完整的集智能化技术平台、业务平台、产业场景应用于一体的吉利创新安全平台，更好地支撑智能化业务发展，赋能企业数字化转型。

3. 服装智能制造企业——酷特智能（大数据驱动的大规模个性化定制）

成立于 1995 年的红领集团，是一家以西装生产销售为主的服装生产企业，与很多国内同行一样曾以接外贸代工订单为主，是一家典型的劳动密集型传统服装生产企业，饱受订单数量波动大、交货期冲突严重、原材料垫付费用高、利润低等问题的困扰。2007 年，红领集团成立酷特智能公司，开始探索传统服务制造产业的转型升级，并于 2020 年成功上市。专注个性化转型将近 20 年后，酷特智能已建立起全数字驱动的智能制造生产模式，并形成和实现了对外赋能的解决方案。如今，酷特智能已成为一个传统制造企业与互联网融合、新旧动能转换、供给侧结构性改革的企业样板。

（1）C2M 服装制造模式

库存曾长期占据服务制造企业最大比例的利润损耗。为解决高库存问题，酷特智能于 2007 年开始专注研究"个性化定制"转型之路，并于 2011 年将 C2M 商业模式定为公司战略。

C2M 模式改变了传统服务企业的"先做后卖"的商业模式，采取了"先卖后做"的新商业模式。在 C2M 模式下，客户先预约下单，在确定尺寸、面料和款式等信息后，将相关数据传输至制造工厂，工厂生产完成后直接交付给客户。新商业模式下，客户需求直接从 C 端抵达 M 端，产品交付直接从 M 端抵达 C 端，这种点对点的高效供给方式完美规避了材料成本垫付问题和库存压力，在满足客户个性化需求的同时，也提升了企业的盈利能力。

（2）大数据驱动大规模个性化定制

如何兼顾个性化定制需求与规模化生产效率的平衡，是酷特智能需要攻克的重要课题。

酷特智能积极聚焦"互联网＋工业"领域，将互联网、物联网等信息技术融入大规模个性化生产中，利用用户需求的大数据驱动工厂流水线，实现个性化柔性制造，在工业流水线上制造出版型、款式、面料不同的个性化定制产品。

酷特智能建设的客户交互平台可以支持全球消费者开展自主设计和提交个性化需求，以及针对需求响应的反馈。该平台沉淀的海量的数字资源和完成的数据逻辑，为解决个性化定制和大规模生产之间的矛盾奠定了基础。

酷特智能对采集的客户需求大数据进行分析和分类，建立版型、款式、面料、BOM 四大数据库，达到百万亿量级的数据，可以满足 99.99% 的人体个性化定制需求。自主研发专利量体工具和量体方法，采集人体 19 个部位的 22 个尺寸，并采用 3D 激光量体仪，实现人体数据在 7 秒内自动采集完成，解决与生产系统自动智能化对接、转化的难题。用户体型数据的输入，驱动系统内近 10 000 个数据的同步变化，能够满足驼背、凸肚、坠臀等 113 种特殊体型特征的定制，覆盖用户个性化设计需求。

得益于大数据的驱动，酷特智能实现了以工业化的手段、效率、成本制造个性化产品的能力，相比传统定制工厂一个月甚至更长的生产周期，酷特智能只需 7 个工作日就可交货。

除了实现自身的数字化转型升级，酷特智能还搭建了酷特 C2M 产业互联网平台，针对劳动密集型的传统制造企业实施转型和升级赋能。

从成衣到定制，从工业化到个性化，从简单重复到智能制造，从流程再造到产业赋能，酷特智能不断证明了"互联网＋实体经济"在数字化转型中的影响力。

三、工业互联网平台和行业云赋能案例

工业互联网平台的本质是在传统云平台的基础上叠加物联网、大数据、人工智能等数字化技术，构建更精准、实时、高效的数据采集体系，建设具有存储、集成、访问、分析、管理功能的智能平台，实现工业技术、经验和知识的模型化、软件化、复用化，以工业 App 的形式为企业提供各类创新应用，最终形成资源富集、多方参与、合作共赢、协同演进的工业生态。

正如《机·智：从数字化车间走向智能制造》一书中所指出的，如果说消费互联网是已经硕果累累的革命，那么，工业互联网就是正在发生的革命，它必将为中国制造业的转型升级注入巨大的推动力。作为数字化技术与制造业深度融合的产物，工业互联网通过人、机、物的全面联网，促进制造资源泛在连接、弹性供给与高效配置，推动制造业创新模式、生产方式、组织形式和商业范式的深刻变革。

1. 酷特智能 C2M 产业互联网平台

酷特智能基于多年的智能制造转型实践，专注研究互联网＋产业，以 C2M 为核心价值，深度融合互联网、物联网、大数据、云计算、人工智能、区块链等现代科技，搭建酷特 C2M 产业互联网平台。通过需求导向和数据驱动，促进产业及跨产业的互联互通、数据资源有条件的共享和资源有效配置，有效支撑生产智能决策和业务模式创新，实现产业转型升级，赋能输出。

目前，酷特智能已基于 C2M 产业互联网平台为 100 多家中小微制造企业提供了数字化转型赋能，帮助企业改善作业方式，提升生产效率，通过生产工艺自动化技术提升产品品质，建立数据驱动的"小单快反"模式，缩短交付周期和降低库存，提高定制化水平增加产品附加值。酷特智能也通过产业价值生态圈的打造和产业价值链的重塑，实现了自身商业模式的转型升级。酷特 C2M 产业互联网平台技术架构如图 16-1 所示。

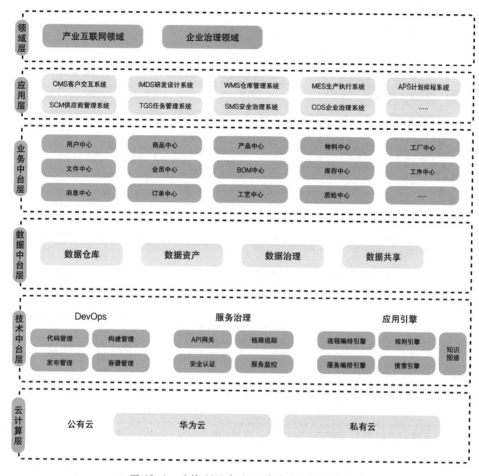

图 16-1　酷特 C2M 产业互联网平台技术架构

2. 矿山装备工业互联网平台

中信重工依托在行业内的影响力和引领作用，建立了数字化云平台，打造行业内首个矿山装备工业互联网平台，如图 16-2 所示。

通过智能感知、数据采集、无线传输、大数据分析和利用，矿山装备工业互联网平台将工业技术、管理到应用各方面的经验和知识模块化、软件化，以微服务组件或工业应用程序的形式赋能行业企业。一方面，利用数字孪生技术，在虚拟环境下开展产品设计优化迭代以提高设计交付质量、缩短研发周期和降低研发成本。另一方面，将生产制造业与工业互联网技术结合起来，通过对数据的实时采集、低延时传输、流式计算处理，完成对矿山设备和工艺产线的数字化监控与智能化调度，构建了产品远程运维及智能化改造服务体系。

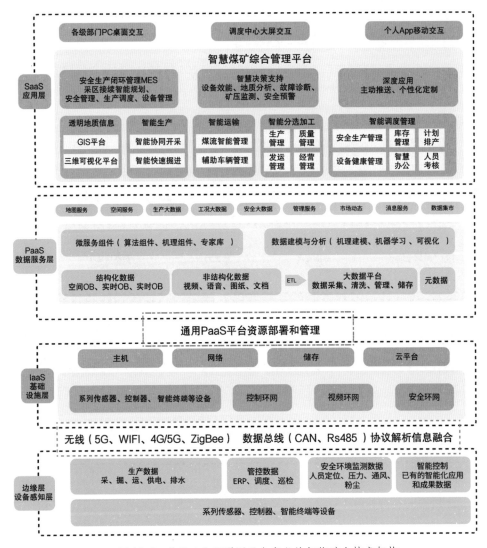

图16-2 基于工业互联网平台定义的智能矿山技术架构

矿山装备工业互联网平台所构建的基于海量数据的采集、汇聚、分析和服务体系，在赋能行业用户过程中，能有效提高行业研发数据信息的安全性，大幅降低行业用户的生产成本，形成产业协同共享、创新驱动的发展动力和矿山装备行业赋能生态圈。

中信重工在依托工业互联网平台对外赋能的同时，也实现了从单纯的制造型企业向服务型制造的解决方案服务商的转型，促进了中信重工"核心制造＋综合服务"的新型商业模式的打造。

3. 根云工业互联网平台

树根互联旗下的根云平台（RootCloud）基于母公司——三一重工在装备制造及远程运维领域的经验，由OT层向IT层延伸构建平台，重点面向设备健康管理，提供端到端的工业互联网解决方案和服务。

目前，根云平台已形成三大核心共性能力，利用多种工业设备的大规模连接能力、多源工业大数据和人工智能分析能力、多种工业应用的开发和协同能力等，对接大量工业设备，向上支持工业应用的快速开发与部署，并搭建简单易用的操作系统，如图16-3所示。

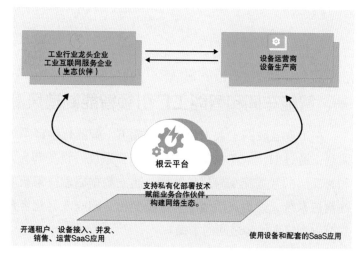

图16-3　根云平台业务

除扮演三一数字化转型基座的角色外，根云平台还能够为各行业企业提供基于物联网、大数据的云服务，面向机器制造商、金融机构、业主、使用者、售后服务商、政府监管部门提供应用服务，同时对接各类行业软件、硬件、通信商，形成生态效应。

除了三一重工所在的工程机械行业，根云平台还对细分行业赋能，面向农业机械、节能环保、特种车辆、保险、租赁、纺织缝纫、新能源、食品加工等多种行业开展深度合作，形成工业物联网生态效应，如图16-4所示。

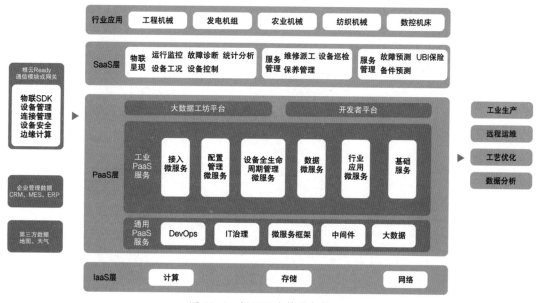

图16-4　根云平台技术架构

第三节　亮点总结

一、智能车间和智能工厂引领智能制造风潮

在工业互联网＋人工智能的赋能下，智能化生产系统大幅提升了生产效率和生产质量；通过 IT 与 OT 的深度融合，加强系统、设备和人之间的互联互通，实现跨业务和跨部门的数据交互与信息共享，建立数据驱动决策机制；基于制造流程数字化的柔性制造系统，能更灵活地应对市场变化、响应差异化客户需求，实现个性化定制与大规模生产成本优势之间的平衡。

二、"专精特新"企业积极践行数字化转型升级

拥有创新基因的"专精特新"企业，积极拥抱云计算等新兴技术，努力探索最适合自身发展的数字化转型路径，将数字化技术工具融入业务创新中，实现高效率管理和规范化运营，加速业务模式创新，快速成长为细分行业内的"冠军"企业。

三、产业链协同衍生新的制造模式和商业模式

不管是带着"灯塔"效应的制造业领头羊，还是"专精特新"细分行业的"冠军"，在自身业务数字化水平达到一定程度后，都不约而同地选择借力工业互联网平台，打通上下游之间的各个环节，加强多维度的产业链协同，积极开展行业生态赋能，在实现降本增效、提升企业竞争力的同时，实现制造模式和商业模式创新。

第十七章
智慧农业场景

导　　读

　　民族要复兴，乡村必振兴。党的十九大以来，党中央、国务院做出全面推进乡村振兴和数字中国的战略决策，智慧农业作为数字化应用和乡村建设的重要产物，既是乡村振兴的战略方向，也是建设数字中国的重要内容，是对我国乡村振兴和数字中国两大时代战略的积极响应。智慧农业是数字化技术（包括但不限于云计算、大数据、人工智能等）与农业决策、生产、流通、交易等各个环节进行深度融合后所形成的新型农业生产模式与综合解决方案，涵盖了农业从产前到产中再到产后最后至增值服务的全生命周期产业链。

　　近年来，建行全面贯彻落实新发展理念，纵深推进"三大战略"，以新金融引领创新实践，探索以金融科技赋能农业产业发展的新模式，不断提高金融工具服务能力，加大金融对现代农业的支持力度，满足现代农业对金融多元化、多层次的需求，打造服务乡村振兴新通道。

　　本章将回答以下几个问题：

　　（1）数字化是如何为智慧农业赋能的？

　　（2）智慧农业的效益如何？亮点有哪些？

第一节　智慧农业概述

一、智慧农业的使命

智慧农业致力将人员、设备与农作物等进行全面、智能的深度链接，达成如下两大使命：

（1）对农业产品的种、管、采收、储存、加工等方面进行全流程穿透式的跟踪、监测与管理，并以取得的相关数据驱动资金、技术、物资、人才等资源的后续投入，以便形成更为高产、智能、绿色、经济的农业生产模式。

（2）打通供需渠道，打造快速、高效、精准的农业产销生态系统，改进农业与消费者双方的的互动关系，构建起覆盖整个农业产业链、价值链的全新生产服务体系。

二、中国智慧农业发展概况

1. 中国智慧农业发展的环境因素

（1）社会和政策环境

我国的农业生产经过手工劳作时代、机械化时代和简单自动化时代的多次变迁，时至今日，我国正处于开启全面建设社会主义现代化国家新征程、向第二个百年奋斗目标进军的重要时期，也是一个以数字化技术为核心的新一轮科技革命时期。面对因经济社会发展、人口结构变迁所引发的新需求与新课题，习近平总书记强调，要推动云计算、大数据、人工智能和实体经济的深度融合，加快制造业、农业、服务业的数字化、网络化、智能化，有力推动社会发展。

为了充分发挥我国广阔农村地区作为中国数字经济发展的战略纵深，进一步拓宽我国信息消费的潜在市场，当代农业迫切地需要以数据为驱动，深化信息化改革方案，并在此基础上进一步向更高级别的数字化、网络化、智能化迈进，以便形成"以工补农、以城带乡，推动形成工农互促、城乡互补、协调发展、共同繁荣的新型工农城乡关系"的关键抓手。

（2）技术环境

智慧农业的诞生，是信息技术（IT）、通信技术（CT）及大数据技术（DT）深度融合的产物。工程师通过感知设备、信息处理与网络通信的融合，开辟了智慧农业的感知能力；通过云化与网络的结合，达成了智慧农业在信息传输环节的刚性要求；通过云计算、普适计算、边缘计算等技术的快速发展，实现了智慧农业在算力方面的突破。

在此过程中，我国网络基础设施的建设与提速是实现以上技术深度融合的关键，未来随着"5G+"时代的到来，速率更高、覆盖范围更广、连接更大、时延更低、可靠性更高的新一代网络将得以应用，这会把现有的通信网络推向"云网一体化"的更高层面，从而进一步赋能智慧农业的蓬勃发展。当未来人工智能跨过基础理论阶段，与硬件、软件、平台及行业应用场景相结合时，凭借着"云网一体化"的传输及计算能力，智慧农业将迈入下一个崭新的时代。

2. 中国智慧农业面临的机遇和挑战

（1）机遇与发展

① 绿色农业是中国乃至世界的刚需。随着地球环境的持续演变，世界各国对于打造绿色星球的认知正变得越发清晰与坚定，我国作为地球村的一分子，同时作为有担当的世界性大国，有责任也有义务做出贡献；基于此，我国的二氧化碳排放力争于 2030 年前达到峰值，并努力争取 2060 年前实现碳中和。然而，我国的农业在过去很长时间内，走的都是化肥、农药等传统技术路线，外加粗放的海量投放模式，这也导致了农业、林业产生了与工业几乎等量的温室气体排放，造成我国成为目前世界上最大的农业排放国。因此，为了达成碳中和的总体目标，我国的农业必须走出一条全新的绿色发展道路。

② 劳动力结构性变化带来的全新挑战。近年来，我国的劳动力结构发生了极大的变化。一是独生子女政策引发的老龄化问题逐步凸显，而高昂的生活、生育、医疗以及教育成本又加剧了少子化的现象，从而使我国呈现适龄劳力供给下降的趋势；二是伴随着我国经济高速发展而导致的人工薪资增幅较大，对原本就不太富裕的农业产业造成冲击；三是单纯的原始农业技能传承缺失问题越发严重，年轻人较少能够有效获得并继承相应的农业技能；四是农业产业因受限于时令的因素，从业者一般多有兼业的情况，近些年纯农户或高度兼业农户的比例不断下降，非农户的比例上升态势明显。这些劳力结构的变化给传统农业产业带来了极大的冲击，最终结果是年轻人供职农业产业的比例不断下降。

③ 定制化与多元化引领的新发展。中国传统农业曾追求工业化与规模化的结合，然而小规模经营模式注定了我国农业产业较难实现在工业化及规模化上的全局性突破。此外，中国广大农村在地域、气候、风貌、文化以及农作物等方面有较大差异。那么，是否可以利用，又或是如何利用这种差异性，让其为各地乡村的经济增长所用，则成为当下农业产业需要解决的问题。

④ 重塑而新生的农业产业链。我国传统的农业产业链，存在加工链短、服务功能链滞后、流通链过长的明显短板。其具体表现为：农业产业链主要集中在农产品加工层面，且多以初加工为主，而具备提升附加价值的服务功能链明显滞后，农户仍多以劳作及销售服务为主，严重缺少生产过程中所需的信息服务和金融服务，从而导致专业性的农业一体化生产模式发展不足。除此之外，农产品的流通环节过长，使得产品价格在整个流通过程中层层加码，这成为优质农产品依然竞争力不强、消费者花费高昂但农户收入较低的重大制约因素。

以上种种都为智慧农业的发展带来了全新的机遇。

（2）面临的挑战

智慧农业是数字化技术在农业产业应用层面的具象呈现，其发展建立在云计算、大数据、人工智能等数字化技术的研发应用基础之上，以此实现农业产业全流程数字化、网络化、智能化的技术范式革新。智慧农业最具挑战性的地方在于需要组合出一套由硬件与软件共同构筑而成的综合形态，即要形成一个集"感知、传输、计算、存储、应用"为一体的完美"闭环"，并能促进该"闭环"不断地迭代与升级，方能使农业产业逐步走向数字孪生及定制化生产。

为了打造智慧农业的产业"闭环"，其关键就在于要解决好"数据从物理世界中来，再到物理世界去"这一课题。为此，智慧农业往往是从完整且准确的数据采集开始，然后充分利用网络作为数据流转的通道，再辅以科学精准的数据分析与决策，外加有序、坚决且高效的执行能力，这样才能形成整个智慧农业的血脉，这是智慧农业最具挑战的部分。

智慧农业的另一个挑战在于如何大幅延伸传统农业的服务性及功能性，助力实现农业产业的额外增收。随着农业产业从物理空间向网络空间的延展，一方面，智慧农业可以重塑生产者与消费者之间的关系，农产品将不再仅是两者之间的唯一纽带，类似农耕文明的传承、山水田园生活的意境等也都可以作为当代农业的服务产品，用"原生态""定制化"的自然景观或文化价值，带给消费者全新的内容体验；另一方面，由于打破了物理空间的禁锢，智慧农业可以凝聚传统农业时期无法实现的特定的小众需求，通过大幅降低获客成本、快速提升规模效应，实现百川归海的引导作用，以便放大市场潜力，达到让消费者为稀有溢价品付费的目的。

三、数字化技术赋能智慧农业发展

传统农业是一种"人对人""点对点"的生产模式，生产效率基本长期不变，较难与其他产业形成互补或受其影响，自然也就不存在多元价值的场景。然而，通过云计算、大数据、人工智能等数字化技术所形成的智慧农业，可以打破这种固有的形态，让农业产业呈现出多样性，尤其可以在绿色农业、农村劳动力结构、农村多元化，以及农业产业链等众多领域进行赋能。

在此过程中，构成对于外部环境情况和内部运行状态海量完整信息的采集、高速且长期可用的网络互通纽带、超越人类极限的高速分析与决策，以及不知疲劳为何物的超强执行能力缺一不可，这些正是智慧农业使得传统农业的生产资料发生巨大变革、重大突破的关键。

1. 绿色农业

在绿色农业方面，智慧农业是基于数字化技术，改变农业产业传统生产方式、实现绿色低碳发展的一种可行路径。利用互联网、云计算、大数据、人工智能对农业设施的数字化改造，有助于构建精准智能匹配的农业生产要素，在提高各类农产品生产效率和质量的同时，又为绿色低碳农业的发展奠定了扎实可靠的基础。

2. 劳动力结构

在农村劳动力结构方面，智慧农业以数字化技术加持农业产业的方式，将农业知识及农业技能转化为智能的自动操作程序，既可简化农业知识认知，解决当下从业人员农业技能缺失的问题，又可实现以全程机械化替代传统手工的生产模式，有效缓解人员老龄化及人员成本不断增加的问题，更可通过科学方法提高农产品的产量与质量，达成第一产业创收的目标，优化产业劳力结构，可谓一举多得。

3. 多元化乡村

在农村多元化方面，智慧农业充分利用互联网、云计算、大数据等数字化方式，帮助农业从业者把握并挖掘各个乡村的资源，以差异化及新颖性打造全新的农业服务逻辑，甚至逐步形成为定向性客户提供定制化服务的机制；这能够使农业生产过程中的自然景观、文化价值等附加属性带来经济效益，把农业中的竞争劣势，如经营规模小、技术水平低，转变为"私人体验""传统工艺""原生态"等竞争优势，带来农业产业差异化和服务化的新机遇。

4. 农业产业链

在重塑农业产业链方面，智慧农业的诞生促进了我国广大农村地区"互联网＋消费"以及"互联网＋农业"水平的不断提升，这种线上模式既利于充分了解客户需求，增强产品定位的针对性，挖掘产品的内在价值，塑造相应的国民品牌，又利于破解供需所处的时空错配难题，拓展产品的销售渠道，带动小农户直通大市场，以此形成既增加农户收入又降低消费者花销的双赢局面，还可通过普惠金融服务，为农户带来因产业规模、产品质量或销售渠道增加所必须的低息资金支持，以此全面推动我国农业产业链的整合以及农产品价值的提升。

第二节　建行黑龙江省分行"数字农业"产业互联网建设

实施乡村振兴战略，是党中央对"三农"工作做出的重大决策部署，是决胜全面建成小康社会、全面建设社会主义现代化国家的重大历史任务，是新时代做好"三农"工作的总抓手。实施乡村振兴战略，产业兴旺是重点，必须加快构建现代农业产业体系、生产体系、经营体系，加快实现由农业大国向农业强国转变。

长期以来,"二元经济"结构导致城乡金融发展严重不平衡,农业产业信息化程度低、农业产业大数据匮乏、农村信用体系不健全,成为制约农业现代化发展的突出问题。随着新农村建设的不断推进,农村金融服务的供需矛盾仍然存在,亟须快速解决金融服务供给不足的问题。以人工智能、区块链、云计算、大数据、移动互联、物联网为代表的数字化技术,能够加速重构传统农业经济发展模式,有效促进城乡协调发展,缩小城乡差距,实现共同富裕,成为带动农业产业兴旺、引领产业转型的新引擎。

作为国有大行,建行勇于担当,以新金融行动贯彻新发展理念,重修涉农领域的"金融水利工程",向内聚焦金融科技动能,向外联通涉农数据"新要素",为助力乡村振兴发挥建行优势,贡献建行智慧,提供建行方案。

一、"数字农业"产业互联网建设背景

1. 国家有支持

我国高度重视数字农业农村发展,农业农村部连续印发《"互联网+"现代农业三年行动实施方案》《关于推进农业农村大数据发展的实施意见》《"十三五"全国农业农村信息化发展规划》等文件。大力发展数字农业,已经成为我国推动乡村振兴、建设数字中国的重要组成部分。人工智能、区块链、云计算、大数据、移动互联、物联网等数字化技术在农业生产、加工、销售等各环节融合应用,助力传统农业向数字化经济转型,焕发出新的生机与活力。

2. 建行有重视

建行黑龙江省分行因地制宜,进一步提出"立足'双循环'发展格局,以促进产业振兴为核心,助力现代农业体系建设,带动乡村全方位振兴"的思路,给出"以金融科技为依托,以数字化、平台化打法为主要模式,'大纵深、大穿插'构建智慧乡村2.0'3+3+1+N'新格局"的步骤,打造"全产业+全地域+全场景+全业态+全方位"的乡村振兴综合服务生态体系。

3. 行业有需要

黑龙江省作为农业大省,是国家粮食安全的"压舱石",其黑土地面积占全国土地面积的56%,粮食的总产量、商品量、调出量均居全国首位,分别占到全国总量的1/9、1/6、1/3,农业资源优势明显,农业发展基础雄厚。省委、省政府为推进农村现代化建设发展,提出乡村振兴战略规划和农业强省战略目标,黑龙江省分行深入落实省委、省政府战略部署,充分发挥金融对现代农业发展的支撑作用,以新金融之力加快数字化技术与农业生产经营深度融合,推动全省农业生产智能化、经营网络化、管理高效化、服务便捷化。

4. 应用有领域

农业产业链是不同农业要素和交易市场的集合体,包含农业生产、加工、储运、销售等诸多环节，可划分为生产端、流通端、销售端3个部分，有效连接了"农资经销、农业生产、初级农产品收储、农产品加工销售、农产品终端消费"各方主体，利用金融科技，形成完整的农业产业闭环，促进物流、信息流、资金流顺畅贯通产业链，推动农业产业链横向延伸，拓宽覆盖领域，纵向深入，下沉服务重心。

5. 产品有优势

建行黑龙江省分行依托农业大省资源和金融科技优势，以"产业数字化、数字产业化"为发展主线，从金融供给侧发力，开展产业级金融创新，率先提出"打造全国数字农业先导区"，建设"数字农业"综合生态体系（产业互联网）的战略构想。以科技赋能业务发展，开展农业产业全链条涉农场景数据采集、智能分析和产品创新，成功探索农业产业互联网的建设路径，依托产业链搭建场景和创新产品的方式方法，重构传统信贷业务流程，打造数字普惠金融模式，构建数据驱动、融合发展、联创共享的"数字农业"新生态，实现"三农"领域金融资源和服务的有效触达，重点解决贷款难、贷款贵、卖粮难、成本高、缺信用等制约农业农村发展的瓶颈问题，让广大的涉农群体真真正正地得到实惠、收获喜悦。

二、"数字农业"产业互联网建设思路及路径

1. 建设思路

黑龙江省分行联合省农业农村厅、省农业投资集团，构建"数字农业"产业互联网，成功探索出"农业大数据中心 + 产业公共服务平台 + 金融科技"产业互联网建设模式；联合社会各方力量，共同建设农业大数据中心（农业云）并实施公司化市场化运营，使金融服务与农业产业链、农民生活、企业经营及政府监管深度融合，如图17-1所示。

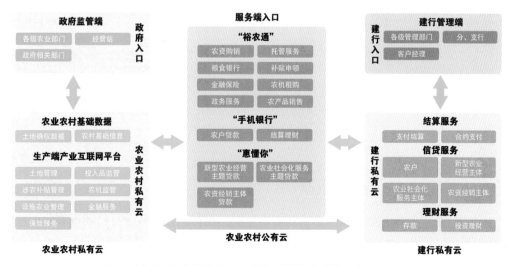

图 17-1 建行黑龙江省分行"数字农业"云应用

在充分开展"数字农业"云应用的基础上,黑龙江省分行秉持建行"新金融——科技、普惠、共享"的经营理念,发挥金融科技优势,围绕农业产业链搭建生态和场景,构建农业产业公共服务平台。一方面,为政府提供行业监管、乡村治理手段;另一方面,依托平台连接各类农业生产经营主体,聚焦服务、融资需求,为农业产业链、供应链中各类主体提供信息化服务和金融服务。该行重点应用"农业大数据 + 金融大数据 + 政务大数据",通过交叉验证、数据建模,以数据增信的方式创新金融产品和服务,为农业产业的整体发展、农业现代化建设提供市场化解决方案。

2. 建设路径

建行黑龙江省分行以问题为导向,依托农业大省的产业资源,深入分析产业链各方主体需求,以农业产业四大市场及"三库四平台"粮食供应链为基础,规划设计"数字农业"产业互联网,以构建数据驱动、融合发展、联创共享的数字农业新生态为目标,聚合政、企、银、校各方力量,主要建设内容可概括为"13456"体系,即打造 1 个省市县乡村五级农业监管系统,搭建政府端、主体端、消费端 3 个产业互联网服务入口,聚焦农业生产要素供需、初级农产品收储、初级农产品交易、农产品销售 4 大市场,应用"农业 + 金融 + 政务"大数据创新金融产品和服务,联通农资经销、农业生产、农产品收储、农产品加工、农产品销售 5 类涉农生产经营主体,形成覆盖农业生产端、流通端、加工端、销售端的产业互联网,实现信贷、结算、保险、期货、担保、政务 6 类金融服务与农业产业链、供应链的全面融合,如图 17-2 所示。

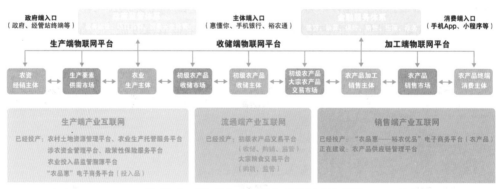

图 17-2 "数字农业"产业互联网建设视图

三、"数字农业"产业互联网建设内容

在"数字农业"产业互联网总体规划指导下,建行黑龙江省分行已建成农业产业公共服务平台,并投产 9 个子平台:土地资源管理平台、投入品监管溯源平台、"农品惠"电子商务平台、涉农资金管理平台、农业生产托管服务平台、政策性保险服务平台、初

级农产品交易平台、大宗粮食交易平台、"农品惠＋裕农优品"电子商务平台，贯通了农业产业链、供应链的关键环节，连通了农业生产端、流通端、销售端，汇集了全省确权土地、农户、新农主体、社会化服务主体、农资经销企业、农业补贴等涉农数据信息。

1."数字农业"产业互联网——农业生产端

在农业生产端，"数字农业"产业互联网的建设，主要依托农业产业链的生产资料供给、生产过程管理、生产过程服务3类场景，实现了"农业生产体系"的信息化和数字化，在数字化政府监管体系、新型农村金融服务体系的共同作用下，为政府管理部门、各农业生产主体提供"金融＋非金融"服务。在农业生产端，主要规划建设土地管理（土地流转、生产托管、土地租赁）、涉农补贴、投入品监管、农机监管、农业设施管理、金融共享、保险支持7类平台，目前已建成农村土地资源管理平台、农业生产托管服务平台、涉农资金管理平台、农业投入品监管溯源平台、"农品惠"电子商务平台、政策性保险服务平台6个子平台，如图17-3所示。

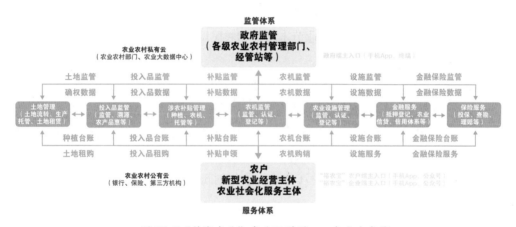

图17-3 "数字农业"产业互联网——农业生产端

（1）农村土地资源管理平台

建行黑龙江省分行配合政府建设农村土地资源管理平台，基于农村土地承包经营权，先后搭建土地承包、租赁、流转、鉴证、抵押、登记等场景，涵盖农村土地经营权审查登记、档案追溯、土地流转、承包鉴证、抵押登记、土地纠纷等事项，建立涉农补贴、流转、承包、租赁等数据库，并汇聚涉农数据信息，服务于农业生产领域的经管站、农户、新型农业经营主体、银行等主体。该行运用金融科技手段，以农村土地承包经营权数据为基础，创新"抵押云贷、农户抵押快贷、农信云贷、农户信用快贷、垦区快贷、农户担保快贷、农户消费快贷"7款线上信贷产品，助力农业生产，如图17-4所示。

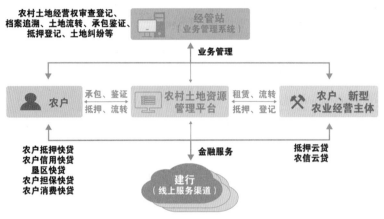

图 17-4　农村土地资源管理平台

（2）农业生产托管服务平台

农业生产托管服务平台是农业托管全要素整合平台，依托平台建立规范化服务流程，打造一条龙服务模式，提供产前、产中、产后规范化、社会化的农业托管服务与管理，助力实现农业规模化生产，促进农业节本增效和农民增产增收，服务于经管站、农户、农业社会化服务主体、银行等主体。

依托平台，农户等经营主体无需流转土地经营权，将农业生产的耕、种、防、收等作业环节全部或部分委托给农业社会化服务组织进行经营。黑龙江省分行以农村土地承包经营权数据为基础，依托农业生产托管场景中的土地、补贴、保险、农机、托管订单等信息，创新了"土地托管贷、托管云贷（小微版、集体版）"3款线上信贷产品。

在省农业农村厅指导下，黑龙江省分行参与创新的"农业生产托管兰西模式"荣

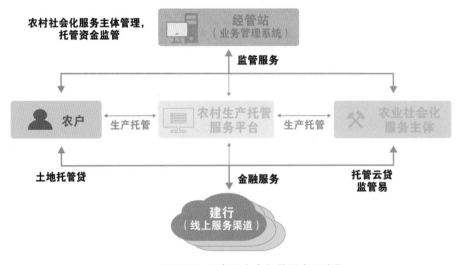

图 17-5　"农业生产托管服务平台"

登 2019 年度中国"三农"十大创新榜第三名。2021 年农业农村部在全国范围内遴选确定了 30 个特点鲜明、富有新意、成效明显的农业社会化服务典型,建行黑龙江省分行"融入金融力量 打造生产托管'龙江新模式'"的服务案例作为唯一银行机构典型案例入选,对加快促进农业节本增效和农民增产增收、推进小农户和现代农业有机衔接具有积极的示范引导作用。

(3)涉农资金管理平台

涉农资金管理平台通过信息化系统建设,为政府有效管理涉农资金提供服务,规范涉农补贴资金的申报、审核、公示、审批、发放流程,加强补贴项目管理,推动涉农资金有效利用,包括种植、养殖、农机、托管等补贴项目。该平台服务于政府各级监管部门及管理部门、农户、新型农业经营主体、农业社会化服务主体、银行等。

(4)农业投入品监管溯源平台

农业投入品监管溯源平台服务于农业生产,为投入品(种子、农药、化肥)的质量安全提供监管溯源渠道,政府依托平台可进一步强化农产品安全质量管理,完善投入品生产企业及经销商生产许可、入驻审核、销售审核和统一进销存管理机制,促进农产品的质量安全溯源。该平台服务于政府各级监管部门及管理部门、投入品生产企业、投入品批发零售企业、银行等,平台已入驻 9 000 多家投入品生产、批发零售企业。

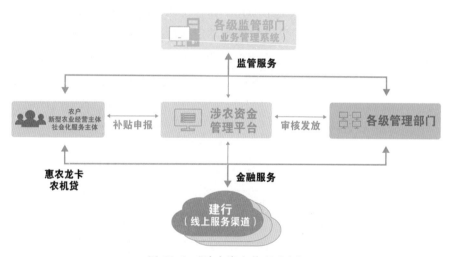

图 17-6 "涉农资金管理平台"

(5)"农品惠"电子商务平台

"农品惠"电子商务平台围绕农业投入品"产供销"链条,融资金流、信息流、物流为一体,提供线上投入品销售撮合服务。上游的农业投入品生产厂商可线上发布投入品商品信息,开展团购打折等优惠活动,吸引了客户,拓宽了销售渠道、扩大了销售额;下游的农业投入品经销商可使用手机随时随地线上订货采购,如遇资金短缺,还可申请建行"商户云贷""农采云贷"专项贷款,由此可见,"农品惠"为下游经销商订货提供了资金支持,同时解决了上游厂商资金赊销难题。

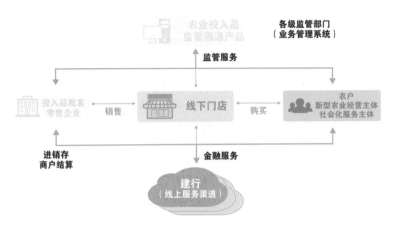

图 17-7 "农业投入品监管溯源平台"

(6)政策性保险服务平台

政策性保险服务平台创新运用土地确权数据实现农业保险精细化管控,利用"互联网+土地确权数据"实现全线上精准化承保,全面提高保险公司承保效率。通过整合资源,构建农业保险数据中台,以数据推动定损标准透明化和行业监管精准化,建立"保险公司+农户+第三方"高效定损机制,为各类灾情定损提供解决方案,为生产经营保"价"护航。平台还提供实名认证、在线投保、验标查勘、定损理赔等服务,实现线上承保精准高效、灾情信息及时上传、数据核验响应迅速、智能定损理赔公开、监督管理可视可溯。该平台服务于政府各级监管部门及管理部门、农户、新型农业经营主体、保险公司、银行等。

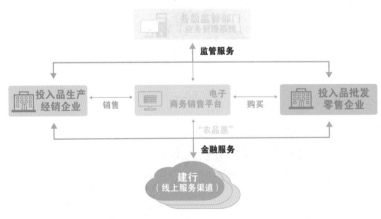

图 17-8 "农品惠"电子商务平台

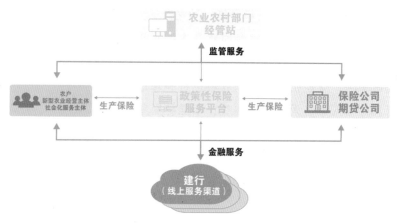

图 17-9 "政策性保险服务平台"

2. "数字农业"产业互联网——农业流通端

在农业流通端,"数字农业"产业互联网的建设依托农业产业链的农产品收储及购销市场,实现粮食收储流通体系的信息化、数字化,商业模式分别是 B2B、C2B、存收租模式。"数字农业"产业互联网在数字化政府监管体系、数字化农产品收储服务体系、新型农村金融服务体系的共同作用下运维,通过建设初级农产品交易平台、大宗农产品交易平台,汇聚农业产业链、供应链信息数据,为农户、新型经营主体、收储/加工企业、储运服务企业提供交易撮合服务、储运服务、融资及结算服务,如图 17-10 所示。

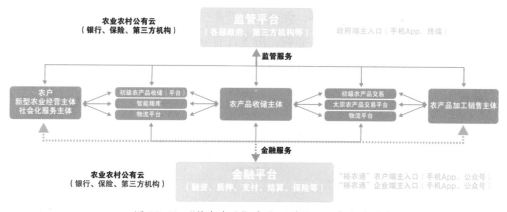

图 17-10 "数字农业"产业互联网——农业流通端

初级农产品收储,惠企利民

建行黑龙江省分行与省农投集团合作建设初级农产品交易平台与大宗粮食交易平台,打通了粮食供应链,连通了粮食收储环节的堵点断点。

（1）农户卖粮环节。说起卖粮，黑龙江省大庆市红岗区杏树岗镇中内泡村农户刘某某感触颇深："往年卖粮最头疼的就是卖不上好价，卖完粮又怕收不到钱，辛苦挨累一年白忙活。现在好了，坐在家里在手机上登录初级农产品交易平台，就能挑选合适的收粮价格和靠谱的收粮人，在手机上预约卖粮，而且送粮入库当天就能拿到钱，心里特别踏实。建行惠农的办法，真是做到'家'啦！"

（2）粮食收储环节。大庆市粮食局第三粮库负责人王某也曾一度陷入融资困境。"我们收粮时，得到处找卖粮经纪人，钱不及时到位，粮就卖没了，所以用钱特别急，收粮就那么几天，错过了就得等下一年，资金需求非常大，融资难得很！今年好了，用建行的初级农产品交易平台，不但能给贷款，收粮的时候在手机上一瞅，谁家卖粮、卖多少一目了然，在线就预约了，好抓粮源，这购销渠道一畅通，资金利用率就提高了，我们就能扩大收储规模，以后经营会越来越好！"

3."数字农业"产业互联网——农业销售端

在农业销售端，"数字农业"产业互联网在数字化政府监管体系、新型农村金融服务体系的共同作用下，依托农产品销售场景，运用"互联网虚拟＋现实技术"搭建线上线下销售渠道的服务体系。平台体系以大数据认证体系为支撑，汇聚线上线下全域用户数据和生产基地数据，充分发挥市场和金融在农产品资源配置中的基础性作用；以多模式电子商务体系为核心，以电子支付、物流配送为支撑，通过企业自主交易和协商定价进一步完善价格形成机制，促进农业产业持续、快速、协调、健康发展，助力政府及龙头企业打造优质农产品品牌；黑龙江省分行结合全程生产数据、农产品销售数据，实时在线为企业提供生产资金的授信贷款和结算服务，如图17-11所示。

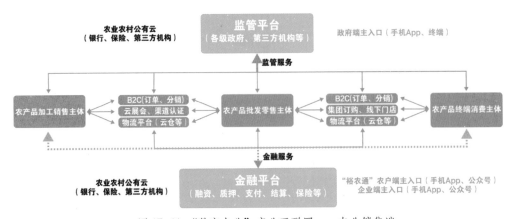

图17-11 "数字农业"产业互联网——农业销售端

产业级创新，贯通产业链

九大平台系统聚合产业大数据信息，汇聚细分客户，由此构筑成完备的金融支农信贷产品体系，使规范化、数字化、网络化、智能化的涉农行业管理及金融产品服务贯通产业链。

（1）农业生产端。在生产资料供给、生产过程管理及服务的场景下应用平台系统，提供土地流转、投入品溯源、在线购销订货、涉农资金监管、生产托管服务、在线投保及验标查勘等服务，依托平台引入 9 826 家投入品经销商、8 385 户 POS 商户，归集 340 余万亩土地的托管信息、2 400 余万条农户及新农主体补贴数据，农贷客户持续扩围，已经完成第四轮（支持第四年农业生产）贷款投放，支持 2022 年农业生产贷款达到 240 亿元。

（2）农业流通端。建设初级农产品交易平台、大宗粮食交易平台，前端连接各类生产主体，帮助农民线上优选买家、预约卖粮，解决卖粮难、被压价的问题，为收储企业提供融资，确保农民卖粮款及时到账，助力粮食优产优销，服务国家粮食安全。

（3）农业销售端。建设"农品惠"平台，应用"裕农优品"专区，开辟企业专属商城定制、B2B 分销和 B2C 直销订货一体化的新渠道，帮助企业打造优质优价品牌，促进农产品上行、工业品下行，平台已入驻企业 187 家，交易额达 2.15 亿元。建设银行黑龙江省分行与省生猪产业联合会合作，助力骨干企业拓展销售渠道。经省生猪产业联合会推荐，哈尔滨伟润食品有限公司、巴彦万润食用农产品经销公司等大型生猪屠宰加工企业，已入驻"裕农优品"商城，并依托"善融商务"建设"龙联猪汇"专属商城，将统一标准、同一品牌的绿色有机猪肉推向全国。

四、亮点总结

1. 寻找产业金融场景，通过建设生态及平台，链接农业产业链各方主体，提供金融支农服务

建行黑龙江省分行与政府、龙头企业共建农业产业互联网，为新型农业经营主体、农资经销小微企业、农业社会化服务组织、广大农民提供综合金融服务，创新推出一系列国内首创的线上涉农贷款产品，通过"惠懂你"、裕农通、手机银行等渠道，向客户提供线上融资服务，成功拓展了线上金融服务场景，提高了金融服务效率，通过金融资源的有效整合，助力农业一二三产融合，带动农民融入现代农业体系，分享农业产业链增值收益，具有极大的推广和带动价值。

2. 加强数据跨界整合，通过数据应用增信，破解"融资难、融资贵、融资慢"的农村金融服务顽疾

建行黑龙江省分行综合应用农业、金融、信用等大数据资源，构建新型农村金融风控体系，合理规划设计客户线上申请、风险画像、审批发放等系统自动操作环节，落实批量化获客、精准化画像、自动化审批、智能化风控、综合化服务的"五化"金融服务标准，真正实现了信息汇合、要素聚合、经济撮合的综合服务。通过挖掘分析农村土地经营权流转数据、生产托管数据、财政涉农补贴数据、农业投入品监管溯源数据等相关数据信息，实现"数据多跑路，农民不跑腿"的线上金融服务模式，将传统线下涉农贷款的融资时间，由原来的几天、几十天减少到几秒、几十秒，创新解决了农村"贷款难、贷款贵、贷款慢"的金融服务顽疾，使手机真正成了农民手中的"新农具"。

3. 服务国家战略，聚焦粮食安全，助力政府提升收储调控能力，形成可持续发展模式，便于市场推广

粮食安全涉及粮食生产的全产业链条，粮食产业链金融需求旺盛，但金融供给有缺失，金融服务存在乱象，国家粮食安全也受到影响。建行黑龙江省分行紧紧围绕服务国家粮食安全加大市场研究，发挥金融科技和数据连接优势，创新设计初级农产品交易平台，将农民、新农主体、生产托管组织等生产主体与粮食收储环节进行有机结合，线上撮合粮食收储，并给予大型国有收储企业资金支持，同时助力小农业与大生产连接，从种植端到仓储端，全链条满足粮食产业金融需求。

4. 初步建立涉农信用评价机制，正向引导农民重视信用，助力强化农村信用市场管理

通过交叉认证各类涉农数据，对原本无信用记录的农民、新农主体、托管服务组织等进行风险评估和精准画像，初步探索出"数据资源—数据资产—信用资产"的信用评价机制，促使农民将手中的土地资源顺利转化为商业银行及监管部门认可的、可验证、可追溯、可累积的信用信息，集"信息采集、信用评价、信贷投放、社会应用"四位于一体，打造智能化、普惠化、无界化的"新型农村信用体系"。这一机制，不仅风险防控成效明显，融资成本也大幅下降，省内同业也纷纷跟进，普遍下调涉农贷款利率，使区域融资成本回归合理水平，同时，"以贷重信"对增强农民诚信意识、营造优良信用环境、改善农村金融生态环境具有较强的现实意义。

信贷文化激发信用自觉

黑龙江省依兰县前程村村民齐某，在接受记者采访时表示："建行贷款省心省事，征信好，有补贴，真种地就能贷，手机就能操作，利息还特别低，我每年都及时还款，今年的贷款额度已经增加到 20 万元，利率还低了些，置

办农资没了后顾之忧，以前不知道讲信用能在贷款上起到这么大作用，现在知道了，以后要守好自己的信用。"

积累数据提供优惠政策

积累和挖掘存量数据，用优惠利率政策引导农户注重信用行为。建行黑龙江分行基于三轮农业生产周期累和的数据信息，持续推出个人农贷客户的利率优惠政策，即对连续两年在建行贷款、还款情况优良的存量贷款户和涉农个体工商户经营者，年利率由 5.15% 优惠至 4.95%；在此基础上，根据农户在建行资产等级，实行差异化定价，最低可达 3.85%。

五、相关成效

1. 惠农覆盖面持续增长

建行黑龙江省分行与政府、企业、高校多方联动，整合优势资源，已形成"智慧乡村 2.0""3+3+1+n"的新格局，持续推动涉农产业拓维扩围，涉农金融服务领域逐步覆盖农、林、牧三大核心产业，以及产、供、销三类龙头机构，并通过"裕农通"乡村振兴综合服务平台（手机 App），融合应用智慧工商联、智慧政务、智慧旅游等 n 个服务系统，实现金融+非金融服务线上化，触达各方涉农主体，将各类服务有机融合到农业生产、农村生态、农民生活的场景之中，打通"三农"综合服务。

截至 2022 年，建行黑龙江省分行研发面市的 18 款涉农线上生产经营类贷款，已累计投放 550 多亿元，惠及 47 万户农户、7 000 余个新型农业经营主体及涉农小微企业。涉农贷款共覆盖全省 13 个地市、99 个市县区和 105 个农林场。该行通过非接触式线上贷款投放，有力支持了疫情期间春耕备耕，2021 年，该行线上贷款投放额占全省春耕贷款投放额的 25%，2022 年同比增长 45 亿元，凸显了产业级金融创新支持农业生产的规模效应。

生产托管，节本增收

农业生产托管服务平台为托管服务组织、农户分别适配"托管云贷、土地托管贷"，推行规模化生产，释放农村劳动力，满足 BC 端融资、结算需求，为政府提供资金监管服务，促进托管新业态发展。

（1）托管云贷：托管服务组织负责人吴某经营 3 006 亩土地，经贷款支持已实现种植集中连片、生资集中采购、大机械标准化作业，仅玉米一项，平均亩产就增加了 200 斤，亩成本降低了 40 元，实现了规模生产及节本增效目标。

（2）土地托管贷：佳木斯抚远市建国村农户王某，把 50 亩耕地交给抚远市鸿强农业种植专业合作社托管代耕，办理 1.96 万元贷款用于支付托管费，随后就进城务工了。秋收他盘算收成，一亩地增收近 300 元，进城打工还有额外收入。他说："还会继续托管土地，再外出打工赚钱，攒更多的钱改善生活。"

规模经营，筑巢留凤

低息的线上贷款产品和"贷款不求人"的良好营商环境，吸引有为青年回乡创业，带动新型职业农民成长。

齐齐哈尔讷河市保安村的杨某创办了家庭农场，从建行累计获得 516 万元贷款支持，经营面积也从 2 000 亩扩大到 3 000 亩，良好的经营前景吸引了她大学毕业的儿子和儿媳回乡创业。后来，其子通过选举当上了村主任，作为村委委员，他立志带领全村依托建行涉农贷款，推行规模化经营和现代化种植，实现共同致富。

2. 惠农产品体系逐步完善

建行黑龙江省分行将农业大数据资源转化为数据资产，并将农业领域的成功探索延伸至林业，应用平台汇聚"农业＋政务＋金融"大数据，产品体系实现 7 个全覆盖，即"农业＋林业＋畜牧"产业、"信用＋抵押＋担保"贷款方式、"垦区＋林区＋农村"涉农群体、"自有＋租赁"承包模式、"自种＋托管"经营方式、"经营＋消费"贷款用途、"线上＋线下"渠道触达。各类金融产品深受当地农户好评，被誉为"四省一有"金融服务。

深耕林业，填补空白

建行黑龙江省分行已经在林下经济及特色农业生产领域取得突破，通过"一县一品"策略，持续深耕林草业，不断填补空白区，推广"小而美"的普惠金融服务。

（1）龙林快贷：国家实施天然林保护工程，大兴安岭地区林业职工的就业、增收压力较大。"龙林快贷"为林业职工雪中送炭，累计投放 1.19 亿元，惠及 1 990 户林场职工。大兴安岭瓦拉干林场职工潘某，获得 7 万元"龙林快贷"后，兴奋地表示这笔钱解决了他购买饲料的燃眉之急，他能安心地过年了。国家林草局将"龙林快贷"作为与建行合作的优秀范例纳入"联学共建"活动。

（2）木耳贷：黑龙江省东宁市黑木耳产量占全国生产总量 1/6，是全国最大的黑木耳集散地和销售中心，资金短缺一直是菌农扩大生产规模的"瓶颈"。"木耳贷"为菌农锦上添花，本轮农贷期累计投放 2.39 亿元，惠及 2 365 户菌农。东宁市绥阳镇绥西村村民李某用手机操作 3 分钟，10 万元贷款就到账了，他欣喜地说："以前贷款特别难，里里外外要支出不少成本。贷 10 万元得比木耳贷多出 3 000 多元的利息，还得折腾家里人。""木耳贷"激发了农户的生产热情。

（3）花生贷：肇源县是花生种植大县，"花生贷"一经推出，就得到全县种植户的好评，本轮农贷期累计投放 2.49 亿元，惠及 1 063 户农户。辉煌村村民原某通过手机操作支用 20 万元"花生贷"，他说同样贷 20 万元，比以前省了 8 000 多元钱，相当于三四十亩地的收入。

3. 县域经济发展的有效探索

建行黑龙江省分行从支持县域产业发展入手，依托建行金融科技优势及云服务能力，打造 GBC 端协同的"叠加聚能型"创新力，G 端协同政府建设政务互联网，以"智慧政务""智慧工商联"为主要载体，助力政府提高公共服务数字化供给能力；B 端联建产业公共服务平台，聚焦农、林、牧三大产业，将金融服务延伸至产、供、销全链条；C 端丰富"裕农通"平台综合服务和"建行生活——一县一圈"县域消费支付场景，广泛触达涉农主体，成功探索出了一条拓展县域业务之路。

赋能县域业务发展案例

佳木斯市富锦支行服务当地农业农村发展的新金融行动，得到了富锦市委市政府的高度信任和赞誉。2021 年由建行富锦支行独家承办全市（县）农村集体经济组织结算业务，该行还是唯一被列入《富锦市农业生产托管服务领导小组》领导成员名单的商业银行。2021 年贷款投放周期，投放线上涉农生产经营贷款 8.63 亿元，县域当地同业市场占比 44.59%；支行员工人均年收入 13.8 万元，较 2019 年增加 36%。

4. 多次获得良好社会评价

新华社充分肯定了建行黑龙江省分行开创的"农业大数据＋金融"支农模式；在国务院第七次大督查中，该模式被作为典型案例进行表彰。农业生产托管"兰西模式"荣登中国"三农"十大创新榜，入选农业农村部 30 个"全国社会化服务典型"，农业农村部两次在全国会议上向各省推介。人民日报社、新华社、央视《新闻联播》、央视《焦点访谈》、央视 13 台新闻频道及 17 台农业频道等中央媒体及地方主流媒体多次对黑龙江省的"数字农业"建设进行专题报道。

第三节　应用案例

下文将从智慧农业的整体全景视图出发，并就绿色农业、多元化服务数字乡村以及农业"互联网＋消费"产业链等核心应用案例，简单介绍其应用模式及相关特点。

一、腾讯的智慧农业大版图

腾讯的智慧农业布局主推"互联网＋"战略：利用农业大数据及物联网技术提升农产品品质的"人工智能＋农业""智慧农业"，利用腾讯云帮助乡村"造血"、帮助农民增收的"智慧服务"，与农产品销售直接相关的本地生活与电子商务"新零售"。腾讯智慧农业的本质就是用数字化技术赋能农业供应链各个环节，重点包括建立环境与作物的生长关系，实现对种养的精准调节；建立以农产品为中心的多方链接通道，实现"产、存、供、销"一体化模式。其投资的企业包括但不限于 Phytech、拼好货、超级物种、永辉超市、谊品生鲜等，涵盖了智慧农业的全产业链，形成了腾讯的智慧农业大版图，如图 17-12 所示。

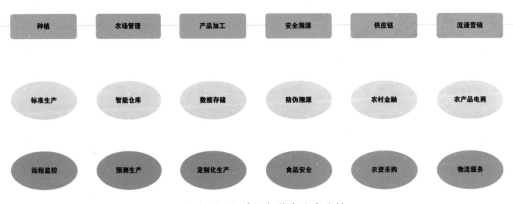

图 17-12 腾讯智慧农业产业链

"连接"与"管理"是腾讯智慧农业的两大核心关键词。"连接"是指将农业产业链上的人及组织，通过互联网及云计算技术有机地在线联系在一起，以此打通物理空间以及人与人的壁垒，既可加强沟通、交流及交易，又可实施远程支援、会诊与决策。"管理"是指在物联网、云计算、人工智能的加持下，将传统农业以线下、手工为主的生产模式转换为以数据驱动的自动化流程模式，以达到降本提效的目标。

1. 智慧农业之"人工智能＋农业"

腾讯的"人工智能＋农业"以人工智能为主，以物联网及云计算为辅，帮助农业生产者根据农作物养护需求，精准定制管理策略，并在减少水和农药使用的同时，提高作物产量与质量，在现有的实验论证之下，已经充分展示出巨大的应用潜力。"人工智能＋农业"将农业"靠天吃饭"的生产模式进化成了"人员＋算法"相结合的主动决策机制，如图 17-13 所示。农户可以通过物联网传感器收集农产品的各项生长信息（包括农作物的生长阶段、种养要求等）、农作物所处的环境信息（包括但不限于气候、温湿、土壤情况等）以及农资信息（包括但不限于灌溉、饲料、化肥、采购等），然后将其通过算法进行学习、进化与甄别，再结合人的经验不断进行修正，提升农作物产量。有数据显示，客户使用腾讯投资的 Phytech 系统进行智慧种植后，平均节约了 20% 的水资源，生产率提高了 20%，平均单亩农作物的收益也有所增加，可谓一举多得。

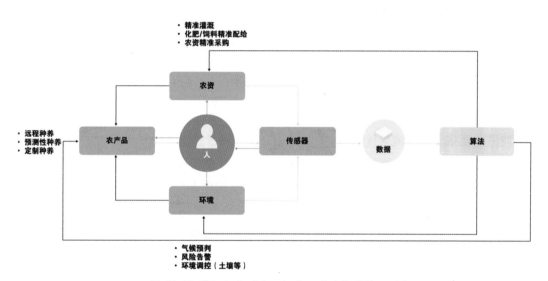

图 17-13　腾讯智慧"人工智能＋农业"的核心要素

2. 智慧农业之"智慧服务"

腾讯的"智慧服务"是指利用互联网及云平台技术聚拢社会资源，同时整合腾讯自身的"互联网＋"能力助力贫困地区发展，拉动创业就业。其实践具体包括：推动传统农业发展方式进行转型升级，带动乡村旅游业等服务产业发展，消解贫困地区收入"靠天吃饭"的惯性；促进农业生产者和市场消费者的直接对接，推动农产品销售，破解贫困地区的"需求之困"；引入资本，推动贫困地区的投资创业，促进弱势群体就业创业，释放贫困地区的市场潜力；推动农村基础设施方面亟须解决的实质性问题，助力农村人口脱贫等。

在此过程中，腾讯与贵州合作开展"全国互联网＋产业扶贫云"项目，该项目是以贵州全省贫困人口建档立卡数据为基础，关联其他扶贫相关行业部门数据，挖掘分析扶贫数据，对接农村电商、推广旅游资源、打造慈善捐献窗口、创新创业平台，以产业精准扶贫带动精准脱贫。

除此之外，腾讯又建设了"为村"平台，通过"互联网+"助力乡村振兴，为乡村连接情感，连接信息，连接财富。每个申请成为"为村"的村庄，都可以获得"为村"平台提供的移动互联网工具包、资源平台以及社区营造工作坊等相关内容，包括但不限于腾讯云的信息化平台、微信的营销服务平台等，这些都可以助力乡村农业产业链条的企业或个人更好地应用腾讯的资源。

"为村"平台的具体实施路径如下：首先通过建设覆盖村、地区、省等的多级公众号体系，提高村庄信息的传播效率；其次通过线上互联网培训活动，为村庄培育互联网人才；最后连接多方资源，以众筹、"一村一品"、社交电商等方式不断推广"为村"乡村的产品，同时宣传、发展村庄的旅游项目。"为村"平台在促进乡村经济发展方面成效明显：在乡村产品方面，众多乡村产品通过该平台成立了乡村品牌，订单成交量及投资合作大幅提升；在乡村旅游方面，也有类似广汉市经"为村"平台推广助力，其西高油菜花季接待游客 30 万人次，松林桃花节接待游客 100 万人次，旅游综合收入达 2 000 万元，120 户贫困户年均增收 2 000～3 000 元这样的成功案例。

3. 智慧农业之"新零售"

腾讯主要依靠社交流量优势以及众多投资、控股和参股的电商企业来打造"新零售"的版图。腾讯拥有游戏、视频、微信、QQ 等亿万级社交场景及流量入口，将这些社交流量通过云平台进行打通，以便为其投资的各类新零售生态圈友商进行引流与赋能。

腾讯为拼多多多轮融资的重要投资方之一，而拼多多同样重度依赖微信平台，其主要的运营模式特点是社交拼团。近些年，拼多多通过微信平台探索出一条成功的"农货产地直发" C2B 模式，可大幅降低农产品的中间流通成本，且易于快速复制；也正因如此，夷陵柑橘、深州鸭梨、蒙自小黄姜等农产品得以从田间地头直接发往消费者餐桌，形成了农户及消费者双赢的局面。

二、新华三集团——场景驱动的数字乡村建设探索与创新

新华三集团（H3C）是紫光集团旗下的数字化解决方案企业，自 2016 年成立以来，一直致力成为客户业务创新及数字化转型的领导企业，通过深度布局"芯—云—网—边—端"全产业链，不断提升自身的数字化和智能化赋能水平。新华三集团拥有芯片、存储、终端、网络、5G、计算、安全等全方位的数字化基础设施能力，提供包括云计算、大数据、人工智能、工业互联网、信息安全、智能连接、边缘计算等在内的一站式数字化解决方案，以及端到端的技术服务，由其支持运营的数字化转型实践已经遍布运营商、政府、金融、医疗、教育、交通、制造、电力、能源、互联网、建筑等百余个国家和地区的相关行业，获得了较好的社会声誉及反响。

随着"十四五"规划中有关数字社会、数字经济、新基建乃至碳达峰碳中和等的逐步加强，中国乡村面临着信息基础设施不断夯实、产业数字化转型加快、治理数字化持续推进以及监管服务数字化日益完善的挑战。而在如何科学应用云计算、大数据、区块链、5G等数字化技术在农业农村领域加快融合发展，如何在农村汇聚更多的资源要素以加快弥补城乡的数字化鸿沟方面，新华三集团给出的是一套"数字经济＋乡村振兴战略＋共同富裕示范区"的满意答卷。其核心是通过数字化技术，用"一张网"全方位地提升中国乡村的全感知硬软件设施，用"一件事"场景化地合理区分应用的不同层次，用"一体化"实现乡村各类活动的全链条数据共享机制，并最终实现乡村经济"整盘棋"的向上腾飞。

为了实现以上工作目标，新华三集团推出了数字乡村全景架构方案。该方案分为两个层面的活动。其一，通过建设信息基础设施推动完成数字乡村的数字底座，包括但不限于建设网络基础设施、信息服务基础设施以及对于传统基础设施的数字化改造升级等相关工作。其二，通过建设"应用支撑平台"及"公共数据平台"，打造用于实现各类数字乡村应用系统基础的公共支撑平台，以此在形成"一张网"＋"一体化"的基础上，实现"一件事"及"一张图"的乡村数字深度应用场景，既可实现乡村的数字化治理、普惠服务及网络安全防护，又可拉动乡村的数字经济、绿色环境乃至网络文化，最终实现产业乡村、零碳乡村、智慧乡村、生态乡村、文旅乡村乃至健康、繁荣、宜居乡村的目标，如图17-14所示。

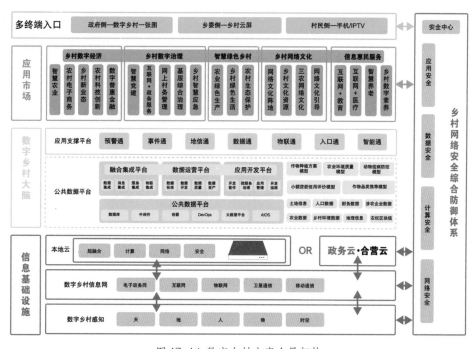

图 17-14　数字乡村方案全景架构

首先，优先大量建设原始乡村的互联网或提升网络传输速度，再通过物联网、大数据及人工智能技术，搭建其乡村的大数据平台，利用三维 GIS 技术、3D 实景建模、人工智能化修模等方法，高精度地还原了乡村方方面面的相关信息，并达成了数据的实时交互，让政府部门的人员坐在办公室中即可对乡村的各项事务了如指掌，实现可看可用、可管可控的工作目标。

其次，建设村级便民服务中心，将政府所获得的乡村信息进行充分公示与利用。通过接触大屏、自助设备以及进村入户电视系统等多方面、多渠道的建设，开展信息进村及服务下沉工作，既要让村民对于各类信息应知尽知，又要让各种设备操作简单、便捷易用，同时要兼备多点协助和集中管理的能力，真正做到服务生活、指导生产。

最后，村民可以充分利用入户电视、移动端 App 或小程序，实时上报乡村的基础数据、收取政府下发的各类指导与预警信息，还可开展远程医疗、远程教育、农业指导、劳务服务、村友圈等一系列相关工作，真正实现虽"足不出户"，但"四通八达"的生活方式。除此之外，村民通过供销社 App、小程序系统或电脑 Web 管理后台，还可实现农业产品的直销工作，通过共享农场、农场直播、农产宣传等多种形式进行客源引流，再通过 App 中的订单管理、采买通知及配送任务管理等相关功能，实现产地直供的营销模式，有效提升个人收入。

通过新华三集团的数字化建设，政府人员虽然远程坐镇"三农"指挥舱，但可以真正地服务于村户的生产生活，并给农业决策与基层治理提供依据，使得整个区域的农业管理更加科学。各地村民可以在家查看最新的惠农政策、远程问诊、购药，在线学习最新农技知识，实时接收气象、卫生防疫等预警信息，与手机联动开展村民社交生活；与此同时，通过村级触摸式便民服务大屏，村民还可在线办理证照，提交申请，查看补贴进度等，做到办事不出村，极大地提升了村民的经营效率，使村民得到真正的实惠。

有数据显示，经过新华三集团数字化后的乡村，其农户种植技能大增，亩产同比增加 7%、用工成本降低 10%、农资购买效率提升 35%、采购成本降低 8%，而农户单项农作物收入增加了 9%、月均营业额更是提高了 12%，达到了令人欣喜的结果。

三、中电互联——以区块链技术实现农产品"互联网 +"溯源

中电工业互联网有限公司（以下简称中电互联）于 2018 年成立，由中国电子信息产业集团有限公司（以下简称中国电子）与长沙市政府合作共建，是一家以自研芯片、操作系统及云平台"三位一体"地向地方政府、大型企业、中小微企业等各类用户提供数字化转型服务的企业。

中电互联在助力农业产业数字转型的过程中发现，农产品普遍存在两个痛点：其一是农产品（尤其是生鲜产品）难以运输和保存，导致各种质量问题；其二是农产品

销售流程节点过多、过长，消费者很难甚至无法验证农产品的品种、来源、产地及品质。这大大影响了广大农民的直接收入，同时影响了消费者的合法权益，因此，如能借助数字化技术，融合工业互联网与消费互联网，打造一种线下、线上相融合的农产品销售渠道，将有效支持智慧农业的蓬勃发展，助力国家的乡村振兴战略。

基于此，中电互联启动了"中电生鲜"项目，以其自行研发的飞腾 Phytium 处理器、麒麟 Kylin 操作系统为技术底座，以区块链为应用技术基础，以中电云网平台打造的工业电子商务平台为信息入口，以数字冷链、数字前置仓为运输载体，采用"线上＋线下"的综合模式，充分汇聚农产品全供应链的上下游资源，连接起金融、农民、仓储、物流、销售等服务商及终端消费者，实现了农产品在生产、物流、检验、销售、溯源等领域的大一统直销管理。

中电互联的数字化产品平台由工业电子商务服务平台、电商平台、电子签章及认证平台、供应链金融服务平台、中电冷链前置仓网络运营平台、社区团购线上商城等部分组成。该平台共分 5 层：底层为区块链底层协议层，是一个由各种数字零售角色相连形成的 P2P 节点网络联盟，主要提供分布式账本服务、数据同步与验证、P2P 网络、隐私策略、加密服务、数据存储等功能逻辑。其上是区块链支撑服务层，起到连接业务服务和底层区块链的作用，主要提供各类 API 调用接口，包括区块链电子合同、数据存证、区块链数字资产、区块链控制台、区块链节点部署、区块链支付服务、区块链浏览器、区块链溯源、数据查询以及 CA 管理等相关功能。中间层为业务支撑层，用于支撑总体平台的各类业务，包括安全管理、角色权限管理、电子签章、API 管理、数据报表管理、CA 管理等业务支撑能力。再上层为业务应用层，即包括管理中心、供应链金融服务平台、工业电商平台、线下前置仓运营平台、消费端线上电商系统在内的核心业务。最上层为服务界面层，是各类终端及相关用户的入口，包括但不限于金融机构、消费者、供应商、运营商、监管部门及平台等各角色成员，如图 17-15所示。

通过中电互联的这套完整的数字化产品平台，建立起了农业产业市场、数据、技术、资本等全要素的端到端互联，使得农产品供应链的上下游被彻底透明化与一体化，令农产品相关的金融链、供应链、服务链、创新链高度协同。

首先，农产品通过二维码、RFID 标签等现代信息标识技术，被赋予了身份信息；再对接国家、省、地级市的肉类蔬菜流通追溯管理平台，无缝衔接到各类生产企业、蔬菜生产基地、养殖基地、屠宰加工基地、仓储物流、批发市场、肉菜市场、连锁超市等节点，涵盖了从原材料到生产养殖再到加工仓储最后到物流营销的全链路环节；在确保各类农产品身份唯一、全程可追溯的基础上，加强了有效防伪及产品流通两大重点工程的管控工作，真正实现了农产品质量安全顺向可追踪、逆向可溯源，同时运用大数据分析技术，进一步实现农产品的质量安全风险预警和风险控制，全面增强了

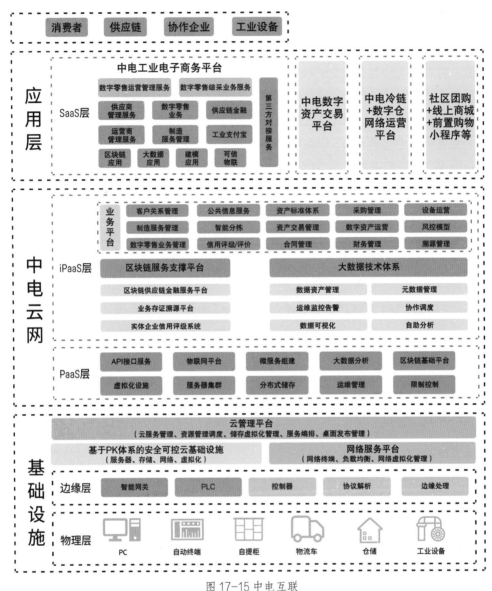

图 17-15 中电互联

农产品的质量安全管理能力和应对突发事件的处置能力，极大地增强了消费安全感。

其次，各类金融机构、制造服务商、运营商、供应商、零售商等通过这套统一的电子化平台既可以实现审核注册、身份认证、权限授信、无纸化办公等基础管理活动，又可以开展融资租赁管理，CRM 集成，ERP 集成，零部件集采，产品集售，在线流程、表单、业务规则设计，智能数据分析，可视化座舱等一系列定制化服务。在满足农业产业链各相关方的实际业务开展需求的同时，通过区块链特有的多链、跨链融合技术，在异构、标准不统一的农业产业区块链业务生态之间提供了一套简单易用、成熟可扩展、安全可靠、可视化运维的区块链应用，既满足了各企业高效快速部署、高安全可靠性的需要，又实现了农产品的跨链定价、兑换与流通功能，得到了市场的一致好评。

最后，为了更好地为消费者提供服务，基于数字零售行业云平台建立起了一整套完整的社区生鲜前置仓零售网络。通过大数据分析以及数字化冷链、数字仓储技术的应用，充分发挥线上电商和线下实体店铺的纽带作用，以便更精准地预测各类农产品的需求及销量，并以此提前进行库存调拨。以上种种措施，使生鲜商品快速进入小区，形成了高密度覆盖的零售网络，再加上闪电送、自助售卖、线下自取、当日达等多样性的可选服务，既减小了农产品运输的损耗，又提升了消费者的消费体验及服务认可。

中电互联"基于中电工业电子商务平台的线上线下融合服务示范"项目入选了工信部 2020 年新型信息消费示范名单。

第四节　亮点总结

一、智慧农业赋能农业生产迈入高级形态

智慧农业集互联网、移动互联网、云计算和物联网技术为一体，依托部署在农业生产场景中的各种传感节点（环境温湿度、土壤水分、二氧化碳、图像等）和无线通信网络，实现了农业生产环境的智能感知、智能预警、智能决策、智能分析、专家在线指导等全新工作机制，并为农业生产提供了精准化、可视化、智能化的决策能力，大幅提升了生产效率及产品质量，使农业生产迈入一种全新的高级形态。

二、智慧农业引领乡村服务划时代变革

智慧农业通过云计算、互联网、大数据分析、人工智能等多种信息技术在农业服务中综合而全面的应用，实现了更完备的信息化基础支撑、更集中的数据资源、穿透式的乡村信息传递、更广泛的互联互通以及更贴心的公众服务，对于打造多元、优质或定制化的独特乡村文化及乡村服务起到了突破性的关键作用。

18

第十八章
智慧教育场景

导 读

当下，以智慧教育为特征的教育革命世界范围内蓬勃发展。抓住机遇，推动中国智慧教育发展，引领教育现代化变革，既是教育发展的方向，也是数字化时代的必然要求。教育是国之大计，智慧教育作为教育现代化的重要内容和基本载体，是实现教育强国、科技强国、人才强国的重要举措。

由于智慧教育的建设生态庞大，需要以云计算作为智慧教育建设的基础架构，通过对教育硬件计算资源和教学资源的数字化、虚拟化，建设教育云平台，能够支撑教育各项应用和服务。依靠教育云平台的连通能力，可以将全国的优质资源纳入一个公共教学体系，将优质教育资源辐射到各个地区，尤其是农村和边远地区等教育资源薄弱的地区，从而形成智慧教育总体布局、全面覆盖，促进教育公平，提高教育质量，实现教育的均衡发展。

本章回答一下问题：

（1）智慧教育的发展背景和意义是什么？

（2）云计算是如何支撑智慧教育的？

（3）智慧教育的应用亮点有哪些？

第一节　智慧教育概述

一、智慧教育概念

　　智慧教育是指依托物联网、云计算、人工智能等数字化技术打造的智能化、感知化、网络化、泛在化的教育信息生态系统。构建智慧化的教育生态、以数字化技术全面促进教育改革与发展，对于解决传统教育的痛点、转变教育思想观念、促进教育公平、实现教育的均衡发展、提高教育质量和效益有重要意义，是我国在新时代打开教育新格局、实现教育现代化的重点内容。

二、智慧教育概况

1. 背景

（1）阶段部署，利好政策增加

　　智慧教育是教育信息化的高端形态，其发展以教育信息化为基础。在教育信息化1.0阶段，随着"校校通"工程、"农远工程"等项目陆续落地，全国教育信息化工作以"三通两平台"的建设为重点，相继出台了《国家中长期教育改革和发展规划纲要（2010—2020年）》《教育信息化十年发展规划（2011—2020年）》，确立了教育信息化在教育改革发展全局中的战略地位和作用。进入教育信息化2.0阶段，2018年，教育部发布了《教育信息化2.0行动计划》，提出到2022年基本实现"三全两高一大"的发展目标。2019年，中共中央、国务院引发的《中国教育现代化2035》中提出"加快信息化时代教育变革"的战略任务。这一时期，全国教育信息化工作以坚持时代引领、强化深度应用、融合创新、智能引领为主要特征。

（2）时代所需，教育变革所向

　　我国教育发展总体水平已进入世界中上行列，各级各类教育发展水平得到整体提高，但仍存在发展不平衡、不充分的问题。一方面，广泛的、高质量的教育并没有实现，区域、城乡、校际之间在教育理念、师资水平、办学条件等方面仍存在很大差距。另一方面，经过持续的改革和发展，教育内容结构和社会需要之间的矛盾逐渐显露出来。进入工业4.0时代，数字化技术在教育领域的广泛应用是教育发展的必然趋势。加快教育信息化，提高教育信息化水平，有助于解决当前我国教育发展不平衡、不充分的问题，对于推进教育领域的变革和发展、加快实现教育现代化进程、建成教育强国有深远意义。

（3）技术赋能，创新驱动发展

　　实现智慧教育的关键是技术支撑。纵览中国教育信息化的发展历程，从电化教育诞生到教育信息化2.0阶段，从学习国外经验技术到向世界展示中国智慧教育解决方案，

从注重信息化环境建设、应用驱动到注重融合创新、实现智能引领，这些转变有赖于现代信息技术的赋能。随着云计算、大数据、人工智能、物联网等数字化技术的飞速发展，智慧教育的创新逐渐融入数字化转型、智能升级、融合创新等服务的基础设施体系，数字化资源极大丰富，信息化教学与管理渐成常态，国家数字教育资源公共服务体系与教育管理公共服务平台发挥越来越大的效用，对人的思考学习方式、社会生产生活水平的提高起到了重要的推动作用。

2. 发展趋势

（1）教育观念转变

从"智慧"和"教育"的关系来看，"智慧"不是教育简单停留在技术层面的信息化辅助工具，二者在教育现代化时代是高度统一的，智慧教育是在更高层面上对教育手段和过程的全面升华。引领教育现代化变革，不仅要使智慧教育手段融入教育，还要转变智慧教育观念，使教育体系向网络化、数字化、个性化、终身化的方向发展，打造"人人皆学、处处能学、时时可学"的学习型社会，培养敢于质疑和猜想、善于提出问题和解决问题的时代新人。

（2）教育方式转变

从世界教育发展的普遍趋势看，教与学方式的变革始终是智慧教育的核心内容，但教育改革创新的目的是服务于人，推动社会的进步和发展。教与学方式的转变趋势是从传统的"被动接受式"学习转变为以学生为中心的"自主探究式"学习。教育的个性化与智慧化是学生的主要需求，能否根据学生特点定制因人而异的学习方案、推荐个性化的教学资源、更好地发挥学生潜力、帮助师生减轻负担、提高效率，是智慧教育日益重要的衡量标准。

三、云计算赋能智慧教育

教育信息化2.0时代强调集成性建设，需要政府主导，进行统一规划、集中建设。根据不同层级的行政区划，云计算对智慧教育的赋能层次从中央到地方，呈现以国家主导、省级区域统筹、区县地区落实的、层层推进和层层落实的特点。

1. 国家层面

进行顶层设计，对全国的教育资源、教育信息进行统合管理，构建国家公共教育资源体系；依托云计算、虚拟化等技术，打通不同区域教育资源数据壁垒，构建教育资源共享服务和教育信息管理业务平台；充分利用云平台的弹性拓展功能，为智慧教育平台应用和服务提供有效支撑，从而构建包含电子政务、教育管理、教学教研、课堂教学服务、自主学习等服务一体化的智慧教育环境。

2. 省级区域

各省份结合省内教育情况，统筹推进区域内资源共享与信息管理体系建设。一方面，借助省级区域教育云平台，向上连通国家教育资源与信息管理系统，向下级区县、周边区域辐射智慧教育示范建设方案。另一方面，以云计算为技术底座，聚焦信息网络、平台体系、数字资源、智慧校园、创新应用等方面的教育新型基础设施建设。线下，利用云的连接能力，联通智慧校园、智慧课堂中的智能物联设备，促进校园管理、教学方式变革；线上，依托云网一体化能力，对互动教学与视频直播进行云化部署，实现远程互动教学、精品课程发布、跨区域教学合作，从而提高区域教学质量和水平。

3. 区县地区

致力于落实省级区域智慧教育规划，打造区县特色智慧教育模式，打通智慧教育的"最后一公里"。一方面，由于区县教育主要集中在基础教育阶段，存在城乡、校际发展差距问题，通过云学区平台搭建区县统一的教育资源体系，能够向上连通国家、省级区域的优质教育资源，发挥优质教育资源对农村和边远地区的辐射作用，实现促进教育公平、助力乡村振兴的目的。另一方面，落实辖区内每所学校的智慧化改造、每门课程的智慧化提升，能够让智慧教育的建设成果真正造福师生。

第二节　数字化技术在智慧教育中的应用

根据云计算对智慧教育的赋能情况，下文将从国家层面、省级区域层面以及区县地区层面分析数字化技术在智慧教育中的具体建设与应用。

一、国家层面：国家智慧教育平台

为了推进我国智慧教育的总体建设和应用水平，使教育与我国经济社会发展的战略目标和战略步骤相适应，为我国社会主义现代化建设提供足够的人才支持，中央政府结合我国现有教育体系的目标和重点内容进行了务实精准的顶层设计，统筹整合全国范围内的教育资源和教育公共管理需求，建设了国家智慧教育平台。

国家智慧教育平台是国家教育资源共享和教育信息管理公共服务的综合集成平台，其以问题为导向，服务于解决国内现有教育资源不平衡、不充分，教育结构失衡，毕业生就业难等突出问题。国家智慧教育平台一期项目包括国家中小学智慧教育平台、国家职业教育智慧教育平台、国家高等教育智慧教育平台、国家 24365 大学生就业服务平台。四个平台的功能覆盖了我国从基础教育到就业的整个教育体系。

1. 云平台促进优质资源共享，助力教育公平

国家智慧教育平台致力于从国家层面进行教育信息资源共享，其以云计算为基础信息化架构，采用高性能计算技术、云计算技术、移动互联网开发技术等，打通全国

各地区、学校的资源数据壁垒，统筹各级各类教育资源，促进教育信息资源的整合提升。

在教育云平台的资源建设中，国家智慧教育平台实现了义务教育、职业教育及高等教育阶段优质教育资源的全面覆盖，为各级教育阶段的学生提供了综合性的资源服务。以国家中小学智慧教育平台为例，其一期项目辐射了全国各省区市180多个国家和地区的用户，平台资源建设得到了北京、上海、江苏等省份教育行政部门、企事业单位及有关高校的大力支持，提供了覆盖7个版本116册教材的教学资源以及2 004册电子版教材，资源总量超过了2万条。此外，国家职业教育智慧教育平台为职业教育提供了优质便捷的职业教育数字化资源和教材资源，国家高等教育智慧教育平台首批上线了2万门精选课程资源，覆盖了13个学科92个专业类别。

国家智慧教育平台通过对全国优质教育资源进行免费共享，使不同地区的学生享受到同样水平的学习资源。这有助于降低教育资源应用成本，缩小数字鸿沟，解决我国优质教育资源不均衡导致的教育水平差距问题，从而推动教育质量提升，助力实现教育公平，构建网络化、数字化、个性化、终身化教育体系。

2. 云服务优化教育教学结构，促进全面发展

云服务指基于联网的相关服务的增加、使用和交付模式，通过网络，以按需、易扩展的方式获得所需服务。智慧教育云服务在云平台的基础上，将云计算能力与大数据、物联网、AR等技术相结合，通过互联网进行的延伸，呈现为构建"电子政务服务""教育管理服务""教学教研服务""课堂教学服务""自主学习服务"一体化的智慧教育环境。

在教育云平台的服务应用中，为推进职业院校专业建设和教学改革，国家职业教育智慧教育平台通过设立"专业与课程服务中心""教材资源中心""虚拟仿真实训中心"4大服务板块，满足教师进行系统教学培训、学生对于智慧开放学习及实训环境的需要；为了提高我国教育国际化水平，国家高等教育智慧教育平台链接了"爱课程"和"学堂在线"两个在线教学国际平台，向世界提供了900余门多语种课程，并向印尼捐赠60门高水平课程，用于当地高校教学。同时，在世界慕课与在线教育联盟组织的推动下，11个国家的13所著名大学开展国际学分互认，多所高校开设了全球融合式课程。

依托云服务优化教育结构，包括教学结构、教育管理结构和教育专业人才结构。根据教育需求定制个性化的云服务，能够提高各级各类教育的综合水平，例如在职业教育中培养专业化、实践性人才，在高等教育阶段培养综合性素养、国际化人才，根据社会和实践需要输送全面发展的人才。

3. 云计算赋能教育数字化转型，引领时代变革

数字化转型是教育发展的必由之路。云计算作为计算资源的底层，支撑着上层的数据存储和计算，能够将具备一定规模的物理资源转化为现实的应用。以云计算等数

字化技术深挖教育需求，实现教育业务创新，是通往教育数字化转型的关键。

数字化时代，利用云计算、人工智能、物联网、大数据等技术，能够通过智能终端采集标准化数据，如教学规律、学习重点、管理漏洞等，展开围绕师生教学的数据监测与分析、课程监管等业务，帮助中央和地方教育行政部门、学校提高教育决策与管理水平。以就业为例，"稳就业""保就业"是教育部的重点项目。近年来，我国的就业形势越来越严峻，2022届全国普通高校毕业生达1 076万。通过国家24365大学生就业服务平台对就业的支持，地方教育部门和高校通过平台可以动态监测毕业生就业工作的进展，实现对就业数据的深挖和分析，基于人才市场的需求调研和预测，为领导班子决策和学校管理提供有力的数据支撑，以便学校优化人才培养方案，及时调整专业结构，培养学生成为满足社会发展需要、担当民族复兴大任的时代新人。

教育是未来社会的引领者，是我国社会主义现代化建设的基础先行者。教育要有新作为，就必须以实现"两个一百年"奋斗目标为指引，以需求为导向，以未来为导向，从未来整个社会发展转型的角度关注教育的变革，在完成立德树人使命的基础上，树立先进的教育发展意识，增强青年的社会责任感、创新精神和实践能力。

二、省级区域层面：江苏省智慧教育云平台

依托江浙地区的区位经济发展优势，江苏省历来都是我国的教育强省。在智慧教育概念提出之初，江苏省便率先全面启动智慧教育建设，将教育信息化作为教育改革发展的引擎，强化顶层设计，深化融合创新，完善体制机制，实现区域平台建设、智慧校园改造和"三个课堂"授课、其他省份借鉴学习、引领教育服务模式创新、推动教育信息化转型升级、支持教育现代化建设有重大意义。

1. 区域平台，资源体系互通

江苏省按照国家数字教育资源公共服务体系建设和应用需求，综合使用了云计算、人工智能、大数据等数字化技术，及时搭建了智慧教育资源云平台和教育数据中心。通过省级区域教育云平台和教育数据中心，引领全省智慧教育的建设发展，促进教育体制机制变革，着力打造智慧教育闭环体系，实现资源体系互通。

（1）云端一站式服务平台

依托云计算的综合能力，江苏省建成智慧教育资源云平台，在横向和纵向上实现了资源、数据、应用的云端交互。从纵向上来看，云端一站式服务平台建立了省级数字教育资源公共服务体系，向上与国家级平台互通，向下兼容地市级平台，打通了跨越空间限制的教育资源体系。从横向上来看，云端一站式服务平台融合多项现代信息技术，打造一站式的云端服务，其功能覆盖基础教育和职业教育，应用涵盖语音学习网络系统、教育信息管理系统、教育督导信息系统等核心应用，满足了学校、师生、社会、企业对智慧教育的建设和使用需求。以云平台的语音学习网络系统为例，采用

以图像识别、语音识别为主的人工智能技术，结合云计算、大数据的计算、存储和分析能力，建设了点、读、测、评的中小学生语言学习环境，帮助学生提高了语言应用能力。截至 2022 年 5 月，这一系统已经使用超 6 000 万次。

（2）教育大数据中心

数据科学与智能决策密不可分，在教育决策的智慧化建设方面，江苏省依托云计算与大数据技术，建立了省级教育数据中心，通过数据收集与分析，实现精准高效的教育治理模式。一方面，通过部署多个国家核心系统和省级通用系统，江苏省实现了业务数据传输的高效化，毕业结业等业务服务能力得到大幅提升。同时，通过学校、教师、学生三大基础数据库和省级教育管理标准规范体系，实现了教育数据的规范化、标准化储存，并通过教育管理门户与应用集成，进一步实现了基于 GIS 的教育数据可视化。教育大数据中心在建成初期的实际应用中，将教育数据与公安、民政以及市县教育行政部门的数据共享互通，累计调取数据 2 900 余万条，为校园安全、教学稳定做出了重要贡献。

2. 智慧校园，实现智能提升

智慧校园是江苏省智慧教育建设的重要内容，其建设重点在于教学方式与教育治理模式的变革。智慧校园依托物联网、大数据、人工智能、5G 等数字化技术，与教育教学深度融合，推动各地各校构建智能化校园生态。截至 2020 年年底，江苏省中小学和普通高校参与申报智慧校园比例分别达到 86% 和 97%，中小学教师常态化开展信息化教学的比例达 90% 以上。

（1）智慧教学系统

江苏省在智慧教学系统中，积极探索新型教育教学方法，通过应用智能课堂物联设备，教师可以通过纳米黑板进行 3D 教学、AR 互动、第一视角实验，增强课堂的互动效果；教室智能摄像头可以捕捉课堂师生教学的实时情况，帮助老师了解学生的学习状况与学习偏好，从而制定个性化教育方案，助力实现因材施教。以苏州大学为例，华为公司建设的"云中苏大"项目中，利用 5G、VR、人工智能、人脸识别、物联网、语音识别技术搭建了 360 智慧教室，实现了无限制学习、无障碍授课、沉浸式教学，同时重塑了教学供需关系。这些新技术的应用不仅可以推动教育教学资源共享，促成构建线上线下同步的教学闭环，有效提升对学生的指导与陪伴，也可以帮助实现更和谐的教学秩序与教学环境。

（2）智慧校园系统

依托人脸识别、大数据分析、物联网技术，江苏省各学校积极搭建智能感知的智慧校园系统，通过对各种智能终端设备的连接、对各个场景的智慧化改造，为广大师生的校园生活带来了巨大改变。

在校园安全上，智慧校园系统搭建了智慧门禁与智慧监控设备系统，可以通过安防摄像头进行人脸识别，阻止潜在危险人员进入校区，通过校园内部的实时智慧监控，提升潜在风险的识别能力与危机反应速度。在校园服务中，统一的智慧校园系统为校园生活带来了高度的便利性。例如，智慧食堂推出后，师生可以刷脸就餐、线上充值饭卡，避免了饭卡丢失、排队缴费等所造成的不便。此外，依托校园内部网络，校园信息门户实现了功能的高度集成，建立了一站式的服务，师生办理各项申请或业务时更为方便，不仅能够帮助教师实现教学进度、教学成果、申请审核等方面的实时跟进，也能够帮助满足学生在线学习、快速选课、在线小组交流等实际需求，大大提升了校园管理与服务的效率与质量，能使师生们有更多的获得感。

3. 三个课堂，名师名课共享

三个课堂是江苏省智慧教育建设中旨在促进教育资源共享方式的探索。江苏省通过夯实省内网络基础设施建设，依托云端的数据储存与共享服务和云网一体化能力，对互动教学与视频直播进行云化部署，积极推进"城乡结对互动课堂""名师空中课堂""网络名师工作室"的建设，努力以数字化技术推动名师、名课等优质教育资源在全省范围的共建共享，基本实现了数字化技术与教育教学的深度融合。

2021年，"城乡结对互动课堂"试点建设了450个互动教室，实现了全省乡村小规模学校的全覆盖，为学生间互动学习、共享学习打下了坚实的基础；"名师空中课堂"实现了全省中小学校全年级、全科目的有效覆盖，真正做到了每位学生都可以享有名师教学资源；"网络名师工作室"则按照"1个领衔教师+10个核心教师+n个学员教师"的模式，打造了近两百个中小学网络名师工作室，首批42名领衔教师带领全省4 400余名学员教师开展网络直播活动200余次，生成资源7 000余条，平台访问量近90万人，充分发挥了名师带动作用，有力促进了城乡教育一体化、教育机会均等化、教育资源共享化。

三、区县地区：富宁县智慧教育云学区

区县教育是我国教育系统的一块"洼地"。受地区经济发展的影响，区县教育总体比较薄弱，存在城乡和校际教育资源不均衡、教育基础设施落后、课程开设不充分、优秀师资缺乏、教学质量不高等问题。为了落实上级教育信息化规划，云南省文山州富宁县以云计算为突破口，对接全国和省级教育云平台资源，通过云学区平台推动数字学校、农村在线课程建设，为促进区县教育信息化发展、助力乡村教育振兴、实现教育公平贡献了"富宁模式"。

1. 教育云学区平台，打造资源共享和管理体系

2016年8月，富宁县秉持"教育优先发展科教兴县"的战略思想，全面推进教育信息化平台建设，建成教育云数据中心、公有云平台、课联网多媒体教室、云计算机教室、直录播教室、视频教学研修会议系统、阅卷和教学质量分析系统、课联网智慧教学系

统等教育云平台。在富宁县教育信息化解决方案的探索中，最终确定使用云学区建立资源互通共享和管理的云平台环境。

云学区平台是一款针对区县级教育系统量身定制的教育桌面云产品，基于教育超融合系统，结合云端集中计算和边缘计算技术，能实现全区办公教学场景下桌面的集中管理和教育资源共享。云学区采用集中部署的模式，将云主机和云系统集中部署在富宁县教育局和各学校，通过对各学校资源使用和信息化应用感知的基础层数据收集，将数据传输到教育局一级云平台数据引擎中进行综合分析和处理，从而实现桌面统一管控。富宁县教育局可以借助云学区桌面云解决方案，对桌面应用在各个学校的分布、使用情况、日常活跃度、服务器资源实时的消耗情况等一目了然。此外，利用云计算的弹性特征，可以根据全区桌面应用量要求灵活拓展服务器资源，定制学区内课程实时直播、食品安全监控等多项应用。例如，结合云文档系统，可以实现教学课件等资源快速共享。

2017年，云学区平台已经覆盖富宁县各级学校100余间，总计部署设备4000余套，服务师生人数共计50000余人，实现共享优质资源100余万个。富宁县通过打造稳定可靠的云平台环境，打破城镇、农村各学校的信息壁垒，建立起城乡互通、对标教育发达省份的优质教育资源共享与管理体系，为促进教育公平、实现教育均衡发展、推动富宁县教育高质量发展打下了基础。

2. 数字学校建设，统筹教育信息化全域管理

2017年4月，富宁县为加快智慧教育高质量发展步伐，成立云南第一所开展建设基于教育信息化管理的数字学校。数字学校是教育信息化实施的专门管理机构和保障平台，致力于教育信息化管理、研究和应用。通过对数字学校进行全域管理、盘活优质教育资源，解决县内各学校教育不均衡、教师可持续发展、教学质量提升等问题；通过对教育数据采集、分析及运营，解决教育管理决策、个性化学习和家校共育等问题。

在数字学校的硬件建设中，数字学校推动实现"宽带网络校校通""优质资源班班通"，按规模和城乡统一标准配备充足的多媒体教室和网络直播室、班级多媒体终端等，让农村学生也能享受到运用大数据、云计算等数字化技术的优质课课程，推动学生德、智、体、美、劳全面发展。在软件建设方面，数字学校充分运用教育信息化手段，发挥富宁县数字学校平台功能，推进乡镇学校教学常规管理和教学过程管理的教育改革。一方面，通过视频教学研修会议系统，创新教师信息化培训模式，全面提升教师队伍整体素质。另一方面，通过数字学校平台的丰富应用，如通过教育信息可视化服务系统，实时掌握全县教育数据变化情况。

数字学校的建立，使富宁县教育信息化工作有了专门的管理平台，切实摆脱了教育信息化建设"建用脱节"的问题，使信息化项目建设效益得以真正实现，为建立"互联网＋教育"模式提供了平台服务保障。在数字学校的推动下，2021年，富宁县的"e网聚力乡村·教育静待花开"和木央镇木令小学的"说探路者"两个典型案例成功入

选中央电化教育馆在线教育应用创新项目，为全国其他区县建设智慧教育平台打造了模范方案。

3. 教学模式创新，引领乡村教育信息化发展

在智慧课堂的建设中，富宁县持续开展信息化教学模式创新，以异步专递课堂、网络直播课等教学模式为主导方案，解决了农村和偏远地区学校综合课程资源不足、教学质量效果不佳等问题，为乡村地区教育信息化发展走出了一条创新之路。

（1）小学信息技术异步专递课堂

"专递课堂"分为同步课堂和异步课堂两类，相对于同步课堂，异步课堂以人工智能为技术支撑，教学效果更加显著。信息技术"异步专递课堂"是指由数字学校专业课程组研究制作课程资源包，并将其传送到各乡村学校，再由助教老师组织授课的一种教学模式。其中，"异步专递课堂"资源包是学生学习资源的重要组成部分。

从 2017 年到 2018 年，异步专递课堂组制作和下发了小学信息技术课程资源包 337 个，共计 674 课时，全县小学信息技术开课率达 100%，每年受益学生达 1.6 万余名。2018 年，富宁县乡村小学信息技术异步专递课堂教学模式成为全省唯一被教育部认定的区域典型案例，为乡村学校信息技术等课程缺乏专业教师、获取优质教育资源提出了有效的解决方案。

（2）中小学"1+n"网络直播课

针对全县乡村学校英语、音乐、美术教师紧缺的问题，云南创新性采用"1+n"网络直播课的教学模式。"1+n"网络直播课是指 1 个主讲教师 +n 个远端课堂参与的教学模式，其依托人工智能和音视频等技术，开展线上线下相融合、"面对面"的交互式学习，为师生提供寓教于乐、沉浸式的课堂体验。同时，这一模式可以融合"互联网＋美丽乡村公益课程"等优质教育资源，丰富基础教育资源的总量与多样性，并且可以通过对教育过程的量化，进行大数据分析和反馈，辅助教育决策和教学管理。

截至 2019 年 8 月，云南省中小学"1+n"网络直播课教学覆盖了法治、音乐、美术、英语、书法等多个学科，受益学生达 6 万余人，帮助学校解决了优质师资分布不均、教学质量不佳等问题，对于转变教学理念和教学方式、促进教育公平有重大意义。

第三节 亮点总结

一、技术支撑变革，深化智慧教育发展

智慧教育的发展与数字化技术的发展息息相关。一方面，云计算、物联网、5G 等

数字化技术作为辅助性工具，为教育构建了新型基础设施；通过教育云平台、在线教育技术能实现优质教育资源的跨空间传递，缩小区域教育的数字鸿沟和水平差距，化解优质教育资源不平衡不充分的难题。另一方面，技术与教育的融合趋势明显。随着云计算、人工智能、物联网、5G、区块链、VR、AR、MR 等技术的进步，智慧化技术与教育场景的结合渐趋深入，全景课堂、全息课堂、沉浸式教学、虚拟实验室、仿真校园等逐渐成为现实，嵌入整个智慧教育的生态建设中。

二、坚持人本理念，强化教育竞争优势

在教育的复杂生态中，其面临的问题是异质化、断裂化的。面对这些问题，需要不断革新教育理念。教育理念的正确转变决定着教育信息化建设能否取得良好效果，是通往智慧教育成功的关键。由于教育的根本任务是立德树人，教育理念要求以人为本，着眼实际，关注人的需求和发展。在教育信息化加速迭代建设的过程中，利用云的弹性拓展特征，可以支撑教育多样化、随时更新的需求，通过边建设、边运营、边优化的建设模式，能够不断强化智慧教育的竞争优势，有力推动着教育数字化转型和高质量发展。

三、教育无界生态，助推产业协同创新

对于任意地区、任意学校的智慧教育建设而言，不只是由政府、学校、企业三方简单促成的结果。由于智慧教育是一个复杂、精密的数字化生态系统，任何一家组织都无法以一己之力承担教育信息化的重任，这也使得每个组织主体都有机会打破业务、场景与人的边界，参与智慧生态的建设，加入智慧教育产业的协同创新。随着时代的发展，教育和技术的内涵和理念都有所变化，在智慧教育视域下，预见智慧教育的发展路径、寻找合适的切入点，是组织亟须思考的问题。

第十九章
智慧医疗场景

9

导　读

在传统医疗模式下，医患面对面的交流形式已很难满足社会的需求，"看病贵、看病难"的问题依旧困扰着人们。随着中国医疗体系的大规模改革和数字化建设的深入应用，智慧医疗成为政策支持的重点内容，在改善人们生活方面发挥着核心作用。

作为数字化技术的重要组成部分，云计算以其强大的计算能力、存储规模和资源共享优势为医疗机构提供高效的解决方案，借助5G、大数据和人工智能等技术与医疗行业的深度融合，智慧医疗迎来了线上问诊、远程医疗、个人健康管理等新的发展契机。对于医疗行业而言，随着分级诊疗、多点执业等政策的推进以及内部对成本的控制，虚拟化和云端化转型成为医疗机构发展的大势所趋。

本章将回答以下几个问题：

（1）智慧医疗的背景和建设原因是什么？

（2）云计算在智慧医疗中的应用模式和应用案例有哪些？

（3）云计算为智慧医疗带来怎样的的效益？有哪些亮点？

第一节 智慧医疗概述

一、智慧医疗简介

改革开放以来，中国国民经济取得了高速的发展，2021 年我国人均 GDP 达到了 80 976 元，超过世界人均 GDP 水平。目前，我国拥有 14 亿人口，占世界总人口数的 22%，但医疗卫生资源仅占世界的 2%，随着生活水平和健康意识的提高，人们越发重视对疾病的预防，这也使得全社会对医疗健康的刚性需求日渐增长，呈现多样化特点。然而面临着内外部复杂形势的变化，我国医疗供给侧结构仍存在着些许问题，主要表现在以下三个方面。首先，由于我国各地区经济发展差异较大，优质的医疗卫生资源主要集中在大中城市，而县级以下医疗机构卫生资源短缺，医疗水平和条件严重滞后，加之人们对自身健康越来越重视，稍有不适就选择就医，并偏向选择知名的医院和专家，造成大医院人满为患，小医院则门可罗雀。其次，生活质量的改善推高了人们糖尿病、肥胖症等慢性疾病的患病率，这些慢性疾病带来的长期治疗成本也在一定程度上增加了社会医疗体系的压力。最后，在应对公共卫生突发事件时，医疗体系的接纳能力和运行效率也面临着考验。

在人工智能广受关注的当下，云计算、大数据、物联网等数字化技术不断成熟，为各行各业的发展提供了强有力的保障。在此背景下医疗行业也开始向智慧医疗的布局。智慧医疗是 5G、云计算、物联网、大数据、人工智能等技术与医疗行业深度融合的结果，通过打造健康档案区域医疗信息平台，实现医疗信息共享、协同合作、科学诊断、临床创新等功能，智能匹配医疗需求。智慧医疗全方位覆盖看病就诊、卫生管理、药品供应保障、个人健康管理等服务，大大改变了传统医疗的业务流程，有效地优化了我国医疗资源的分配，为人们带来更便捷、更个性化的服务。

二、智慧医疗背景分析

随着我国数字经济的快速崛起和百姓对医疗的迫切需求，各地纷纷开始加入智慧医疗建设中，数字化技术的支持更将智慧医疗推向了新的发展阶段，带领智慧医疗迎来了全面发展。

1. 政策利好，为智慧医疗保驾护航

我国政府大力推进医疗建设，不断出台相关政策引导医疗体制的改革，特别是在"十四五"时期，更是将医疗卫生提升到了国家战略层面。为全面推进健康中国建设，把保障人民健康放在优先发展的战略位置，提高医疗质量和效率，全方位、全周期地提供健康服务，国家在第十四个五年规划纲要中勾画了医保统筹、医保报销、商业保险、

健康战略、公共卫生、分级诊疗、公立医院改革、社会办医、远程医疗、中医药的10大重点改革目标。国家积极推动智慧医疗的发展，不仅为智慧医疗指明了发展方向，也调动了医院和相关企业的积极性。

2. 经济助力，为智慧医疗提质增效

中国数字经济正以蓬勃之势快速兴起，数字经济与医疗产业的不断融合促使智慧医疗市场迎来了全面发展的好时机。2020年，我国数字经济规模达到39.2万亿元，占GDP比重的38.6%，通过数字经济带来的行业红利是普通行业的3~5倍。未来，数字经济在智慧医疗领域的应用将更多地满足我国的医疗需求，而智慧医疗将成为推动中国数字经济飞速发展的"新动能"。

3. 需求撬动，推动智慧医疗发展

智慧医疗与我们生活息息相关，是现代社会的重要组成部分。2020年我国65岁及以上人口数量为19 064万人，占总人口的13.5%，相比2010年的8.87%增加了4.63%，由此可见，我国已处于老龄化快速发展阶段。同时，随着慢性病越来越低龄化，年轻群体逐渐成为医疗消费主力军，拓展了就医群体的覆盖面。中国人口老龄化的加剧和慢性病患病率的攀升，大大加快了智慧医疗的需求释放。

4. 技术驱动，加速医疗智慧化转型

云计算、大数据、移动互联、人工智能等数字化技术的发展和进步为医疗行业提供了强有力的技术支撑。可通过网络将分布在不同空间的系统池相互连接，为用户提供无限的资源。将云计算应用于医疗行业不仅有助于促进医疗资源的共享，也为智慧医疗未来的发展奠定了基础。在全球云服务市场高速发展的态势下，我国也积极将云计算融入医疗行业，加快实现智慧医疗的落地。

三、云计算在智慧医疗的应用模式

面对复杂的形势变化和传统医疗的痛点，数字科技为智慧医疗的发展注入了一针"强心剂"。这其中，利用云计算的高灵活性、可扩展性和高存储性等特点，智慧医疗可以不受地域空间的限制，快速有效地获取治疗数据，克服数据延迟和传输困境，从而改善医疗服务。当前，云计算在智慧医疗方面的应用主要有互联网医疗、智能硬件医疗、人工智能医疗三种模式。

互联网医疗：指综合利用云计算、大数据等数字化技术使传统医疗产业与互联网、物联网等紧密结合，形成诊前健康咨询和预防、诊中诊疗、诊后康复管理的大健康生态融合系统，实现个人健康全过程跟踪与记录。互联网医疗打通了挂号、会诊、购药、支付等健康服务环节，提供线上线下一体化的医疗健康服务；通过建立统一的区域医疗信息化平台，实现医疗资源共享，连接了各个医院的信息系统、患者和医护人员，为患者提供全方位、全周期、连续性的服务，优化医疗资源配置，实现就地跨区域就

诊服务，使患者能够以最短的距离和最低的成本得到最有效的治疗。随着云计算服务的迅速普及，许多科技公司也纷纷加入互联网医疗云领域，国内的微脉技术、阿里健康和国外的 IBM "智慧医疗"、GNU Health 都是这一领域的研究成果。

　　智能硬件医疗：指通过软件和硬件结合的方式，对传统设备进行改造，进而使其拥有智能化功能，实现互联网服务的加载，形成"云＋端"的典型架构，具备大数据等附加价值。智能硬件医疗对云计算的运用主要聚焦在以治疗设备、体外诊断和植入接入为主的医疗类产品，以及对非生命体征数据进行监测、记录和分析的健康类产品。智能硬件医疗设备可动态追踪患者的健康状况并提供指导建议，同时可预防健康或亚健康类人群慢性病的发生，打破了空间和时间的限制，实现了人的生命周期健康管理。其中，以达芬奇手术机器人、九安医疗、小米智能可穿戴设备等比较具有代表性。

　　人工智能医疗：指通过将人工智能技术应用于医疗领域来提升医疗诊断、治疗及管理水平的一种新型医疗模式。人工智能医学影像是人工智能在医疗领域运用最广泛的场景之一，结合人工智能和云计算，人工智能医学影像能够模仿医生阅片诊断逻辑，精准定位肉眼难以识别的病变细节，提高疾病早期诊断率。此外，人工智能医疗还在新药研发、辅助诊疗和个人健康管理等领域取得了重大突破。将云计算和人工智能结合应用于我国医疗领域的研究处于快速发展阶段，腾讯觅影、有临医药 U-ORBIT 影像评估系统、阿里 ET 医疗大脑等应用都在推动人工智能医疗的健康发展。

第二节　智慧医疗云应用案例

　　在经历了医疗信息化和医疗互联网化后，中国迎来了医疗智慧化时期，经过多年的发展，智慧医疗市场的需求不断增长，规模迅速扩大，已成为仅次于美国和日本的世界第三大智慧医疗市场。智慧医疗主要分为区域平台建设、医疗、医药、医保四大领域，从中长期发展来看，这也将是医疗科技企业长期竞争的主要赛道。智慧医疗的发展除了要有较强的研发能力，还离不开云计算、大数据、物联网等技术的合作支持，只有二者相辅相成，才能提高自身的竞争力。目前，我国智慧医疗分为互联网医疗、智能硬件医疗和人工智能医疗三大模式。

一、互联互通，打造互联网医疗"云平台"

　　面对"互联网＋"向医疗行业的强势进军，传统医疗机构纷纷"触网"，开始转型掘金互联网医疗蓝海，2015 年 7 月，国务院在《关于积极推进互联网＋的七项指导意见》中重点阐述了在线医疗发展，自此互联网医疗从顶层设计角度正式开始谋篇布局。

作为新兴经济下的重要增长点，互联网医疗在探索中不断升级和发展，拥抱云计算等数字化技术，为缓解我国"看病难、看病贵"起到了示范作用。

1. 微脉技术

微脉技术有限公司成立于 2015 年 9 月，是一家专注于互联网医疗健康领域，致力于为居民构建本地一站式医疗健康服务的企业。微脉拥有国内深度服务于公立医院的"互联网＋"医疗健康服务平台——"微脉"App，秉承"让医疗健康不再难"的使命，微脉基于云计算、大数据、人工智能等技术自主研发了诺依曼人工智能架构，独创出凯琳·桑德全病程管理体系，不断创新医疗新服务。

深知医学的发展离不开科技的赋能，微脉在互联网的基础上，进一步借助云计算和人工智能，向智慧医疗不断推进，其间经历了三个成长阶段。

（1）微脉 1.0 阶段——信任医疗

在微脉 1.0 阶段，微脉借助云平台提供在线咨询、手机挂号、寻医导诊、查询个人报告、健康资讯推送等服务，当许多医院还在对患者信息进行院内周转处理才能安排就诊的时候，微脉已经为医患搭建了互动平台，进行专病管理等，架起了医患之间的信任桥梁，让沟通更加便捷高效。

然而，此阶段云计算的应用并未成熟，连接的仍然仅是医院和患者，并没有同当地各个医院的数据、支付等进行连接，服务单位还是医院，因此患者依然很难接受到更高效的服务。为了满足社会不断变化的需求，微脉进一步借助数字化的力量，创新服务内容，从众多医疗机构中脱颖而出，借助合作的公立医院，顺利进入下一阶段。

（2）微脉 2.0 阶段——冰山模式

借着互联网医院建设大潮这一契机，微脉开创了以城市为单位的"冰山模式"。微脉将云平台部署在阿里云上，借助微脉 App 通过城市平台对接各个医院系统，从而实现信息交互。诊前，患者可通过 App 在线上了解医院信息，并进行咨询和预约挂号，挂号支付成功后可直接到诊室排队就诊。诊中，患者可以通过平台实现药费、检查费的在线支付，然后凭账单支付成功的通知分别到药房、检查科室进行取药、检查，免去集中在缴费窗口排队的麻烦。诊后，检查报告可通过平台推送消息，及时通知患者第一时间查询报告单，避免患者在医院长时间等待。基于云服务强大的数据共享能力，微脉丰富了医院的服务场景，扩大了服务半径，在以城市为单位的基础上，做到所有医疗健康资源的连接，为用户构建医疗健康大数据，提供精准服务。微脉平台的整体架构如图 19-1 所示。

作为医疗健康服务企业，微脉深刻认识到公司的发展离不开公立医院，更多医院的加入能够扩大微脉云平台的市场覆盖率，而平台推陈出新的创新模式又能反向激励医疗机构以更好的技术和服务吸引患者。在这一阶段，微脉还提出了"SLA"（多层次服务体系）理念，在原有云平台上进一步统一资源，联手本地的公立医院展开深度

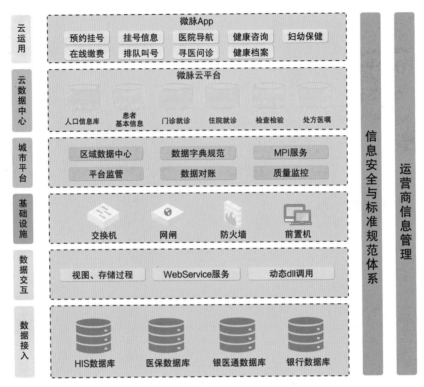

图 19-1 微脉平台的整体架构

合作。由医院聚焦于核心诊断和治疗服务，微脉则通过云计算、大数据、人工智能等技术进行赋能，真正做到以患者为中心，围绕细分病种共同开展互联网诊疗、家庭医生、医护上门等全周期服务。构建"信任医疗"，不仅满足了患者个性化需求，也提升了医院的服务效率，带来更多服务增值收入。得益于这一云平台，微脉的业务覆盖了200多个城市，合作医院超过2 000家，有近20万名医生在平台上提供超2万种SKU服务。

采用"本地互联网＋云平台＋医疗健康服务"的策略，微脉与公立医院开展合作，抢占了市场先机，实现用户存量的积累，并开始了对未来做大规模的探索。

（3）微脉3.0阶段——新医疗

随着云平台所夯实的基础和2.0阶段的顺利开展，2021年微脉升级了战略重心，提出将科技融入医学，走向了新医疗阶段。

近一年来，微脉不断加大研究投入，开发出了诺依曼人工智能架构，如图19-2所示，实现虚拟医生、知识图谱和流程自动三项功能。诺依曼人工智能架构利用云计算无限数据存储容量和数据可靠性，采集患者的真实世界随访数据（RWD）和电子病历（EMR），由此打造底层数据基础，另外，在自然语言处理和机器学习的延伸下，自动与患者进行开放式对话，基于患者信息精准地向医生提供治疗计划建议，并向医生

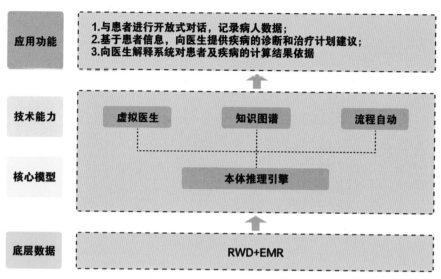

图 19-2 微脉诺依曼人工智能架构及核心功能

解释系统对患者及疾病的计算结果依据。这一全新架构在云计算的支持下能够推理出数千种针对垂直疾病的数字算法。微脉创建的数字疗法平台，实现了"人工智能随访 + 居家康复 + 线上复诊 + 引导二次入院诊疗"的闭环管理，使微脉成为国内首家通过国际数字疗法协会（DTA）认证的机构。

目前，微脉已向所有数字疗法企业开放这一平台，在诺依曼人工智能架构基础上，通过标准化接口接入更多数字疗法产品，根据自身积累的云端数据资源，从数据纬度上协助这些产品达到数字疗法的标准，并触达更多的医院和用户，进而为患者提供现代化解决方案。

从城市级健康医疗平台到线上智能化辅助治疗，微脉不断地对互联网医疗进行创新，随着数字化技术的一步步渗透，未来也将为行业创造出更多的服务价值。

2. 阿里健康

阿里健康是阿里巴巴集团在大健康领域构建的平台，2014 年阿里巴巴集团收购 21 世纪公司后，凭借自身在电子商务、云计算和互联网金融的技术优势，开始了对医药电商和数字医疗的积极探索，一步步构建智慧医疗商业蓝图。

（1）布局医药电商领域

医药与人们的生活息息相关，由于其特殊性，医药市场不同的代理商为了提高利润，导致出现不同市场上同一产品价格不同的现象，消费者也饱受药价不一的困扰。为解决这一问题，阿里健康与政府、医院、药店等外部机构展开合作，建设基于云架构搭建的 HIS 系统，在云端实现海量药品数据的实时运算，消费者通过 App 即可货比三家，大大降低线下寻药的时间和成本，方便择优购药。同时，由区块链构建的底层技术架

构能够进行数据的密文存储和传输，满足了消费者个人医疗信息保护的需求。

（2）跨界数字医疗

2020 年，阿里健康携手浙江大学医学院附属第一医院共同打造的"未来医院"信息系统正式上线，开始了数字医疗领域的布局。阿里健康首先以云架构为底座，帮助浙江大学第一医院建设专有云平台，将核心系统全部迁入云上，以完善医院数字化转型的基础设施，从而支持多院区智能排班、患者跨院转移、智能多院区预约等服务，全面提升医院运营效率和患者体验。随着云基础设施的完善，阿里健康借助 5G 和 IoT 为浙江大学第一医院打造医疗数据中台，统一采集医疗设备数据，以此实现管理精细化、科研数据化和业务智能化，并依托物联网，将数据应用于临床电子病例，大幅减少信息输入工作，将更多的时间用于患者诊疗，实现了从"以医护为中心"到"以患者为中心"的转变。

（3）应对卫生事件，助力新基建

公共卫生体系建设是国家的重点发展方向，为助力国家快速有效地应对公共卫生突发事件，阿里健康推出了卫生应急数字化解决方案，实现信息采集、主动申报、动态监测等功能，运用人工智能算法模型智能化分析突发事件发展态势，积极协助政府做好应急物资储备、医疗资源调度、患者运转等工作。阿里健康不断深入发展云计算、大数据、人工智能等数字化技术在公共卫生突发事件中的应用，在带动医疗行业数字化转型的同时，加快了新基建产业的发展。

从医药电商和追溯平台出发，逐步将业务扩展到数字医疗，阿里健康与医药、医疗机构高度适配的解决方案，离不开其卓越的技术能力、对行业的深度认知和强烈的社会责任感。随着数字医疗新纪元的到来，阿里健康将充分借助在云计算等领域的经验，推动行业加速迭代转型。

3. 小结

云计算等数字化技术的应用推动了互联网医疗走向便捷化和智能化，在多方参与、共同发展的趋势下，形成合作共赢的医疗新生态，同时为医患之间构建新型线上连接关系，全力打通医疗"堵点"，极大缓解挂号难、缴费慢、排队长等问题。

二、主动监测，推动智能硬件医疗"云共享"

自 2015 年国务院在《中国制造 2025》中强调提高医疗器械创新能力，重点发展医用机器人、可穿戴设备、远程医疗等诊疗设备后，各大医疗机构积极拥抱数字化技术，纷纷开始将云计算、大数据、人工智能等嵌入高端医疗器械中，着力加快产品的升级换代与性能提升，加速推动智能硬件医疗的商业化布局。

智能硬件医疗可以具体划分为医疗类产品和健康类产品。医疗类产品主要服务对象为各类疾病患者，主要对体温、血糖、供氧、心电等体征进行实时监测，这类产品小而便捷，并逐步向可穿戴方向发展，另外也包括手术机器人、呼吸机等大型治疗设备，可借助数字化技术实现远程问诊、治疗和手术，这也是智能硬件医疗未来的价值所在。健康类产品主要针对普通居民，通过对运动量、心率、呼吸睡眠热量消耗、体脂等健康指征进行监测实现自我健康管理，虽然健康类产品市场如火如荼，目前这类产品多达数百种，但产品同质化严重，缺乏核心竞争力，许多产品也并未顺畅打通健康数据的收集、分析、管理和建议等环节，致使用户无法感知其真正价值，是当前的一大痛点。

1. 达芬奇手术机器人

20世纪80年代，腹腔镜胆囊切除术宣告着微创手术正式进入人们的视野，但由于其手术视野局限，器械不够灵活等，限制了微创手术向更复杂外科手术的拓展。随着数字化技术的发展和对微创手术精确度与难度的要求，外科手术机器人孕育而生，这其中以达芬奇手术机器人最为典型。达芬奇手术机器人由三部分组成，分别是外科医生控制台、成像系统和床旁机械臂系统，如图19-3所示。

外科医生控制台：可由主刀医生坐在手术室无菌区外，通过双手和脚控制成像系统和机械臂系统，做远距离手术。

成像系统：可以提供高分辨率、全景三维镜头和数倍的

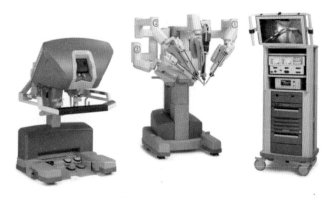

图19-3 达芬奇手术机器人

高清图像，医生可以根据意愿调节镜头方向，进行精确的定位和机械操作，使主刀医生能把握操作距离，更能辨认解剖结构，提升手术的精准度。

机械臂系统：相较于人手，机械臂系统的自由度更高，活动范围更广，能够在狭窄的解剖区灵活、方便、安全地实施切割和缝合等操作。

对于患者而言，达芬奇机器人计算机系统特殊的5∶1和3∶1缩比功能缩短了主刀医生的动作幅度，具有出血少和伤口小且美观的特点，再加上术后恢复快、并发症少和住院时间短等优势，逐渐受到患者欣赏和接受。对于医生而言，他们可以采取坐姿操作手术，降低了由于疲劳而引起的错误概率，有利于开展长时间的复杂手术，并且可以减少参加手术的人员，为医院节约医疗资源，提高整体效能，大大提高手术量。同时，术后借助云计算将图像截取自动上传到云端，可以进行手术经验积累和大数据分析，不仅能够加快医生的专业学习速度，也可为疾病研究提供海量数据，助力科研进步。

达芬奇手术机器人的远距离操作也为远程手术的开展带来了可能。2001年，结合高速光纤连接，Marescaux博士和IRCAD团队在纽约通过异步传输模式和宙斯遥控操纵器，成功实施了第一例跨大西洋手术，这对智能硬件医疗的发展是极富革命性的。随着云计算等数字化技术的不断发展，达芬奇手术机器人积极探索和发展成熟的远程手术，由于我国医疗资源不平衡，未来随着远程手术的全面落地和普及，偏远山村地区的患者也将能享受到先进的医疗技术，在一定程度上缓解医疗匮乏地区的困境。

2. 九安医疗

智能硬件医疗不仅为医患人员带来了诸多便利，也逐渐融入人们的日常生活。天津九安医疗电子股份有限公司成立于1995年，是一家专注于搭建移动互联网"智能硬件+移动应用+云端服务"的个人健康管理云平台的创新型科技企业，也是国内唯一提供移动医疗硬件设备的上市公司，2010年，九安医疗凭借推出的iHealth产品成功跻身国内可穿戴医疗设备前列。九安医疗智能硬件，移动应用和云端服务的闭环管理模式，如图19-4所示。

最初，九安医疗想把健康管理引进血压计中，使之与PC端相连，但因PC产品使用较为麻烦，效果甚微。市场受挫后，公司通过市场调研看到用户对易操作产品的青睐，于是将目光转向了手机端。在取得了与苹果公司的合作之后，九安医疗也对公司整

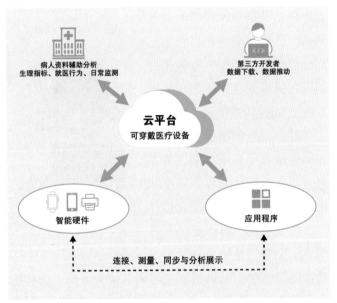

图19-4 九安医疗智能硬件、移动应用和云端服务的闭环管理模式

体战略进行了调整，将原来以硬件销售为核心的业务，转变为通过硬件积累用户，形成健康云数据的个人健康管理平台。为实现战略转型，2010年九安医疗创建自主创新品牌iHealth，陆续开发了可穿戴心电仪、智能脉搏血氧仪、智能血压计等产品，覆盖血氧、心电、心率、体重、体脂、睡眠、运动等多项特征。九安医疗利用网络将监测到的人体和环境数据上传至云端，再由云端人工智能芯片对数据进行存储、管理与分析，同时对接专业医疗机构系统，为用户健康监测提供更多功能，实现智能硬件、移动应用和云端服务的闭环管理。这一全新模式帮助人们便捷地监测生命体征，也能让医院真正触及家庭，大大节省了患者就诊时间，节约了医院的医疗资源，带动移动医疗产业迎来了数字化发展

新高度。

拥抱变化为九安医疗带来了广受认可的品牌价值，iHealth 以全产品线为出发点，将公司的所有产品集中到云端，方便用户数据存储和使用，有效增加了用户的黏性。为了实现可持续发展，九安医疗也在加速开发医疗机构端的产品线，为医疗机构采集上下肢血压、血氧、24 小时动态血压等信息，提供准确可靠的临床指导数据分析。从个人健康管理到医疗机构智能诊疗服务，九安医疗逐步从 B2C 向 B2B 商业模式拓展。

九安医疗新的商业模式不仅为自身带来了新的市场机遇，也促进了人们健康生活方式的养成、医疗资源释放和国家卫生部科学决策。

3. 小结

智能硬件医疗的本质是在医疗器械和产品上加载云计算、5G、物联网、人工智能等数字化技术，以此打破时间和空间的限制，促进信息互联互通，开展远程医疗和医疗资源下沉，成为推动中国数字医疗全面发展的"新动能"。

三、全面部署，提升人工智能医疗"云服务"

从 1956 年麦卡锡、明斯基等科学家在美国达特茅斯学院会议中提出"用机器模拟人的智能"的概念开始，在过去 70 多年间，各国都致力于人工智能的研究。近年来，在数字经济不断推进的背景下，我国人工智能也迅速崛起并快速发展，且与诸多传统领域进行了深度融合，积极推动各产业不断进行创新。医疗作为人们生活密不可分的一部分，也在加速人工智能布局，在借助云计算的基础上寻找更多的解决方案。

1. 腾讯觅影

2017 年，腾讯发布首款人工智能产品——腾讯觅影，将图像识别、大数据处理、深度学习等人工智能技术运用在医学领域，至此打开人工智能医疗市场，加快我国医疗行业的数字化转型。

（1）腾讯觅影影像云

由于传统影像胶片不利于携带和管理，且医生往往只会把发现病灶的影像给到患者，患者在转诊时经常面临再次重复检查的困扰。意识到这一问题，腾讯开发出以个人为中心的觅影影像云。觅影影像云采用对象存储方式搭建影像云平台，对接医院 PACS/RIS 系统，使患者可以选择就近的医院或基层医疗机构进行影像学检查，并将影像报告和原始图像上传至微信健康档案小程序，实现对个人数据的一站式管理，满足影像资料的跨院和跨地区查询需求。同时，借助影像云灵活扩容、存储安全的特点，避免了设备故障导致的数据丢失，大大降低了医院每年胶片耗材的投入。基于庞大的客户数据优势和强大的微信生态优势，腾讯实现患者一部手机管影像，简单易操作的方式吸引了越来越多的用户的加入，腾讯觅影影像云架构如图 19-5 所示。

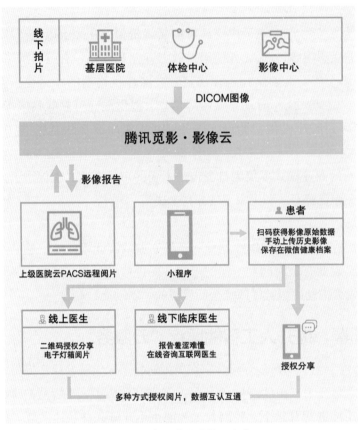

图 19-5 腾讯觅影影像云架构

（2）腾讯觅影人工智能辅诊系统

腾讯要想在人工智能医疗抢占先机，仅开发影像云是不够的，必须通过一系列的产品组合，提供丰富的解决方案，基于此，腾讯研发了人工智能辅诊系统，覆盖就诊全流程。诊疗前，借助专业知识库和自然语言技术，人工智能辅诊系统能够以对话形式回答患者知识和流程类问题，根据患者画像快速导诊至正确科室医生。目前人工智能辅诊系统服务患者数达 37 万，平均每次节约问诊时间 3 分钟。诊疗时，人工智能辅诊系统的深度学习技术能够梳理患者病情信息，自动生成电子版病情发展时间轴，节省医生梳理病情时间，同时这一系统能够对 3 000 多种疾病风险进行识别和预测，将失误率降低 30%～40%，提升了诊断效率和准确率，也促使医生从烦琐的病案工作中解脱出来，提升诊疗和科研效率。

自人工智能辅诊系统发布以来，腾讯觅影已经与 100 多家三甲医院达成合作。人工智能辅诊系统不但提高了医疗效率，也将患者有序地引导到基层医疗机构，真正促进基层医疗的活力。

（3）人工智能开放实验平台

成功地将影像云和人工智能辅诊系统引入人工智能医疗领域后，腾讯又开始了开放实验平台的探索与应用。在人工智能医疗领域，数据来源少，标注耗时，缺乏适用算法，算力难以满足，这些是科研院校、医疗机构和科创企业普遍面临的问题。作为第一批国家开放平台，人工智能开放实验室平台以公有云为基底，内置近百种临床常用算法模型，向全行业开放开发工具，促使更多创新企业利用该平台更高效地开发自己的人工智能影像产品。此外，开放实验平台还开放了许多疾病领域，例如使用肿瘤和病理的量化分析工具，可以帮助医生探索新的影像科研方向，加速行业科研发展与产品研发。腾讯的开放实验也可以应用于药物的临床实验评估，利用云端的数据标注分析系统，帮助药企更好地完成临床实验，从而减少误差，提高效率。

作为互联网龙头企业，腾讯觅影在科研领域的应用有助于其持续地创造品牌价值，实现了人工智能医疗全方位、全过程、全领域的覆盖，不仅创造了新的业绩增长点，也带动了国家医疗行业的健康发展，为破解医学难题做出积极的贡献。

2. 小结

人工智能技术的崛起为医疗行业的发展带来了新的契机，有效降低医院耗材成本，推动医院间数据互通共享，提高诊断准确率，促进构建"产、学、研、医"合作共赢的生态圈。在数字化技术持续赋能之下，人工智能医疗将带来更多颠覆性的创新。

第三节　亮点总结

一、互联互通，提供多样化服务

云计算打破了传统医疗下对患者医疗信息掌握的物理限制，医生和患者均可通过云平台进行信息交流，克服了医患远程医疗、信息来源单一等困难。5G、物联网、大数据、人工智能等技术进一步与云计算相结合来赋能智慧医疗行业，加速了远程医疗、智能随访、亚健康人群健康管理、公共卫生突发事件预防等多样化诊疗产品和服务的涌现，打破了资源空间分配的不均衡性，利用人工智能医疗实现了连接线上医院场景和线下家庭场景，为人们提供优质医疗体验，实现医疗资源的优化整合和信息资源共享。

二、百花齐放，推进多元化发展

云计算等数字化技术不仅带来了产品和服务的多样化，也加速了智慧医疗企业的发展，形成了入局主体多元化特点。得益于 IDC 建设投入逐渐加码，SaaS 和 PaaS 等

产业链环节全线布局，云计算的高速发展打破了传统医疗的行业壁垒，为智慧医疗迎来了新的格局，传统医疗信息化企业与院机构的融合加速了医疗行业向智慧医疗的升级，大量互联网企业建立医疗品牌，切入智慧医疗，同时，专注于细分赛道的新兴企业也开始崭露头角，为市场提供更丰富、全面、精准的个性化诊疗和健康服务。

三、全面布局，搭建智慧医疗生态体系

以云计算为代表的数字化技术，是智慧医疗发展的重要"加速器"，依托云管理、云服务、云平台，智慧医疗为人们提供诊前、诊中、诊后全流程的医疗和健康服务，实现"防、诊、治、管、健"标准化服务闭环。在多方创新力量的集结之下，云计算有力地促进了产、学、研、医的融合，推动临床科研产业化进程，以合作共赢的形式布局医院内外，形成线上线下协同联动，构建多维的智慧医疗新生态。未来，智慧医疗将在院内外服务基础上纵深挖掘，逐步由单一治疗环节转向覆盖患者全生命周期服务。

第二十章
智慧文旅场景

导　　读

随着我国经济的发展和消费需求的升级，发展智慧文旅已成为推动传统文旅产业转型升级、提质增效，充分满足多元化个性化、大众旅游需求的重要抓手。云计算、5G、物联网、大数据、AR/VR、人工智能等数字化技术在文旅产业的应用为文旅产品创新、服务模式创新和监管模式创新提供了新的发展动能。科技赋能重塑了文旅产业业态和价值链条，如数据驱动的文旅管理、智慧化的文旅服务、交互式沉浸式的文旅体验以及围绕特色文化IP的文旅营销和传播，推动了我国旅游业从"资源驱动"向"创新驱动"转变。

本章将回答以下问题：

（1）智慧文旅的内涵是什么？

（2）智慧文旅的发展背景是什么？

（3）数字化技术赋能智慧文旅的典型应用案例有哪些？

第一节　智慧文旅概述

一、智慧文旅的内涵

智慧文旅是指以特色文化为内在驱动，以现代科技为主要手段，通过云计算、5G、大数据、物联网、虚拟现实、人工智能等数字化技术为当地文化旅游资源赋能，助力景区旅游业发展和特色文化传播，围绕旅游管理、旅游服务、旅游营销、旅游信息传播、旅游体验等智慧化应用所形成的数字化文化旅游新业态。

智慧文旅是"科技赋能＋特色文化＋旅游服务"的综合体，其中特色文化是"灵魂"，旅游服务是"载体"，借助互联网平台和数字化技术的科技赋能是"手段"。

文旅融合。文旅融合发展是顺应经济发展和消费升级的客观需要。旅游本质上是人们认识世界、感悟人生的一种精神文化活动，其参与度高，覆盖面广，体验感强。伴随经济发展和消费需求升级，我国进入大众旅游新时代，单一的观光看景旅游模式已经不能满足游客求新、求奇、求知、求乐的体验式旅游需求，富含人文精神和特色文化内涵的优质旅游资源受到越来越多的消费者的青睐。

科技赋能。科技赋能是文旅融合创新的动能。AR、VR 等数字化技术不断推动新的文化体验。利用数字化技术和大数据，可以实现文旅资源数字化、消费场景创新和服务管理智慧化，推动文旅产业全方面数字化升级和转型，线上线下旅游产品和服务加速融合，充分释放和满足文旅市场消费需求。

二、智慧文旅发展的背景

1. 消费者需求升级

随着消费升级，除物质之外，消费者在社交、精神满足方面有了更高的需求。"Z世代"消费者对旅游资源的文化内涵、互动体验、交流分享渠道等方面有着更高的诉求，需要通过文旅融合创新来满足多样化、个性化文旅需求。文化和旅游消费已成为消费的重要抓手，智慧文旅拥有更广阔的市场。根据调查数据显示，新一代主力消费人群对传统文化的接纳具有强烈认同感，传统文化 IP 及周边产品得到了越来越多的年轻消费群体的拥趸。云展览、云直播等整合新视觉技术和社交媒体的新型业态，深受年轻消费者的欢迎。

2. 数字化技术赋能

云计算、5G、大数据、人工智能、增强现实、虚拟现实、数字多媒体等数字化技术应用的蓬勃发展给文旅产业融合创新注入了新动能，促进文旅管理模式创新、文旅产品和服务创新、文旅业态创新、文旅营销和传播创新，切实推动了文旅产业的高质量发展。以 5G 为首的"新基建"推进深入，为智慧文旅基础设施建设创造了充分的技术条件，提高了旅游服务的便利度和安全性。GIS、GPS 等技术有助于实现"吃、住、行、游、购、娱"等文旅相关联信息的整合和可视化展示。人脸识别技术可以实现自助身份验证，提高入园检票效率。云计算、物联网和穿戴设备的发展，增强了文旅产品的体验性和互动性，为文旅服务的线上化创造新的增长空间；5G、AR、VR、多媒体技术，助力沉浸式互动体验的文旅产品研发、新消费场景和新业态的发展，推进了文旅深度融合和文旅价值空间的拓展；数字化技术也为敦煌莫高窟等珍贵的实物文化资源的采集、整合、存贮、呈现、活用和传承开拓了一片广阔的天地。

3. 国家政策支持

国家高度重视智慧文旅的发展，制定了一系列的顶层设计，从发展智慧旅游、构建旅游产业大数据平台到推动"互联网＋旅游"、发展全域旅游、促进文旅深度融合等，给予了一系列政策指导和落地行动指南。例如，2016 年，国务院印发的《"十三五"旅游业发展规划》中提出，推进旅游信息化提升工程，加强旅游互联网基础设施建设，构建旅游产业大数据平台，实施"互联网＋旅游"创新创业行动计划。2021 年，国务院印发的《"十四五"旅游业发展规划》中提出，充分运用数字化、网络化、智能化科技创新成果，升级传统旅游业态，创新产品和服务方式，推动旅游业从资源驱动向创新驱动转变，实现"以文促旅"向"以文塑旅"的演进，推进文化和旅游深度融合发展，满足多元化的大众旅游需求，充分发挥旅游业扩大内需、促进国民经济增长的引擎作用。

三、数字化技术赋能智慧文旅

智慧文旅管理。文旅服务信息和数据较分散，且存在众多信息孤岛。利用云计算和大数据建立文旅管理信息平台和大数据中心，可以更好地实现管理赋能和数据赋能，建立数字化监管模式。众多中小型文旅企业组织可以通过平台管理和发布旅游信息。游客可以在平台上一站式查询各种旅游信息。文旅管理单位可以通过游客轨迹跟踪，及时准确地掌握游客的旅游活动信息，同时结合旅游信息数据形成旅游预测预警机制，提高应急管理能力；通过旅游舆情监控和大数据分析，及时介入处理旅游投诉以及旅游质量问题。

智慧文旅服务。热门景区在旅游旺季时，普遍面临着人流量大、交通拥堵、设施服务能力不足、参观体验不佳等"老大难"问题。通过数字化改造，完善和引入分时段预约游览、流量监测监控、智能停车场、自助身份验证、电子地图、AR 导览等智慧化服务，可以让景区参观更有秩序，为游客提供良好的参观体验，提高游客满意度。5G＋VR/AR、5G＋4K/8K、图片渲染技术助力高品质虚拟化文旅产品的开发和交互式沉浸式参观体验的打造，满足游客日益增长的消费需求。

智慧文旅营销、传播。在大众旅游时代，文旅消费需求日趋多元化和个性化。通

过旅游行为大数据分析和用户画像，文旅产业不断挖掘旅游热点和游客兴趣点，有针对性地开发个性化文旅产品，迎合市场需求策划对口的文旅营销主题。互联网技术和社交媒体的广泛应用，增强了文旅产品的线上渠道触达能力和文化影响力。借助互联网平台和社交媒体，可以实现与用户更直接的对话互动，联合线上线下渠道，加大营销力度，引导游客主动参与文旅产品创新与价值共创活动。基于互联网协同平台，全方位开展跨界品牌合作与技术合作，能拓展文旅产业链条，营造价值共创的文旅产业生态。

第二节　数字化技术赋能智慧文旅案例

下文将围绕智慧文旅管理、智慧文旅基础设施、智慧文旅服务创新、智慧文旅营销和传播等方面的应用案例介绍数字化技术赋能情况。

一、智慧文旅管理："一部手机游云南"——全域旅游智慧平台

作为旅游大省，云南很早就开启了"互联网＋旅游"实践。2017 年，云南省政府下定决心重整旅游市场秩序，积极落实"互联网＋旅游"行动，与腾讯公司联合建设全域旅游智慧平台"一部手机游云南"项目，开创了"政府企业游客三端联动"的全域智慧旅游的"云南模式"。

"一部手机游云南"由一个中心、两个平台构成，即文旅产业大数据中心、游客服务平台和政府监管服务平台。"一部手机游云南"于 2018 年 10 月正式上线运行，实现了"一机在手，全程无忧"的目标。在提升文旅服务智慧化水平和打造数字化文旅监管模式方面发挥了积极作用。

1. 文旅综合服务平台

"一部手机游云南"通过应用云计算、人工智能、人脸识别、大数据、物联网等数字化技术，致力于全方位提升智慧文旅的管理水平。

游客服务平台有效连接了游客需求、商家服务与政府监管，能够提供个性化线路定制、景区导览、门票预约等智慧服务。目前，手绘地图、语音导览、扫码刷脸入园、智慧厕所、人工智能识物等智慧服务已在云南省 4A 级以上景区全部应用。

利用产业大数据平台，有效整合文旅资源，促进信息的互通互联和业务协同。利用 GIS、GPS 等技术，将智慧旅游"吃、住、行、游、购、娱"以及相关联的各种信息综合反映到一张地图上，游客访问"游云南"App 及小程序，可以获得"吃、住、行、游、购、娱"全要素的服务信息。

"游云南"App 提供在线观看实时直播、订精品线路、买门票、刷脸入园、识花草、找厕所、语音导览、一键投诉、无忧退货等多场景功能，帮助游客实现了"一机在手、说走就走、全程无忧"的智慧旅游自由。为缓解特殊时期人流量压力，"一部手机游云南"及时上线"分时预约"板块，协助落实"预约错峰限量"出游要求，帮助游客快速预约、核销入园，助力云南旅游业的发展。

2. 数字化文旅服务监管模式

面向政府端的综合管理平台和大数据中心，以数字身份体系、数字消费体系、数字诚信体系、全域投诉体系、人工智能服务体系作为技术支撑，提供服务评价、投诉受理、联动执法、决策分析、客流监测、产业运行监测等功能，实现"一部手机管旅游"的数字化监管模式。

"一部手机管旅游"集合了投诉处置、退货处置、诚信评价（含餐饮企业、酒店住宿、旅行社、旅游汽车公司、汽车租赁公司、旅游景区、涉旅商品经营户7个业态）、旅行社管理、导游管理、综合考核、景区预约等智慧管理功能。云南省文旅管理部门和文旅企业通过"一部手机管旅游"为游客服务，有效提升了文旅监管和文旅服务效率，实现了投诉建议、一键报警、公共应急、线上营销等一体化服务。目前，云南省已实现99%的文旅投诉24小时办结，平均办理时长在4小时以内，成为全国旅游投诉处置最快的省份。

"一部手机游云南"建设已成为云南省推进"数字云南"建设、发展智慧旅游、推动云南旅游业全面转型升级的重要抓手。云南省加快推动"一部手机游云南"迭代升级，以"互联网+"为手段，全面推进旅游要素数字化建设，充分利用大数据人工智能等新技术，架构起强大的数字中枢，更好地发挥智慧文旅管理赋能作用。在国家积极提倡发展全域旅游、促进文旅业态融合发展的当下，云南省全域旅游平台的建设经验对其他省市也具有一定的借鉴意义。

二、智慧文旅基础设施：萧山智慧·城市馆——虚拟展馆

虚拟展馆采用 VR、3D、互联网、数字多媒体等技术，通过网络平台运行，融科普性、互动性、博览性于一体，为观众提供线上多维立体的观览体验，是传播和弘扬特色文化的重要媒介。

2021年7月21日，全新建成的萧山智慧·城市馆，是一座集成就展示、科普教育、特色旅游等多功能于一体的复合型城市展馆。萧山智慧·城市馆坐落于萧山科创中心，总建筑面积7 000平方米，布展面积6 800平方米，利用全息投影、人工智能、AR、沉浸式体验等现代声光电先进技术，展现了萧山的城市发展历程、文化底蕴与城市智慧建设成果。

全馆 AR 导览。基于视觉定位技术，利用高精度地图和 SLAM（同步定位与建图）

实现全馆 AR 导览。城市馆入口处设有全馆智能导览下载区，含"智起萧山"互动墙、展项位置快速索引以及全馆智能导览下载区，方便观众开启参观之旅。其中，AR 全局多人互动城市沙盘采用 AR 和实体沙盘叠加的技术，构建空间全要素的展示，使萧山全景尽收眼底。

人工智能互动。利用智能互动空间与设施，打造交互式文旅体验。在主题为"穿越时空·遇见萧山名人"的互动合影区域，运用人脸识别、手势识别等技术，能够让观众与萧山历史名人近距离"合影"，进行跨越时空的互动。在"智绘萧山"区域，观众可以画下任意图形，人工智能识别所绘出的萧山旅游景点，给出最佳的旅游推荐。

沉浸式体验。在"飞跃萧山"体验区，设有 12 座驾驶舱，当观众落座驾驶舱后，在 AR 技术帮助下，可以"飞"入体验区，体验泛舟湘湖、俯瞰浦阳江等场景，尽览萧山美景。

目前，萧山智慧·城市馆已成为萧山的一张城市名片，也成为市民休闲时的文娱乐园。作为智慧城市建设的样板、为建设基于 AR 和人工智能技术的智慧展馆、智慧体验馆、智慧博物馆、城市会客厅等新时代文旅场所树立了典型，杭州市萧山·智慧城市馆如图 20-1 所示。

图 20-1 杭州市萧山智慧·城市馆

三、智慧文旅服务创新：敦煌莫高窟——文旅服务突破空间约束

数字化技术在文博资源的保护、利用和传承中发挥了重要作用。敦煌研究院在文物的信息化建设、敦煌文物数字资源的多样化展示方式的研究，以及智慧导览与服务建设等方面持续努力，探索出一条文化与科技深度融合之路。

1. 数字文物资源开发

敦煌研究院自 20 世纪 90 年代开始启动"数字敦煌"建设工程，将洞窟、壁画、彩塑及与敦煌相关的一切文物加工成高级智能数字图像，以实现石窟文物的永久保存、永续利用。历经 30 年的数字化采集工作，敦煌莫高窟已完成图像采集洞窟 221 个，图像加工洞窟 135 个，虚拟漫游洞窟 130 个，已建成一个海量的"数字敦煌"数字文物资源库。为了更好地开发数字文物资源，为游客提供更丰富的文旅体验，进一步弘扬和光大敦煌艺术，敦煌研究院与研究机构和高科技公司开展一系列的研究合作，持续推进数字化博物馆和数字文旅体验建设。

2010 年 1 月，敦煌研究院与浙江大学签署合作协议，在共建敦煌石窟壁画数字资源库和文化遗产数字保护技术联合实验室、敦煌学文献资源共享等方面开展合作。

从 2017 年开始，敦煌研究院与腾讯公司开展长期战略合作，充分利用了腾讯CSIG 在 AR、VR、人工智能与云计算的核心能力，构建数字化博物馆的数字化解决方案。

2019 年 3 月，敦煌研究院与华为公司签署战略合作协议，共同成立文化遗产虚实融合技术实验室，依托河图平台不断丰富敦煌石窟数字文旅体验。敦煌研究院和华为合作开发的敦煌超感知影像，利用 5G、人工智能、VR 等创新技术让敦煌文化"活了起来"，为游客提供富有真实感的虚实结合的交互体验。

2. 参观模式革新

每年前往敦煌的游客多达数百万人，大量游客在参观活动中产生的二氧化碳等气体对珍贵而脆弱的壁画和塑像会造成不良影响。为了减轻对文化遗产资源的影响，有效减缓人流压力对敦煌石窟所带来的物理性伤害，莫高窟设置了每日最多 3 000 人的游客接待量限制。以往，莫高窟游客进入洞窟参观时，由于洞窟狭小和光线不足，游客很难看清分布在洞窟四周的所有壁画，在有限时间内也很难充分了解莫高窟的历史背景信息，参观体验并不是很好。

2014 年 9 月，敦煌莫高窟数字展示中心正式对外开放，采取虚拟观展和实地参观相结合的参观模式，摆脱了实体文物现场参观的环境约束，打破了接待资源"瓶颈"，有效提升了游客体验。

虚拟观展。所有游客完成参观预约之后在实地参观莫高窟之前，须在数字展示中心通过主题电影、球幕电影及其他展示形式提前了解莫高窟的历史文化背景知识。4K电影《千年莫高》史诗般地呈现敦煌莫高窟延续 1 600 余年的历史文化背景，让观众在参观洞窟之前对丝绸之路的形成、佛教东传、敦煌莫高窟的营建等内容有较为深入的了解，对敦煌莫高窟巨大的历史价值和人文价值有一定的认知。游客近距离欣赏壁画的线条和色彩，能看得更清晰、细致。同时，球幕电影给人强烈的代入感和沉浸式体验。8K 高清数字球幕电影《梦幻佛宫》利用 AR 技术对莫高窟最具艺术价值的 7 个经典洞窟进行了全方位的展示，18 米直径、500 平方米的超大球形银幕及鱼眼镜头拍摄的 180度超视角逼真画面触手可及，让历史厚重的静态壁画"活"了起来，游客观看时可以获得全新的视觉体验。虚拟观展在打造沉浸式体验、提高旅客参观体验的同时，还通过事前的"功课"帮助游客获取敦煌莫高窟大量背景知识，提高了后续"实地参观"的效率。

实地参观。虚拟观展结束后，游客乘坐内部车辆从数字展示中心抵达莫高窟，由讲解员引导进洞窟参观。由于事前做过充足的功课，在获得良好的参观体验的同时，

游客实体观窟的停留时间大为缩短，有效减轻了参观活动对洞窟环境和文物的不良影响。敦煌莫高窟借助 5G 和物联网传感技术搭建了一套环境监测和预警系统，可以动态地监测洞窟内的湿度、温度、二氧化碳、大气环境数据、污染物数据等微环境指标和人流量信息，可以根据预警信息及时调整游客参观线路和批次安排，动态调控洞窟内参观人数。这样，在不增加洞窟环境负担的前提下，莫高窟单日可接待游客量翻了一番，有效地突破了莫高窟游客接待资源"瓶颈"。

3. 文旅体验创新

线上线下服务整合。2020 年 2 月上线的"云游敦煌"小程序，整合了预约购票、智慧景区导览、传统文化课程体验等功能，为莫高窟景区游客提供全方位的线下创新服务。游客访问"云游敦煌"小程序，可以随时随地浏览大量莫高窟历史文化知识和壁画故事，在参观洞窟时获得更好的参观体验。

交互式沉浸体验。华为河图基于厘米级 3D 地图、高精度空间计算、人工智能 3D 识别以及超逼真的虚实遮挡融合绘制等技术，复制出一个与实景相同的虚拟莫高窟空间，通过物理世界与虚拟世界的结合，实现卓越的视觉与交互体验。借助华为河图，游客无须进到洞窟，在外面通过华为手机或 VR 眼镜就能观看洞窟内精美绝伦的壁画，利用数字敦煌高精度数字壁画图像和洞窟三维模型，游客们仿佛已置身于洞窟之内。这不仅能大大减少人为因素对文物的伤害，还提升了游览体验。游客在敦煌莫高窟现场参观过程中，借助手机的 VR 功能或 VR 眼镜可以开展各种生动地虚实交互参观活动。覆盖全部参观区域的 AR 导引，帮助游客更好地了解景观情况，在参观洞窟过程中也可以随时查看相关洞窟、塑像和壁画的数字化档案信息等。洞窟随着参观的线路展示不同的壁画元素，如栩栩如生的九色鹿、美丽无比的飞天、金光闪闪的大佛等真实形象，还可以与之开展各种互动。例如跟可爱的九色鹿合影，跟凌空翱翔的飞天共舞，瞻仰九层楼外立面金光闪闪的大佛等。

科技赋能让艺术有了更丰富的展现形式，游客可以在沉浸式文旅产品体验和场景化互动游戏中充分感知文化遗产的魅力，也让世界文化遗产瑰宝摆脱了物理空间的约束，从莫高窟洞窟走向广阔的数字世界，实现"永久保存、永续利用"的初心。

四、智慧文旅营销和传播：云直播与文创 IP 运营

1. 云直播

云直播是通过云计算能力，采用视频云技术、全球覆盖的直播节点以及人工智能超高清能力等，打造流畅、低延时、高并发的直播平台，成为线上文旅消费方式创新的重要载体和文化传播渠道。

（1）云看展

2020 年 2 月，包含中国国家博物馆、甘肃省博物馆、敦煌研究院在内的 8 家知名

博物馆联合开展直播，让全国各地近千万网友有机会"云看展"。中国国家博物馆设置专题网页、虚拟展厅、展览视频、精彩展品、深度解读文章等，提升了"云展会"的吸引力。"国博邀您云看展"话题的线上阅读量超过 6 500 万人次，云直播首日就得到了 1 000 万人次的参观。

在当天的直播（如图 20-2 所示）中，参展博物馆纷纷拿出各自的馆藏精品文物，并派出金牌讲解员。众多国宝真品"无压力地"展现在观众面前，游客可以"近距离"地欣赏线下看展时不易察觉的细节，还能一边"云游"，一边下单相关旅游纪念品，有效实现了线上与线下积极联动。同时，结合大数据赋能，商家通过 OTA 直播平台与消费者互动，进一步提高了品牌影响力，积累了私域流量，打通了数字化全域营销的重要一环。

图 20-2 中国国家博物馆的淘宝直播

本次直播也是一次以数字化技术基础设施为支撑的虚拟旅游与数字营销融合发展的新商业模式的探索。

（2）文旅助农

自 2020 年 3 月开始，景域驴妈妈集团联合中国旅游协会多家知名会员单位、全国多地政府机构、科研院校等共同举办了公益活动"全国 100 位县长爱心义卖直播大会"。其间，来自全国多地的 100 位县长走进公益直播间"带货"，向全国各地网友介绍当地特色产品，助力旅游土特产走出家乡，走向全国，从而带动当地经济发展，推进乡村振兴工作的落实。众多县长在带货的同时，也不忘积极宣传、推介当地的文旅资源，在景区现场通过云旅游展示了当地丰富的旅游资源、特色文化产业和美食名吃，给全国网友留下了深刻的印象。鉴于出色的活动反响，景域驴妈妈集团将"文旅助农"直播大会作为定期开展的重要活动，通过直播赋能，持续推动文旅产业发展。

2. 文创 IP 运营

文创 IP 是具备高识别度的文化符号，在文旅营销和传播活动中发挥着重要作用。文创 IP 周边产品是文博单位发挥社会教育功能和推进文化传承的一个重要媒介。

近年来，众多文博单位都加大了文创产品的开发力度，努力打造特征鲜明的差异化文博 IP。从故宫文创、敦煌文创、龙门金刚到三星堆文创产品，文博界不断有新的文创 IP，然而，这些热门文创的背后都离不开数字化技术。我们以龙门金刚、故宫文

创和三星堆文创为代表，简要说明数字化技术在文创 IP 打造、产品和内容开发、营销传播等方面的赋能作用。

（1）科技赋能文创 IP 打造：《龙门金刚》

《龙门金刚》是 2021 年河南卫视《七夕奇妙游》晚会上的开场舞蹈。舞蹈在展示龙门乐伎和飞天形象的同时，着重塑造龙门金刚大力士的艺术形象。

《龙门金刚》中的的金刚造型和舞蹈动作都源于龙门石窟金刚造型，主创团队使用了包括 AR、三维建模、电脑着色等数字化技术手段，将《龙门金刚》的舞台与石窟实景相结合，也利用图像渲染技术最大限度地实现复原，让观众看到彩色状态下的石窟造像。

整个节目拍摄工作分为三个部分，采取了不同的拍摄方法。一部分在龙门石窟实景拍摄；一部分在摄影棚里搭蓝棚拍摄，在此基础上使用 3D 建模和 360 度影像的方式呈现龙门石窟的奉先寺；剩余部分则完全使用 AR 技术制作。

通过 AR/VR、3D、渲染等技术的赋能，龙门石窟的佛像得以在观众面前复原，使江东美学焕发生机，也为这一世界文化遗产增添了别样的魅力。龙门金刚艺术形象展示的国风韵味，迅速吸引了年轻人的眼球。节目播出后，《龙门金刚》在互联网流量媒体和社交媒体迅速传播，龙门金刚 IP 形象也快速"火"出圈。

龙门金刚 IP 的成功打造，充分展现了现代技术与传统文化结合的魅力，让游客在领略传统文化博大精深的同时，再次提升了文化认同和自信。

（2）"互联网＋文化"深度挖掘 IP 价值：故宫文创

故宫作为当今世界上现存规模最大、保存最完好的古代皇家宫殿建筑群，文化底蕴深厚，受众广泛，拥有丰富的文创 IP 资源和流量基础，文化产业的创新性发展势不可挡。截至目前，故宫文创已经历了摸索期、成长期和成熟期三个阶段。

其中，2015 年以前，故宫文创尚处于通过科普宣传来扩大文化影响力和吸引聚集粉丝群体的摸索阶段。2015 年，故宫推出的 IP 形象"故宫猫"迅速走红，赋予了故宫文创产品专有的文化特性和故事情感、带动了周边产品销售，标志着故宫文创进入打造故宫文创超级 IP 和开发周边系列创意产品的快速成长期。2015 年和 2016 年，故宫文创产品年销售额均超过 10 亿元。从 2016 年开始，故宫文创重心由产品文创转移到内容文创，更加重视文化创意和内容，并借助跨界合作持续挖掘 IP 价值，标志着故宫文创进入了成熟期。

2016 年，反映故宫文物修复工作者的纪录片《我在故宫修文物》在网上一炮走红，纪录片展示了中国传统技艺和文物修复师们"择一事，终一生"工匠精神，触动了大量年轻受众。大量"Z 世代"在社交媒体上表达了对纪录片内容的强烈喜爱，甚至掀起了一阵报考故宫博物院、到故宫修文物的热潮。

同年，故宫博物院开始加强与第三方企业开展 IP 品牌营销的跨界合作。例如故宫博物院和腾讯联合制作了 H5《穿越故宫来看你》和《穿越故宫来看作》。H5 中，明成祖朱棣走出画像，竟然会唱 Rap，会玩自拍，会用微信、QQ 与自己的后宫嫔妃和大臣们聊天打趣。威严的皇家集体卖萌，改变了故宫以往给人留下的严肃高冷的刻板印象，迅速抓住了年轻人对于"卖萌"和反差感的喜爱心理，使《穿越故宫来看你》在朋友圈得到广泛转发和推介。接着，故宫又通过与第三方合作，进军影视界、时尚界、美妆界、美食界等多个领域，以跨界的方式进行 IP 营销和传播。

通过"互联网＋文化"提升文化创意产品的内涵和品质，塑造文化品牌形象；通过跨界的方式开展 IP 营销和传播，提升 IP 触达能力，扩大文化市场占有率，是故宫文创 IP 价值落地的主要途径。

（3）掌握私域流量密码：三星堆文创

作为世界第九大奇迹的三星堆遗址，其文化魅力自带流量。三星堆抓住考古新发现掀起的一波"三星堆热"，加速推动了三星堆文创产业的发展。

直播引流。在三星堆博物馆看来，打造私域流量池是文创品牌实现持续增长的有效手段。自 2021 年 3 月 20 日起连续 4 天在央视新闻频道推出《三星堆新发现》直播特别节目，实时报道全景呈现三星堆遗址考古的最新发掘成果，借助考古新发现和 VR 技术，生动展示了古蜀文明的灿烂纷呈和中华文明的多元一体。这次考古直播大热，三星堆"吸粉"无数，带动了三星堆文创的销量暴涨，清明小长假期间三星堆考古盲盒（如图 20-3 所示）屡次脱销。

图 20-3 三星堆考古盲盒

注重产品的"潮流性"、互动性和体验感。三星堆文化拥有很强的符号性，以三星堆出土的国宝为原型的文创，在崇尚"国风潮"的年轻消费群体中屡屡掀起热潮。三星堆博物馆迎合消费者"猎奇猎新"的消费需求，推出"带真土的考古盲盒"，把文物手办藏在与考古坑相似的土里，同时附赠考古用的铲子、锤子等器具，让消费者也过一把沉浸式考古的瘾。在盲盒本身呈现的随机性之外，还以抽奖和零部件拼接的方式鼓励大家寻找隐藏款，增强了消费的趣味性和互动性。

私域流量营销。三星堆抓住每次文创产品"上新"的机会，做好 IP 的引流和裂变营销。产品在社会媒体的分享，给年轻人带来乐趣，又实现了与三星堆文化的多次连接。

三星堆以微信小程序和官方商城作为承载私域流量的核心阵地，配合留言抽奖送盲盒、引导用户加入粉丝社群、晒单、文案内容创作等活动增加了粉丝黏性，并不断吸引更多新用户的关注。同时，在公域平台上，联合各大社交媒体同步发声，新品预售＋话题营销双管齐下，积极开展引流和圈粉活动。

跨界合作营销。为了广泛触达年轻消费群体，与潮流品牌的跨界合作成为文创破圈的有效方式。为了更好地带动话题流量，除自身文创产品的营销外，三星堆博物馆积极开展跨界合作，与其他潮品牌合作开发一系列联名产品，通过跨界营销，与更多的年轻消费者建立起了情感联结，更好地实现了文创IP赋能。三星堆博物馆馆长表示，希望通过"三星堆＋"跨界营销，推动三星堆古蜀文化创造性转化和创新性发展，让三星堆尽快成为世界级的文化IP。

在大众旅游时代，掌握了私域流量密码的三星堆文创发展势头迅猛，未来可期。

第三节　亮点总结

一、文旅产业数字化赋能

文旅资源数字化、文旅基础设施智慧化、文旅管理模式创新、文旅消费场景创新、交互式沉浸式文旅体验打造、文创IP运营都离不开科技赋能的身影。智慧文旅建设也是文旅产业数字化转型升级的过程，充分利用数字化技术对文旅产业进行全方位、多角度、全链条的改造升级，极大地促进了文旅高质量发展。

二、文旅融合和可持续发展

文化感和文化的体验是文旅的核心，文旅消费场景创新、沉浸式体验、文创IP的开发都是基于特色文化的呈现和"活"化。云计算、高清摄像、VR、图片渲染等数字化技术丰富了文化艺术的展现形式，让一些实物文旅资源摆脱物理空间的束薄，走向广袤无垠的数字空间。数字化技术助力文旅消费场景创新，线上线下相结合的文旅业态拓展了文旅资源赋能空间。文创IP和周边产品作为特色文化的鲜明符号与传播载体，在年轻消费群体触达和文化传承中发挥着重要作用。

第二十一章
智慧社区场景

导 读

社区作为城市居民生存和发展的载体，是城市治理的最小单元，更是整个"国家大厦"的根基。随着城市的发展和人们生活理念的日益改变，社区生活、社区管理和社区治理等也日益复杂化，智慧社区的概念和场景逐渐走入人们的生活之中。

在智慧社区的建设、运营过程中，云计算纵贯从基础软硬件到应用服务的整个体系，云计算通过赋能智慧社区基础设施建设，对智慧社区数据进行存储、计算和分析，实现基础服务设施物联化、智能化的运作，从而提供更加智能化的信息系统、更为灵敏的管理和更人性化的服务，推动智慧社区的发展。智慧社区的建设，既是改善民生的需要，也是推进智慧城市建设、实现"十四五"规划"加快数字社会建设步伐"的需要，是推动国家治理体系和治理能力现代化的必由之路。

本章将回答以下问题：

（1）智慧社区建设的目标和意义是什么？

（2）智慧社区行业有哪几类企业？云计算是如何为智慧社区行业赋能的？

（3）智慧社区的亮点是什么？

<h1 style="text-align:center">第一节　智慧社区概述</h1>

一、智慧社区的概念

　　智慧社区是指充分利用云计算、物联网、移动互联网等数字化技术的集成应用，以社区居民为服务核心，通过整合社区现有的各类服务资源，为居民提供安全、便捷的现代化、智慧化生活环境，从而形成基于信息化、智能化社会管理与服务的一种新的管理形态的社区。

二、智慧社区应用背景

1. 向上利好，政策持续发力

　　为推动智慧社区建设，国家出台了一系列鼓励政策。2014 年 5 月，住建部发布了《智慧社区建设指南（试行）》，首次提出智慧社区指标体系。2020 年 7 月，住建部进一步公开《智慧城市 建筑及区住区 第 1 部分：智慧社区建设规范》（征求意见稿），对智慧社区系统建设的不同方面提出了相应的规范和要求。2021 年 12 月，《"十四五"数字经济发展规划的通知》提出，打造智慧共享的新型数字生活，明确了智慧社区建设的多项目标。整体政策呈现一种向上利好的态势。

2. 大有可为，拥抱经济蓝海

　　根据第七次人口普查结果，我国城镇人口为 90 199 万人，占全国人口的 63.89%，社区覆盖了全国 9 亿人口。并且，据中商产业研究院统计，2021 年我国智慧社区市场规模已经达到 5 950 亿元，并且持续扩大，市场潜力巨大，智慧社区将开辟数字产业价值蓝海。智慧社区的建设分为两个方向：一是老旧小区的智慧化改造，二是新建社区的智慧化提升。仅老旧小区改造方面，根据住建部数据显示，初步估算我国城镇需综合改造的老旧小区投资总额可达 4 万亿元。未来，城镇化率不断提高，将会有更多社区向智慧社区过渡。

3. 固国兴民，推动社会发展

　　智慧社区的建设水平关系民生质量和民生稳定，对社区进行智慧化改造有利于解决人居矛盾，提高居民生活的满意度、归属感和幸福感。同时，社区作为社会治理的最小单元，建设智慧社区有利于提高基层单位的工作效率和管理能力，有效减轻政府施政负担，推动城市治理体系和治理能力现代化，建设信息畅通、运行有序、服务完善的现代化社会。对于企业而言，尤其是以物业为代表的社区服务和管理行业，传统社区物业管理效率低下，盈利方式单一，因此，进行智慧化改造，提高企业管理水平，建立一个高效的综合办事管理机制是企业开源节流、长期发展的必由之路。

4. 加速赋能，技术迭代演进

随着 5G、工业互联网、人工智能、数据中心等"新基建"的推进，各行业领域的生产生活基础设施加速向数字化、网络化、智能化转型，云计算、大数据、移动互联等 IT 技术的发展和进步为智慧社区信息化和数字化建设提供了基础支撑。在这一过程中，数据量和存储算力的需求快速增长，云计算日益成为智慧社区的重要组成和发展依托，在全球云服务市场高速发展的新态势下，将云服务融入社区行业，加快社区智慧化建设的需求应运而生。

三、智慧社区的发展

1. 发展现状

智慧社区发展至今经历了 3 个时期。在 2015 年之前，智慧社区刚具备基础形态，初步建立了记录数据的能力，对物业行业实现了信息化管理。从 2015 年到 2018 年，智慧社区把人与物连接起来，完成了数字化的产品。2018 年以后，语音识别、人脸识别等技术得到广泛应用，智慧社区迎来人工智能的初级阶段。在这一过程中，智慧社区 App、O2O 平台、综合治理大数据平台、智能身份识别系统被开发，并逐渐和各种智能硬件实现互联互通。

当下智慧社区建设主要包括三个方面的重点：一是面向居民的智慧家居系统、智慧社区应用和服务，致力于为社区居民提供舒适、便利的生活环境；二是面向小区物业管理服务的智慧社区安全管理、生活服务综合平台，致力于为物业提供更科学、便捷的社区管理途径；三是面向公安、街道等基层政府部门的可视化 GIS 系统、综合治理网格信息平台等，为政府部门提供信息支持、社会治理等方面的助力。在云计算、物联网、人工智能、区块链等数字化技术的加持下，智慧社区在安防、便民、繁荣社区经济等领域中起着重要的作用。

2. 发展趋势

当前智慧社区处于初期阶段，在建设过程中暴露出很多问题，尚未形成完全成熟的模式。但是随着实践经验和知识的积累，相关技术得到了很大发展，相关标准陆续制定。依据当下智慧社区的短板和问题，可以大致判断其未来发展的三个趋势。

一是生态化。软硬件设施全覆盖，系统高度集成是智慧社区建设发展的基础。一方面，在社区基础设施建设完成后，通过完备的社区局域网、物联网能够实现智慧社区设备与智慧家居的互联互通、远程监控，并和基层政府、社区管理方、居民之间建立全面的联系与互动；另一方面，社区系统的高度集成有利于打破信息壁垒，提高系统的服务能力，从而制定并实现顶层战略。

二是安全性。社区安防系统保障居民的人身财产安全和个人信息安全。社区智慧化建设中，尤其是个人隐私安全、应用权限获取等数据采集和使用过程中涉及的

个人信息安全保护问题是当下民众更为关心和忧虑的、智慧社区建设急需重点解决的问题。

三是创新性。由于云计算、人工智能、物联网、大数据等技术的更新迭代速度较快，新旧设备之间的适配性、继承性需要进行长期考虑，以便于各种软硬件能够持续投入各类场景应用中。并且随着社区生活需求的变化，环保、生态等人文学科的发展，智慧社区建设也会由满足基本需求的层面向个性化、多样化等方向过渡。

任何新事物的发展都是前进性和曲折性的统一，在由政府主导、社会力量参与、居民的积极配合下，多方力量协同推进，智慧社区的前途必然是光明的。

四、云计算赋能智慧社区

云计算对智慧社区的赋能主要集中在提供计算、存储、网络等支持，搭建数字化平台，为参与智慧社区的企业提供数字化转型支持。当前，智慧社区市场的参与者，依据企业的类型、规模、切入点方面的差异，大致可划分为3种。

一是互联网企业。例如腾讯、阿里、京东等互联网大型集成商入驻，主要致力于智慧社区平台生态的建设。由于社区在以往的信息化建设中项目繁多，缺乏统一标准，数据不相兼容，导致当下社区信息系统集成化程度低。互联网大型企业致力于以建立数字化平台为起点，衔接、优化和拓展信息资源，以打破各个社区不同系统之间的信息壁垒，从而实现数据管理的统一性、集中性与一体化，建成资源共享、高效优质的智慧社区平台生态。

二是房地产企业。大型房地产企业如万科集团、龙湖集团和碧桂园集团等，在智慧社区概念提出早期均已开始布局，凭借资源优势、社区空间场景优势和管理优势，打造了相应的智慧社区、智慧物业品牌。社区具有概念垂直、地域范围小的特点，房地产企业利用云计算等数字化技术深度发掘客户需求，打造以人为核心、以现实服务为导向的智慧社区业务模式，作为其在数字化时代的发力点。

三是高新科技企业。旷视、海尔等不同领域的科技企业从各自的产业或技术优势切入智慧社区市场，抓住智慧社区产业链建设机遇，依托云计算、存储、网络化等基础功能，加速大数据、人工智能、区块链等数字化技术在智能楼宇、智能物业、智能家居等智慧社区内具体领域的创新应用，从而在科技研发的初始到智慧社区应用落地的过程中实现了快速发展。

第二节　数字化技术在智慧社区中的应用

下文将从不同行业的角度,以互联网企业、房地产物业企业以及高新科技领域的"独角兽"企业为代表展开分析,介绍不同行业参与智慧社区建设的具体模式和特点。

一、腾讯云未来社区

腾讯云未来社区是腾讯集团打造的"互联网＋社区"一站式解决方案,它基于腾讯云领先的云计算、人工智能分析、大数据、人工智能等技术,致力于构建C、B、G融合的智慧社区健康生态圈。

1. 集成建设,打造"一体两翼"的蝴蝶模式

智慧社区作为一个系统性的工程,其建设不仅涉及对物联网、人工智能、大数据等软硬件的统筹,还需要考虑算力成本高、兼容性差、场景适配等一连串问题。早期的智慧社区建设由于缺乏统一标准,往往存在数据壁垒、迭代困难、功能单一等问题。因此,需要由一些技术过硬、资本雄厚的大型集成商进行统筹,建立一套专业的、完整的架构,建成覆盖社区智能基础设施、社区治理体系、社区服务体系、社区运营体系的完整功能体系。

为了推进智慧社区的集成化建设,腾讯云未来社区打造了以"一体两翼"为特征的蝴蝶模式智慧社区解决方案。其中,"一体"是指以腾讯云未来业务中台为整体方案架构的核心和决策中枢,能够将包括人工智能计算、业务数据、硬件物联和生态助力4个方面的技术能力与海量业务数据紧密融合,联动社区各个细分场景,打造社区智慧大脑。"两翼"分别是智慧社区服务和智慧社区治理。前者以居民为中心,打造居民生活服务平台,让生活更美好、更便捷;后者以物业为中心,打造警民联动安防系统,让生活更安全、安心。"两翼"的方案架构分为三层,主要包括腾讯平台能力层、应用服务层以及用户感知层,能够打通平台、应用和用户之间的联动。

通过"一体两翼"的蝴蝶模式,凭借腾讯云在中国公有云市场的份额、强大的综合平台和混合云部署能力,腾讯云未来社区将云计算、物联网、人工智能和大数据等技术融合应用,将居民、政府、企业、未来社区连接起来,融合公共服务、便民服务及其他相关社区服务,以丰富的科技产品和可定制的解决方案,构建社区服务综合体。

2. 三端融合,构建一站式智慧生态

凭借微信的C端资源,云计算、人工智能、区块链等数字化技术优势以及资本优势,腾讯云未来社区通过业务中台,融合微信、企业微信、政务微信三端,把服务端、物业平台以及政府"一标三实"的信息系统整合起来;同时,通过打造"1+3+n"支撑平台,

打通社区治理、社区服务和社区运营三大板块，将社区多场景的应用和服务串联起来，为政府社会治理，居民智慧生活，物业企业降本、增效、保质提供助力，从而构建了C、B、G融合的一站式智慧生态链条。

（1）C 端用户触达

智慧社区是典型的 C2B 产品，对于很多企业来说，C 端由于缺乏数据资源很难介入，而 C 端资源恰恰是腾讯的优势。利用微信公众号、企业微信、小程序，腾讯云未来社区拥有强大的 C 端触达能力，面对社区居民提供了各种产品渠道入口，使线上的社区民生服务更加便捷、高效、多元化。同时，基于微信支付的强大支付能力，腾讯云未来社区把物业、商家、业主连接起来，实现了物业应用、业主生活、商家商业服务全链路的支付场景，提升了物业服务效率与触达率，为社区生活带来了极大的便利。

（2）B 端开放合作

由于智慧社区生态圈太大，合作伙伴是腾讯云未来社区生态中的重要角色。腾讯秉持完全开放的态度，打造 2B 的开放合作平台。腾讯云未来社区通过这一平台，与其他领域公司的底层技术产品合作，深化应用层产品；以丰富的接口以及数据联动能力，帮助企业接入并快速上线优质应用；还提供了标准化、可定制的产品服务，方便企业运营服务。

其中，中小型物业公司是腾讯云未来社区的主要客户，对于通过提高信息化能力以节省成本、提升服务质量的诉求更为强烈。以开元物业为例，在与腾讯合作后，引进智慧化物业管理平台，大大提高了物业管理效率，降低了物业管理成本。如今 1 个财务人员的社区管理工作量相当于原先 3 个人的工作量，人力成本由原来营收比例的 60%～70% 逐步控制在 30% 以下。通过对智慧社区各项信息和需求的梳理，挖掘出物业管理服务中社区居民更深层次的需求，开元物业针对社区养老需求孵化了一些社会养老机构，一年创造了近 3 000 万元的产值。

（3）G 端综合治理

面向政府和基层管理，腾讯云未来社区为政府和街道提供了自上而下的监管工具和社区综合治理管理平台，以提高基层综合治理效率和能力。2020 年，腾讯云未来社区覆盖了全国 42 个城市、11 000 多个小区和近千万户家庭。

在与 G 端的合作中，腾讯云未来社区为多地打造了定制化的智慧社区解决方案。比如腾讯云为太原市迎泽区打造了"智慧迎泽"，通过引入社区治理、物业管理、政府管理平台建设，实现建成一站式全区管理平台的构想，其功能覆盖社区服务的 18 个应用场景。"智慧迎泽"的建设打通了社区+政府的一体化服务，为政府在社区层面的服务管理提供了核心应用工具，提高了物业公司的服务效率和服务能力，也提升了社区用户的生活满意度、幸福感、安全感和获得感。截至 2020 年 5 月，腾讯云未来社区平台已经在太原市迎泽区上线了 1 255 个小区，覆盖了全区 60 万人口。

二、万物云

万物云的前身是万科物业，是一家以空间科技为先导，以空间服务为根基，以成长型生态链为助力的城市空间科技服务平台型公司。万物云的业务主要包括三个模块，分别是 Space、Tech 和 Grow，致力于打造全域空间服务模式。

1. 云社区空间

在 Space 模块，万物云划分了社区空间服务、商企空间服务和城市空间服务三方面内容。在智慧社区的建设中，对社区的内外空间做出了一些改造。通过建设云住宅打通社区内部空间服务，通过城市 E 控制中心连通社区空间外部，实现社区和城市的综合治理。

（1）云住宅

在社区空间内部，万科物业推出了云住宅社区，以局域网和多媒体互联技术为基础，利用云服务、人工智能、移动互联网等核心技术，研发了"住这儿"App、智能调光器 vLight、智能物业机器人等软硬件产品，打造了一套包括智能家具、智能安防系统、智能远程控制系统在内的智慧生活系统。万物云致力于让更多用户得到更优质的物业服务体验，围绕业主不动产的保值和增值提供全生命周期服务。云住宅提供多场景、多服务、多产品，以技术驱动营造健康舒适的社区内部空间。

（2）城市 E 控中心

在社区空间外部，万物云推出城市级社区智能安防指挥中心——城市 E 控中心，通过"社区本地 + 城市级中心"实时监控的方式，实现对社区 24 小时"远程 + 实地"的双重安全守护。例如，在社区门禁系统中，对出入社区的关键点位精准布防了各类镜头，运用人脸识别技术，配合超脑服务器的智能检测，能够实时显示出入社区的人员信息，在保障社区居民出入安全的同时实现住户无感化的通行体验。在这一系统中，迎合物联网的趋势，将社区智能物联设备与城市 E 控中心后台相连接，将监控到的实时画面传输至 E 控中心。今后，这些监控画面还能够实时传输到公安部门的天网系统，当公安系统管控的可疑人员进入社区时，社区安保人员将会及时得到警报信息。

除此之外，城市 E 控中心能够连接社区的人脸识别终端、小区报警系统、消防监控系统、室内烟感报警系统等，通过集中一体化的统筹指挥与展示，为社区安防保驾护航。

2. 空间操作系统

星辰操作系统是万科自主研发的，连接万物云在 Tech 模块空间领域里的设施、设备、资产、人及商业活动的空间操作系统。星尘操作系统采用了开放式架构，一方面，通过运用边缘计算技术使大量硬件设备得以连接，由此可以降低接入成本和维护成本。另一方面，通过数据服务平台开放 API 接口，接入多种应用，并支撑应用的开发。此外，星辰操作系统还搭建了端边云协同的人工智能分析能力与数字孪生技术，通过对各类终端采集设备、设施、资产、人及商业活动的数据进行加工和智能分析，以 online 作为对 offline 的映射，完成对各类型空间的模型化，从而降低成本，提升效率，为数字化管理和服务的分析与优化提供持续不断的助力。

目前，通过星辰操作系统的空间连接作用，万物云旗下 Tech 模块已具备基本形态，并且拥有强大的 BPaaS 输出能力与物联网连接能力，能够提供软硬件、数字运营和行业人工智能服务。以重庆万科物业服务的社区为例，人脸识别系统、高空抛物监控系统、城市 E 控中心等智能化平台和科技设备的落地为社区居民带来了良好的生活环境。

3. 万物云生态

（1）行业生态，构建开放包容的朋友圈

在 Grow 板块，万物云基于开放的态度，以"万物成长"作为孵化器，连接成熟企业，孵化创新企业，通过构建"开放、连接、协同"的生态系统，把自己多年积累的技术、数据、产品等核心能力向社会开放，为志同道合的企业提供空间服务领域的科技解决方案，提供全套的 BPaaS 服务，打造智慧社区朋友圈。

在行业生态战略下，万物云作为头部物业企业取得了与诸多智慧社区头部企业的大型战略合作。比如沈阳万科与阿里合作了阿里云创新中心这类国家高新项目；与智能家居领先者海尔在雄安云平台对接上取得了新的成果，双方打造的青岛地区智慧城市开端——北宸之光项目也在不断推进。通过和不同企业的携手合作，以点带面，以核心城市为纽带，打造智慧城市范本，拓展全国智慧城市版图，以智慧社区实现对智慧城市建设的持续引领。

（2）社区生态，打造智慧化应用和服务

万物云作为一家老牌物业公司，有着 30 年的行业经验，更了解社区居民的痛点和社区服务的难点，围绕社区居民基于"住"的消费展开智慧化应用和服务。结合空间、科技优势，万物云进行了"五菜一汤"的配套尝试，"五菜"指万科自创的餐饮连锁品牌"第五食堂"、超市、银行、洗衣店、药店，"一汤"则是指万科自营的时尚的社区菜市"幸福街市"。通过旗下社区生活 App"住这儿"中的用户反馈打造物业服务、社区交流与商圈服务平台的 O2O 闭环生态，以满足业主的多种需求。

三、旷视科技

旷视科技是一家在人工智能产品和解决方案领域小有成就的高新科技公司。在智慧社区的建设中，旷视以 Brain++ 算法平台为引擎布局智慧社区应用开发，以盘古 AIoT 平台作为承接算法工具链和旷视数字空间应用的总体平台，并为第三方生态合作提供了基础入口，凭借在人工智能领域的软硬件优势打造了智慧社区 AIoT 解决方案和生态合作模式。

1. 以 Brian++ 为引擎，以算法定义硬件

Brain++ 是旷视始于 2014 年内部开发使用的深度学习框架、深度学习云计算平台以及数据管理平台。从数据的生成到算法架构、实验环节的设计、训练环境和模型的搭建、模型分发和部署应用，最后到云端、边缘端、移动端上的部署，Brain++ 为研发人员提供了一站式人工智能工程解决方案。通过 Brain++，旷视构建了算法固定流水线式的批量生产模式，为智慧社区的大规模应用场景提供了更低成本、更高效率、更高质量的算法。并且随着人工智能应用的推广，这些算法能够根据数据的迭代不断进行优化，将人工智能技术应用于更广泛的业务场景，持续打造旷视的人工智能核心优势。

智慧社区兴起后，旷视科技敏锐地意识到这一发展机遇，凭借 Brain++ 平台强大的垂直功能扩展能力，采用"算法定义硬件"的策略来服务 AIoT 生态，为社区基础产品提供了一整套具备扩展性和低成本的软硬件体系。比如将安装拥有人脸识别、物体检测、物体识别等功能的设备应用到安保、车流量监控优化、门禁等场景中，打造了专业领域的硬实力，迅速切入智慧社区市场，并取得了高速发展。

2. 盘古 AIoT 平台，连通社区空间要素

"盘古"是旷视自研的 AIoT 操作系统。作为人工智能领域的独角兽企业，旷视科技的人脸识别算法精确度已经达到 99.7% 以上，误识率低于千分之一。凭借人工智能领域基础研究与工程实践能力的领先优势，旷视科技聚焦于物联网场景，以物联网作为人工智能技术落地的载体，构建了完整的智慧社区 AIoT 产品体系。

在智慧社区 AIoT 的设计中，旷视科技依托盘古 AIoT 平台能力，将以 Brain++ 为核心的算法生产体系接入社区数字空间的基础产品中，重点把握社区物业对安全、便捷、人员管理、人力成本的需求，帮助企业构建对空间人、物、事三要素的感知能力集。基于智慧社区的不同场景，旷视科技建立了摄像头、边缘服务器、云端服务器三大硬件体系，自主研发了智能存算一体机、敏观智能摄像机、神行智能识别终端等产品。

比如，面向多个安全管理强需求的场景，旷视科技推出了一体化产品——"旷视魔方"智能分析盒。旷视魔方采用边缘计算的方式来应对实际场景中的检测数据实时处理需求，并能够通过下发算法的方式迭代升级，使得旷视科技能够在端侧和边侧柔性地满足不同客户的需求。针对社区出入口、停车场、社区公共设施等重要活动场景，旷视科技研发的"旷视敏观"智能网络摄像机系列产品，可满足夜晚场景下红外成像、高密场景识别、考勤迎宾智能交互等需求，并能通过机器视觉实现感知和赋能。然后通过云计算、物联网等技术将数据传输到各个终端，打通数据闭环，实现社区智慧化管理，从而大幅提升基层政府、物业公司的精细化管理和服务水平，为社区居民带来更优质的居住体验。

3. 生态合伙人计划，创新 AIoT 合作模式

由于 AIoT 生态实施复杂，从前端、上游的芯片、传感器到最下游的集成解决方案，任何一家公司都难以实现 AIoT 生态的闭环。对此，旷视科技发布了"AIoT 生态合伙人计划"，以盘古 AIoT 平台作为第三方生态合作的接口，希望与合作伙伴共同打造一个充分开放的 AIoT 生态，通过各自产品的连接与能力的互补，实现产业链上下游的精细分工，从而推动整个生态的发展。

在智慧社区的 AIoT 合作中，旷视科技首先明确了自身在 AIoT 生态里的站位，主要提供基础的 AIoT 通用产品和解决方案。然后，通过提供算法、软件以及人工智能传感器，使合作伙伴具备 AIoT 的产品和服务能力，从而拓宽 AIoT 生态的边界。实现人工智能行业的升级，建成覆盖产品、模式、能力等多个维度，以及政府、企业等多个参与者的 AIoT 生态。对旷视科技来说，通过生态的力量能够加速 AIoT 规模化落地，最大化其技术优势，补足自身精力和行业知识的局限；对于其他企业来说，面对万亿级 AIoT 生态蓝海，能够实现生态共建，摆脱业务困境。

第三节 亮点总结

一、共建智慧社区行业生态

智慧社区市场依托国家政策"红利"和居民对智慧社区服务的需求不断提高，作为持续推进的重点项目，经过十多年发展，仍旧是一片新经济蓝海。由于智慧社区的建设是一个系统性工程，涉及的范围非常广，在智慧社区的系统性建设中，大、中、小型企业都在尝试构建智慧社区平台，头部互联网和地产企业建立了集成化程度较高的系统和完整的智慧社区生态，但其不能包揽整个产业链及所有产品，在智慧社区生态的多方参与中，提供了开放合作、优势互补的机会，如何抓住机遇、发挥竞争优势、寻找合适的切入点，是企业需要认真思考的问题。

二、助力地产物业公司业务创新

智慧社区本身具有低频、高效的特点，目前并未形成规模化的、固定的盈利模式，特别是对物业企业来说，没有明显的盈利点。在房地产由增量时代到存量时代的过渡中，在物业管理行业由劳动密集型的传统服务业向现代服务业转型升级的过程中，真正的盈利一定是渗透到居民需求里的，如关注社区养老、教育、安全、管理、治理等多方面需求，云计算对智慧社区产生的数据信息进行整合分析，对产品、业务及服务进行数字化改造，发掘新的价值点，助力地产物业公司实现业务创新、规范企业管理、节约运营成本，增加同行业竞争力。

三、实现社区建设技术效益

就智慧社区建设的技术效益来说，一方面，云计算纵贯从基础软硬件到应用服务的整个体系，能够为智慧社区相关数字化、智能化应用提供算力资源支撑；同时满足社区智慧化过程中对于数据存储、管理等巨大的需求；通过与5G、人工智能、物联网形成"云网融合"模式，打通云端与边缘侧提供"云边协同"服务，能够满足智慧社区网络化应用的需要；采用节能技术的云计算数据中心，可以将资源负载率提升至80%，有效规避行业普遍存在的设备高负载状况，最大限度地使数据中心实现节能运营。另一方面，建立基本数据模型，形成统一标准，提供可复制、可配适、可开放的统一技术底座，为数据迭代打基础，从而减少重复性建设，构建社区应用新生态。此外，采用通信加密、数据加密技术和专网方式等，全面保护数据的传输和存储，实现个人和企业用户业务的安全性，而不用为此过多地耗费自己的资源和精力。

第二十二章
智慧家居场景

导　　读

随着云计算、物联网等数字化技术在智慧家居中的渗透，人们对智慧家居市场也提出了新的需求，在兼顾便捷、安全的同时，也要符合绿色环保理念，积极响应国家战略需求。在设备联动、远程操控、智能识别的推动下，智慧家居行业顺势而为，开始了商业模式和产品形态的悄然改变，从单品智能化延伸向了全场景智能化，出现了包括品牌全屋闭环模式、主导孵化模式和开放平台模式在内的三大子生态圈，并从突破应用场景、延展全链路思维、开放平台资源等方面进行服务创新，加速对智慧家居市场的布局。

本章将回答以下问题：

（1）现有智慧家居有哪些背景？

（2）云计算在智慧家居中的应用模式有哪些？解决了哪些问题？

（3）智慧家居的效益和亮点是什么？

第一节　智慧家居概述

一、智慧家居简介

自改革开放以来，中国在政治、社会和经济等方面取得了翻天覆地的变化。2020年，我国全国居民人均可支配收入达到 32 189 元，相比 1978 年的 171 元，大幅增长了 187 倍，同时城乡居民恩格尔系数分别由 1978 年的 57.5% 和 67.7%，下降到 2020年的 29.2% 和 32.7%。消费水平的提高，大大改善了人们的居住环境，从最初彩电、冰箱、洗衣机的出现到如今计算机、厨房电器、家用汽车等的基本普及，家家户户已迈入了家居电气化时代。

我国不断出台多项政策大力扶持家居行业，数字化技术蓬勃发展，消费者开始追求更安全、更有品质的服务，智慧家居应运而生。智慧家居是利用综合布线技术、网络通信技术、安全防范技术、自动控制技术、音视频技术将与家居生活有关的家庭设备进行集成的住宅管理系统。在传统住宅功能的基础上，智慧家居进一步兼具了家电、通信和设施的自动化与数字化，实现了家庭设备的互联互通、远程操控、自我学习等功能，为用户提供智慧家电控制、智慧灯光控制、智慧安防报警、家居环境监测、多终端管理的家居服务。智慧家居行业的发展极大地改善了人们的生活品质，帮助更多家庭创建安全、互联的生态系统，推动物联网和智能设备从云端走进现实，同时智慧家居也以家庭为单位进行延伸，有效助力国家实现建设智能、高效、低碳、节约型社会的目标。

二、智慧家居发展历程和面临的挑战

1. 发展历程

智慧家居在我国已有十几年的发展历史，各企业也在不断摸索多种模式。智慧家居从发展历史和过程来看，可以分为 3 个阶段，分别是智慧单品阶段、智慧场景阶段和智慧用户阶段。

智慧单品阶段：该阶段的智慧家居以产品为重点，通过 Wi-Fi 等硬件设备实现互联网连接，产品可以根据接收到的指令做出判断，并完成相应的动作，但产品之间不互联，兼容性较差，呈现分散的状态，缺少完整的场景模式，因此用户的体验感欠佳。

智慧场景阶段：该阶段的智慧家居通过云计算、物联网等技术将各设备功能集中到统一的系统，以场景为中心，实现设备之间的互联互通和全屋智能。智慧家庭安防是智慧家居最主要的增长动力，相比单品安防监控，以场景为中心的智慧家庭安防具有多形态、易部署、应用价值多样化的特点，有助于缓解社会治安管理压力和家庭内

部长幼抚养焦虑。

智慧用户阶段：该阶段的智慧家居以用户为核心，在云计算这一新型基础设施成熟发展的基础上，通过5G、人工智能等技术刻画用户画像，主动了解用户需求，进而提供个性化的智慧家居服务。产品以主动交互方式，实现自主感知、采集数据，并编码传输至云平台进行分析，帮助人们有效节约各种能源，提高生活质量和工作效率，促进社会幸福感全面提升。

2. 面临的挑战

目前，我国的智慧家居正在第二阶段的探索和发展中，并面临着以下三个挑战。第一，在数字化和消费升级背景下，家庭需求越来越多样化，对系统和数据的隐私安全也越发关注，这一多要素、多层次的复杂结构向智慧家居的解决方案发起了新的挑战。第二，智慧家居市场产品种类繁多，但生态链不够完整，不同品牌的单品难以相互连接，从而影响了智慧家居的普及效率。第三，智慧家居行业缺乏统一的行业通信协议标准，传输技术之间往往无法兼容，导致智慧单品形成智慧孤品，难以实现数据交互的服务互动。在这些行业痛点下，智慧家居必须抓住转型机遇，实现产品核心品质的提升和产业链的自动化、数字化和网络化发展。

三、智慧家居背景分析

1. 政策提供良好发展环境

从2016年国务院政府工作报告提出壮大智慧家居等新兴消费，到2021年"十四五"规划纲要对发展智慧家电、智慧照明、智慧安防等一系列智慧家居设备给出指导性意见，我国相关部门不断出台多项利好政策，提升智慧家居的战略性新兴产业地位，促进行业与云计算、网络通信、人工智能、人机交互等技术协同发展，为智慧家居行业发展提供有力支持。

2. 经济带动行业发展

2014年至今，中国经济发生结构性变化，消费在拉动我国经济增长的"三驾马车"中地位不断提升，成为我国国民经济增长的重要驱动力，在此背景下，人们对生活有了更多元化和品质化的需求，居民消费整体上开始转向精神享受型消费。在人工智能广受关注的当下，智慧家居作为与人们生活密切相关的家居领域，成为人工智能落地最受期待的部分。

3. 社会因素加快需求释放

近年来，居民住宅面临着火灾的严峻挑战，高层建筑一旦失火，火势蔓延快且扑救难度大，不仅容易导致个人或公共财产化为乌有，还可能对人们的生命造成伤害。同时，居民住宅的财产盗窃案件频发，导致受害人经济损失惨重、苦不堪言。智慧家居的安防功能可以提前预警火灾的发生，避免家中老人和幼儿因安全防范与逃生能力不足而导致伤亡，也能在特定区域判断是否有人闯入，及时报警，降低盗窃案的发生频率。另外，随着人口老龄化的持续加剧和三胎政策的放开，居民育儿与养老压力激增，家用智能视觉产品作为人力看护的增益和补充，在很大程度上可以缓解居民家庭面临严峻的托育和赡养困境。

4. 技术保障发展潜力

随着云计算落地加速，Al+IoT 时代全面开启，智慧家居迎来了全面发展阶段。5G和物联网能够提供实时在线服务，云计算的海量存储空间支持设备互联运行，边缘计算的快速处理能力令反馈更及时，短距离无线通信技术拓展了系统的延伸距离，人工智能提升了个性化服务。这些数字化技术的融合为智慧家居行业的安全性、舒适性、健康性和绿色性发展提供了基础保障，彻底击溃了行业的孤岛效应，快速响应了用户多样变化的需求，重塑了智慧家居商业模式。

四、云计算在智慧家居中的应用模式

如何快速提高行业产品互联互通性，提供多样化定制需求和制定家庭整体安全方案，是智慧家居得以发展首要解决的问题。将云计算应用到智慧家居行业，可以突破系统的限制，获取海量的数据资源、丰富多样的应用和超强的计算能力，为人们提供多层次、多样化的服务，并有效将智慧家居应用场景拓宽至家庭能源、家庭医疗、家庭教育等方面，实现智慧家居场景多元化及空间智能化，从而带动智慧社区、智慧城市产业升级和融合，共创万物互联时代。

第二节　智慧家居云应用案例

数字化技术的高速发展给人们的家居生活带来了巨大变化，自 1984 年世界上第一幢智能建筑在美国康涅狄格州出现，到现在越来越多的企业开始涌入这一行业，着手于未来的布局。作为智慧家居消费的主市场，中国智慧家居市场出货量预计 2024 年将增长至 5.3 亿台，年复合增长率为 25.36%。在 5G+ALoT 阶段，越来越多的智慧家居企业开始开放自身的云服务数据，对接各种接口给生态合作伙伴，海量的智能产品基因以及连接需求推动着行业走向全产品链、多品牌之间的互联互通，逐步打破产品品类与语言边界。随着各方企业开始布局这一赛道，我国智慧家居市场发展出了品牌全屋闭环模式、主导孵化模式、开放平台模式三种典型模式。

一、品牌全屋闭环模式

1. 品牌全屋闭环模式背景和介绍

智慧化时代，市场上产品的多样性相互制约，无法形成统一的系统，无法进行智慧联动，加上用户不再满足单个产品所带来的体验，突围和转型成了智慧家居行业的关键所在。智慧家居的市场规模庞大，随着互联网厂商、运营商等众多企业纷纷加入，传统家电制造商想要在行业中屹立不倒，必须开创新的发展策略。凭借自身强大的生产能力、优质的产品、广泛的销售渠道等优势，以海尔、美的为代表的老牌家电企业走借助云计算、大数据等技术向品牌全屋闭环模式。

品牌全屋闭环模式能实现产品端、云端、控制端一体化开发，全方位满足用户需求，将云计算与边缘计算应用于终端设备，促进终端设备更及时地反馈。在 5G 的作用下，智慧家居的连接速度、稳定性、安全性也都得到二次提升，随着 AIoT 技术的加持，终端设备实现互联互通，并为用户提供更加贴合需求的服务。智慧家居从"单点智能"迈入"全屋智能"时代。

近年来，我国劳动者的工作时间不断延长，人们花费在家庭生活中的时间不断压缩，面临着经济活动时间和可自由支配时间之间的平衡问题，加之人口老龄化加剧和三胎政策的放开，我国少儿和老年人抚养比逐年攀升，老年人的居家康养也成了我国养老福利事业建设的重点难题。城镇家庭，特别是双职工家庭、单亲家庭均面临严峻的托育和赡养困境。品牌全屋闭环模式的快速普及，能够作为人力看护的增益和补充，有效缓解社会焦虑和"一老一小"居家安全的民生难题。

2. 海尔 U+ 智慧生活平台

从冰箱制造业务开始，到现在逐步覆盖空调、热水器、厨房电器等家居产品，海尔一直走在传统家电制造商前列，不断地与时俱进，探索新的发展契机。当国内大多数家电企业将焦点放在结实耐用的时候，海尔已经将关注点集中在了智慧家居领域，抢先开始了布局。2006 年，海尔推出了 U-home 数字社区解决方案，希望以有线和无线网络结合的方式，实现"家庭小网""社区中网""世界大网"的物物互联，从而打通产品间的互联互通，但由于研发成本过高，缺少市场竞争力，因此未能实现普及。随着云计算、大数据等数字化技术的发展，2014 年海尔全面打造智慧家居平台，推出了 U+ 智慧生活平台。

深知单一的家电产品已很难满足用户的需求，海尔 U + 智慧生活平台以家庭全场景为核心，形成"5+7+n"的智慧家庭场景解决方案，基于这一智慧生活解决方案，目前海尔已涵盖 200 多个主场景，覆盖 4 000 多个型号，实现 10 000 多个场景个性化定制，并可针对不同的空间和不同的需求，为用户提供从单品到成套，再到智能互联的生态产品。海尔 U + 接入以海尔全系列为主的桥接器，用户只需借助 U+ 智慧生活 App，便可通过云端远程操作智慧家居系统，体验美食、健康、安全、洗护、用水、空气和娱乐的 7 大智慧生态圈。基于大数据的智能设备具有自主学习和自主智能决策技能，能够主动提供服务，不仅为职工家庭减轻家庭劳动负担，使他们平衡好工作和生活，也能缓解劳动带来的疲惫感，有助恢复身心健康。

此外，海尔 U+ 还致力于缓解育儿和养老双重社会困境，从安全、健康和便利的需求出发，打造一站式解决方案。在远程看护上，海尔智慧眼网络摄像机通过手机实现远程视频、语音对讲和智能报警，当老人和小孩在家突发身体不适等意外状况时，可直接按下紧急按钮，利用设置好的室内紧急报警系统，迅速将求救信息传输至家人手机和社区服务中心，使他们得到最快速的保护。在健康监护上，海尔 U+ 配有居家生理检测套装，可自动监测老人和孩子的血压、血氧、体温等常规身体参数，并将数据上传至云端保存，线上人工智能可根据上传的信息提供健康生活指导建议等服务。海尔 U+ 将单一服务趋向整合，为家庭育儿养老提供一键化、智慧化的服务模式，在维护老人和小孩安全和健康的同时，也引领着智慧家居未来的发展方向。

借助云计算、物联网和人工智能，海尔 U+ 智慧生活平台实现了连接智能、交互智能和数据智能。连接智能强调全屋无缝连接，利用物联网芯片从底层提升连接和安全，通过智能优化算法的支撑使云脑具备自连接、自配置、自优化的互联互通能力和在线升级能力，为用户提供更好的服务。交互智能以人工智能技术将设备状态、故障诊断、家电知识库和生态资源等聚合为交互服务，通过设备智能感知家里的情况，了解用户意图，实现从根据语料的被动判断到主动感知的智能决策转变，为用户提供智慧家居管家式的闭环体验。数据智能结合云端打造决策大脑，利用普适的大数据模型算法，在云脑侧完成用户画像、知识图谱、智能推荐；在用户侧完成信息感知、数据处理、行动响应，为用户提供定制的个性化智能服务。利用连接智能、交互智能和数据智能，海尔智家云脑已经实现了交互提醒、智能推荐、设备健康管理和智能免操作等多样化的主动服务能力，为用户带来全新的智慧生活体验。

从诞生至今，海尔经历了十几年的更新迭代，目前在全球拥有 10 大研发中心、25个工业园、122 个制造中心，覆盖中国、日本、美国、德国等多个国家。面向国外，海尔与全球最有影响力的物联网国际标准联盟 OCF 共同发布了 OCF-U+ Bridging 国际标准，与 400 多家国际品牌产品互联互通，解决了不同生态系统之间跨协议连接的问题。面向国内，海尔积极联合中国家电协会，共同制定智能家电云云互联互通标准，打造智慧家居新生态圈。随着数字化技术的不断成熟，海尔智慧家居也将走进更多家庭，为人们提供多系统联动的智能化服务，提升生活便利性，增进人们的生活幸福感。

3. 小结

面对激烈的市场竞争，智慧家居走向信息化、智能化已成必然。品牌全屋闭环模式通过云计算实现了传统家电厂商旗下品牌产品的相互联通，以此带给人们美好的智慧生活体验，这一模式以人为本，着眼于社会关心的问题，为家庭打造智慧生活。

二、主导孵化模式

1. 主导孵化模式背景和介绍

由于智慧家居涉及的范围十分广泛，加上各垂直细分领域之间壁垒高筑，没有强大的传统制造实力和用户积累是很难一家独大的，随着越来越多的互联网企业、手机品牌商等非传统厂商的加入，要想占据市场，势必要进行跨界融合，将不同环节的参与者囊括进来。基于此，市场上出现了以领先企业带动中小企业的主导孵化模式。

据《2020 中国智能家居生态发展白皮书》显示，用户对智慧家庭安防的需求度超过 90%，成了我国智慧家居增长的最强动力。近年来，我国居民火灾和盗窃案件占比仍然居于高位，同时，随着独居女性数量的攀高，远程监控亟待落地家用。在此背景下，主导孵化模式以安防为根基，围绕家庭提供文娱交付服务，助力家居智能体验提升。云计算、摄像头模组和人工智能是主导孵化模式实现家庭安防的三大关键技术。智能视觉技术增强了家用安防的视觉感知能力，有助于清晰成像，云计算将算力移往云端，满足家庭场景低功耗、实时性和可靠性的需求，同时协助主导孵化模式生态链厂商降低硬件成本，提升产品渗透率。

主导孵化模式的主导者通常兼任云平台服务提供商。一方面，以 PaaS 能力向上承载、赋能开发者；另一方面，以硬件和 SaaS 直接或间接触达 C 端用户，不仅能带动生态链企业共同创新和发展，也能为人们生活提供云存储、安防预警、危险警报、家庭生活管理等服务，实现家庭和社会的安全防控。

2. 小米智慧家居生态圈

小米不只是一个手机品牌，它的米家业务也可与手机业务比肩而立，凭借其高性价比和极简设计，在市场上有着良好的口碑。自 2011 年发布了第一代手机后，短短几年，小米琳琅满目的产品陆续面市。2016 年，小米正式发布米家品牌，以承载小米公司生态链的智能家居产品，进军智慧家居市场。截至 2019 年年底，小米共投资 290 多家生态链企业，其中 100 多家生态链合作伙伴聚焦智能生活产品开发。

在智慧家庭安防方面，小米主导设计智慧家庭安防产品，向生态链公司输出产品指导、品牌营销和渠道共享等软实力，生态链企业则为小米提供硬件制造。基于云计算和云存储、人脸和语音人工智能识别与视频监控平台，小米智慧家庭安防产品实现与小爱同学、智慧屏、手机终端等设备的高效联动，并具备视频监控、烟雾报警、天然气报警、浸水报警等检测与识别功能，在出现异常时以快照通知，进行全天候的专业安防保护和紧急响应调度，有效保护了家庭成员的人身和财产安全。

以家庭安全为起点，小米在此基础上延伸了多样化智慧家居生态链并开创了"1+4+X"模式。"1+4"是采用核心技术自主研发的产品，包括手机、电视、智能音箱、路由器和笔记本电脑，"X"主要是由生态链负责，通过平台开放的接口，吸引更多的生态链公司，以此来丰富小米智能生态产品线。利用云计算，米家生态平台不仅为生态链企业输送了云端数据储存、联网模组、用户账号等软硬件支持，还开放了设备之间的相互连接，帮助生态链企业打造和推广受众广、可互通的智慧家居产品。米家生态平台体系基于其高效的云服务和孵化的多家企业，实现智慧家居游戏、娱乐、音乐、健康、教育等内容的全面覆盖，极大地满足了新生代消费者在精神层面的追求。同时，秉持生态必须开放的原则，米家生态平台体系通过投资和孵化智慧家居硬件初创公司，提供技术研发和品牌共享，整合上下游产业链，拥抱互利共赢，带动行业共同走向家居智慧化时代。2020年，小米米家生态平台已接入2 000多款智慧家居产品，累计连接设备数3.2亿台。

作为较早进入智慧家居行业的公司，小米一方面围绕智慧家庭安防产品构建联动生态，促进智慧家居的交互性；另一方面给其他家居设备厂商开放接口，营造了丰富的智慧产品生态圈。两种模式相辅相成，创造出自身品牌推广和生态共赢的双赢格局。

3. 小结

主导孵化模式打破了传统家电厂商市场垄断的地位，有效地推动了互联网公司、手机品牌厂商等企业进入智慧家居行业，并使它们能够巧借他山之玉，实现市场分羹。通过提供云服务来技术赋能硬件厂商和触达下游消费者，主导孵化模式在持续扩大生态圈的同时，不断发掘数据价值，探索用户痛点，从纵向深耕到横向拓展，成功开启全场景智能新时代。同时，随着居民安全防范意识的增强和民用安防市场的进一步扩大，未来智慧家居将更多地围绕多场景安防联动，逐步向平安家庭、平安社区、平安城市渗透。

三、开放平台模式

1. 开放平台模式背景和介绍

市场上各种家居产品层出不穷，在一定程度上打开了智慧家居之门，为人们生活提供了极大的便利。然而，智慧家居的发展并非如期望般一帆风顺，各式各样的智慧产品造成了市场发展不均衡、产品质量参差不齐的现象，加上智慧家居产业链较为复杂，涉及上下游厂商众多，导致各家企业之间融合度较低，容易出现各自为营的情况。为了走出这一行业困境，华为、阿里等企业利用自身积累的用户、品牌、技术、渠道等优势，开创了开放平台模式。

利用云计算资源共享、强大的存储和计算能力以及信道加密等特点，开放平台模式专注于企业和产品的连接，希望会集众多合作伙伴，协商统一的标准，为消费者带来开放式的优质服务。相较于做单一的品牌一家独大，这一模式是典型的轻资产、重互联的运营模式，它能够通过较低的运营成本，聚集各方企业，提供"一站式"生态合作及技术能力。

开放平台模式除强调行业的自身发展外，也积极倡导与外部的协调性，以尊重和保护生态环境为主旨，重视住宅环境和自然环境间的和谐共处，从生活习惯和消费方式方面树立绿色、低碳、环保理念，实现科技发展生态化。

2. 华为 HiLink 平台

2015 年，华为正式开始布局智能家居市场，相较于其他互联网企业，华为的布局显得有些缓慢，想要在智慧家居行业占有一席之地，华为必须致力于开创新的模式。针对行业缺乏统一标准、各种应用场景分散、用户体验复杂等痛点，华为推出了 HiLink 智能家居开放互联平台，目的是解决各类智慧终端之间互联互动的问题。

作为智慧家居市场的后来者，华为深知只做独一的品牌是很难在数字化时代做大做强的。于是，借助其自身强大的云计算优势，华为选择了联盟式、开放式的新生态，并响应我国"2030 年实现碳达峰，2060 年实现碳中和"的大目标，紧跟国家脚步，集合智慧家居厂商、家电提供商、房地产开发商等合作伙伴、为节能减碳做出贡献。

面向客户端消费者，华为以智能家电实现自动化操控、研发节能系统等方式，升级了智慧家居"1+2+n"战略，利用 1 个主机、2 套交互方案、10 大子系统，将智能硬件与空气洁净度、湿度、温度等合理规划，营造健康、愉悦的居住氛围，满足用户的生理与心理要求。另外，面对各类住房结构多样化特点，华为将数字化技术与光伏跨界相结合，基于 HiLink 协议，将光伏能源带入人们生活的方方面面，实现了家庭能源发电、储电、用电可视化管理，为人们营造舒适便捷生活的同时合理分配能源，进而打造零耗能、数字化智慧家居，最大化地释放绿色能源。

面向产业链，华为 HiLink 构建了以云服务为基础的服务体系，布局绿色智慧家居全场景，加强品牌共生、资源共享和体验一致。这一策略的成功实施和可持续发展有赖于以下几个方面：首先，华为不断完善与智慧家居相关的账户认证、设备安全、语音视频等云服务，帮助家电生产商建立共同的沟通语言，把各种智慧家居终端连在一起，降低了企业生产成本；其次，将各个智慧终端连接到华为 HiLink 家庭云，利用云强大的数据存储和数据处理能力，为不断接入的设备提供空间，实现整体居家环境的协调；最后，协调生态链企业前期硬件和后期软装，在设计、施工和使用阶段有效避免环境污染等问题，充分考虑外部生态环境与产品制造、使用、连接的平衡关系。华为基于云计算构建的万物互联模式，加快了市场各类产品的整合，打通了智慧家居连接壁垒，为实现绿色、低碳生活奠定了技术基础。

不同于传统家电厂商具有专业的生产能力和销售渠道的优势，华为要做的不是一枝独秀，而是万紫千红。华为从自身优势和定位出发，融合多家企业，通过渠道共享和云平台建设，逐步构建了开放式智慧家居生态平台，并积极朝着绿色智慧家居方向不断发展，将可再生能源与云计算、大数据、物联网、无线通信等技术相融合，把零碳生活带进千家万户。2020 年，华为 HiLink 智能家居平台用户累计超过 5 000 万人，连接智慧家居设备超过 10 亿台，已建立起稳定的智慧家居用户。

3. 小结

虽然智慧家居市场巨大，但是一味盲目地抢夺资源或靠着资本补贴是很难持续地发展下去的，想要走进千家万户的家庭生活中，必须着眼于社会发展趋势和国家战略方向，借助先进的数字化技术，全力打造适合自己的生态布局。不同于品牌全屋闭环模式和主导孵化模式，智慧家居开放平台模式顺应了时代的发展，从生态文明建设出发，兼顾人与自然、协同发展和全链路思路，在数字化技术逐渐成熟的背景下实现智慧家居绿色解决方案。

第三节 亮点总结

一、提升家庭居住环境，促进国家低碳安全发展

引入云计算的智慧家居系统能够简化智能终端，为每个家庭提供更好的家居体验服务。首先，通过云端连接家庭各个设备，人们仅需通过手机、平板、电脑等终端对空调、灯光照明、窗帘、热水器等进行本地或远程网络控制，便能轻松掌握全宅电器，这大大优化了人们的生活方式和居住环境，摆脱了被动模式，节约了各种能源；其次，借助云平台对接的各个资源，人们可以享受查看周边社区服务、开展远程办公、进行远程医疗、体验多媒体娱乐等增值服务，全面提升人们的幸福感，促进智慧医疗、智慧社区的融合与产业化发展；最后，智慧家居还具备防火、防盗、防煤气泄漏等安防功能，当人们离家时，可以通过云端数据实时了解家中情况，若出现非法入侵或火灾时，系统会自动告知人们并报警到相关部门，保障了人们的家庭和财产安全，助力社会治安稳定。

二、推动创新商业模式，共建产业生态体系

无论是传统家电厂商，还是互联网、手机、硬件等巨头企业，都希望能够抢占市场份额。然而，仅凭针锋相对的竞争，智慧家居行业是很难生存下去的，必须形成互利互惠的商业机制，共生共赢。云端协同的计算能力为行业构建多样化生态圈打下了基础，5G、边缘计算、人工智能等技术实现了从感知到认知的全过程，为产品构建精细化服务保障，使之能更快、更好地服务于 B 端与 C 端用户。新技术与产品共同促进智慧家居市场的发展，同时，行业不断挖掘客户新需求，推出新产品、新技术和新的商业模式，形成多样化智慧家居生态圈。

23

第二十三章
智慧政务场景

导　读

　　近年来，国家高度重视以信息化推动治理体系和治理能力现代化，深入推进"互联网＋政务服务"发展，不断提升政务服务便利化、信息化、透明化、高效化水平。由于我国人口基数较大，政府组织机构也非常复杂，管理如此庞大及错综复杂的组织机构势必要形成统一管理、响应迅速、有序发展的运行体系，需要信息自上而下的精准传达，同样需要自下而上的互联互通。在此大背景下，云计算的伸缩性、连通性为智慧政务提供了基础能力。在云计算基础架构下，结合大数据以及人工智能等数字化技术手段，打造以数据为中心，驱动政府向信息化、数字化、智能化路径转型是政府的重要任务之一。

　　本章将回答以下问题：

　　（1）智慧政务的目标和意义是什么？

　　（2）云计算技术是如何为智慧政务赋能的？

　　（3）智慧政务的效益和亮点是什么？

第一节　智慧政务服务背景及其应用介绍

随着信息化进程的逐步加快，我国政府的智慧治理不断前行。2009年，IBM公司提出智慧地球这一概念，正是由于这一爆点，智慧政务随着这一概念的提出应运而生。此后，政府的公共服务范式从电子政务向智慧政务转变，各种智能终端设备呈井喷式增长。与此同时，在线政务、共享出行、移动支付等领域的高速发展，成为改善人民生活、增进人民福祉的强力助推器，智慧政务的成熟度进一步提升。

智慧政务即通过"互联网＋政务服务"构建智慧型政府，利用云计算、移动互联网、人工智能、数据挖掘、知识管理等技术，提高政府在办公、监管、服务、决策方面的智能水平，形成高效、敏捷、公开、便民的新型政府。智慧政务致力于加快推进政府部门间信息共享和业务协同，简化群众办事环节，提升政府行政效能，打通政务服务渠道，解决群众"办证多、办事难"等问题。

一、面临问题

一直以来，传统政务主要存在4个方面的问题。第一，当前政府服务与人们对美好生活的需求之间仍存在一定的差距。随着需求层次的不断升级，人们对政务需求越来越多，而且对政府的期望越来越高，对政务质量的要求也越来越严格。第二，政府对产品质量监督等方面的资源投入、公共服务供给能力不足，人们不能安全放心地消费，这不仅从根本上影响我国由投资拉动向消费主导的经济增长方式的转变，也直接影响人们对政府满意度的提升。第三，我国政府虽然大举破除市场壁垒，推动"非禁即入"，为各类所有制主体创造公平竞争的市场环境。但民营经济、民营投资还是在很大程度上面临着许多难题。第四，由于长期的条块治理，跨地区、跨部门的协调机制和决策机制尚未建立健全，政府公共服务供给仍存在较为严重的"分割化"现象，重复建设、"信息孤岛""数据烟囱"等信息数据壁垒问题不能得到很好解决，政府部门职责错位、越位、缺位时有发生。

二、发展机遇

我国作为世界人口第一大国、第二大经济体，一直积极推进国家治理体系和治理能力现代化，优化政府服务，创新政府服务方式，提高公共服务的质量和水平。随着"放管服"改革的不断深化，政府职能发生转变，群众对政府办事的满意度开始上升，对政府的认可度逐渐提高，同时对政府的服务能力提出了更高的要求。近几年政府在云和大数据建设方面迅速发展，全国各省市纷纷成立数字政府管理行政机构，其主要任务是建立统一的政务云服务。在云计算方面，根据使用对象以及服务内容的差异，分别建立了以政府人员为核心用户群的政务云、以公安视频为服务内容的视频云、以工业生产企业为服务对象主的工业云等。云计算提供的计算、存储以及处理的底层能力对于多用户、大冗余的场景非常受用，根据实际业务场景通过虚拟化技术分配对应的资源，可收可放，按需调配。其业务系统应用中间件、业务逻辑以及数据等沉淀下来的数字资产为政府监管以及服务内容横向打通提供了可行的技术路线，打破了原来各部门及行业之间的信息孤岛。加上大数据技术对庞大数据进行统一采集、治理以及融合分析，为政府部门监管、风险预警以及企业智能化服务水平提升提供了决策依据。云计算技术以及所衍生出来的附加价值都将成为"智慧政务"的必要条件，智慧政务离不开云计算，云计算技术的发展同样需要"智慧政务"这一天然土壤。

三、数字化技术在智慧政务中的应用

随着互联网、数字化浪潮的到来，数字化技术与经济社会加速融合，服务变得易得化带来生产方式和生活方式等前所未有的深刻变革，赋能政府实现更加精准、快速、高效的治理。其中，作为基础能力，云计算、5G 最具代表性。

1. 云计算在"智慧政务"中的深度应用

从政务的角度来看，"智慧政务"的建设范围十分宽广，全国各地纷纷构建云计算平台，希望各垂直部门在此基础上发挥业务优势，形成合力，借助云平台仅提供基础云计算服务，形成多层级业务应用，打通各政府部门共同建设，数据共享，以发挥大数据技术形成智能化应用的闭环业务体系。借助云计算平台强劲的计算能力和储存能力，整个政务层面可以在一个平台中心上运行，工商、税务乃至交通、水利、医疗卫生等各个部门的业务都处于这个流程之中。云计算平台还提供了并发处理能力，存储分析包含教育、医疗、公安、交通、公共文化等方面的预警信息、图片、短视频、实时视频等各类数据。

政府部门将信息资源进行共享的同时有效地增强了政府部门的服务意识，大大提高了办公需求的综合性，使共享渠道更加畅通，使有限的人员能够更加多元地参与业务系统之中，利用平台标准对信息进行有效的交流和拓展，将资源进行科学的整合。5G、人工智能、AR、VR 技术的不断发展与融合为云计算在政务领域的发展应用提供了源源不断的生命力。数字孪生、可视化、人机交互、云计算在智慧公安、智慧交通、智慧应急等领域继的应用，推动政府职能不断转变，促进了一体化政府的有效构建。

2. 5G 技术助力智慧政务将取得新突破

在 5G 时代，人工智能与一系列数字化技术的促进融合为政务信息化提供了强有力的技术保障，从而助力打造安全性更高的政务云平台，推动政务服务更加高效、便捷地执行。具体而言，"智慧政务"包括智能办公、智能监管、智能服务、智能决策等几个领域，每个领域都包括许多应用场景。5G 高速率、高接入、低功耗、低延时的技术优势有利于推动 5G 智慧政务创新，推动智慧审批、智慧服务等领域的 5G 升级。目前，5G 智慧政务已全方位、多层次、宽领域地投入使用，一系列的应用实例展现出 5G 智慧政务所带来的便民化、快捷化和智能化。

接下来将以建行为例介绍智慧政务的发展过程、技术应用、技术应用价值等内容。

第二节　建行智慧政务云应用案例

一、建行智慧政务发展概况

1. 建行智慧政务发展背景

建行在未来政融融合发展的框架下，逐渐成为政府政务服务和公共服务最大的第三方服务机构。为深化金融供给侧结构性改革，建行推出"金融科技"战略，积极参与地方政府的智慧政务建设，支持各级政府推进"互联网＋政务服务""互联网＋监管"建设，助力政府现代化治理能力的提升，为优化营商环境、打造诚信社会乃至建设数字中国，贡献智慧和力量。

2. 建行智慧政务构建主要思想

随着我国城市人口的持续增长，市民办事流程复杂、政府部门信息孤立等成为政务服务主要痛点。"智慧政务"概念应运而生，推进"互联网＋政务服务""互联网＋监管"成为党中央、国务院重大决策部署。

建行深刻把握智慧政务的发展趋势，以"互联网＋政务服务＋普惠金融＋创新应用"四位一体发展为统筹，以"优政、惠民、兴业"为目标，以"政银合作"为契机和特色，围绕数据资源的采集、梳理、共享、开发和应用，创新治理模式，激活数据价值，提升服务能级，培育数字经济，打造治理平台服务化、服务生态化的政务发展新模式，实现"数字治理、数字服务和数字产业"三位一体的政务服务新格局。

作为智慧政务的重要部分，"互联网＋监管"系统的建设致力于通过数据驱动创新监管方式；致力于面向事前、事中、事后，全面覆盖监管业务；致力于推动"互联网＋政务＋监管"有机融合；致力于以金融科技赋能，创造政务领域用户价值，建立广泛的 G 端连接，最终帮助各地政府实现精准监管、高效监管、智慧监管。

3. 建行智慧政务发展的主要阶段

建行全面落实国务院关于"六个一"重要部署，扎实推进"放管服"改革，充分利用数字化技术，着力推进渠道多元、数据融通、资源集成、业务协同、平台升级，实现线上线下全覆盖服务体系，构建智慧社会治理新模式，打造"赶超先进、特色突出"

的全国一流政务服务平台。智慧政务平台建设主要分为三个阶段：夯实基础，重点推动阶段；统一平台，全面升级阶段；持续创新，效果凸显阶段。

（1）夯实基础，重点推动

第一阶段主要是夯实智慧政务平台基础，重点深入推进"网上办"概念落地，树立政务服务事项标准规范，搭建业务系统与支撑平台，真正实现"最多跑一次"的用户诉求，从而树立"智慧政务"的品牌形象，提升产品美誉度和价值。

（2）统一平台，全面升级

第二阶段主要通过政务系统的全面拓展，优化整合已有资源，打造标准化智慧政务产品，通过增加"互联网＋监管""营商环境"等产品模块，不断夯实智慧政务产品建设，打造精品。

（3）持续创新，效果凸显

第三阶段主要通过线下服务大厅与智慧政务线上平台深度融合，实现跨地区、跨部门和跨层级的协同办理，将智慧政务水平提升至全国第一梯队，社会治理能力明显提升。

经过三个阶段的建设与发展，建行智慧政务服务水平已经达到国内领先水平，从而形成一整套融合政务业务改革创新、新技术应用、政务服务创新应用新模式的"智慧政务样板间"，打响政务服务新品牌，成为智慧政务服务发展的"全国标杆"。

二、建行智慧政务云应用过程

党的十九届五中全会提出，到 2035 年基本实现国家治理体系和治理能力现代化。推进国家治理体系和治理能力现代化是建行义不容辞的责任。建行通过智慧政务助力政府治理能力提升，实现政银顶层高效连接，进而搭建数据互联的公共服务生态场景，实现社会资源、信息、数据的流动、合作与交易，提高资源配置效率，降低市场交易成本，增进社会整体福利。建行致力于办社会主义金融、人民至上和让人民满意的金融，关切国计民生，利用金融力量纾解住房、教育、养老、医疗等问题，用实际行动诠释了一切为了人民、一切依靠人民、始终把人民放在最高位置的真挚情怀。建行遵循建生态、搭场景、扩用户的数字化经营理念，积极推进智慧政务战略，构建了建行智慧政务服务产品，深度参与数字政府建设，积极服务国家战略，主动融入现代经济体系，创新推动数字经济发展。

1. 立足科技优势，打造智慧生态

建行充分依托企业级金融科技能力优势，利用云计算等技术，构建以"金融科技＋政务服务＋政务管理＋行业服务"为核心的"1+3+M+N"整体架构，形成涵盖多领域、多业务门类的智慧生态体系。

"1"：充分利用建行在金融科技领域的能力积累，以统一技术平台为支撑，打造

协同共享的生态体系，实现技术资源和数据资源的整合，提供高效、便捷、统一的基础技术支撑。

"3"：以"互联网＋政务服务""互联网＋监管"和"智慧治理"为核心，打造智慧政务生态基础设施，构建横向连接、纵向贯通的网络，打通各领域、各层级、各机构之间的断点和堵点，抽象政务生态的业务共享能力、数据共享能力和技术共享能力，推动资源的整合、优化、共享和开放，形成稳定的共享服务体系。

"M+N"：基于智慧生态建设规划，在"M"和"N"即政府管理领域和行业服务领域进行全方位的业务探索和拓展，打造一批行业领军产品。在政府管理领域，针对政府管理重点、难点，以提升办事效率和数字治理能力为出发点，打造一系列现代化管理工具，覆盖数字房产、农业农村、金融监管、宗教治理、药品追溯等，通过提升管理工作科技含量，助力政府治理体系和治理能力现代化。在行业服务领域，与各社会团队、公共服务单位合作，聚焦社会民生，共同构建更贴近场景的服务生态，推出涵盖养老、医疗、教育、社区服务、住房租赁等的产品体系，提供金融解决方案。建行智慧政务总体架构如图 23-1 所示。

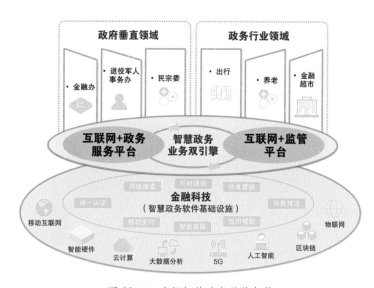

图 23-1　建行智慧政务总体架构

2. 持续纵深推进，建设成效初显

经过近几年持续不断的建设、运营和推广，建行的智慧生态体系初步成型，在助力数字政府建设方面，其能力与价值初显。

（1）基础能力资源池初步建成

以集约化建设、快速组装、数据共享为目标，通过智慧生态架构整合设计，形成

可复用、可共享的基础能力资源池，实现智慧生态平台的互联互通和资源共享。初步建成用户管理、员工管理、物流管理、电子证照、电子印章、知识管理、事项管理、支付管理、电子档案 9 项业务共享能力，通过基础能力资源池建设，实现技术和数据能力的整合，为上层应用提供技术支撑。

（2）新技术应用持续丰富

不断引入生物识别、自然语言处理等新技术手段，为优化平台功能，提高服务的智能化、人性化水平提供支撑。比如：实现"刷脸能办事"，基于人脸识别、活体检测技术，实现了用户实名认证，让客户安全、快速地完成"我就是我"的证明过程；做到"开口能办事"，基于自然语言处理等技术，允许客户以语音方式表达业务需求，实现一句话办事，显著提高办事效率；打造"办事像网购"的体验，根据用户标签、用户行为数据、用户地理位置、用户关联事项等条件，为用户推送不同的服务清单，方便客户定位想看的信息和想办的事项，大幅缩短搜索时间；支持"快、捷、易办事"，利用大数据分析和人工智能技术提供 7×24 小时在线咨询服务，准确定位客户问题，快速反馈客户所需信息；助力"办事少跑腿"，为电子证照系统、政务管理系统提供电子证照存证、证照信息查询、证照信息验真、证照变更历史查询等相关服务，实现由客户跑腿到"数据跑路"的转变。

（3）生态基础设施基本成型

以"互联网＋政务服务""互联网＋监管"为核心的生态基础设施基本成型。"互联网＋政务服务"平台建成涵盖渠道服务层、政务服务门户集成层、政务服务业务系统层、公共应用支撑服务层、公共技术基础服务层、数据汇聚支撑层、外联服务接入层，拥有 40 多个功能组件，是一个以产品体系为核心、以顶层设计和业务咨询体系为支撑、以建行基础设施和渠道资源为拓展、以持续性运营管理为保障的线上线下一体化新型智慧政务综合服务平台。"互联网＋监管"平台建成"11223"产品体系：一个事项中心，为各级监管人员履行监管职责提供统一、标准的监管事项依据；一个数据中心，连接市级、各部门监管系统，构建丰富的信息归集与监管协同渠道，实现监管系统与重点企业的资源汇聚与协同；两个门户窗口，分别面向管理人员和社会公众，为管理人员开展工作和社会公众了解信息提供入口；两套标准规范，指导和规范各地监管系统建设，强化安全和运维保障；三个核心系统，即执法监管系统、风险预警系统、综合分析系统，为各级政府开展监管核心业务提供系统支撑。

（4）生态功能体系逐步完善

在政府管理和行业服务领域进行全方位探索，积极推进智慧政务平台与行业平台、产品的融合共建，构建融合 G（政府）、B（企业）、C（客户）三端全场景的公共服务生态。在 G 端，运用大数据技术和可视化展示手段，实时展示政务服务信息，满足政府智能决策需要，目前已经在山东、山西、云南等省份落地，为政府管理和决策提供有力支撑。在 B 端，将开办企业、获取信贷等生产场景与建行"线上预约开户""惠懂你"等功能和服务对接，提供一站式金融和非金融服务；同时打造工程建设审批、公共资源交易等系统，拓展服务 B 端内涵。在 C 端，围绕"我要看病、我要上学、我要养老、我要婚育、我要出行"等百姓需求量大的政务事项，通过一站式的主题化服务和场景式、智能化服务导航，让百姓会用、能用、爱用。网点服务资源进一步开放。将网点资源打造成客户身边"服务优、体验好、办事畅、效率高"的政务服务大厅，使网点成为线上平台的支撑、服务大众的载体、连接 G 端的桥梁，价值创造的阵地。目前已开放全行 12 000 多个营业网点办理政务，实现政务服务"身边办、马上办"，在全国 57 万个"裕农通"服务点联通政务服务，实现政务事项的"村口办、就近办"，建行智慧政务业务架构如图 23-2 所示。

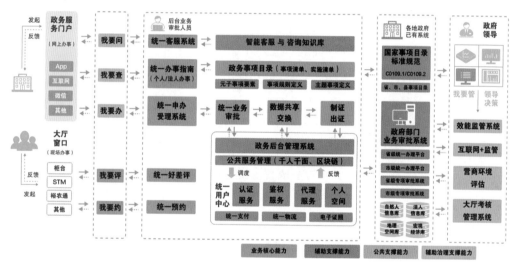

图 23-2　建行智慧政务业务架构

3. 依托智慧生态，传递新金融价值

建行响应国家号召，顺应新时代发展要求，以金融科技能力为依托，以数字化技术赋能金融"水利工程"，打造智慧政务服务产品和建信住房租赁平台等产品，以解决政府治理难点、社会发展堵点、百姓关注热点等问题。

（1）首创全国智慧政务服务新模式

2018 年 5 月 7 日，建行与河南省安阳市政府在安阳市举行了"智慧城市政务服务平台"上线发布仪式，并同时发布《智慧城市——建行政务服务平台白皮书》。这是河南省安阳市在全国首创"互联网＋政务＋金融＋多场景应用"智慧政务服务新模式。该平台率先实现了与河南省政务平台政务服务、百姓办事的标准统一、融合对接，开

通了 PC 端、手机 App、微信、自助终端等办理渠道，可满足省、市、县（区）行政审批、普惠金融等功能的"一网通办"。安阳"智慧城市政务服务平台"搭建了公共资源交易和智慧人社平台，企业可通过公共资源交易网上招投标系统便捷地参与安阳市招投标；参保单位可通过智慧人社平台实现缴费工资申报、社保业务查询、社保业务办理、社保单据打印、网上预约、社保卡业务及单位社保信息维护等。建行在安阳市民之家服务大厅设立柜台，启动"建行免费工商帮办"服务，将建行窗口融入"企业开办区"，形成了一条龙服务，将企业开办时间大大缩短。此外，安阳市还依托"智慧城市政务服务平台"，以乡镇政府微信公众服务号为渠道，创新推出"安政通"政务服务，为乡镇居民提供政务、便民、普惠金融的服务。目前，已在安阳市所辖的 80 个乡镇全面部署。

（2）科技赋能，跑出政务服务加速度

云南省智慧城市政务服务平台致力于把"一部手机"打造成云南数字经济的一个名品、一张名片、一个名牌。一是办事更简便。通过优化办理流程，减少审批要件，让群众和企业找政府办事就像"网购"一样方便。二是办事更人性化。从百姓生活最直接、最现实的问题做起，比如"我要补办身份证、我要办社保、我要申请办户口、我要婚育"等。三是办事更直达。实现"省、州市、县、乡、村"五级联通、纵向到底、"一网通办"。四是办事更方便。在全省建行 319 个网点，群众可以就近办理。五是办事更亲民。应用语音导航、智能问答、千人千面、大数据等新技术，实现了老百姓刷脸办事、开口办事。老年人不能写字或者写得不好，可以用语音，让百姓会用、能用、爱用。

山西省智慧城市政务服务平台以"一朵云、一张网、一平台、一系统、一城墙"的建设思路，建立了"一局一公司一中心"的政务信息化管理运营建设架构，实施了一批牵引性、标志性、创新性项目。"一部手机三晋通"App，就是其中一个项目，能实现一个软件管全省、横向到边全覆盖、纵向到底全贯通的愿景，大力推动山西营商环境迈入全国"第一方阵"，切实提高人民群众和市场主体办事的便利性、获得感、满意度。

山东省全力打造"审批事项少、办事效率高、服务质量优、群众获得感强"的一流营商环境，进一步做好"政务服务一网通办"总门户建设，全面提升线上线下用户体验，推动内容和服务迭代升级，加快推进人民满意的服务型政府建设。

安阳智慧城市政务服务平台以其领先的政务服务模式在全国迅速复制推广，其他各地政府领导在项目建设中都给与积极的肯定，包括重庆市委、市政府，辽宁省政府等。

三、技术应用价值分析

数字经济时代，建行将以人民至上为墨、以金融科技为笔、以公共治理为纸，悉

心勾勒智慧政务的"工笔画"，加速布点连线，提升覆盖广度。建行已经主建或参建全国近 1/3 的省级"互联网＋政务服务""互联网＋监管"平台，与 90% 以上的省级政府签署了智慧政务建设合作协议，为推动政府数据资源跨地区、跨层级、跨部门共享奠定了坚实基础，有利于加快政务资源配置由条块分割向全域互联互通转变，全面助推全国政务"一网通办"落地实施，积极创新生态场景，建行智慧政务已经实现从"建"到"用"的跨越，可以通过生态场景创新，因地制宜地引导政务服务向多元化、深层次需求满足转变，不断深化政府治理，满足人民群众办事、创业需要。此外，建行通过输出自主可控的金融科技产品和安全可靠的智慧政务建设方案，全面建立安全防护技术体系，全力保障智慧政务基础设施、网络、平台、应用、数据等要素平稳高效运行，确保智慧政务数字系统架构安全、数据安全和资产安全。与此同时，建行不断加强企业级数据治理体系建设，提升全行的数字洞察力、数字决策力、数字执行力和数字引导力，通过技术合作交流、建行大学培训等多种渠道，帮助各地政府培养一支业务熟、技术精、素质高、执行力强的智慧政务专业化队伍，切实提高政府治理效能。

第三节　亮点总结

建行始终把自身发展同国家繁荣、民族兴盛、人民幸福紧密结合，主动为党分忧、为国担当、为民解困。近年来，建行融合运用大数据、人工智能、云计算、区块链等数字化技术，为各级政府搭建全事项、全流程、全覆盖、全场景应用的智慧政务综合服务平台，实现政务服务行政审批线上线下一体化、民生支付电子化、行业应用智能化、城市治理数字化，最终提升了政府机构的治理效率和人民满意度，改善了企业的营商环境，主要体现在以下几个方面。

一、优政

梳理 300 万个政务事项，优化 245 万个政务事项办理流程。基于智慧政务平台，企业开办实现一网填报、一次提交、一次认证，政府工程项目实现预约办、网上办、零接触、不见面审批。

二、惠民

加快推进"一网通办"和"一网统管"建设，实现 1 400 余项主题政务事项掌上办、一次办；开放全国 1.2 万个营业网点办理政务事项，实现政务身边办、马上办；设立 62 万个乡村"裕农通"服务点，嵌入高频办事事项，实现政务"村口办、就近办"。

三、兴企

将征信、税务、司法、工商、海关等 36 大类公共数据与建行已有用户的海量经营数据信息结合起来，汇聚成庞大的数据资产。对小微企业精准画像，搭建"一分钟"融资、"一站式"服务、"一价式"收费的数字普惠金融模式，实现线上申请贷款、线上评级授信、线上放款还款，被金融监管部门认可，并被推荐为全行业标准。

四、助管

依托智慧政务平台，实时监测并采集政府办件进程、用户体验、运行安全等信息数据，监管政府办事流程；对各级政府监管部门的监管范围、监管流程和监管效能进行监督，约束政府监管行为；针对政府重大事项，搭建立项、分办、承办、催办、督办、反馈的全闭环督察体系，保障事项扎实落地。

五、赋能

充分利用金融科技优势，赋能政府、赋能客户、赋能社会，在全国首创"互联网＋政务＋金融＋多场景便民应用"的服务模式，助力提高政府数字运用能力、基层社区管理水平和金融服务普惠程度，全面改善社会营商环境，实现"办事高效、服务便利、资源共享、数据开放、智能决策"的发展目标，让政务管理更加智慧，城市运行更加高效，公众生活更加便捷，以科技力量造福大众，以金融智慧回馈社会。

4
第二十四章
住房租赁场景

导　读

对于民生领域的住房问题，党和政府高度重视。住房租赁成为实现房地产供给侧结构性改革和控制居民杠杆率过快增长的有力工具，是新形势下当之无愧的热点之一。在中国住房租赁市场的发展和培育过程中，云计算、物联网、区块链、移动支付等技术涌现，推动了租赁市场线上线下资源整合，带动了居民生活消费，使得租赁市场的服务生态系统初现雏形。

本章将回答以下问题：

（1）住房租赁生态的目标和意义是什么？

（2）云计算技术是如何为住房租赁业赋能的？

（3）住房租赁生态的效益和亮点是什么？

第一节　住房租赁生态背景及其应用介绍

近年来，中央和地方政府出台了一系列调控手段来规范中国的房地产市场，旨在为城市居民生活创造良好的住房市场环境，提升民众幸福指数，充分发挥住宅租赁市场对房地产消费市场的补充和替代作用，使其成为解决现有房地产市场问题的一条重要途径。2016 年，国务院发表了有关促进城市租赁住宅市场建设的相关文件，说明房屋销售和房屋租赁平衡是加深住房体系改革、扩大房屋供给的重要渠道。2018 年，全国政协会议上提出，住宅租赁市场的发展应该在一定程度上回避过剩商业住宅需求，大力发展住房租赁市场特别是长期租赁。随着数字化技术和住房需求的多样化发展，住房租赁展现了全新的业务模式。

住房租赁生态是住房租赁业务管理的一种新理念，是新形势下社会管理创新的一种新模式。住房租赁生态是指充分利用物联网、云计算、5G 等数字化技术的集成应用，为具有住房需求的人们提供一个安全、智能、方便的现代化、智慧化居住环境，从而形成基于信息化、智能化住房管理与服务的一种新的管理形态。传统的住房租赁管理形态越来越跟不上现在人们对住房服务的需求了，所以住房租赁业务的智能管理变得更加重要。

一、面临的问题

总体而言，我国的住房租赁市场缺少完善的监管体系，并且其规模远不如商品房交易市场。我国租赁住房的市场份额与住房销售市场份额的比率仅为 1∶4，该数值远不及发达国家的一半。与此同时，政府缺少完善的监督管理手段，整个市场依然存在很多不规范的地方。

从出租端来看，重税负成为住房租赁不可承受之痛。根据相关税务规定，房主出租自有不动产须承担房产税、增值税及教育费附加、个人所得税和印花税等；租赁企业开展租赁业务，须承担增值税、增值税附加税和印花税等，实现盈利后，还须缴纳企业所得税。由于个人房主端可免征增值税，企业增值税无法抵扣，而租客端，目前租赁市场，主要以个人房源为主，企业难以把增值税转嫁给租客，租赁企业进出两端都无法分担自身税负。从市场端来看，城中村租赁合法、合规问题亟待明确。城中村历来是城市外来人口落地生根的缓冲地带，但根据前期市场调研情况，目前城中村租赁房源存在以下三大问题：出租房源权属证明只有房产证或宅基地证，且持证率低；加建情况普遍存在，房屋实际楼层数量、面积与权属证登记内容不一致且难以分割；无消防标准及相关验收证明。城中村房源租赁的合法、合规问题亟待解决。

二、发展机遇

现如今，无论是从市场、消费，还是政策端，房地产生态圈中的基础设施、各角色分配关系等因素都不断发生变化，而这些变化中最核心的就是科技和数据。如何依托云计算技术，让科技和系统能够与开发商的建造、公寓运营商的运营、政府的监管和服务相匹配，是目前各界最为关注的话题。云计算技术为此提供了很好的切入点，利用云平台和住房租赁业务深度整合，建设综合管理平台，打通房产交易、租赁和公租房运营管理三大领域，并通过大数据、生物识别、区块链等先进技术，打造全流程、端到端、标准化的房生态全链条解决方案，形成信息充分的互联互通，以"授之以渔"的方式，赋能包括消费者、房产商业公司以及政府管理机构在内的房生态参与主体，为提升整体服务能力奠基，通过自动化统计、数据化运营和专业化流程，提高管理效率，从而盘活住房租赁业务。

未来住房租赁行业各企业有望依托数字化建设，打造功能互补、良性互动的居住大数据共享机制，并与相关部门形成联动效应。在符合要求的前提下，地产企业、金融机构、政府机构携手打造并提高住房租赁市场的数字化服务能力，为广大租客、业主群体提供更加完善的住房服务。

三、数字化技术在住房租赁生态中的应用

随着云计算、人工智能、5G、移动互联网等技术的快速发展，数字化技术与住房业务加速融合，给住房业务带来了前所未有的深刻变革，诸如房源管理、安防管理、消防管理、智慧家居、社区智能通行、绿化浇灌监控、垃圾溢满监控、智慧消防系统、智慧停车等服务逐渐变成现实。其中，作为基础能力，5G技术和云计算技术最具代表性。

1. 5G技术帮助盘活住房租赁业务

在5G技术逐渐成熟的背景下，住房租赁作为一项整体性服务需要系统性统筹协调，而5G技术的更宽带宽、更快速度、更多端口的技术优势，已经使住房租赁业务达到了物业、安全、智慧家居、便民服务系统间的互联互通。

身临其境远程看房。5G时代，住房的信息建模能力提高，房源细节也更趋于真实。租客通过VR/AR眼镜，实现远程选租也如临现场；通过来回行走感受实际房源的大小、距离；也可以与房内设施互动，如切换光线明暗，感受一年四季黑夜与白天的不同。大型租赁社区对公共区域的场所细节也做了模拟，租客可以在"虚拟社区"悠然漫步，提前感受广场、自行车道、健身房、超市、球场、车库、餐厅、公共厨房等。

智慧家居成为现实。目前，智慧家居领域已经有了成熟便捷的门锁、水电表智能化服务，未来还会有智能灯光、音响、清扫和做饭等。租客入住后，可以享受智能门锁进出情况实时查看、智能热水器定时烧水和水温设定、智能空调定时及开关冷气等

智能服务。通过大量部署智能硬件，最终实现全屋传感器，房间可以借助大数据更精准地解码租客的居住基因，根据租客的日常生活习惯数据，及时提醒其休息、健身、吃饭等。未来，生活在租赁社区会更加便利，因为医院、超市等配套资源也在随之升级。

更透明和舒心的运营服务。随着租客的生活场景、习惯、运动轨迹、消费数据被捕获，居住社区的运营服务也将更透明和温馨。例如：对租客进行生日问候，提醒租客注意外出天气；对租客的健身、宠物、减肥、晚睡、追剧等个性需求，也能进行精准消息推送等。

2. 以云计算为技术底座的智慧社区

随着科学技术的不断发展、人民生活水平的日益提高，社区居民的关注重点不仅是小区住宅本身的质量、舒适度以及周边环境、交通等方面，还对社区的基础设施及社区服务的人性化、智能化提出了很高的要求，如社区管理、智能安防、远程监控等。基于数字化技术基础，智慧社区通过传感网、物联网、互联网等通信技术将社区服务整合在一个高效的信息系统之中，包括社区家居、社区物业、社区医疗、社区安全、社区通信等，为社区居民提供安全、舒适的居住环境。

在智慧城市云架构之下，依托云计算平台的智慧社区，社区管理将更加高效，为居民带来全方位的信息化生活。新型的智慧社区能够高效地管理政务，便捷地集成社区服务，智能化地管理区域，从而有力地推动智慧城市的发展进程。智慧社区是智慧城市的重要组成部分，对外承载着与城市的信息互联功能，满足政府、企业和个人对社区内部信息的需求，对内承担着社区信息采集、转换、处理的职能，并与社区基础设施连接。云计算的应用与数据资源融合发挥重大作用，主要表现在以下三个方面：第一，通过云计算应用，可以解决智慧社区中海量数据的存储问题；第二，大部分云计算提供商按照按需付费的方式、按使用付费进行定价，相对规模较小的智慧社区可以购买公有云，从而减少硬件设备的建设与运维费用；第三，全球主要云计算提供商雇用了全球优秀的安全专家，通常比大多数内部 IT 团队更能应对威胁，智慧社区用户的数据可以得到相对安全的保障。

未来，随着移动互联网、物联网、云计算等数字化技术的发展，智慧社区的建设逐渐完备，智慧社区迎合现代社会民众的高品质、多元化生活需求，将自动化、智能化的生活理念引入小区的建设和管理，使居民享受全面的信息化服务，生活更加舒适美好，也为智慧城市的建设打下坚实的基础。

接下来将以建行为例介绍住房租赁发展过程、技术应用、技术应用价值等内容。

第二节　建行住房租赁生态的云应用案例

一、建行住房租赁发展概况

1. 建行住房租赁发展的背景

培育和发展住房租赁市场，符合新时代居民对房屋的多层次需要，有助于人口在城市间有序流动，有益于国民经济的健康发展。为了发展住房租赁市场，国务院于2016年6月提出了《关于加快培育和发展住房租赁市场的若干意见》。2017年10月，党的十九大报告明确提出："要加快建立多主体供给、多渠道保障、租购并举的住房制度。"在中央与地方共同推动住房租赁市场发展的大环境下，住房租赁市场迎来黄金发展期已成为共识。在政策的强力支持下，住房租赁行业成长空间愈加广阔。中国房屋租赁市场规模2025年将为1.9万亿元，2030年将超过4万亿元，届时国内的租房群体数量将达到2.7亿人。

随着政府、企业、金融机构加速布局，住房租赁市场成为中国房地产市场的新蓝海，也为商业银行带来丰富的金融业务机会和难得的发展机遇。从国家到地方各级政府纷纷出台各类落地政策，加大对住房租赁市场发展的扶持力度，住房租赁市场已成为投资新风口，但从目前来看，我国住房租赁市场仍处于不充分、不合理、不健全的初级阶段。与发达国家相比，我国的住房租赁市场有着更大的发展空间，从区域租赁人口占比看，美国为35%，英国为37%，日本为27%，而我国这一占比仅为11.6%，即使是流动人口最为密集的北京、上海等一线城市，租赁人口占比也仅为20%左右。从衡量住房价格水平合理性的租售比指标来看，我国北京、上海、广州、深圳的租售比分别为1.4%、1.6%、1.9%、1.5%，同期美国主要城市华盛顿、洛杉矶、旧金山、西雅图租售比分别为2.6%、3.2%、2.8%、2.3%。由此来看，我国住房租赁市场未来还有很大的发展空间，住房租赁市场将迎来黄金发展时期已成为共识。

2018年，建行提出普惠金融、金融科技、住房租赁"三大战略"，是在巩固好传统优势的同时结合新形势做出的战略调整。住房租赁战略就是抓住房地产供给侧结构性改革契机，用住房租赁连接和承接住房按揭，实现从红海走向蓝海的"指南针"。贯彻住房租赁战略是落实中央政策、履行国有大行责任的担当之举，也是从供给侧发力，传导新时代新理念的思想变革，更是通过金融创新，抢抓租赁市场的重要战役。

2. 建行住房租赁构建思想

建行在发挥住房租赁传统优势的基础上，充分运用互联网思维，采取开放和交互式的平台经营模式，积极开发适销对路的金融产品；以"安居"为核心提供综合服务方案，可以为住房租赁市场管理、住房租赁产业和租赁住房供需双方提供管理系统和"一揽子"

金融服务。金融业在住房租赁市场的走向，集中在住房租赁服务平台的打造、为房地产企业提供全方位的融资支持和个人住房租赁贷款三个方面，建行紧紧抓住在住房金融领域的优势和"新一代"所带来的转型优势，不断创新金融服务，打造住房租赁市场的金字招牌。

（1）在发挥传统优势的基础上抓住机遇

顺应互联网时代要求，将"以市场为导向，以客户为中心"的经营理念贯穿蓝海战略。在推进住房租赁业务时，着眼于新技术、新模式和新手段的创新应用，借助建行已有的"新一代"大数据科技条件和雄厚的服务能力，深入挖掘现有的客户资源，精耕市场，逐步建立市场口碑，提升平台使用率和活跃度。

（2）抓住发展趋势，强强联合、优势互补

当前，我国规模化住房租赁企业市场份额只占 2% 左右，而发达国家成熟市场普遍在 20%～30%。由此看来，未来还有很大的发展空间，住房租赁市场将迎来黄金发展时期。

（3）长租公寓作为蓝海战略推进的重要一环

当前，长租公寓处在发展的黄金期。建行不仅是住房租赁业务市场的引领者，也是市场的推动者，应借助物联网、市场长租公寓等有生力量，加速推进"蓝海"战略。在物联网时代，人们对提升居住体验的诉求必将进一步加强，长租公寓应借助创新模式打造舒适的人居环境。建行应将长租工作作为蓝海战略推进的重要一环，各分支机构应充分利用有合作基础的房地产企业开发客户，特别是建行贷款支持的企业，共享住房租赁"蓝海"，引进优质品牌公寓，批量增加优质房源，不断提升平台吸引力。

（4）持续打造建行技术平台优势

依托建行强大的系统支持能力，综合运用"互联网＋房地产＋金融"的模式，为企业客户提供"一揽子"住房租赁业务服务支持，包括提供住房租赁综合服务平台，撮合住房租赁需求，实现长租房源的稳定获取与运营，满足其在住房租赁中物业建设、购买、装修改造以及运营、盘活资产等全生命周期的金融需求；为个人客户提供长租类理财产品，配合普惠金融业务发展，通过租赁平台为客户提供长租普惠型理财产品，理财收益可以用于抵扣所租住房屋的租金，或因租房形成的银行债务，降低客户资金压力。

3. 建行住房租赁战略关键成功要素

建行住房租赁业务成效显著，逐步推进构建住房租赁金融生态圈。结合住房租赁企业的运营模式、建行存量客户和建行各类产品，在租赁企业日常客户营销、租赁签约、租务管理等不同场景下深入探索客户的拓展，拉动综合营销，实现了住房租赁金融生态圈建设。建行住房租赁战略的关键成功要素包括以下 4 个方面。

（1）加强市场培育和市场拓展，打牢客户基础

第一，与房地产开发企业合作，通过金融服务的支持，获取长租房源。第二，加强与政府合作，利用建行与政府的良好关系，积极营销政府主导的公租房、廉租房等租赁房源。第三，开展"存房业务"，分散式房源应是未来发展的着力点，通过开展"存房业务"，直接开拓个人租户房源，打造"要存房，到建行"品牌。

（2）强化金融科技支撑，完善平台功能

有效解决住房租赁市场普遍存在的问题和乱象，加强云计算、人工智能、大数据、区块链等创新技术运用，改善用户租赁体验。一是夯实住房租赁综合服务平台建设，完善平台功能。围绕政府、市场主体、居民全量客户，着力突出差异性、综合性，找准市场着力点，提升市场适应性和竞争力，依托数字化科技和渠道优势，将平台建设成有自己特色的和其他市场主体无法替代的优势，为政府、企业、个人等各类主体提供便捷信息发布渠道与服务平台。二是深入推进人工智能、大数据、云计算、区块链等为代表的金融科技创新，完善平台的综合服务功能，满足不同客户的各类需求，将平台打造成为各类生活服务甚至生产服务的平台。

（3）进一步完善金融产品设计

在风险可控前提下，为企业提供覆盖项目获取（购买或租赁房源等）、开发建设（开发、改造、装修等）和日常运营等信贷支持产品和资产证券化支持产品（如 REITs、ABS）等，建立多层次的融资体系，满足不同类型的融资需求。

（4）加强住房租赁业务风险管控

住房租赁市场是新兴市场，其市场模式、客户行为、风险状况都具有复杂性，存在配套政策不完善，规范化程度不高，缺乏专业化、规模化的住房租赁企业，长租消费模式尚不成熟等问题；建行在发展业务的同时要充分认识到在其发展过程中面临的风险点并制定切实可行的风险管控措施。一方面，既要着眼战略性业务为建行带来的长远效益，也要针对由于配套政策不完善、消费模式不成熟等原因导致的问题与难点，积极主动地在业务发展中不断积累经验，持续改进并完善配套风控措施，搭建住房租赁业务个性化的风控体系。另一方面，对住房租赁客户进行风险分类，主动引导业务发展方向和模式，针对重资产运营企业的风险特征，优先选择人口净流入量大、房屋成交量较活跃的区域，并通过恰当的期限设置、必要或补充的抵押担保措施强化风险缓释，将住房租赁业务纳入全面风险管理体系。

建行打造住房租赁金融生态圈，将住房租赁和金融紧密结合，以住房租赁为载体，积极发挥综合性金融服务优势，同时深度拓展客户的其他需求。

二、建信租房服务平台云应用过程

作为深耕房地产市场的国有大行，人民的期待、国家的需要就是建行义不容辞的责任，参与住房租赁机制改革，于国有利，于民有便，于行有益，影响深远，意义重大。因此，建行积极响应国家号召，坚定不移践行"蓝海战略"部署，发挥传统优势，率先进军住房租赁市场，创新推出住房租赁"存房"业务，搭平台、策市场、提服务、造生态，吸引社会力量聚集，实实在在为社会纾解痛点。

1. 强化金融科技的支撑作用来完善平台功能

建行运用云计算等创新技术，打造建信租房服务平台，推动租房业务与科技深度融合，以改善用户租赁体验。

一是构建住房租赁综合服务平台。建行围绕政府、市场主体、居民全量客户，着力突出差异性、综合性，找准市场着力点，以云计算技术为基础构建了建信租房服务平台，提供 7×24 小时不间断的服务访问。此外，当用户使用住房、租房时，无须知道资源运行所在的具体位置，只需一台笔记本或者智能手机作为终端，就可以获得实时在线的服务。建行的服务平台能确保发布的住房租赁信息准确、真实，力戒信息的失真、误导，从根本上杜绝假房源、假信息。

二是建行借助云计算超大规模计算和存储能力，通过建信租房服务平台为数据存储和管理提供了海量空间，能够根据业务需求自动配置资源、快速部署应用。中小地产机构无须承担高昂的设备购置和系统维护费用，通过建信租房服务平台，利用海量数据，就能构建自己的楼盘大数据分析平台，同时结合外部数据，发布住房租赁、住房价格指数，实现市场分析、房屋评估、风险测评等功能。

三是建行深入推进以人工智能、大数据、云计算、区块链等为代表的金融科技创新，完善平台的综合服务功能，满足客户各类需求，将平台打造成各类生活、生产服务的平台，以此增强客户的黏性和忠诚度。

四是建行在大数据应用方面具有天然的优势，金融机构在业务开展过程中，已经积累了大量有价值的数据，有能力和动力采用最新的大数据技术去挖掘和分析这些数据中的有效信息和商业价值，赋能住房租赁业务提质增效。

2. 智慧住建领域相关系统建设与扩围服务

（1）智慧住建领域相关系统建设

建行以住房租赁综合服务平台为抓手，积极促进住房租赁市场基础建设，在上线推广、优化系统功能与推进各级政府实质性应用方面取得显著成效，租赁监管、租赁监测分析系统、政府公共住房系统、企业租赁系统、共享系统纷纷上线。目前，至少已上线一个系统的地级及以上行政区 325 个，五大系统全覆盖的城市逐渐增加。其中，租赁监管系统上线 300 个城市，租赁监测分析系统上线 20 个城市，政府公共住房系统上线 305 个城市，企业租赁系统上线 309 个城市，共享系统上线 272 个城市。

（2）智慧住建领域扩围服务

建行所开展的住房租赁综合服务平台的系统扩围服务有助于整合各级政府住房相关系统，创新统一架构和数据标准的智慧住房相关系统产品，与住房租赁综合服务平台相结合，搭建住建领域全生命周期的信息化管理服务平台产品，如有数字房产标准化产品、数字房产＋系列产品（智慧物业）、分行特色业务需求服务等。住房租赁生态圈如图 24-1 所示。

图 24-1 住房租赁生态圈

3. 建行住房租赁生态建设

建行住房租赁生态建设主要包括 CCB 建融家园建设和服务、住房租赁产业联盟建设、外部系统和市场化平台服务对接、集团产品嵌入和场景建设等。

（1）CCB 建融家园建设和服务

其具体做法是围绕长租公寓业务，以标准化建设和流程化服务建设住房租赁新生态的示范区，以平台为中心拓展延伸，将政务服务、公共服务、金融服务和消费充分植入场景，依托集团和股东优势，更为专注地动员物流、优化资金流、丰富信息流、强化服务流，在跨界整合资源的同时，促进住房租赁生态的建设和发展。

（2）住房租赁产业联盟建设

其具体做法是组建住房租赁产业联盟，以联盟为载体促进资源整合，为租赁市场提供全生命流程的综合服务，以批量化配置和专业化服务改善居住环境，降低成本能耗，提升租住品质，让利百姓惠及民生；协助政府部门强化监管服务，为行业提供综合服务，促进住房租赁企业规模化、集约化、专业化运营，合力推动市场形成良性运行机制。

（3）外部系统和市场化平台服务对接

其具体做法是通过信息化技术管理，以更加智慧的方式融入住房租赁全场景，对接市场化平台，丰富房源数量，对接外部生态系统（主要市场城市政务系统），促进租住双方信息精准对接，为市场各方主体提供一站式便利服务，完善市场基础和机制，真正实现智慧政务、智慧便民和智慧安全。住房租赁综合服务平台累计已接入外部生态系统 77 个，如浙江省政务网、河南省厅政务系统、广州房管局、四川 15 家公积金中心系统、成都住建局的一体化平台、楼盘表系统、产权系统等；接入市场化服务平

台 59 个，如青客、房管家、魔方、蛋壳、上海住房租赁、重庆市渝贵人置业顾问有限公司、陕西安邦物业服务有限公司等。

（4）集团产品嵌入和场景建设

住房租赁平台以房源为生态建设的源头，以建生态、扩场景、拓用户为方向，通过链接 G 端，服务 B 端，真正触达 C 端，通过信息化技术管理，以更加精准的方式将集团产品服务融入住房租赁全场景，以租赁场景作为母行金融服务的渠道延伸和金融产品的触发入口，通过客户导流、产品嵌入、平台对接、权益适配，助力母行获客、活客，提升住房租赁溢出价值。

全国住房与房地产信息系统如图 24-2 所示。

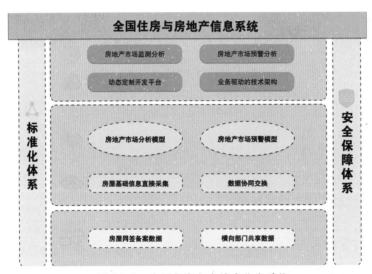

图 24-2　全国住房与房地产信息系统

4. 聚焦民生所盼，以金融力量提供安居方案

建行住房租赁系统最核心的部分就是依托建行金融科技力量，帮助各地级市政府打造覆盖全面的开放、共享、安全、规范的官方住房租赁综合服务平台。以第一个落地佛山市政府的"美好家园"平台为例，该平台是全国首个政银合作的住房租赁监管及交易服务平台，整合了供房、承租、撮合、融资、服务的流程，为地方监督、管理、培育以及规范住房租赁市场提供有力工具，为当地住房租赁市场各方参与主体提供综合服务，并可根据政府需求灵活定制相关服务，有效解决各地政府、企业各自建平台、投入大、标准不统一、重复建设等问题。

（1）上房源，打造区域租赁房源最大"集市"

住房租赁综合服务平台是基础，但房源是关键。建行配合广东省政府开展的第二项重要工作是组织房源上线，全力提升平台活跃度，整合政府、企业、房东、租客等主体力量，促使房源上线并交易。

（2）策市场，激活市场参与各主体

以政府共建为基础，房企合作为抓手，协会交流为渠道，积极开展市场策动与培育，力促多主体供给、多渠道保障体系有效形成。建行住房租赁服务平台与 271 家房企和租赁企业签订 379 份合作协议，联合保利、碧桂园、恒大、万科、越秀集团、合生、富力等 33 家知名房企举办"发展住房市场圆桌论坛"并发出联合倡议，参与广州住房租赁协会、碧桂园长租公寓品牌发布等 33 场次住房租赁主题活动，发起成立 500 亿规模建信住房租赁发展基金，率先构建起覆盖购租改建、装修运营、资产盘活、交易撮合与资金监管等公司、投行、个人类产品，形成完整的产品链。建行为广东 30 个租赁项目提供授信 110.5 亿元，投放 35.7 亿元，拉动长租房源新增 1.75 万套，推动当地社会住房市场各个要素和主体得到激活，也让他们看到了建行进军住房租赁市场的信心和决心。

（3）强支撑，全面对接政府各方需求

建行依托强大的资源整合能力，向政府输出智囊支持，全面参与各地市住房租赁市场建设与培育工作。以佛山为例，建行协助市住建局制定《佛山市开展全国租赁试点加快培育和发展住房租赁市场实施方案》（佛府办〔2017〕440 号）、《关于规范佛山市国有专业化住房租赁平台的指导意见》（佛府办函〔2017〕484 号）等 13 份文件；全面对接市级、区级、镇街的 18 个试点项目的综合金融服务；经市政府批准，加入佛山市住房租赁平台指导委员会，提供金融服务，真正体现政府主导、建行融资融智的推进理念。

（4）育文化，引导居住新理念

国家开展住房租赁业务对转变民众住房消费观念有着积极的引导意义。租售同权政策的实施就是要告诉民众，"房子是用来住的，租挺好""长租即长住，长住即安家"，租房也可安居，促使居民住房消费回归理性，有利于住房市场需求端的稳定。为加快租赁文化培育与引导，建行与各地级市政府、企业先后合作打造综合性租赁住房示范小区及"CCB 建融家园" 挂牌项目，植入租赁宣传元素，鼓励长租安家，为全省住房租赁市场秩序的有效规范奠定坚实的基础。

三、技术应用价值分析

建行与各地级市政府、企业合作打造综合性租赁住房示范小区及"CCB 建融家园"挂牌项目，既实现了房屋资源的高效配置，也为城市居民提供了更为灵活多样的居住方式，更好地满足了人们对居住环境的需求。

一方面，依托建行强大的系统支持能力，综合运用"互联网＋房地产＋金融"的模式，为企业客户提供住房租赁业务服务支持，包括提供住房租赁综合服务平台，撮合住房租赁需求，实现长租房源的稳定获取与运营，满足其在租赁物业建设、购买、装修改造以及运营、盘活资产等全生命周期的金融需求；为个人客户提供长租类理财产品，配合普惠金融业务的发展，通过租赁平台为客户提供长租普惠型理财产品，其理财收益可以用于抵扣所租住房屋的租金，或因租房形成的银行债务，降低客户资金压力。

另一方面，强化移动渠道联动，提升客户端体验。为更好地提供综合金融服务，服务平台可进行资源整合，如通过信息共享整合手机银行和建融家园的验证信息，通过建行手机银行客户端进入住房租赁签约的客户，可适当简化对身份信息的核验，提高业务办理效率。

第三节 亮点总结

一、消费端——助力"重点人群"安居

建行通过 CCB 建融家园建设服务，为高校毕业生、政府引进人才、优质对公客户员工等重点人群解决安居问题，减少房屋空置，打造满足不同客户群体需求的 CCB 建融家园产品体系，提升租住体验和品牌影响力。

二、市场端——推动市场化房源体系建设

建行各网点通过"存房"业务，持续将社会闲置房源转化为有效的房源供给，通过复制推广成熟的业务方案和经营方式，因地制宜，推进老旧小区改造、养老、大型社区经营等业务新方式，日益完善业务体系，进一步明晰经营方式，实施差异化经营，推动业务高质量发展；依托产业联盟，加快建立并深化与生态关键节点合作，建立规范的联盟合作机制，持续组织开展联盟活动，促进联盟伙伴的互动交流，提升联盟影响力；主动营销和拓展联盟成员，扩大联盟规模和范围，打通与联盟伙伴业务合作的上下游，用互联网思维搭建住房租赁生态场景，赋能主题市场发展；加强联盟管理，严格准入和退出机制，建立相应的风险防控和风险隔离措施。

三、政策端——深化与住建部的业务合作

建行从协助标准规范制定、开展政策性租赁住房和公租房运营、加强系统赋能三个方面进一步加强与住建部的合作；参与相关规范制定和课题研究，紧跟政策导向，加快推进政策性租赁房项目落地；加快总结经验，逐步形成服务保障性住房租赁领域的业务体系；配合住建部全国房屋网签备案和城市联网、全国公租房信息系统建设，以监管系统为核心，保质保量完成数字房产存量项目建设。

第二十五章
智慧供应链场景

导　读

2020年9月22日，人民银行联合八部委发布《关于规范发展供应链金融 支持供应链产业链稳定循环和优化升级的意见》（以下简称《意见》），第一次明确了供应链金融的内涵和发展方向，向市场传递清晰的信号。《意见》指出："供应链金融是指从供应链产业链整体出发，运用金融科技手段，整合物流、资金流、信息流等信息，在真实交易背景下，构建供应链中占主导地位的核心企业与上下游企业一体化的金融供给体系和风险评估体系，提供系统性的金融解决方案，以快速响应产业链上企业的结算、融资、财务管理等综合需求，降低企业成本，提升产业链各方价值。"

基于供应链管理，在供应链中寻找一个核心企业，由核心企业主导，以核心企业的上下游为服务对象，以核心企业（平台）的资质作为信用担保，对供应链上所有企业的信用进行捆绑，为供应链中制造、采购、运输、库存、销售等各个环节提供融资服务，实现物流、商流、资金流、信息流四流合一，以解决供应链中各个节点资金短缺、周转不灵等问题，激活整个供应链的高效运转，降低融资成本。与传统的融资业务相比，供应链金融很好地满足了部分中小企业的资金需求，有利于整条产业链的协调发展。

本章将回答以下问题：

（1）供应链金融的定位是什么？

（2）供应链金融对中国经济产生了哪些影响？

（3）数字化技术如何推动供应链金融发展？

第一节　供应链金融概述及在中国的发展现状

一、供应链金融概述

供应链金融是一种融资模式，泛指通过供应链开展的所有金融业务，是金融机构基于供应链中的客户数据、贸易数据、物流信息来确定金融交易关系和进行风控的业态，依靠并内嵌于供应链中的金融服务。供应链金融的本质是基于对供应链结构特点、交易细节的把握，借助核心企业的信用实力或单笔交易的自偿程度与货物流通价值，对供应链单个企业或上下游多个企业提供全面的金融服务。

供应链金融并非某一单一的业务或产品，它改变了过去银行等金融机构对单一企业主体的授信模式，而是围绕某一家核心企业，从原材料采购到最终产品制成，最后由销售网络把产品送到消费者手中这一供应链链条，将供应商、制造商、分销商、零售商直到最终用户连成一个整体，全方位地为链条上的企业提供融资服务，通过相关企业的职能分工与合作，实现整个供应链的不断增值。

二、供应链金融在中国的发展现状

1. 发展背景

随着经济全球化和网络化的发展，不同公司、国家甚至一国之内的不同地区之间比较优势被不断地挖掘和强化。对于经济和金融欠发达地区或资金不够雄厚的中小企业而言，一些"成本洼地"成了制约供应链发展的"瓶颈"，影响供应链的稳定性和财务成本。在激烈的竞争环境中，充足的流动资金对企业的发展壮大发挥着越来越重要的作用，尤其是对于发展机遇很好却受到现金流制约的中小企业。它们往往没有大型企业的金融资源，却是供应链中不可或缺的重要环节。它们虽然具有可观的发展潜力，却常常因为上下游优势企业的付款政策而出现现金短缺问题。

2001 年，原深圳发展银行（现平安银行）在国内首次推出了供应链金融服务，业务主要集中在线下。2008 年，区块链概念出现后，科技领域对供应链金融的影响逐渐加深，推动了供应链金融的信息化、数字化、智能化变革，现代供应链金融逐渐出现雏形。

2. 社会和政策环境

近年来，在贸易活动增长、融资渗透率提高以及有利的监管环境的推动下，中国供应链金融市场发展迅速，成为我国融资结构改革、资金服务实体经济、服务中小企业的重要抓手。

在政策支持方面，2017 年 10 月 13 日，国务院办公厅印发的《关于积极推进供应链创新与应用的指导意见》将"积极稳妥发展供应链金融"作为 6 大重点任务之一，推动供应链金融服务实体经济，有效防范供应链金融风险。2019 年 7 月 6 日，中国银保监会发布的《中国银保监会办公厅关于推动供应链金融服务实体经济的指导意见》（银保监办发〔2019〕155 号）要求，银行保险机构应依托供应链核心企业，基于核心企业与上下游链条企业之间的真实交易，整合物流、信息流、资金流等各类信息，为供应链上下游链条企业提供融资、结算、现金管理等综合金融服务。

在政策监管方面，2020 年 9 月 22 日，八部委联合发布的《关于规范发展供应链金融支持供应链产业链稳定循环和优化升级的意见》强调，供应链大型企业应严格遵守支付纪律和账款确权，不得挤占中小微企业利益。各类机构开展供应链金融业务应严格遵守国家宏观调控和产业政策，加强业务合规性和风险管理。

3. 技术环境

随着云计算、大数据、物联网、区块链、人工智能等数字化技术的深入应用，我国数字经济发展规模持续壮大，为金融科技发展提供了更坚实的数据基础和更强大的科技动力。供应链金融科技可以缓解中小微企业融资难、融资贵的现象，提升中国产业链供应链的韧性，未来发展空间值得期待。

总之，金融科技拥有巨大的创新潜力，在提升金融服务质量、防范金融风险、促进实体经济发展等方面发挥独特的作用。

三、供应链金融在中国面临的挑战和发展机遇

1. 面临的挑战

我国供应链金融已经发展了 20 余年，如今的发展也遇到了"瓶颈"。例如在产业端，企业对供应链金融有着迫切需求，供应链中大量上下游企业的融资需求难以通过金融机构的信贷审核，其风控体系与金融机构的要求有显著差距，融资缺口始终存在。在金融端，金融机构发展供应链金融的动力强劲，但现实中很多供应链金融业务是低频业务，不能保障业务的稳定性，借贷双方的风险控制需求往往也难以匹配。在监管端，虽然国家及地方政府始终呼吁解决中小微企业融资难、融资贵、融资慢等问题，并且积极出台了一系列政策措施，包括降准、展期、提高坏账容忍度，甚至出台保障中小微企业款项支付条例，但收效甚微。

2. 发展机遇

供应链金融的未来发展将呈现四大主要趋势，即科技化、资本化、精细化、生态化。

在科技化方面，随着数字化技术对产业链各环节的逐步渗透，为整个供应链的重构和升级带来了前所未有的机遇。例如，进行产业赋能和数据联通，使得产品和服务更加智能，场景结合更加紧密，数据价值更加凸显，由此不断催生新产品、新业态与新模式，激发金融的创新活力。

在资本化方面，通过资本在供应链金融企业与合作伙伴之间搭建桥梁，在共赢的目标下"双向奔赴"，齐心协力实现整体的共同发展和价值增值。在精细化方面，随着市场竞争的日趋激烈，产业分工和行业划分出许多细分领域。可以通过细分市场寻找价值空地，依托供应链满足上下游企业客户的金融需求，最大限度地发挥地缘优势，覆盖周边消费者，提供全方位、专业化的服务，提升供应链的竞争力。在生态化方面，供应链核心企业及金融机构纷纷开展金融业务，对供应链上下游进行赋能，逐步构建成一个场景化的生态圈，实现生态化转型，反哺金融业务，助力供应链生态共同成长。

四、数字化技术赋能供应链金融

我国"十四五"规划提出了 7 大数字经济重点产业，对应的 7 大数字化技术分别为云计算、大数据、物联网、区块链、人工智能、移动计算、AR/VR，这些数字化技术逐渐成为金融服务及其他领域潜在规则的改变者。

供应链涉及信息流、资金流、物流和商流，是个多主体、多协作的业务模式。在这种情况下，要进行贸易融资，首先，会遇到很多真实性的问题，比如仓单多头融资，纸质仓单的真实性需要多方审核，耗费大量的人力、物力；其次，涉及的多主体，存在互联互通难的问题，例如每个主体用的供应链管理系统（SCM）、企业资源管理系统（ERP），甚至是财务系统的所属厂商、系统版本不相同，导致对接难。就算对接上了，也会由于数据格式、数据字典不统一而导致信息共享难。因此，供应链金融需要数据穿透和信息共享，通过把信息流、资金流、物流和商流融合在一起来提升信息的真实性、信任的可传递和融资的高效率。整个供应链金融依托供应链融资平台，主要提供以下三大金融服务：一是原材料对应的存货融资、预付款融资，二是正在生产的产品对应的仓储和动产质押融资，三是成品对应的保兑仓融资和应收账款融资。

供应链金融平台是基于区块链，并融合云计算、大数据、物联网、人工智能等数字化技术搭建的。其中，云计算成为供应链金融的技术底座；区块链在供应链金融各方信息互联互通、信用多级流转等方面发挥作用；大数据帮助金融机构对供应链中各参与主体的风险水平进行精准画像，全面评估还款能力，提高放款融资效率并达到供应链体系内的风险平衡；物联网与人工智能进一步实现定期自动更新客户画像，进而提升风险识别能力，为优质客户匹配授信额度，降低放贷风险。数字化技术的加持使得供应链金融服务更为深入，能够覆盖更多的小微企业，也可推动金融机构进一步优化产品服务。

第二节　供应链金融案例

下文将分享一家数字化原生企业供应链金融的应用案例。

中信梧桐港供应链管理有限公司（以下简称"中信梧桐港"）是中信集团孕育的一家面向产业生态圈的企业，主要从事大宗商品数字供应链基础设施建设、运营，致力于通过区块链、物联网、人工智能等数字化技术，打造可信电子仓单，重构大宗商品供应链信用体系，借助开发、建设的数字供应链管理服务平台（以下简称"服务平台"）为中小微实体企业提供多种供应链服务，为金融机构提供风险可控、流动性强的可信数字资产，如图 25-1 所示。

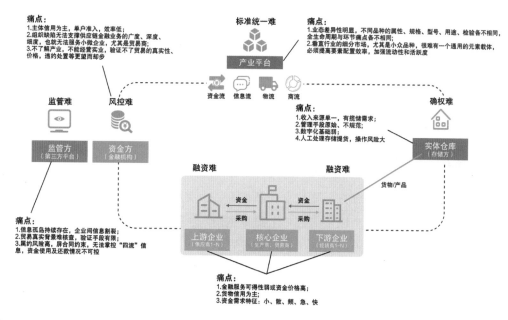

图 25-1　各利益相关方需求关系

服务平台通过区块链技术的链上数据不可篡改与加盖时间戳的特性，保证仓单的生产、储存、运输、销售及后续事宜等所有数据都不被篡改，并通过足够透明的信息，增加企业之间的彼此信任，满足企业、金融机构、第三方服务企业之间利益的同时提升运行效率，避免仓单的重复开具和重复质押，从而打造可信仓单体系。

其中，服务平台利用各项数字化技术解决仓单在质押融资环节的信用问题，以及仓单交易环节标准化的问题，助力供应链升级改造，驱动着产业链上各利益相关方的跨界连接，如图 25-2 所示。

货物推送申请仓单
仓单运营中心(WMS)与仓单系统直连，推送货品执行锁定，限制货物出库

仓单模版选择
电子仓单文件、仓单全要素自定义配置，支持不同形态货品的动态属性管理，背书联动态扩展技术

仓单签发
交叉验证仓储信息和物联网设备信息，区块链上链存证，使用CFCA机构颁发的电子签章

仓单认证
可配置专属仓单认证方电子签章，脱敏后的电子仓单信息在官网进行公示，支持验真查询

仓单融资
支持跨链存证技术，仓单融资锁定占用，仓单项下货物持续监管，货值和质押率动态风控

i 物联网　A 人工智能　B 区块链　C 云计算　D 大数据　E 电子签单

仓单注销
支持仓单注销库存解锁与注销并快速出库，可配置专属仓单注销电子签章

仓单转让
穿透仓储系统查验，区块链上链存证，仓单背书电子签章，动态扩展背书联

仓单接触质押
解押环节多种仓单拆分方案，区块链上链存证，仓单背书电子签章，动态扩展背书联

仓单质押
区块链上链存证，直联质押登记公示，仓单背书电子签章，动态扩展背书联

仓单核库
自动载取并存储指定仓库位对应的物联网设备图像信息

图 25-2 业务流程

　　下面，我们将分析相关数字化技术在钢材、医药、汽车、矿石贸易、能源、货代港口、仓储等领域的应用案例。

一、钢材领域的供应链金融服务

　　由中信梧桐港作为平台方、监管方和盯市方，中关村银行为资金方，携手为上海卓钢链电子商务有限公司（以下简称"上海卓钢链"）下游经销商提供"先款后货、订单融资"供应链金融服务新模式，帮助融资客户利用订单快速获得资金支持。一是电子仓单无纸化，在订单项下货物入库后，上海卓钢链通过设立质押的方式，在服务平台上提出区块链电子仓单质押申请，为融资客户的申请增信。服务平台实现仓单注册、审核、质押、融资全线上化办理，下游经销商的融资申请周期也从原有的 7～10 个工作日缩短至 0～1 个工作日，大大提高了企业的融资效率。二是存货盘点智能化，对在押货物的盘点多措并举，综合采用手机 App、OCR 仓单识别、深度神经网络等技术对货物的贴牌、货码、实物进行盘存过去，一个大型钢材堆场需要 5～10 人全盘，而在上述技术的加持下，可实现一人一天全盘，这样就大大提高了货物的风险管控水平，如图 25-3 所示。三是业务拓展规模化，由于融资效率和存货风险管控水平的提升，融资客户的综合成本可控制在 7%～7.5%，对比市场上托盘资金采购模式下的息费率合计 9%～10%，托盘资金成本同比降低 22%～25%，有效缓解下游经销商采购的资金压力、提高资金使用率、协助经销商提前锁定价格及产能，并以此快速扩大经营规模。客户在不耽误正反业务运营的同时，获取银行运营资金的支持，该项目已平稳运行近 1 年，累计服务下游中小微企业10余家,质押区块链电子仓单百余张,累计业务规模近2亿元。

质押物"钢卷"入库情况　　质押物"钢卷"存放情况

二、医药领域的供应链金融服务

2016年12月,国务院医改办会同国家卫生计生委等8部委联合下发《关于在公立医疗机构药品采购中推行"两票制"的实施意见(试行)的通知》。"两票制"的执行,一方面降低了药品采购

质押物"钢卷"出库情况　　钢卷号作为唯一识别码

图25-3　人工智能化存货盘点

价格,另一方面催生了万亿元级别的医药行业供应链金融市场需求。

中信梧桐港携手中信银行南宁分行共同搭建E康管理服务平台,为广西壮族自治区内的医疗、医药行业提供了供应链金融服务。一是银企直连降低成本,对比医院供应商在市场上融资成本10%~12%,系统通过银企直连,医院供应商的融资综合成本可控制在5%~5.3%,同比降低50%及以上。二是多系统运行更加便利,系统可在网页、安卓、苹果等多个系统平台运行,方便使用,缓解了融资客户的资金压力,有效解决了医院供应商融资难、融资贵的问题,帮助医院的上游供应商实现全线上化融资,有效地支持了医药行业供应链和中小企业的发展。三是流程优化提升效率,根据线上办理的特点,精简融资手续流程,缩短融资申请周期企业的融资效率大幅提升。

三、汽车领域的供应链金融服务

由于汽车具有移动的特点,一直是供应链金融质押业务的监管难点。传统的方式会聘请外部第三方监管公司,由其派驻监管员驻店管理,但是,其监管费用高,监管效率低,业务拓展受限。也有通过GPS定位对车辆实现管控,但是面临为车辆加装电子设备的问题,除了加装设备需要额外的改车成本外,还面临设备容易拆卸作假的监管痛点。中信梧桐港携手中信银行南宁分行,独创以物联网设备为核心的车辆监管模式,通过货柜和手机App的联动实现银行远程对车钥匙、车证的管理,达到对质押物控制的风控要求。整个业务流程由证照存入、融资申请、融资审批、证照取出四个环节构成,银行仅负责其中的审批过程,其余都由车店人员主动发起。车店人员在不失去车辆实物保管的同时,通过智能柜紫光灯扫描车辆识别码,在监控摄像头的监督下完成入柜操作,银行根据在押货值批复对车店的融资额度。当车店人员需要销售车辆时,车店在App中发起解押申请,银行综合考虑贷款余额和剩余货值做出批复,一旦通过解押审批，系统会自动发送开柜密码到车店人员手机 App 中，实现对车辆的重新控制，如图 25-4 所示。

为了进一步提升风险管控水平，中信梧桐港进一步在车场周围覆盖了摄像头，同时开发基于 YOLO 的深度神经网络，对车场车辆进行盘点。考虑到摄像头摆放位置、光线明暗、遮挡物等实际因素，基于神经网络的盘点数量会有 10%~20% 的偏差，进一步将盘点数据存入时间序列，通过统计加权、方差分析、移动平均等数学处理，估计优化实际在押数量和智能柜实现相互佐证，在提升银行风控水平的同时，节省了人力成本。同时，货主在实现融资的过程中，不损失货物的流动性。以南宁的一家试点 4S 店为例，在半年内，实现了 3 245 台车辆的流动质押，质押物累计金额达到约 3 亿元。

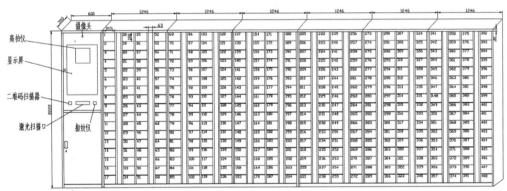

图 25-4 智能柜管理平台

四、矿石贸易领域的供应链金融服务

由于矿物堆的体积巨大，货物在押价值难以测量，一直就是供应链金融业务中的难点和痛点。中信梧桐港与建行、中远海运物流，在连云港合作开展基于港外铁矿石的现货电子仓单质押融资业务，并与建行物流金融平台全面打通，完成区块链跨链对接。经过现场勘查发现，现场矿石堆形状不规则，难以使用传统的立方体积公式计算，如果使用无人机，又面临飞行审批、成本高昂、操作要求高等难点。中信梧桐港巧妙地利用通用的建筑测量工具——全站仪，在操作现场建立统一的坐标系，以堆场地平面上的一点为原点，利用前后方交汇，确定5～8个高程观测点，在高程观测点居高临下，对矿堆表面打点，形成稀疏点云数据。然后通过计算机3D点云处理，进行地面补全、泊松表面重建、德劳内三角网格化等算法，对不规则的矿堆进行后期处理，得到点云包络体（Convex Hull），利用包络体内部中心点到3D表面的德劳内三角，形成三棱锥，把所有棱锥积分求得矿物堆体积。

实践证明，此种测量方式具备设备成本低、人员操作难度小、量测简单、精度高等特点。对一个体积在5 000+立方的堆场，仅需对顶部20～30特征点量测，就可实现误差在1%以内的估计精度。中信梧桐港进一步对测量数据开发上传、处理、保存、显示系统，仅需一个监管人员和一台全站仪，即可实现一人对数十亿立方乃至数百亿立方矿石堆的监管，通过实时的数据上传，银行可以观察到现场货物状态的实际变化情况，从而提高风险管控水平。

五、能源领域的供应链金融服务

由于原油贸易具备流通性好、行业本身监管水平高、货物价值高等特点，本身就非常适合成为供应链金融的标的物。但是原油的存储具备较高的技术专业水平，无法成为银行抵押标的，只能托管于融资方现场保管，因此对原油数量的监管就至关重要。

中信梧桐港利用液位仪和油罐生产商的标准数据，成功开发出实时油品量测监控平台，如图25-5所示。平台通过液位高度，结合温度传感器的油温数据，利用浮顶修

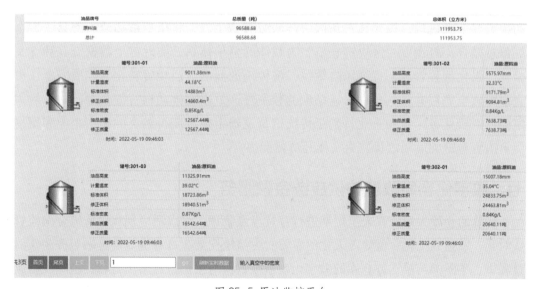

图 25-5　原油监控平台

正、压力修正、密度修正等一系列技术手段，精确测量油品的体积，结合化验密度，得到质押物重量，结合原油价格的接口数据共同计算出在押油品的货值，从而为银行的精准融资提供数据支持。中信梧桐港进一步根据风险管控的需要，结合区块链不可伪造篡改、智能合约、稳定可靠等技术特征，采用"区块链＋供应链"双链融合的模式建立可信仓单，实现了数字资产的动态重组，有效解决了原油监管金融场景的痛点，将区块链技术与金融场景深度融合，切实满足金融机构的风险管控要求。

六、货代港口领域的供应链金融服务

大宗散货的进口依赖性决定了码头存在大量现货资产流转。港存货物仓单融资是开展基于动产和货权的贸易融资的有利条件，更是孕育供应链金融的肥沃土壤。然而，在港口业务场景下，存在供应链信息盲点，大宗散货、现货、资产、货权等信息的真实性、透明性、滞后效应等多项问题，无法满足金融机构对于风险管控的现实需求，导致港口供应链金融业务的开展困难重重。

中信梧桐港以"港口供应链服务业务"为主线，一是和货代公司协同，以宁波兴港国际船舶代理有限公司货代风控系统开发为切入点，按照货代行业基于提单管控的业务特点，集成船公司、集装箱公司、运输公司、客户等多方数据，在实现货代公司运费回收风控要求的同时，将百万级别的提单数据和仓单数据相互佐证，将实物资产转变成可信数字资产，对物流轨迹和单证信息存证溯源，实现货物全生命周期可视化，确保实物资产与数字资产持续可信，为供应链金融提供数据支撑。二是和港口协同，按照宁波舟山港智慧港口规划和大宗散货数字化发展的要求，围绕"供应链"和"服务"，搭建基于区块链的供应链管理平台，构建基于港口大宗散货区块链仓单体系，聚焦产业链上下游，引入海关、质检、司法、产业实体、保险和银行等金融机构，构建长三角区块链联盟可信生态，将供应链物流、交易、资金等信息融合，打造以"区块链仓单"为载体的可信体系，实现链上数据交互和交叉验证，强化流程管理、持续风险管控，将传统的商品流通现货转化为优质安全、可直接穿透至底层并且具备良好流动性的数字资产，以此推动银行等金融机构重启大宗商品融资业务，帮助企业特别是传统信贷逻辑下很难获得融资的中小企业和贸易商解决资金链的后顾之忧，为实体经济赋能。

七、数字化仓库改造的供应链金融服务

传统的仓库大量依赖人工定期进行存货盘点管理，难以适应现代供应链金融监管实时化、数据线上化、值守无人化的需要。中信梧桐港在自身供应链金融服务的实践过程中，不断参与第三方仓库的数字化改造项目：与中信银行厦门分行、象屿股份旗下象道物流集团有限公司，成功办理厦门市首单"基于数字化仓库的铝锭区块链电子

仓单"质押融资业务，并共同拓展钢材代采融资业务场景；与日照银行在山东区域合作开展基于港口存货、冷链食品和农产品的智慧化监管与可信电子仓单业务，切实解决当地中小企业融资以存货质押的控货难、监管难、估值难等问题；与中关村银行在京津冀区域，合作开展钢材类可信电子仓单业务，为下游经销商提供便捷、高效、低成本的融资服务。中信梧桐港的数仓改造与银行系统无缝对接，已与建行、中信银行、平安银行、日照银行、中关村银行等多家金融机构实现系统对接，累计服务 11 000 余家企业，供应链业务规模突破 320 亿元；先后在黑色金属、有色金属、能源化工、智能制造、食品、农产品等众多行业落地区块链电子仓单业务，业务区域覆盖全国各地，具有丰富的行业经验和扎实的落地实践。

综上所述，中信梧桐港已在不同领域进行深入的技术应用，取得了显著的业务价值，打造了独具特色与优势的供应链金融服务。其中，我们需要重点介绍一下其成功的关键因素——双网协同和双链融合。

第三节　双网协同和双链融合为供应链金融带来的价值

"双网协同"指的是"互联网＋物联网"的协同，"双链融合"指的是"供应链＋区块链"的双链融合。中信梧桐港通过"双网双链"技术手段，构建了可信电子仓单环境，确保了实体仓库仓单签发的真实性与可靠性；有效改善了供应链效率，实现主体信用、资产信用、数据信用的逐渐过渡和统一，重塑产业活力和韧性，从而建立了产业链上下游和跨行业融合的数字化生态体系，实现了以下 4 个方面的业务价值。

一、构建了互惠共赢的数字化生态圈

供应链金融可信仓单的生成、管理体系，是一个复杂的系统工程，涉及金融机构、征信机构、物流企业、电商平台、保险机构、评估机构、监管机构、期货公司、交易所等，不是一个组织可以实现的，因此需要建立一个互惠共赢的数字化生态圈。而数字化技术是构建生态圈的核心要素，通过驱动着产业链上各利益相关方的跨界连接，促成了相对稳定、安全的价值链，实现了数字资产的动态重组。

中信梧桐港集成资金流、信息流、物流、商流的战略伙伴，在紧密互助和协同的基础上，围绕企业客户，保障其供应链上的资源可信与价值评估，并助力企业客户成长为企业联盟。基于生态圈的紧密互助和协同、信息共享的机制，自 2018 年成立以来，

中信梧桐港服务的客户遍及制造、贸易、金融、仓储等行业，并在钢铁、建材、农产品等大宗商品领域，积累了大量成功案例，服务过的客户包括陕西建工（陕建筑信）、广西糖网（梧桐—沐甜E融）、甘肃建投（广泽易盛供应链管理平台）、中国建材（中企金财供应链管理平台）、数广康云（数广E康医药供应链管理平台）、象屿股份数字供应链服务平台项目、"北大荒粮食银行"供应链下游融资服务平台项目、新疆生产建设兵团（十二师）供应链金融平台项目等。

二、搭建了数字供应链管理服务平台

中信梧桐港平台已形成覆盖上下游融资的梧桐E收、梧桐E仓、梧桐E购和梧桐E信四大产品，产品打通了产业链全链条，品种齐全，能为各类供应链企业提供融资服务。同时，梧桐港基于自身业务平台，配合区块链技术，打造基于电子仓单融资和流转系统，积极研究探索"供应链"与"区块链"的双链融合模式。中信梧桐港以"可信仓单"为基础，将区块链、物联网等核心技术与供应链业务场景相结合，搭建了较为完善的基于区块链的可信数字资产体系，通过线上化的方式生成区块链电子仓单，实现了从实物资产至可信数字资产的转变，支持以电子仓单为载体的供应链业务全线上化开展，并对电子仓单进行全生命周期溯源和风险管理。

中信梧桐港已经在自建的所有平台上实现联盟成员在应用层的仓单认证、资产确权、司法存证、溯源防伪等电子数据区块链存证，让所有参与节点均会保存全部仓单数据副本，并可以通过身份密钥进行仓单数据查验，通过数据共享、数据交互和数据多方验证，有效解决中心系统数据孤岛，确保上链数据真实性，提高真实性审查效率，降低客户管理成本。中信梧桐港作为北京互联网法院"天平链"的成员节点单位，通过区块链技术深度合作，共同完成"天平链"的建设，实现了电子证据的可信存证、高效验证，避免了平台客户恶意篡改数据的可能，提升了平台的整体可信度，为供应链金融业务保驾护航。中信梧桐港与方圆公证处充分利用互联网、区块链技术，以共同携手创新为目标，实现了国内首个以电子仓单融资业务为背景、公证处实时在线电子数据存证的落地案例，是供应链科技平台与公证机构在前沿领域共同提升服务能力的一大尝试。

三、助力供应链金融降本增效

技术应用的最终效果是效率的提升和成本的下降。具体体现为一是监管成本的降低，通过物联网的各种传感器，配合OCR识别、物体探测等算法技术，提高个人的监管效率。除了上述案例中提到的物联网技术，中信梧桐港还广泛使用各种传感器获取实际生产仓储数据，多种数据配合远程摄像头共同佐证货物的在押状态。配合互联网的价格接口，可以迅速实现货值的估算、质押率的测算等。监管成本的下降程度，需要结合具体行业，比如在对污水处理行业的监管上，借助流量仪、球阀和继电控制设备，可以实现在无人值守的情况下，实时获知流量数据，测算营业应收金额，为保理业务提供决策支持，还可以在违约出现时，将实时关闸等反向控制手段作为贷后催收的辅助措施。二是货物占用成本的降低，传统的质押融资普遍采用静态质押，即质押过程中，在押货物不可移动、不可交易，对于大多数中小企业，就意味着要么获取流动资金，要么丧失货权的两难选择。中信梧桐港利用互联网技术，提供 1~n 级供应商，提供可拆分、可流转、可贴现的债权融资服务，实现了电子凭证的流转、拆分、持有、融资，实现动态质押和电子仓单的无缝衔接。从贷款中小企业角度，每个在押货物都可以随时服从经营贸易的需要挪动；从银行角度，整体在押货值服从风险管控需要。三是资金成本降低，中信梧桐港通过对应收账款、动产仓单等供应链资产的管理服务，加大、加快金融机构对中小企业的融资支持，为中小企业解决融资难、融资贵的问题；对入驻的中小企业提供低收费服务，支持中小企业发展。与直接寻求融资机构相比，入驻平台的中小企业在平台进行融资可享受融资优惠利率。基于以上，中信梧桐港融资服务规模迅速扩大，累计服务 7 000 余家企业，供应链业务规模突破 100 亿元。

四、提高了供应链金融的风控管理水平

风控系统是供应链金融服务的重要保障，中信梧桐港以解决供应链金融服务行业发展"瓶颈"为出发点，在体系、模式和发展路径上进行探索与实践。

1. 全面搭建供应链金融智能风控新体系

围绕贷前评估、贷中管控、贷后处置的业务流程，中信梧桐港立足实际开展业务，多层次、多方面、多途径了解各参与方的风控诉求，统筹兼顾，建立了完善的风控系统应用集群体系：贷前主体征信模块用于根据工商、司法、财务等主体征信数据在线生成征信报告；风控数据分析模块用于辅助数据分析人员完成 VaR 值、蒙特卡洛模拟、波动率建模等传统风控测算任务；贷中风险集中管控模块用于贷中风险集中管控，集成各类风险控制点，出具风险报警提示单；认证库报表结算模块用于中信梧桐港自营库库存、费用等报表出具，根据各类库的特点实时出具进出库、库存、费用报表和明细数据；大数据远程调用服务模块用于各类非结构化数据的存储、清洗、筛选和远程调用，无论多么复杂的查询、筛选条件，保证"硬盘一次读取，网卡一次传输"；贷款利率测算模块用于通过集成财务、主体、仓单等风控因素，评定信用等级，为贷款利率测算提供支撑。整个风控系统集群分为前台、中台、后台三个层面，形成统筹协调、高效运转的有机风险管理体系。

2. 示范引导供应链金融风控新模式

一是模式创新，因地制宜地应用保理、浮动抵押、动产质押、仓单质押等多种模式，突破银行单一资金来源通道，跨越金属、冻肉、化工产品等多个行业，引入中化、

铁合金网、冻品在线等行业协作平台，通过 IT、金融、数据服务，更多地从行业生态模式的角度思考资金渠道的产生、流转、使用与否等，逐步打开中小企业的融资阀门，泛化供应链金融服务定义，变现产业链生态系统价值，切实提高供应链金融的生存能力和降低风险的能力。二是思路创新，在传统银行财务征信、VaR 值征信的基础上，除了要做好融资方案、融资额度、利率定价、业务审批以及风险控制的合理性和适应性以外，还要狠抓供应链金融贷中监管，在线监督价格波动、质量品质、处置周期、售卖成本等关键指标，同时引入工商、司法、税务、价格等各项数据，实时测算金融市场、商品市场之间的利差关系，以数据为支撑，组织优质的资源，在合适的时间、合适的地点，以合适的成本将资金和服务交付给客户，从品质、成本和效率的纬度来解决中小企业融资难题。三是算法创新，针对仓单质押融资市场缺乏统一的风险监控核心指标和方法，导致仓单质押融资模式应用范围有限、规模较小的现状，创新应用违约距离、信贷效率、信贷比等各项指标，并通过计算机仿真技术，统一了贷前参数测算模型和贷中风险监测模型，在提高了仓单质押信贷比率的同时，有效抑制了信贷风险。同时考虑到仓单质押交易人为主观因素的复杂性，通过实例化交易各方关注的核心指标，生成指标分布图，选择交易条件，提升了仓单质押交易的达成可能性，降低了交易难度，有助于仓单质押这一业务模式的推广。

3. 积极探索双网双链融合供应链金融服务产业新途径

中信梧桐港详细审视了供应链管理和交割各个环节，作为双网双链融合大背景下的供应链金融服务，产业模式必然要经历一个自然演化的升级过程，供应链金融颠覆了传统金融"基于金融而金融"的范式，从而更需要和特定行业相结合。中信梧桐港确立了"特定场景＋硬件感知＋云端数据集成"的全流程跟踪的方式，确保订单执行、仓单真实、应收账款、品控的有效性。中信梧桐港风控系统依托各类业务场景，呈现多措并举、数管齐下的应用形态。例如：山东银桥项目围绕核心企业应收账款，采集合同、订单、库存、质检、配送信息，动态测算贷款安全边际、日常监管、库存数量等 10 余类数据，为保理业务逐日盯市提供数据支撑；北京本来工坊项目，依托客户推送 E-mail 库存数据，动态监测库存商品的价格、数量，实时测算在库商品波动性、流动性，并将关键词内置于舆情监控模块，按日推送舆情警报信息；化工电商平台项目，接入化工平台实时大数据，采用桑基图、捆图、树图等多种数据可视化技术，生动显示行业供应商、客户排名，挖掘交易信息蕴含的金融价值；铁合金网项目，切实抓好库存数据管理，多维度、多视角出具库存信息报表和费用报表，提升智能仓储管理水平。

第四节　亮点总结

总结以上供应链金融案例，我们可以归纳出三大服务与两大创新亮点。

一、三大服务，即数字科技服务、智慧监管服务和风险管理服务

一是，中信梧桐港通过基于区块链、物联网的数字科技服务，帮助客户搭建定制化的各类系统，以有效支持和银行的各项合作，形成线上化、便利化、安全化的产融结合；二是，中信梧桐港通过基于O2O、物联网、可视化等多种手段，对质押的在库、在途货物进行有效的监控及监管，高效专业地履行监管监控职责，保证质押货物及对应电子仓单的真实可靠；三是，建立完善的价格盯市系统和可靠的商品处置通道，结合各类完善的保险方案，为与银行合作的项目提供有效的风险管理服务，是银行风险管控的有效补充。

二、两大创新，即创新服务模式、集聚创新资源

在创新服务模式方面，中信梧桐港发现，单一的主体授信不能满足行业融资的要求，金融机构需要探索新的融资方式，支持中小企业的发展。物联网、人工智能等依托科技创新的"互联网＋"新技术对于产业端发展的重要作用日益凸显。中信梧桐港供应链管理服务平台通过产业端、金融端的"互联网＋"深度融合，致力打造良性发展的产融大生态，帮助实体产业实现线上原料采购、成品销售，进行仓单质押等供应链融资业务，并打造了多项创新内容：第一，推进半成品融资模式创新。在业务层面，通过建模分析，实现工业数据采集，监控业务流程，强化风险控制能力，为企业的半成品融资业务奠定基础；在制造企业的生产层面，帮助企业搭建物联网预警体系，准确识别设备的工作情况及运行风险，有效降低了设备维护成本，强化了安全生产。第二，技术创新。基于大宗商品供应链场景，自主研发了集"物流、风控、资产、资金"于一体的数字供应链管理服务SaaS平台。其中，区块链平台作为数字供应链管理服务SaaS平台中的关键技术及底层设计，由中信梧桐港自主研发，现已完成国家互联网信息办公室备案，并与城市商业银行实现区块链仓单融资。此外，由中信梧桐港发起的区块链联盟已签约50余家企业，联盟成员单位覆盖金融、司法、质检、物流、仓储、电商、交易平台和生产制造企业等众多领域，初步搭建了大宗商品可信仓单生态圈。第三，供应链风控创新。打造以数据控风险、向数据要价值、面向风控的大数据平台，实现内外部数据的全量汇集和整合，并逐步搭建基于关系型数据库与Hadoop混合架构的大数据平台，加工营销、风控、运营、财会、内部管理等数据主题，最终实现大数据深度应用，为业务发展赋能。

在集聚创新资源方面，中信梧桐港通过建设并完善区块链底层、智能合约层、系统集成层和应用层，构建了基于区块链的可信数字资产生态体系，建立的梧桐区块链联盟（联盟链），联盟成员产融企业、仓储物流公司、公证处等超 50 家，先后对接工商、司法、税务、电商平台、核心企业、仓储机构等数据系统，建立起门类齐全的数据分析模块和平台，全方面集聚了各类创新资源。

中信梧桐港积极借助区块链、物联网、大数据等数字化技术，通过对以仓单为主要载体的标准数字资产进行全生命周期管理，有效破解货物安全、货权清晰、溯源可控、价值保障和流通变现等难题，打造大宗商品可信仓单生态圈；根据产业链中核心企业的信用情况及以核心企业与上游供应商的真实贸易为基础形成的供应商的应收账款，通过核心企业线上确权实现应收账款拆分、转让等，并以封闭资金流方式，解决核心企业上游供应商融资需求，实现长尾效应，为供应链金融提供"一站式"解决方案，不断推动产融结合，助力传统的大宗商品行业实现数字化转型及提质发展。